大气物理

——热力学与辐射基础

李万彪　编著

图书在版编目(CIP)数据

大气物理:热力学与辐射基础/李万彪编著.—北京:北京大学出版社,2010.6
ISBN 978-7-301-16095-4

Ⅰ.大… Ⅱ.李… Ⅲ.①热力学-高等学校-教材②辐射-高等学校-教材 Ⅳ.①O414
②TL99

中国版本图书馆 CIP 数据核字(2010)第 088020 号

书　　名:**大气物理——热力学与辐射基础**
著作责任者:李万彪　编著
责 任 编 辑:顾卫宇
标 准 书 号:ISBN 978-7-301-16095-4/P·0071
出 版 发 行:北京大学出版社
地　　址:北京市海淀区成府路 205 号　100871
网　　址:http://www.pup.cn　　电子邮箱:zpup@pup.pku.edu.cn
电　　话:邮购部 62752015　发行部 62750672　理科编辑部 62752021　出版部 62754962
印 刷 者:北京鑫海金澳胶印有限公司
经 销 者:新华书店
787mm×1092mm　16 开本　15.25 印张　375 千字
2010 年 6 月第 1 版　2010 年 6 月第 1 次印刷
印　　数:0001—4000 册
定　　价:32.00 元

内 容 简 介

本书是作为大气物理学的基础教材编写的，是以后学习云物理学、卫星气象和遥感等课程的基础.

在介绍大气静力学的基础上，教材对大气热力学和大气辐射进行了较为详细的介绍和讨论. 大气热力学详细讨论了大气中水的相变、等压过程、干绝热过程、湿绝热过程、混合过程、热力图及其应用和静力稳定度等. 大气辐射讨论了辐射与物质的相互作用、太阳辐射、长波辐射和包括散射时的辐射传输，最后是辐射平衡的讨论和观测结果.

本书可作为高等院校大气科学学科本科生的专业课教材，也可供相关专业的本科生或研究生以及从事大气科学和大气环境工作的人员学习和参考.

前　　言

早在二十多年前，作为学生，作者就在北京大学学习了大气物理学课程，使用的教材是北京大学大气物理教研室王永生等编著的《大气物理学》. 多年以后，作为教师，作者在北京大学物理学院大气科学系讲授“大气物理学基础”课程，先后使用过的有这一本以及盛裴轩等编著的同名教材.

如今，《大气物理——热力学与辐射基础》在作者讲授“大气物理学基础”课程多次后，决定编写出版了. 新教材以一学期教学内容为主，主要讲授大气静力学、大气热力学和大气辐射三部分内容. 对于每一部分，编写内容尽量翔实，理论推导力求精确，课后习题不仅包括基础性的习题，也包括一些研究性质的习题. 读者可以看到，新教材的章节分得更细，每章重点突出一个主题.

本书共分十七章. 前两章是大气静力学部分，第三至十章是大气热力学部分，第十一至十七章是大气辐射部分. 新教材的重点是大气热力学和大气辐射两部分，在开始讲授这两部分前，都首先对基础概念和理论进行介绍. 大气热力学详细讨论了大气中水的相变、等压过程、干绝热过程、湿绝热过程、混合过程、热力图及其应用和静力稳定度等. 大气辐射讨论了辐射与物质的相互作用、太阳辐射、长波辐射和包括散射时的辐射传输，最后是辐射平衡的讨论和观测结果.

大气物理学课程和教材传承了几代人不懈的努力探索和长期的积累，因此作者编写的这本书，实际上包含了前人的大量心血和劳动结晶. 感谢第一本《大气物理学》教材编写组的王永生、秦瑜、刘式达、殷宗昭等教授，他们辛勤劳动编写的教材引导作者首次步入大气物理的殿堂. 感谢第二本《大气物理学》教材编写组的盛裴轩、毛节泰、李建国、张霭琛、桑建国和潘乃先等教授，他们辛勤劳动编写的教材是作者任教以来传授学生知识的基石. 新教材主要是以北京大学的这两本教材为参考书进行编写的.

新教材的编写得到了北京大学教务部、物理学院和“国家基础科学人才培养基金”(NFFTBS-J0630530)的支持，在此表示感谢.

李万彪

2010 年 1 月

目　录

第一章 大气概况

地球大气是包围地球的空气的总称，它同阳光和水一样是地球上一切生命赖以生存的重要物质之一．与太阳系其他行星相比，地球大气的独特演变成就了生命的诞生和繁衍．本章将讲授地球大气的演变和组成，组分的定量表示方法，大气的状态变化以及地球大气与理想气体的差异，以期使读者对地球大气有一个初步定量的了解．

1.1 行星大气和地球大气的演化

1.1.1 行星大气

地球形成于距今约 45 亿年前，是太阳系形成后环绕太阳运转的天体不断捕获其他天体并增生形成的．地球表面最初也许具有与太阳组成一样的原始大气，即主要是以氢和氦为主的挥发性气体成分．

在早期地球增生过程中，熔融状态的含铁物质等因比重较大而不断向地心沉积，导致地球物质分布发生变化．地心处形成富含铁的地核，上部较轻的物质形成地幔，地幔表层冷却形成原始的地壳．同时，地表的挥发性气体逃逸散失到空间，取而代之的是地球内部放出的气态物质．至少在 40 亿年前，地球大气圈已是富含水汽、二氧化碳、氮气以及少量其他气体组成的第二代大气（或次生大气），会产生降水、温室现象．

虽然类地行星（或带内行星）在形成和增生过程中，其大气经历相似的演化过程，但随着这些行星的演化，它们却拥有非常不同的现代大气（见表 1.1）．这种现代大气组成的差异，反映了原始大气中气体含量的差异，但主要归因于太阳系中不同行星大气的演化方式．当其他行星的大气经历异常突变的演化时，地球大气的演化却相对缓慢．水星大气完全散失，金星大气发展成失控的温室使得金星表面岩石被液化，火星大部分的气体散失到空间，地球则在约 20 亿年前，随着大气氧含量的增加，出现了具有氧化性质的第三代大气．

表 1.1 火星、金星、地球以及地球假设无生命存在时的大气基本状况

行星	重要大气成分（体积比）			平均表面温度/K
	CO_2	N_2	O_2	
火星	95.32%	2.7%	0.13%	～220
金星	96.5%	3.5%	极微量	～740
地球（无生命）	96.5%	3.5%	极微量	～560
地球（有生命）	0.038%	78.08%	20.95%	288

地球大气演化至今，处于化学不平衡状态，这从 N_2，O_2，CH_4，N_2O 和 NH_3 等气体浓度要比达到完全平衡时的浓度高可以看出，在金星和火星的世界上则不存在这种不平衡状态．这是生物过程影响大气演化的重要事实．生物过程把光能有效转化为化学能，并将部分化学能储藏

在地球-大气系统中的化学不平衡态中，同时也重塑了地球的其他圈层. 地球的各个圈层均含有大气的相应成分（与此形成鲜明对比的是，金星大气成分只在其大气中存在），而且大气中的主要四种元素（氮、氧、氢和碳）也是生物圈中最丰富的元素. 因此行星大气中同时出现例如 O_2 和 CH_4 等气体，是此行星有生命迹象的信号.

地球大气中的水汽，是最有效的温室气体，在与海洋交换前平均有 10 天的生命期. 即使作为现代大气主要成分的活动性弱的氮气，经过生物固氮、氧化和再还原循环过程的时间尺度是 1000 ～1500万年，也远小于大气演化所经历的时间. 因此，地球大气不仅是远离化学平衡态，而且也是动态平衡的.

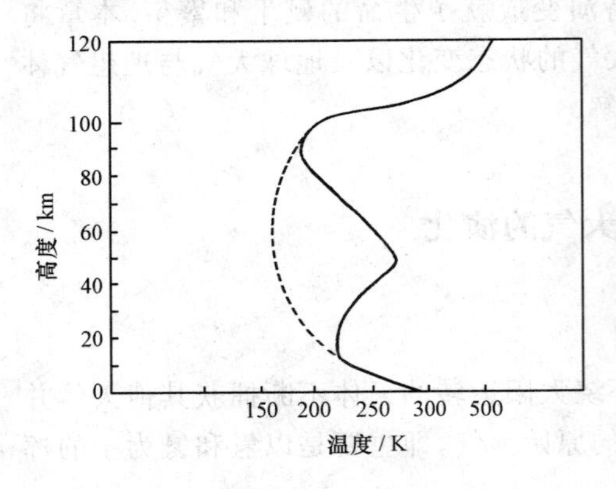

图 1.1 臭氧层对大气温度垂直结构的可能影响，其中虚线代表了没有臭氧层时，气温随高度的可能变化

与相邻行星比较，地球大气还提供了一层保护生命抵御致命辐射的保护层，即臭氧层，这是在约 35 亿年的时间里完成的. 臭氧层的出现也改变了地球大气的垂直结构，见图 1.1. 地球温度垂直分布具有两个极小值，它们之间的大气因为臭氧层吸收太阳紫外辐射而升温，但其他行星就没有这么个臭氧层，因而它们的温度随高度的变化基本上只有一个极小值. 如果地球大气没有臭氧层，大气温度的分布也将和其他行星一样.

1.1.2 地球大气演化过程

控制地球大气演化的过程，包括：太阳辐射、太阳风和粒子流的撞击等外部过程，火山作用和板块运动等内部过程，以及对地球大气影响深远的生物过程. 大气光化学反应、火山作用和板块运动等一些过程驱动大气与地面、海洋或地球内部的蓄积物或元素进行交换，而其他过程却导致了大气长期不可逆的演化结果，如彗星和陨星撞击导致的新成分的增加、氢向太空的散失和较重元素向地球金属核心的沉积等过程. 生物过程对大气演化的贡献是调节了大气和其他圈层的混合物的相互交换和转换过程，改变了大气成分的量，主要体现在大气中 O_2，N_2 的增加和 CO_2 的减少.

原始大气受制于小行星的频繁撞击和地球含铁地核的形成等过程. 小行星撞击带来了一些挥发性气体，但同时也使一些已存在的大气成分因撞击和高层大气的加热散失到太空. 撞击造成对地表的破坏，也因此暴露出新鲜地表，加速了大气与地壳岩石的化学反应. 地核形成时，除去了金属铁及含铁的硫、碳和氢的化合物，留给地表的主要是氧化混合物，如 CO_2 和 SO_2 等.

较轻的原子（如氢和氦）的热逃逸产生于逸散层（即地球大气的最上层）. 当这些原子拥有的速度超过逃逸速度，它们就脱离地球引力散失于太空. 来自太阳的强烈的紫外辐射（大部分位于 121.4 nm 的氢的莱曼谱线）被逸散层之下的热层大气吸收并转换为热能，大气温度可达到 1200 K，有利于气体向逸散层扩散. 强烈的辐射也通过光解作用和离解作用等产生具有超过逃逸速度的高能粒子. 典型的高层大气温度足以让氢原子电离，损失一个电子变成带电质子，并被太阳风的电场加速至超过逃逸速度.

氢从逸散层向太空散失率很大，但现代大气中氢散失的实际效率受到了限制. 早期大气中氢的逃逸速率会远远高于目前，主要原因是早期大气缺乏氧气，而现代大气中，氢与氧结合为水汽，主要存在于低层大气中；另一个原因是过去太阳活动强，产生的极紫外线(EUV)是氢逃逸的动力.

通过大气中水汽的光解作用释放 O_2 是大气氧气的一个来源，所生成的氧气虽然份额很小，但是通过氧的光化学作用会产生臭氧，并缓慢累积下来，逐步发展成地面生命的保护层. 地球大气形成后，大气中臭氧、氧气和二氧化碳的可能演化趋势见图 1.2.

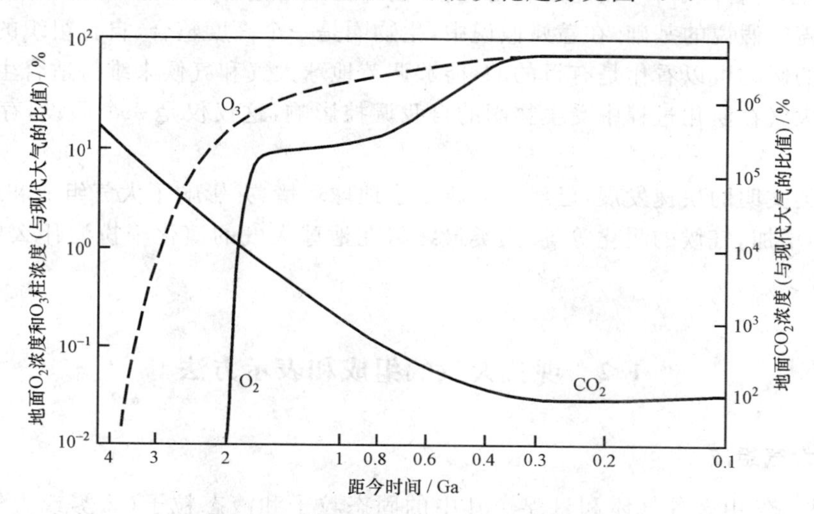

图 1.2 O_3，O_2 和 CO_2 浓度演化示意图(与现代大气相比，以现代大气中的浓度为 1)(引自 Wayne，1991)

氧气主要是植物的光合作用提供的，即通过 CO_2 分解反应生成有机碳混合物和氧气：

$$CO_2 + H_2O \rightarrow CH_2O + O_2. \qquad (1.1.1)$$

如果有机碳混合物不会马上被再氧化，例如燃烧或其他生物体的呼吸作用，那么氧气就会进入大气中. 在生物过程干涉下，光合作用氧的生成，超过了氧化作用对氧气的耗损，因此随生物过程大气氧气显著增加，同时消耗了 CO_2.

光合作用过程可能从距今 35 亿年前就开始了，生成的氧被海水中的铁离子等迅速化合沉积下来；因此，直到距今 25 亿年前仍为缺氧的还原性大气. 直到 20 亿年前地质史上"成铁时期"的基本结束，大气氧气才迅速增加(见图 1.2).

生物过程不仅通过光合作用减少了大气 CO_2，也通过硅酸盐侵蚀和碳酸盐沉淀过程，对大气、海洋和岩石圈的二氧化碳进行了重新分配：

$$CaSiO_3 + CO_2 \rightarrow CaCO_3 + SiO_2. \qquad (1.1.2)$$

因此，持续发展进化的海洋和陆地生物体，导致了大气中 CO_2 的长期不断的减少.

生物起重要作用的第三个过程是依靠脱硝作用的氮再循环过程使得大气中氮气增加：

$$4HNO_3 + 5CH_2O \rightarrow 2N_2 + 7H_2O + 5CO_2. \qquad (1.1.3)$$

在没有生命时，硝酸是由紫外辐射和闪电作用生成，并随降水离开大气，在大约 10 亿年的时间内，大部分的 N_2 已经被清除了. 生物过程是大气中氮气演化为目前水平的主要过程.

1.1.3 盖娅假说与大气演化

普遍接受的主星序演化理论中，太阳是一个典型的例子，自从太阳形成后，太阳发光度稳定地增加了 40%. 这样,如果地球大气成分保持不变,根据能量平衡,不考虑生物的作用,在 20 亿年前,地球的平均表面温度将低于水的冰点温度,但是沉积物记录显示地球上一直存在液态水.

此外,如果地球一直没有生命存在,大气演化将和金星类似(见表 1.1),大气中将充满 CO_2(96.5%),而缺乏氧气,地表平均温度可高达 560 K(~290℃). 没有生命的地球与金星类似,而与有生命的地球的差距有如天壤之别.

对这些问题的合理解释,只能是生物过程. 前面已经讨论了生物过程在大气演化中起了重要作用,这是盖娅假说的基础. 在盖娅假说中,生物圈是一个高度整合、自行组织的系统调控实体,对大气圈的影响可以看作是有目的的,能够调节地球大气和气候来维持适合生命活动的适宜条件. 地球大气在演化过程中受生物圈的自我调控影响,这仅仅是一个假设,存在证明上的困难.

目前,人类文明的快速发展,已经大大改变了地球环境,并影响了大气组成和地球气候,例如温室气体的增加,气候的暖化等等. 人类最终将在地球大气的演化中扮演什么样的角色,依然有待将来证实.

1.2 现代大气的组成和表示方法

1.2.1 现代大气组成

现代地球大气由多种气体和悬浮于其中的固态粒子和液态粒子(云雾或大气气溶胶)组成. 在不包括固态粒子和液态粒子时,不含水汽称为干洁大气,简称干空气;否则称为湿空气.

大气组分可分为三种. 一是混合的气体,即干空气;二是水的三相(水汽、水粒和冰粒),包括水汽和云雾;三是固态或液态的其他小颗粒子,即气溶胶粒子. 其中水的三相对大气热力过程相当重要;而气溶胶对大气化学、云、降水和大气辐射较重要,但在大气热力过程中的作用可以忽略.

约 86 km 以下干空气的重要组成成分及其体积混合比见表 1.2,表中一些浓度更低的成分没有列出. 一般根据各成分在干空气中的浓度,分为主要成分和次要成分,次要成分还可划分为微量成分和痕量成分. 4 种主要成分为 N_2, O_2, Ar 和 CO_2,浓度在 300 ppmv(体积混合比

表 1.2 约 86 km 以下干空气成分的体积混合比

主要成分			次要成分		
气体	体积混合比/%	摩尔质量/($kg \cdot kmol^{-1}$)	气体	体积混合比/%	摩尔质量/($kg \cdot kmol^{-1}$)
N_2	78.084	28.0134	Ne	1.818×10^{-3}	20.183
O_2	20.948	31.9988	CH_4	$\sim1.745\times10^{-4}$	16.04
Ar	0.934	39.948	He	5.24×10^{-4}	4.003
CO_2	~0.0383	44.0099	Kr	1.14×10^{-4}	83.80
			H_2	$\sim5.5\times10^{-5}$	2.016
			N_2O	$\sim5.0\times10^{-5}$	44.01
			Xe	8.7×10^{-6}	131.30
			O_3	$0\sim7.0\times10^{-6}$	47.998

0.03%,1 ppmv$=10^{-6}$)以上,其中前3种就占了空气体积的99.966%;痕量成分的浓度在1 ppmv (体积混合比0.0004%)以下,重要的有O_3,N_2O等氮氧化物、硫化物及人类活动排放的一些物质如氟氯烃类有机化合物等.

1.2.2 大气成分的度量

大气成分量的度量,根据研究目的有几种不同的表示方法,例如表1.2中已经出现的体积混合比,这是大气成分的相对量表示方法,即表示某种大气成分的体积占大气总体积的百分比.此外,大气成分量也用绝对量来表示,如密度等.必须注意的是,一些物理量与观测时的大气状态有关,为了便于相互比较,常需要换算成标准状态(STP)即1 atm,0℃下的量.描述这些大气成分的主要物理量有:

数密度:定义为单位体积大气中的某种气体成分的分子数或原子数,单位:个$\cdot$ m^{-3};

浓度(或密度):单位体积大气中某种气体成分的质量,单位kg$\cdot$m^{-3};

质量混合比:某种气体的质量占大气中所有成分质量总和的比值,单位通常用ppmm(10^{-6})和ppbm(10^{-9})等;

体积混合比(或称摩尔分数):表示某种气体的体积与相同条件下大气体积的比值,单位通常用ppmv(10^{-6})和ppbv(10^{-9})等;

分压:是某种气体成分在大气中的分压强,单位mPa(10^{-5}hPa)或hPa等;这种气体分压p与数密度n的关系为

$$p=\frac{2}{3}n\bar{E}_k=nkT, \tag{1.2.1}$$

其中,$\bar{E}_k$为分子平均动能,T为气体绝对温度,k为玻尔兹曼(Boltzmann)常数.

柱密度(也称压缩厚度):即单位高度气柱内某气体成分的量折合成在标准状态下的厚度,单位为大气厘米每千米(atm-cm$\cdot$km^{-1}).

臭氧除了使用以上这些物理量表示外,常用的表示量还有臭氧总量.它是观测站上空单位截面积气柱内的总臭氧含量,以累计压缩厚度表示,它是把垂直大气柱内所有的臭氧压缩到标准状态下的等效厚度,单位为大气厘米(atm-cm)或多普森单位(Dobson Unit, DU).1 DU相当于在标准状态下,等效厚度为10^{-3}atm-cm的臭氧含量.多普森单位由广泛使用的观测大气臭氧总量的多普森臭氧仪(多普森设计)而得名.用公式表示海平面以上的臭氧总量X为

$$X=\frac{1}{\rho_{30}}\int_0^\infty \rho_3(z)\mathrm{d}z, \tag{1.2.2}$$

其中,$\rho_3(z)$为高度z处的臭氧密度,ρ_{30}为标准状态下的臭氧密度,其值为2.144 kg$\cdot$m^{-3}.

1.2.3 水汽量

水汽在整个大气中占的体积比例很小,大约平均为0.4%.近地面附近的水汽是非常活跃的,体积比例为0~4%.在热带海洋地区水汽含量大,而在极地却很小.

大气中表示水汽量的物理量总称为空气湿度,它是表示湿空气中水汽含量的多少或空气干湿程度的物理量.地表蒸发率和大气中形成云雾的凝结过程等,调节着空气湿度的大小.由于历史原因和实际测量方法的不同,空气湿度可以用不同的物理量表示,包括水汽压、水汽密度、混合比、比湿、相对湿度和露点等.如果给定环境大气的温度和气压,一个湿度变量就可以

确定其他湿度变量.

空气湿度属于气象要素之一. 气象要素是表示大气中物理现象和物理变化过程的物理量，除空气湿度外，还包括气温、气压、风速、风向、能见度、降水量、云量、日照和辐射等. 这些量表征大气的宏观物理状态，是大气科学研究的基础.

1. 水汽压和绝对湿度

水汽压是大气中水汽产生的压强，即水汽分压，通常用符号 e 表示. 根据道尔顿(Dalton)分压定律和理想气体状态方程，得到水汽压的表达式为

$$e = \frac{m_v}{V\mu_v} R^* T = \rho_v R_v T, \tag{1.2.3}$$

其中，m_v 是体积为 V、绝对温度为 T 的湿空气中水汽的质量，μ_v 为水汽的摩尔质量，

$$\mu_v = 18.015\,\mathrm{g \cdot mol^{-1}},$$

R^* 为普适气体常数，R_v 为水汽气体常数，

$$\begin{aligned} R_v &= R^* / \mu_v \\ &= 461.52\,\mathrm{J \cdot kg^{-1} \cdot K^{-1}}, \end{aligned}$$

ρ_v 为水汽密度，表示单位体积湿空气中含有的水汽质量，也称为绝对湿度，单位一般为 $\mathrm{kg \cdot m^{-3}}$.

温度一定时，一定体积中容纳水汽分子有一定的限度，达到或超过某一温度下容纳的水汽的程度，则水汽达到饱和或过饱和，这时的空气称为饱和空气或过饱和空气. 一般情况下，由于大气中气溶胶粒子的作用，过饱和大气状态不易出现；因为即使在未饱和时，水汽分子就不断凝结到这些粒子上，最大也就维持饱和状态. 饱和空气的绝对湿度称饱和绝对湿度. 饱和空气中的水汽压称饱和水汽压，有时也称最大水汽压，以 e_s 表示，进一步为表述简洁，相对于水面的饱和水汽压表示为 e_s，相对于冰面为 e_{si}.

饱和水汽压仅是温度的函数，对于给定的任何一个温度，只会有唯一的、且水汽和液态水(或固态冰)处于平衡状态下的饱和水汽压与之对应. 典型的饱和水汽压实验值见表 1.3，它近似随温度升高而指数增加，确定饱和水汽压的最直接方法就是查表.

表 1.3 中的饱和水汽压实验值，可用世界气象组织(WMO)建议的比较精确的饱和水汽压公式，即戈夫-格雷奇(Goff-Gratch)公式计算获得. 对平液面，在 −49.9～100℃ 范围内，戈夫-格雷奇公式为

$$\begin{aligned} \lg e_s =& 10.795\,74(1 - T_t/T) - 5.028\,00 \lg(T/T_t) \\ &+ 1.504\,75 \times 10^{-4}\left[1 - 10^{-8.2969(T/T_t - 1)}\right] \\ &+ 0.428\,73 \times 10^{-3}\left[10^{4.769\,55(1 - T_t/T)} - 1\right] + 0.786\,14; \end{aligned} \tag{1.2.4}$$

对平冰面，在 −100～0℃ 范围内，戈夫-格雷奇公式为

$$\begin{aligned} \lg e_{si} =& -9.096\,85(T_t/T - 1) - 3.566\,54 \lg(T_t/T) \\ &+ 0.876\,82(1 - T/T_t) + 0.786\,14. \end{aligned} \tag{1.2.5}$$

以上两式中 T 为绝对温度(K)，$T_t = 273.16\,\mathrm{K}$ 是水的三相点温度.

表 1.3 纯水和纯冰面上的饱和水汽压(Holton 等,2002)

T/℃	e_s/hPa	e_{si}/hPa	T/℃	e_s/hPa	e_{si}/hPa	T/℃	e_s/hPa	T/℃	e_s/hPa
−50	0.0635	0.0393	−25	0.8068	0.6322	1	6.565	26	33.606
−49	0.0712	0.0445	−24	0.8826	0.6983	2	7.054	27	35.646
−48	0.0797	0.0502	−23	0.9647	0.7708	3	7.574	28	37.793
−47	0.0892	0.0567	−22	1.0536	0.8501	4	8.128	29	40.052
−46	0.0996	0.0639	−21	1.1498	0.9366	5	8.718	30	42.427
−45	0.1111	0.0720	−20	1.2538	1.032	6	9.345	31	44.924
−44	0.1230	0.0810	−19	1.3661	1.135	7	10.012	32	47.548
−43	0.1379	0.0910	−18	1.4874	1.248	8	10.720	33	50.303
−42	0.1533	0.1021	−17	1.6183	1.371	9	11.473	34	53.197
−41	0.1704	0.1145	−16	1.7594	1.505	10	12.271	35	56.233
−40	0.1891	0.1283	−15	1.9114	1.651	11	13.118	36	59.418
−39	0.2097	0.1436	−14	2.0751	1.810	12	14.016	37	62.759
−38	0.2322	0.1606	−13	2.2512	1.983	13	14.967	38	66.260
−37	0.2570	0.1794	−12	2.4405	2.171	14	15.975	39	69.930
−36	0.2841	0.2002	−11	2.6438	2.375	15	17.042	40	73.773
−35	0.3138	0.2232	−10	2.8622	2.597	16	18.171	41	77.798
−34	0.3463	0.2487	−9	3.0965	2.837	17	19.365	42	82.011
−33	0.3817	0.2768	−8	3.3478	3.097	18	20.628	43	86.419
−32	0.4204	0.307	−7	3.6171	3.379	19	21.962	44	91.029
−31	0.4627	0.3420	−6	3.9055	3.684	20	23.371	45	95.850
−30	0.5087	0.3797	−5	4.2142	4.014	21	24.858	46	100.89
−29	0.5588	0.4212	−4	4.5444	4.371	22	26.428	47	106.15
−28	0.6133	0.4668	−3	4.8974	4.756	23	28.083	48	111.65
−27	0.6726	0.5169	−2	5.2745	5.173	24	29.829	49	117.40
−26	0.7369	0.5719	−1	5.6772	5.622	25	31.668	50	123.39
—	—	—	0	6.1070	6.106	—	—	—	—

显然,戈夫-格雷奇公式在形式上是比较复杂的,因此在满足精度要求的情况,一些经验公式常被使用.例如,表 1.3 中的饱和水汽压,可以拟合为温度的 6 次多项式,即

$$e_s = \sum_{n=0}^{6} a_n (T - T_t)^n, \tag{1.2.6}$$

其中,相对于水面和冰面的饱和水汽压表达式的系数 a_n($n=0,1,\cdots,6$),见表 1.4 所示.

表 1.4 温度范围−50~50℃内相对水面和冰面的饱和水汽压 6 次多项式的系数(Flatau 等,1992)

系数	平液面	平冰面
a_0	6.111 767 50	6.109 526 65
a_1	$4.439\,860\,62\times10^{-1}$	$5.019\,483\,66\times10^{-1}$
a_2	$1.430\,533\,01\times10^{-2}$	$1.862\,889\,89\times10^{-2}$
a_3	$2.650\,272\,42\times10^{-4}$	$4.034\,889\,06\times10^{-4}$
a_4	$3.022\,469\,94\times10^{-6}$	$5.397\,978\,52\times10^{-6}$
a_5	$2.038\,863\,13\times10^{-8}$	$4.207\,136\,32\times10^{-8}$
a_6	$6.387\,809\,66\times10^{-10}$	$1.472\,710\,71\times10^{-10}$

一个常被使用的经验公式，是特滕斯(Tetens)公式

$$e_s = 6.1066 \cdot 10^{\frac{at}{b+t}}, \tag{1.2.7}$$

其中 e_s 和 t 的单位分别为 hPa 和℃，系数如表 1.5 所示.

表 1.5 特滕斯经验公式中的系数(Murray,1967)

	a	b/℃
平水面	7.5	237.3
平冰面	9.5	265.5

实际中应用这些经验公式，需要注意它们的适用范围，尤其需要知道它们的误差. 例如，在使用(1.2.7)式计算平水面饱和水汽压时，在 −25℃，相对误差达 1%；在 0℃以上的相对误差都小于 0.1%. (1.2.7)式计算水面饱和水汽压时在低温条件时误差较大. 当然，在情况允许的条件下，应尽量使用精确的计算公式.

湿空气是水汽和干空气的混合气体，严格地说，湿空气的饱和水汽压不等于纯水汽的饱和水汽压. 一方面由于干空气的存在增大了水(冰)面上的总压强，使得饱和水汽压增大；另一方面，液态水内总会溶有少量空气，饱和水汽压要降低. 研究指出，在一个大气压下，干空气的存在仅使三相点降低约 0.0098 K；若以纯水汽的饱和水汽压代替湿空气的饱和水汽压，误差也总是小于 1%. 因此在研究大气时，常忽略两者的差别，认为饱和水汽压就是指一定温度下饱和湿空气的水汽分压强. 关于加入干空气和空气融入水对饱和水汽压的影响留待后面章节讨论.

也用饱和差($e_s - e$)表示空气接近饱和状态的程度.

2. 混合比和比湿

某一体积湿空气中水汽质量 m_v 和干空气质量 m_d 的比值，即水汽相对于干空气的质量混合比，称为混合比，表示为

$$w = \frac{m_v}{m_d}, \tag{1.2.8}$$

或

$$w = \frac{\rho_v}{\rho_d} = \varepsilon \frac{e}{p - e}, \tag{1.2.9}$$

其中，ρ_d 为干空气的密度，ε 是水汽和干空气的摩尔质量的比值，$\varepsilon = 0.622$，p 是湿空气总压强. 与前面已经介绍的气体量表示单位比较，质量混合比是指某种气体的质量与所有气体质量的比值，这与水汽的混合比不一致. 因此，水汽质量与干空气质量的比值所定义的混合比，特指水汽.

比湿定义为水汽与湿空气的质量比，即

$$q = \frac{m_v}{m_d + m_v} = \frac{\rho_v}{\rho_d + \rho_v} = \varepsilon \frac{e}{p - (1-\varepsilon)e} = \frac{w}{1+w}. \tag{1.2.10}$$

(1) 在大气学科中，比湿和混合比是有单位的量，常用的单位是 $g \cdot kg^{-1}$. 由于这两个量是质量的比值，有时也会写成无单位的量，但注意此时这两个量的值很小，比如在地球大气中，这两个量都小于 0.04(换成单位量就是 40 $g \cdot kg^{-1}$). 由此，也可得到 $q \approx w$.

(2) 如果湿空气达到饱和，这时就对应于饱和混合比和饱和比湿，当然仍然有相对水面或

冰面的区别.

(3) 空气膨胀或压缩，无水分蒸发或凝结，则 w,q 不变，具有保守性. 混合比或比湿是讨论湿空气上升、下降有用的物理量.

从地面到大气层顶的单位截面积气柱中的水汽总量 W_v 称为可降水量(precipitable water)

$$W_v = \int_0^{\infty} \rho_v(z)\mathrm{d}z, \tag{1.2.11}$$

其中，$\rho_v(z)$是高度 z 处的水汽密度. 如果把气柱的水汽凝结到地面雨量桶中，降水量为W_v/ρ_w，其中 ρ_w 是液态水的密度，因此对 W_v 使用可降水量的称谓. 根据静力学关系，可以得到可降水量与比湿的关系式

$$W_v = \frac{1}{g}\int_0^{p_s} \frac{\rho_v}{\rho}\mathrm{d}p = \frac{1}{g}\int_0^{p_s} q\mathrm{d}p, \tag{1.2.12}$$

其中，p_s 是相应于 $z=0$ 时的地面气压，ρ 是空气密度.

3. 相对湿度

相对湿度定义为在一定温度和压强下，湿空气的水汽压和在此温度下的饱和水汽压的比值，或者是实际水汽与饱和水汽的摩尔分数之比. 通常以符号 r(对水面)和 r_i(对冰面)来表示，即

$$r = \frac{e}{e_s} \quad 和 \quad r_i = \frac{e}{e_{si}}. \tag{1.2.13}$$

相对湿度是水汽压 e 和温度 T 的函数，通常以百分比表示. 例如，饱和空气的相对湿度就是 100%. 空气中水汽量增加或减少，会改变 e；空气的温度变化会改变 e_s，这两种情况都可改变相对湿度. 在 0℃以下，特别需要注意相对湿度的计算是相对于水面还是冰面. 如果湿空气相对水面饱和，则按冰面计算就是过饱和. 表 1.6 给出的是当温度在 0℃以下时，对于水面饱和($r=100\%$)，但对冰面却是过饱和的 r_i 的一些数值.

表 1.6 $r=1$ 时 r_i 随温度的变化

T/℃	r/%	r_i/%
0	100	100
−10	100	110
−20	100	122
−30	100	134
−40	100	147

另外，湿空气中水汽的摩尔分数 r'_v 为

$$r'_v = \frac{n_v}{n_v + n_d} = \frac{m_v/\mu_v}{m_v/\mu_v + m_d/\mu_d} = \frac{w}{\varepsilon + w}, \tag{1.2.14}$$

其中，n_v 和 n_d 分别是水汽和干空气的摩尔数，μ_v 和 μ_d 分别是水汽和干空气的摩尔质量.

同理，饱和水汽的摩尔分数 r'_{vs}可写为

$$r'_{vs} = \frac{w_s}{\varepsilon + w_s}. \tag{1.2.15}$$

根据(1.2.14)和(1.2.15)式，可得到相对湿度与混合比、比湿及水汽密度的关系，即

$$r = \frac{r_{\mathrm{v}}'}{r_{\mathrm{vs}}'} = \frac{w}{w_{\mathrm{s}}}\frac{\varepsilon + w_{\mathrm{s}}}{\varepsilon + w} \approx \frac{w}{w_{\mathrm{s}}} \approx \frac{q}{q_{\mathrm{s}}} \approx \frac{\rho_{\mathrm{v}}}{\rho_{\mathrm{vs}}}. \tag{1.2.16}$$

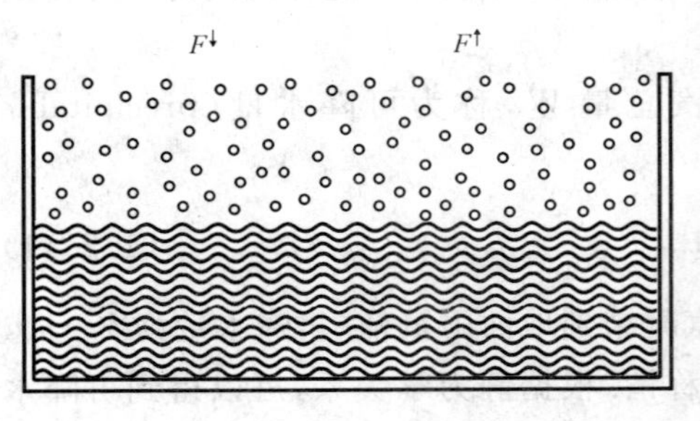

图 1.3 水汽的向上和向下通量

为了说明相对湿度的意义，设有一密封容器，开始只装有水，水汽可蒸发进入水面上的空间. 设 E 为液面蒸发率（单位时间单位面积的蒸发的分子数），它依赖液体水的状态；C 为水汽凝结率，它依赖液面上水汽的状态. 平行于液面在水汽中的某一平面上，向上和向下的水汽分子扩散通量分别为 $F^{\uparrow}$ 和 $F^{\downarrow}$，如图 1.3 所示. 向下的水汽分子通量为

$$F^{\downarrow} = \frac{1}{4}n\bar{v}, \tag{1.2.17}$$

其中，n 为水汽数密度，$\bar{v}$ 为水汽分子平均速率

$$\bar{v} = \int_0^{\infty} vf(v)\mathrm{d}v = \sqrt{\frac{8kT}{\pi m}}, \tag{1.2.18}$$

其中，m 为水汽分子质量，而 $f(v)$ 为麦克斯韦-玻尔兹曼速率分布.

$F^{\downarrow}$ 的意义，可以这样考虑，在容器水汽中某一水平面，空气向上、向下扩散的分子数各占 1/2，而向下运动的分子不都是垂直向下，其折合成垂直向下的效果相当于 1/2，这样总向下扩散的效果就是 1/4.

水汽向上的通量与蒸发率和向下通量的关系可写为

$$F^{\uparrow} = E + fF^{\downarrow}, \tag{1.2.19}$$

其中，f 表示向下的水汽分子被反射弹回的百分比.

当水汽蒸发达到平衡，即水汽达到饱和时，满足条件 $F^{\uparrow} = F^{\downarrow}$. 平衡时向下通量为

$$F^{\downarrow} = \frac{1}{4}n_{\mathrm{ve}}\bar{v}, \tag{1.2.20}$$

其中 n_{ve} 为平衡时水汽数密度. 因此平衡时的蒸发率

$$E = F^{\uparrow} - fF^{\downarrow} = \frac{1}{4}n_{\mathrm{ve}}\bar{v}(1-f). \tag{1.2.21}$$

如果水面开始蒸发，但还没有达到平衡，设水汽数密度为 $n_{\mathrm{v}}(\neq n_{\mathrm{ve}})$，这时

$$C - E = F^{\downarrow} - F^{\uparrow}. \tag{1.2.22}$$

将(1.2.19)式代入(1.2.22)式，得到水汽凝结率

$$C = F^{\downarrow} - fF^{\downarrow} = F^{\downarrow}(1-f) = \frac{1}{4}n_{\mathrm{v}}\bar{v}(1-f). \tag{1.2.23}$$

由此，得到凝结率与平衡时蒸发率的比值

$$\frac{C}{E} = \frac{n_{\mathrm{v}}}{n_{\mathrm{ve}}} = \frac{e}{e_{\mathrm{s}}} = r. \tag{1.2.24}$$

可见，凝结率与平衡时蒸发率的比值是相对湿度，这就是相对湿度的经典物理意义.

4. 露点温度和霜点温度

露点温度（以 T_{d} 表示）是一定质量湿空气等压降温达到饱和时的温度. 具体来讲，对于一定质量的空气，若令其等压冷却，则 q，w 和 e 都将保持不变，饱和水汽压 e_{s} 却因温度的降低而

减小. 当 $e_s=e$ 时,空气相对水面达到饱和,这时对应的温度称为露点温度,或简称露点. 显然,在露点温度时的饱和水汽压等于实际水汽压,

$$e_s(T_d) = e. \tag{1.2.25}$$

已知实际水汽压,可根据前面给定的饱和水汽压的计算公式,获得露点温度. 在一些地面气象业务计算中,常采用简单经验式(例如特滕斯公式)求出初值,再根据戈夫-格雷奇公式,用逐步逼近方法求出精确的露点温度. 虽然露点温度以 K 为单位,但它表示的意义不是温度,而是湿度. 温度露点差 $T-T_d$ 也可用来表示湿度,它与相对湿度近似成反比,例如温度露点差为 0 K 时,对应相对湿度 100%.

如果湿空气等压降温是对于冰面饱和,则饱和时对应的温度定义为霜点温度(或霜点)T_f,即

$$e_{si}(T_f) = e. \tag{1.2.26}$$

给定水汽压,当等压降温达到 0℃以下达到饱和时,因为 $e_s(T_d)=e_{si}(T_f)<e_s(T_f)$,所以 $T_d<T_f$. 空气从不饱和状态(T,e)等压降温时,先后达到霜点(凝华)和露点(凝结),这是水面和冰面饱和水汽压不同所造成的(见图 1.4 所示). 图 1.4 中,P_t 是水的三相点,对应温度为 $T_t=273.16$ K;BP_tD 为水汽和水二相平衡曲线(即水面饱和水汽压曲线),P_tF 为水汽和冰的平衡曲线(即冰面饱和水汽压曲线),AP_t 为水和冰平衡曲线.

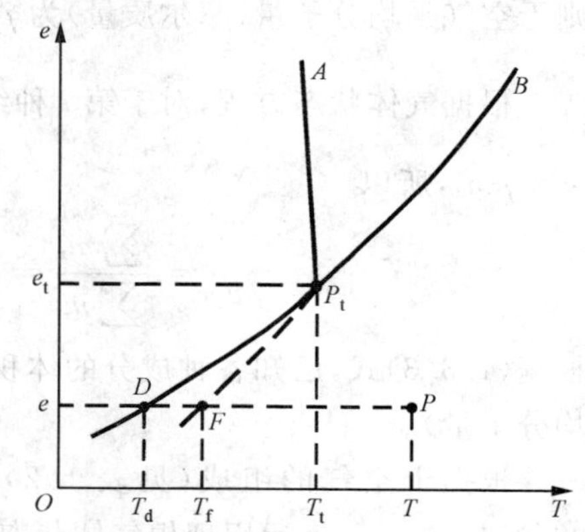

图 1.4 等压冷却达到饱和时的露点和霜点

在极为纯净的大气中,凝华和凝结过程都不易发生,而很可能达到过饱和或过冷却状态. 低层大气是含有丰富凝结核的非纯净大气,故气温降到露点就会凝结. 凝华和冻结过程稍有不同,如果已有冰面存在,则气温降到霜点,水汽或水就会在冰面上凝华和冻结;若不存在冰面,即使大气中有些冰核也不会发生凝华和冻结,而在 T_f 与 T_d 之间保持对冰面的过饱和,等降到 T_d 时再凝结成水.

露点完全由空气的水汽压决定,在等压冷却过程中水汽压不变,露点也不变,所以它在等压过程中是保守量. 因为水汽量的多少可以由实际水汽压的大小反映出来,考虑到实际水汽压与露点有关,所以露点是反映水汽量多少的很好的指标之一.

露点可由露点仪直接测得,也可由其他湿度参量换算得到. 霜点或露点的值,除了表示空气湿度外,也可以用来预报露、霜、云和雾等天气现象.

1.3 状 态 方 程

大气属于流体,但它与一般流体具有不同的物理特性. 一般流体具有连续性、流动性和黏滞性,而大气还有可压缩性. 大气密度 ρ 的空间分布与气压 p 和温度 T 有关,所以也和大气的运动与热量传递有关. ρ, p 和 T 不同,就构成了大气的不同状态变化.

在自然界温度和压力下,大气处于气态,离液化程度很远,大气可看成理想气体. 理想气体所满足的定律皆可适用,其中常用的是道尔顿定律

$$p = \sum p_i \tag{1.3.1}$$

和理想气体状态方程

$$pV = \frac{m}{\mu}R^* T = nR^* T, \tag{1.3.2}$$

其中 p_i 为第 i 种成分的分压强. m, μ 和 n 分别为气体质量、摩尔质量和摩尔数.

1.3.1　干空气的状态方程

假设在一定气压 p、温度 T 的条件下，干空气中有 N 种成分，第 i 种成分的体积、质量、摩尔质量和摩尔数分别为 V_i, m_i, μ_i 和 n_i.

如果气压温度条件不变，N 种成分混合在一起，气体总体积为 $V=\sum V_i$，其中 $\sum$ 表示 N 种大气成分物理量的和，因此第 i 种成分的体积混合比为 V_i/V. 第 i 种成分的摩尔数由质量和摩尔质量相除得到，即 $n_i = m_i/\mu_i$，气体总摩尔数为 $n=\sum n_i$，气体总质量为 $m=\sum m_i$，则干空气平均分子量(摩尔质量)为 $\mu = m/n = \sum m_i \Big/ \sum n_i$.

根据气体状态方程，对于第 i 种组分，$pV_i = n_i R^* T$，则：$\frac{n_i}{V_i} = \frac{p}{R^* T} = K$，因此，$n_i = KV_i$，而 $m_i = \mu_i n_i$，所以

$$\mu = \frac{\sum m_i}{\sum n_i} = \frac{\sum n_i \mu_i}{\sum KV_i} = \frac{\sum KV_i \mu_i}{\sum KV_i} = \sum \frac{V_i}{V}\mu_i. \tag{1.3.3}$$

根据(1.3.3)式，已知各种成分的体积混合比和摩尔质量，即可算出大气的平均摩尔质量(或平均分子量).

根据干空气的组成(见表 1.2)，计算得到 86 km 以下干空气的平均摩尔质量为 $\mu_d = 28.964\ \mathrm{g \cdot mol^{-1}}$. 运用理想气体状态方程，得到干空气状态方程为

$$p_d = \frac{m_d R^*}{V\mu_d}T = \rho_d R_d T, \tag{1.3.4}$$

其中，干空气密度 $\rho_d = \frac{m_d}{V}$，干空气的气体常数为 $R_d = \frac{R^*}{\mu_d} = 287.06\ \mathrm{J \cdot kg^{-1} \cdot K^{-1}}$. 由此，也可得到干空气气体常数与水汽气体常数的关系

$$R_v = \frac{\mu_d}{\mu_v}R_d = 1.608R_d = \frac{1}{\varepsilon}R_d. \tag{1.3.5}$$

干空气密度 ρ_d 随 (p_d, T) 改变，即是气压和温度的函数. 在标准大气状态下，$\rho_d = 1.293\ \mathrm{kg \cdot m^{-3}}$；在地面室温情况下，$T = 293\ \mathrm{K}$, $p_d = 1000\ \mathrm{hPa}$ 时，$\rho_d = 1.18\ \mathrm{kg \cdot m^{-3}}$，即 $1\ \mathrm{m^3}$ 空气重约 1.2 kg.

在 86 km 以上的大气，空气的摩尔质量是变化的，这在后面的章节中讨论.

1.3.2　湿空气的状态方程

湿空气由干空气和水汽组成，首先求得湿空气的平均摩尔质量为

$$\mu = \frac{m_d + m_v}{m_d/\mu_d + m_v/\mu_v} = \frac{1+w}{1/\mu_d + w/\mu_v} = \frac{1+w}{1+w/\varepsilon}\mu_d, \tag{1.3.6}$$

或以比湿表示为

$$\mu = \frac{1}{1+\frac{1-\varepsilon}{\varepsilon}q}\mu_{\mathrm{d}}. \tag{1.3.7}$$

依照气体常数的定义,得到湿空气的气体常数(或有效气体常数, effective gas constant)为

$$R = \frac{R^*}{\mu} = R_{\mathrm{d}}\frac{1+w/\varepsilon}{1+w} = R_{\mathrm{d}}\left(1+\frac{1-\varepsilon}{\varepsilon}q\right), \tag{1.3.8}$$

则湿空气的状态方程应是

$$p = \rho RT = \rho R_{\mathrm{d}}\frac{1+w/\varepsilon}{1+w}T = \rho R_{\mathrm{d}}\left(1+\frac{1-\varepsilon}{\varepsilon}q\right)T, \tag{1.3.9}$$

ρ 为湿空气的密度.可见在同一压力和温度下,湿空气的密度比干空气的小,含有的水汽越多,密度越小.若定义虚温 T_{v},则可把方程写成常用的干空气状态方程的形式

$$p = \rho R_{\mathrm{d}} T_{\mathrm{v}}, \tag{1.3.10}$$

其中,虚温的表达式为

$$T_{\mathrm{v}} = \frac{1+w/\varepsilon}{1+w}T \tag{1.3.11a}$$

或

$$T_{\mathrm{v}} = \left(1+\frac{1-\varepsilon}{\varepsilon}q\right)T = (1+0.608q)T. \tag{1.3.11b}$$

可以认为虚温是考虑水汽后的订正温度,即因为有水汽,感觉的温度会高一些.如果比较(1.3.4)式和(1.3.10)式,在相同气压条件下,如果干、湿空气密度相同,即 $\rho_{\mathrm{d}}=\rho$ 时,干空气所具有的温度就是虚温.也就是说,湿空气有水汽存在,其密度比同温度、压强下的干空气密度小.如果在压强不变的条件下,升高干空气的温度(干空气密度减小),以代替水汽对湿空气密度的影响,使 $\rho_{\mathrm{d}}=\rho$,这个升高后的干空气的温度就是虚温.

由虚温定义可得到虚温与实际温度的差,即虚温差或虚温订正量为

$$\Delta T_{\mathrm{v}} = T_{\mathrm{v}} - T = \frac{1-\varepsilon}{\varepsilon}qT = (1-\varepsilon)\frac{e}{p}T = 0.378\frac{e}{p}T. \tag{1.3.12}$$

若考虑的大气是饱和的,则对应于饱和虚温差.

虚温差是一个在分析大气稳定度时必须考虑的量.显然,空气温度越高,水汽越多,虚温订正量越大.可见,大气低层虚温订正量不可忽略,到高空很快减小,当虚温订正量和温度的观测误差同量级时,就可不作虚温订正了.

当空气饱和并有液态水存在时,虚温计算公式写为

$$T_{\mathrm{v}} = T\frac{1+w/\varepsilon}{1+w+w_{\mathrm{w}}} \approx T(1+0.608w-w_{\mathrm{w}}), \tag{1.3.13}$$

式中 w_{w} 是液态水质量与干空气质量的比值.当包含水凝物时,虚温也称为密度温度,有时也表示为 T_ρ.当在理想气体定律中使用时,密度温度对应多相系统的真正密度,即 $\rho = p/(R_{\mathrm{d}}\cdot T_\rho)$.显然,未饱和系统的虚温是密度温度的特例.

在大气研究和应用中,密度不是测量得到,而是由 p,T 计算的.理论计算中,ρ 的问题,都是用状态方程转变为 p,T 来加以计算和分析的.空气的状态方程,在气象理论研究中有广泛的应用.

1.4　大气与理想气体的差异

根据理想气体的定义,实际气体不是完全的理想气体.因为实际气体分子本身具有体积,分子间存在吸引力,建立状态方程时必须考虑这种力的影响.

实际气体的状态可由若干经验或半经验的状态方程描述,其中能得到很接近实验数据的近似式为

$$pV_{\mathrm{m}} = R^{*}T(1 + Bp + Cp^{2} + Dp^{3} + \cdots), \tag{1.4.1}$$

其中,V_{m} 为摩尔体积;$B,C,D,\cdots$分别为第二、第三、第四,…位力(拉丁文 virial,"力"的意思)系数,它们是温度的函数,并与气体本性有关,其值通常由实验数据拟合得到.在理论上,第二位力系数反映两个气体分子相互作用对气体状态的影响,第三位力系数反映三个气体分子相互作用对气体状态的影响,以此类推.

(1.4.1)式称为位力方程,是卡末林-昂尼斯(Kammerling-Onnes)于 1901 年作为纯经验方程提出的,采用一个无穷级数来修正实际气体压缩因子 Z 偏离理想值 1 的情况.实际气体的压缩因子为

$$Z = 1 + Bp + Cp^{2} + Dp^{3} + \cdots. \tag{1.4.2}$$

虽然位力方程表示成无穷级数的形式,在计算精度要求不高时,只用到第二项 B 即可.所以第二位力系数较其他位力系数更为重要.

表 1.7 给出了干空气的第二位力系数、以及在两种气压上的压缩因子.从表 1.7 中的数据可以看到,如果把对流层中的干空气当理想气体考虑,误差不超过 0.2%,因此干空气能够近似作为理想气体处理.

表 1.7　干空气的第二位力系数和压缩因子

T/℃	$B/(10^{-6}\mathrm{hPa}^{-1})$	Z	
		500 hPa	1000 hPa
−100	−4.0	0.9980	0.9960
−50	−1.56	0.9992	0.9984
0	−0.59	0.9997	0.9994
50	−0.13	0.9999	0.9999

一定温度的纯水汽,在达到饱和时,与理想气体的状态差距最大,也即压缩因子越偏离 1,主要起作用的是饱和水汽的第二和第三位力系数,其中,第二位力系数为

$$B = \left[\frac{0.44687}{T} - \left(\frac{565.965}{T^{2}}\right)\cdot 10^{\frac{100\,800}{34\,900+T^{2}}}\right]\times 10^{-3}, \tag{1.4.3}$$

其单位为气压单位的倒数(hPa^{-1}),T 取绝对温度的单位 K.

表 1.8 给出了部分温度下的饱和水汽的压缩因子,其中的数据显示,对于在大气科学上有意义的温度范围,饱和水汽最多只有不到0.4%的部分偏离了理想气体.因此,对于大气中所有情况,水汽也可以近似为理想气体.

表 1.8 饱和水汽在不同温度下的压缩因子

T/℃	Z
−50	1.0000
0	0.9995
25	0.9980
50	0.9961

饱和湿空气偏离理想气体的差距最大，有三个原因造成：(1) 由于干空气和水汽都不是严格的理想气体，因此湿空气总压强并非两种气体压强的和；(2) 由于干空气的存在，增大了凝结相(水或冰)上的总压强，使饱和水汽压增大；(3) 凝结相并非纯水质物，而是包含了溶解的干空气．此时，饱和水汽压的差异可以用一个经验订正因子把这三种作用统一考虑进去，它是温度和压力的函数，即

$$f(T,p) = e_s'(T,p)/e_s(T), \tag{1.4.4}$$

其中，$e_s(T)$表示纯凝结相(水或冰)的饱和水汽压，只是温度的函数；而 $e_s'(T,p)$是有干空气时的饱和湿空气的水汽压，与温度和压力都有关．表 1.9 列出了相对液相(水)和固相(冰)的经验订正因子 f_w 和 f_i 的一些数值．

表 1.9 经验订正因子数值(Iribarne 和 Godson,1973)

T/℃	f_w		
	30 hPa	100 hPa	1100 hPa
−40	1.0002	1.0006	1.0060
0	1.0005	1.0008	1.0047
40	—	1.0019	1.0054
T/℃	f_i		
	30 hPa	100 hPa	1100 hPa
−80	1.0002	1.0008	1.0089
−40	1.0002	1.0006	1.0061
0	1.0005	1.0008	1.0048

从表 1.9 中可到，即使 f_w 和 f_i 等于 1，饱和水汽压的误差总是小于 1%．在对流层大气条件下，平均值为 1.003 导致总的误差小于 0.3%．因此，在大气科学研究的范围内，可以认为湿空气的压强就等于水汽压和干空气压强之和，即理想气体的道尔顿分压定律是适用的，湿空气也可认为是理想气体．并且，湿空气的饱和水汽压就等于纯水汽的饱和水汽压．

习　　题

1.1 比较地球与金星、火星大气状况的差异；并计算金星大气的平均摩尔质量和气体常数．

1.2 地球大气的演化经历了哪些阶段？各有什么特点？地球上有哪些条件可以满足生命生存？生命过程对于地球大气的影响有哪些？

1.3 地面以上 22 km 处大气臭氧的数密度为 $4.8\times10^{18}\,\text{m}^{-3}$，若此处温度为 218 K，气压为 54.75 hPa，求臭氧的分压、体积混合比和质量混合比．

1.4 某台站观测到气温 3℃,气压 1005 hPa,相对湿度 30%,求露点、霜点、比湿和混合比.

1.5 空气中 1%的体积是水汽,温度是 T,求虚温差.若气压为 1000 hPa,求气温分别为 30℃和−30℃的饱和虚温差.

1.6 在液态水存在情况下,推导密度温度 $T_\rho = T\dfrac{1+w/\varepsilon}{1+w+w_w}$,其中 w_w 是液态水质量与干空气质量的比值.如果液态水和固态冰晶同时存在,其表达式又如何?

1.7 气压 1000 hPa,温度 17℃,相对湿度 20%的地面干气团,流经暖湿湖面后成为湿气团,气压维持不变,温度增至 27℃,相对湿度增至 80%.求单位体积空间进入水汽的质量是多少? 开始单位体积的气团经湖面后体积变化多大?

1.8 已知大气条件为气温 0℃和 1 大气压,求此条件下饱和空气的平均分子量和气体常数;并求此条件下干空气、饱和空气和饱和空气中水汽的密度.

1.9 什么压强下理想气体定律对 0℃的干空气有 1%的误差?

第二章　大气静力平衡

大气静力学是研究静止大气所受力的作用，以及在力的作用下大气质量与压强分布规律的科学. 尽管大气有水平和垂直运动，但大气垂直运动加速度远小于重力加速度，仅为万分之一左右. 因此，除了某些特殊条件（如山区强烈对流）外，可以把大气在垂直方向看作处于静力平衡状态，可以应用力学中的静力学规律表征的测高方程描述大气压强随高度的变化.

2.1　流体静力学方程

2.1.1　重力位势和位势高度

从固定到地球上的坐标系观测，单位质量空气所受的重力是两个力的合力：(1) 根据牛顿万有引力定律确定的单位质量空气所受的地心引力；(2) 在旋转的地球上选取的固定坐标系引起的离心力（虚拟力）.

重力场是保守场，可以从单位质量的重力势能导出，即从重力位势 Φ 得来. 根据大气重力的来源，重力位势是万有引力吸引导致的位能（引力位势）和离心力引起的位能（离心力位势）的和. 每单位质量的重力是

$$\boldsymbol{g} = -\nabla\Phi, \tag{2.1.1}$$

这里，$\nabla\Phi$ 是位势梯度，重力 $\boldsymbol{g}$ 的方向沿着等位势面的法线方向，由高值指向低值（近似指向地心）；重力 $\boldsymbol{g}$ 的大小即重力加速度，由等位势面的疏密程度（梯度）决定.

在某个等 Φ 面上将单位质量沿法线方向移动微小距离 $\mathrm{d}z$ 时，克服重力所作的功转化成重力位势的增量

$$\mathrm{d}\Phi = g\mathrm{d}z. \tag{2.1.2}$$

通常不考虑地球本身的实际几何形状，而把地面假设为一个闭合曲面，叫大地水准面. 大地水准面是一个等位势面，规定它在海洋上与平均海平面重合，在大陆上是海平面的延伸，因此也简称海平面，它近似为一个椭球面，赤道半径比两极半径约大 21 km. 若令海平面的重力位势为零，则 z 高度的重力位势 Φ 是

$$\Phi = \int_0^z g\mathrm{d}z' \approx gz, \tag{2.1.3}$$

即重力位势表示单位质量通过任意路径由海平面上升到某一高度 z 时克服重力所作的功，以 $\mathrm{J\cdot kg^{-1}}$ 为单位. 由于 g 是纬度和高度的函数，所以等位势面和等高面不同，它们彼此不平行. 两个等位势面之间的几何距离，赤道的大于极地，高空的大于低空. 因等位势面上无重力分量，故沿着等位势面移动物体不抵抗重力做功.

过去将位势 Φ 的值转化为动力高度考虑，即 $10\,\mathrm{J\cdot kg^{-1}}$ 的位势差相当于 1 动力米，现代大气科学已不再采用. 习惯上以位势高度 Z 表示位势的大小，其定义为

$$Z = \Phi/g_0 = \frac{1}{g_0}\int_0^z g\mathrm{d}z' = \frac{\overline{g}}{g_0}z, \tag{2.1.4}$$

其单位为位势米(gpm)或位势千米(gpkm)等. 式中,$\bar{g}$ 是 g 在积分区间上的平均值. g_0 可以有不同的理解,如果从纯粹的高度理解,它应看成只是一个数值;以位势高度的物理意义理解,它是两种单位间的换算因子,即

$$g_0 = 9.80665\,\mathrm{J\cdot kg^{-1}/gpm}. \tag{2.1.5}$$

考虑重力随高度的变化,即

$$g = g_0 \cdot \frac{R_E^2}{(R_E + z)^2}, \tag{2.1.6}$$

其中,$R_E = 6356.766\,\mathrm{km}$ 是对应于海平面标准重力加速度 g_0 的地球半径. (2.1.6)式对于大多数大气模式已经具有足够高的精度,更精确的计算需要考虑地理纬度的影响. 将(2.1.6)式代入位势高度定义(2.1.4)式,得到

$$Z = \chi \cdot \frac{R_E z}{R_E + z} \approx \chi \cdot z \cdot (1 - 1.57 \times 10^{-7} z), \tag{2.1.7}$$

其中,$\chi = 1\,\mathrm{gpm\cdot m^{-1}}$.

一般在低空下,$\dfrac{\bar{g}}{g_0}$ 同 1 的差小于 0.2%,因而位势高度 Z 与实际几何高度 z 的数值非常接近,到高空,随着 z 的增大,差距逐渐增大. 在 100 km 高度,位势高度和几何高度的偏差小于 1.6%. 在实际工作中,可近似认为两者数值相等.

使用位势高度有理论上和实际应用中的种种原因. 理论上,多数的大气动力方程中常常把重力加速度与高度微分的乘积 $g\mathrm{d}z$ 换为 $g_0\mathrm{d}Z$,使得重力无水平分量,便于方程简化. 在实际应用中,实际高度从来并不需要,也很少去测量,部分原因是因为垂直方向上的位置一般用等压面的位置表示. 此外,使用位势高度可以不考虑重力加速度随高度和纬度的变化,根据实测的气压和温度即可计算位势高度,比较方便.

2.1.2　流体静力平衡

大气作为一种流体,当在垂直方向大气运动不存在时,可以假设气块所受的地心引力与其在垂直方向的气压梯度力的分量平衡,这个假设称为流体静力假设,而这种平衡关系称为流体静力平衡;否则,大气处于非流体静力平衡状态.

在流体静力假设条件下,如果大气在水平方向的气压、温度和湿度变化都很小,等压面和等温面近于水平(即与地球表面平行),取一截面积为 $\mathrm{d}A$,厚度为 $\mathrm{d}z$,密度为 $\rho = \rho(z)$ 的气块,如图 2.1 所示. 气块距地球表面距离为 z,气块底部和顶部气压分别为 p 和 $p + \mathrm{d}p$. 气块所在高度以下的大气和固体地球总质量为 M. 气块所受的地心引力为

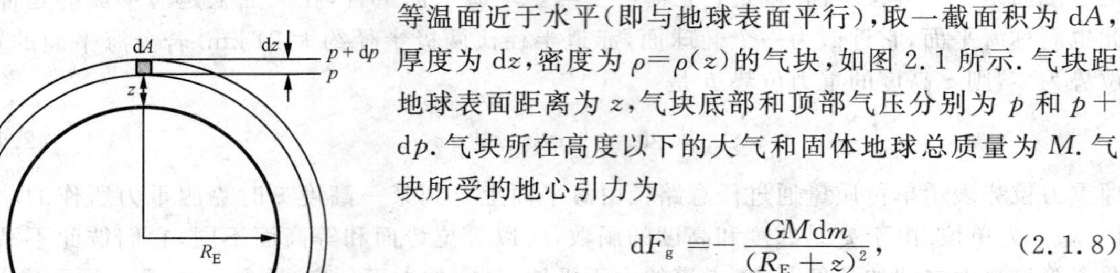

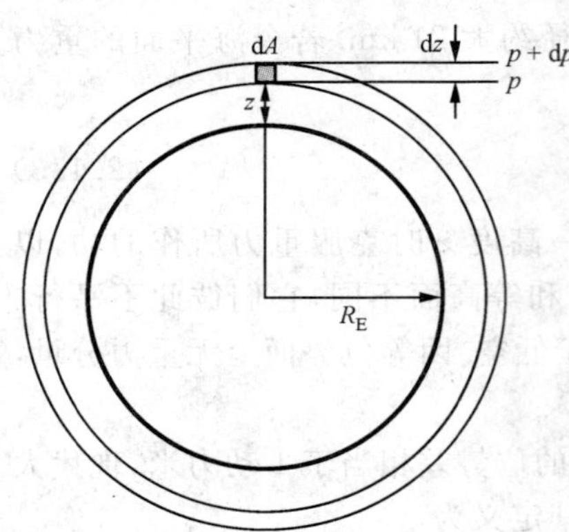

图 2.1　静力平衡大气中的气块

$$\mathrm{d}F_g = -\frac{GM\mathrm{d}m}{(R_E + z)^2}, \tag{2.1.8}$$

其中,G 为万有引力常数,气块质量 $\mathrm{d}m = \rho\mathrm{d}A\mathrm{d}z$,$R_E$ 为地球半径. 负号表示力的方向指向地心.

在地球大气中,大气的质量与固体地球的质量相比可以忽略不计,因此,M 近似等于固体地球质量 M_E,即 $M \approx M_E$. 因此,地心引力改写为

$$dF_g = -\frac{GM_E\rho}{(R_E+z)^2}dAdz = -g\rho dAdz, \tag{2.1.9}$$

其中，$g=GM_E/(R_E+z)^2$ 是单位质量物体在高度 z 处受到的地心引力.

气块在垂直方向所受浮力为气块底部与顶部所受的压力差，即

$$dF_p = pdA-(p+dp)dA = -dpdA. \tag{2.1.10}$$

在流体静力平衡状态下，气块所受地心引力与浮力平衡，即

$$dF_g + dF_p = 0. \tag{2.1.11}$$

将(2.1.9)和(2.1.10)式代入(2.1.11)式，经过整理得到

$$dp = -\rho g dz. \tag{2.1.12}$$

这就是原始推导的静力学方程(或流体静力方程)，在天体物理学研究中，研究恒星等天体内部气体的分布等特性时广泛使用.但在应用于地球大气中时，气块所受重力是地心引力和离心力的合力，因而大气科学中认为，静力平衡是重力和气压浮力的平衡，这样，静力学方程中重力加速度应该包括离心力的贡献，但不会影响方程的精度.

这个方程也可从大气运动的矢量方程的垂直方程式得到，即在垂直方向上，当科里奥利力、摩擦力和垂直加速项等，与气压梯度力和重力相比忽略不计时，可以得到(2.1.12)式.考虑到大气在水平方向分布均匀，在一定的范围内，可以认为气压 $p=p(z)$，因此单位质量空气所受的垂直气压梯度力为 $-\frac{1}{\rho}\frac{dp}{dz}$.对于气旋尺度的大气运动，应用此静力学方程的误差小于0.01%，但对于雷暴中的剧烈上升运动和山区大气波动，误差可以达到1%，或者在极端情况下更大.

若将静力学方程 $z\to\infty$ 积分，则得

$$p = \int_z^\infty \rho g dz', \tag{2.1.13}$$

它表示任一高度 z 上的气压，即为该高度以上单位截面空气柱的重量.

根据位势高度定义(2.1.4)式

$$d\Phi = gdz = g_0 dZ, \tag{2.1.14}$$

得到等价的大气静力学方程式为

$$dp = -\rho d\Phi = -\rho g_0 dZ. \tag{2.1.15}$$

静力学方程在流体力学、天体物理学、地质学和大气科学等诸多学科中都有广泛应用.在大气科学中，最简单的应用就是可以用于解释为什么地球大气不会压缩为靠近地面的很薄一层.在大气中，气压随高度减小，这样导致了向上的力，即气压梯度力，这个力趋向于使气压差异减小；地心引力则使大气聚集在地球周围.二者的平衡，维持了气压随高度的变化.没有气压梯度力，大气将是地球表面非常薄的一层.没有地心引力，气压梯度力将使大气瞬间向外太空扩散，留下几乎没有任何大气的固体地球.

顺便指出，流体静力学方程是对连续介质而言的，在分子间有足够的碰撞且能达到热动平衡，并且麦克斯韦速率分布律能成立的大气层里是适用的.而在几百公里以上的高空，由于空气粒子数已很稀少，平均自由程达到百公里量级，粒子各自运动而很少互相碰撞，流体静力学方程及其积分式就不再适用了.

2.1.3 测高方程

由于常规气象观测不直接测量密度，测得的是空气的温度、压强和湿度等，故需利用湿空

气状态方程,以得到静力学方程的便于应用的形式

$$\frac{\mathrm{d}p}{p}=-\frac{g}{R_{\mathrm{d}}T_{\mathrm{v}}}\mathrm{d}z=-\frac{g_0}{R_{\mathrm{d}}T_{\mathrm{v}}}\mathrm{d}Z. \tag{2.1.16}$$

由(2.1.16)式还可引申出两个互相关联的物理量:垂直气压梯度和单位气压高度差.垂直气压梯度 G_z 的定义是(大气科学中规定梯度方向由高值指向低值)

$$G_z=-\frac{\mathrm{d}p}{\mathrm{d}z}=\frac{gp}{R_{\mathrm{d}}T_{\mathrm{v}}}, \tag{2.1.17}$$

负号是由于垂直气柱中气压随高度增加而减少.显然,低层大气(p 大)中气压随高度减少得快,干冷空气比暖湿空气中气压随高度减少得快.垂直气压梯度 G_z 的倒数就是单位气压高度差 $-\frac{\mathrm{d}z}{\mathrm{d}p}$,计算单位气压高度差的差分形式为

$$-\frac{\Delta z}{\Delta p}\approx\frac{R_{\mathrm{d}}T_{\mathrm{v}}}{pg}. \tag{2.1.18}$$

显然,在垂直气压梯度和单位气压高度差定义中,实际高度也可替换为位势高度.

对(2.1.16)式随实际高度的积分很难得到解析解,因为不但需要考虑虚温随高度的分布,而且重力加速度 g 也是随高度变化的,这就难以求出积分的数值.但因 g 随高度变化比较缓慢,为了使计算简化,常将它作为常数处理,或引入位势高度为变量进行积分.

将(2.1.16)式由 $z_1(p=p_1)$ 积分到高度 $z_2(p=p_2)$,得到 $p_1\sim p_2$ 之间气层厚度 h 为

$$h=z_2-z_1=\frac{R_{\mathrm{d}}\overline{T}_{\mathrm{v}}}{g}\ln\left(\frac{p_1}{p_2}\right), \tag{2.1.19}$$

其中,$\overline{T}_{\mathrm{v}}$ 为 $p_1\sim p_2$ 之间气层的平均虚温,g 作为常数处理.这个等式称为测高方程(hypsometric equation),这个方程也可写为对应的位势高度单位,需将 g 改为 g_0.

2.2　等垂直减温率大气

大气的垂直温度梯度或温度垂直递减率(简称减温率),可以写成

$$\Gamma=-\frac{\mathrm{d}T}{\mathrm{d}z}. \tag{2.2.1}$$

然而,为了方便起见,又可以用温度对重力位势或位势高度的导数表示.用位势高度表示,为

$$\gamma=-\frac{\mathrm{d}T}{\mathrm{d}Z}. \tag{2.2.2}$$

应注意,两种定义的减温率虽然数值大小近似相等,却是两种不同的物理量.Γ 给定的是绝对温度随实际高度的变化,单位通常以℃·km^{-1}表示;而 γ 给定的是绝对温度随位势高度的变化,单位采用℃·gpkm^{-1}来表示.

虚温的减温率仿照(2.2.1)和(2.2.2)式的定义可写成

$$\Gamma_{\mathrm{v}}=-\frac{\mathrm{d}T_{\mathrm{v}}}{\mathrm{d}z}\quad \text{和}\quad \gamma_{\mathrm{v}}=-\frac{\mathrm{d}T_{\mathrm{v}}}{\mathrm{d}Z}. \tag{2.2.3}$$

2.2.1　一般模式:多元大气

现在讨论等虚温减温率(即虚温随位势高度线性变化)大气的一般情况.若海平面处的虚温和气压分别为 $T_{\mathrm{v}0}$ 和 p_0,虚温可表示为

$$T_v = T_{v0} - \gamma_v Z. \tag{2.2.4}$$

使用静力学方程和状态方程，可得到虚温随气压变化的关系

$$\frac{T_v}{T_{v0}} = \left(\frac{p}{p_0}\right)^{R_d\gamma_v/g_0}. \tag{2.2.5}$$

若令$\frac{R_d\gamma_v}{g_0}=\frac{n-1}{n}$，方程(2.2.5)式与热力学中多元过程的方程类似，因此这种等减温率大气也称为多元大气. 然而在这里，它描述的是虚温随气压的变化，却不是系统在过程中的变化. 多元大气最接近于实际的情况，例如对流层的温度随高度线性减小，γ_v 为正值.

将(2.2.4)式代入(2.1.16)式，对多元大气气层($Z=0, p_0 \sim Z, p$)积分后，可得到多元大气的压力-高度关系为

$$\ln\frac{p}{p_0} = \frac{g_0}{R_d\gamma_v}\ln\frac{T_{v0}-\gamma_v Z}{T_{v0}}, \tag{2.2.6}$$

或另一形式

$$\frac{p}{p_0} = \left(1-\frac{\gamma_v Z}{T_{v0}}\right)^{\frac{g_0}{R_d\gamma_v}}, \tag{2.2.7}$$

以及

$$Z = \frac{T_{v0}}{\gamma_v}\left[1-\left(\frac{p}{p_0}\right)^{\gamma_v R_d/g_0}\right]. \tag{2.2.8}$$

若海平面以上整层都是多元大气，从(2.2.8)式可得到多元大气的上界($p=0$)为

$$H_T = \frac{T_{v0}}{\gamma_v}. \tag{2.2.9}$$

这个高度称为多元大气极限位势高度，或简称多元大气高度. 在此高度以上，不能有任何大气.

2.2.2 均质大气

如果虚温减温率 $\gamma_v=\frac{g_0}{R_d}\approx 34.2℃\cdot\text{gpkm}^{-1}$，根据 $\gamma_v=-\frac{dT_v}{dZ}=\frac{g_0}{R_d}\frac{d\ln T_v}{d\ln p}$，得到 $d\ln T_v = d\ln p$，同时根据状态方程得到 $d\ln p = d\ln\rho + d\ln T_v$，所以 $d\rho=0$，即这种大气密度是常数，故名均质大气. 但是，在这种大气中，温度和气压仍随高度变化. 根据多元大气虚温和气压的关系(2.2.5)式，得到对于均质大气

$$T_v/T_{v0} = p/p_0. \tag{2.2.10}$$

根据多元大气的气压和高度的关系(2.2.7)和(2.2.8)式，得到均质大气的对应关系为

$$\frac{p}{p_0} = 1-\frac{g_0}{R_d T_{v0}}Z, \tag{2.2.11}$$

以及

$$Z = \frac{R_d T_{v0}}{g_0}\left(1-\frac{p}{p_0}\right). \tag{2.2.12}$$

当气压 $p\to 0$ 时，得到 $H_T=\frac{R_d T_{v0}}{g_0}$，这是均质大气的极限位势高度.

若大气减温率超过 $34.2℃\cdot\text{gpkm}^{-1}$，则空气密度将随高度增加而增大，这将导致大气不稳定而自动发生对流，所以把 $\gamma_A = 34.2℃\cdot\text{gpkm}^{-1}$ 的减温率称为自动对流减温率. 不过，除非在有激烈地面增温的贴地气层内，实际大气是很少能达到这个减温率的.

2.2.3 干绝热大气

虚温减温率为

$$\gamma_{\mathrm{v}} = \frac{g_0}{c_{pd}} \approx 9.8℃ \cdot \mathrm{gpkm}^{-1}, \tag{2.2.13}$$

或

$$\Gamma_{\mathrm{v}} = \frac{g}{c_{pd}} \approx 9.8℃ \cdot \mathrm{km}^{-1} \tag{2.2.14}$$

的大气为干绝热大气，其中 c_{pd} 为干空气定压比热. 大于此数值的减温率称为超绝热减温率.

根据多元大气虚温和气压的关系，同样可以得到干绝热大气的对应关系

$$\frac{T_{\mathrm{v}}}{T_{\mathrm{v0}}} = \left(\frac{p}{p_0}\right)^{R_{\mathrm{d}}/c_{pd}} = \left(\frac{p}{p_0}\right)^{\kappa_{\mathrm{d}}}, \tag{2.2.15}$$

其中 $\kappa_{\mathrm{d}} = R_{\mathrm{d}}/c_{pd}$. 上式同描述干空气的干绝热过程的泊松方程完全一致，静态干绝热大气的温度的垂直分布就可以用干绝热过程的曲线来描绘.

根据多元大气气压和高度的关系，可得干绝热大气的相应关系为

$$\frac{p}{p_0} = \left(1 - \frac{g_0}{c_{pd} T_{\mathrm{v0}}} Z\right)^{c_{pd}/R_{\mathrm{d}}}, \tag{2.2.16}$$

以及

$$Z = \frac{c_{pd} T_{\mathrm{v0}}}{g_0}\left[1 - \left(\frac{p}{p_0}\right)^{R_{\mathrm{d}}/c_{pd}}\right]. \tag{2.2.17}$$

当气压 $p \to 0$ 时，得到干绝热大气的极限位势高度为

$$H_{\mathrm{T}} = \frac{c_{pd} T_{\mathrm{v0}}}{g_0}. \tag{2.2.18}$$

2.2.4 等温大气和大气标高

若大气层的虚温(或温度)不随高度变化，称为等温大气，这时

$$\gamma_{\mathrm{v}} = 0, \quad \text{或} \quad T_{\mathrm{v}} = T_{\mathrm{v0}} = \text{常数}. \tag{2.2.19}$$

对(2.1.16)式 $(0, p_0) \to (Z, p)$ 积分，得到等温大气的气压-高度关系为

$$p = p_0 \exp\left(-\frac{g_0}{R_{\mathrm{d}} T_{\mathrm{v0}}} Z\right) = p_0 \exp\left(-\frac{Z}{H_p}\right) \tag{2.2.20}$$

及

$$Z = \frac{R_{\mathrm{d}} T_{\mathrm{v0}}}{g_0} \ln \frac{p_0}{p} = H_p \ln \frac{p_0}{p}. \tag{2.2.21}$$

(2.2.20)式称为气压公式，是法国数学家拉普拉斯首先推导出来的，也称为拉普拉斯公式. 从此式中可以看到，当 $Z \to \infty$ 时，气压趋于零. 因此，等温大气的极限位势高度为无穷大. 如果温度利用摄氏温度，并采用以 10 为底的对数表示气压公式，即

$$h = \frac{R_{\mathrm{d}}}{g_0}(273.15 + t_{\mathrm{m}}) \ln \frac{p_0}{p_h} = 18\,410(1 + t_{\mathrm{m}}/273.15) \lg \frac{p_0}{p_h}, \tag{2.2.22}$$

或写成

$$p_0 = p_h 10^a, \tag{2.2.23}$$

其中 $a = \dfrac{h}{18\,410(1 + \alpha_{\mathrm{m}})}$，$\alpha_{\mathrm{m}} = t_{\mathrm{m}}/273.15$. (2.2.23)式通常用于本站气压 p_h 到海平面气压 p_0

的计算,其中位势高度差已由实际测站的海拔高度 h 代替,t_m 是测站到海平面假想气层的平均温度(℃).在计算 t_m 时,需要知道假想气层的减温率和测站温度.假想气层的平均减温率假设为干绝热减温率的一半,即 $\Gamma=\frac{1}{2}\frac{g}{c_{pd}}\approx 5℃\cdot \mathrm{km}^{-1}$;而测站温度为当时气温同其 12 小时以前气温的平均.

式(2.2.20)和(2.2.21)中 $H_p=\frac{R_d T_{v0}}{g_0}$ 具有位势高度的单位,仅与温度有关,称为气压标高,其定义为,当大气温度不变时,气压随高度以 e 指数减小(符合气压公式),当高层气压减小到低层气压的 e^{-1} 时,高低气压层的高度间隔为气压标高,也称为 e-折叠高度.从气压公式可推导

$$H_p=-\frac{\mathrm{d}Z}{\mathrm{d}\ln p}. \tag{2.2.24}$$

必须注意,尽管从上式能够得到气压标高,但严格成立的条件是压力减小 1/e 倍数的这段大气层内,温度(虚温)保持不变.

类似的概念还有密度标高 H_ρ,由状态方程 $p=\rho R_d T_v$ 对 Z 进行对数求导(即先对方程两边取对数,再求导数),有

$$\begin{aligned}\frac{\mathrm{d}\ln p}{\mathrm{d}Z}&=\frac{\mathrm{d}\ln\rho}{\mathrm{d}Z}+\frac{\mathrm{d}\ln T_v}{\mathrm{d}Z}=\frac{\mathrm{d}\ln\rho}{\mathrm{d}Z}+\frac{1}{T_v}\frac{\mathrm{d}T_v}{\mathrm{d}Z}\\&=\frac{\mathrm{d}\ln\rho}{\mathrm{d}Z}-\frac{\gamma_v}{T_v},\end{aligned} \tag{2.2.25}$$

得到密度标高 H_ρ 和气压标高 H_p 的关系为

$$\frac{1}{H_\rho}=\frac{1}{H_p}-\frac{\gamma_v}{T_v}. \tag{2.2.26}$$

在 86 km(84.852 gpkm)以上的大气层中,由于气体各成分的比例发生了变化,干空气气体常数 R_d 已不再适用.各种气体的分压强对应的气压标高可写为

$$H_{pi}=\frac{R^* T}{\mu_i g_0}, \tag{2.2.27}$$

其中 μ_i 是第 i 种气体的摩尔质量.当各种气体处于同样温度下时,各气体成分的气压标高和其摩尔质量成反比.各气体分压随高度的变化为

$$p_{2i}=p_{1i}\exp\left(-\int_{Z_1}^{Z_2}\frac{1}{H_{pi}}\mathrm{d}Z'\right). \tag{2.2.28}$$

重的气体(摩尔质量大)气压标高小,其分压比轻的气体随高度减少得快,则其主要集中于低层,这反映了重力对气体的分离作用.

2.2.5 逆温层

气层温度随高度增大而增加,即减温率 $\Gamma<0$,这种气层称为逆温层.

逆温层对上下空气的对流起着削弱抑制作用.特别是在低空的逆温层,它像一个"盖子",使悬浮在大气中的烟尘、杂质及有害气体都难以穿过它向上空扩散,使空气质量恶化,能见度下降,因此也称为阻塞层.世界上一些严重的大气污染事件(如洛杉矶光化学烟雾)多和逆温层的存在有关.在研究大气的污染扩散问题时,常需测定逆温层的高度、厚度以及出现和消失的时间.逆温层主要有以下几种:

1. 辐射逆温

夜晚由于地面长波辐射降温使近地气层形成辐射逆温层. 逆温层的厚度从几米到几百米，凌晨日出前最强，日出后逐渐消失. 最有利于形成逆温层的是晴朗无风的夜晚，因为无云有利于地面辐射能向上空发散；无风使上层空气的热量难以通过湍流作用下传，这些条件都使地面气温很快下降而形成逆温.

2. 湍流逆温

一般因为日出后，近地面气层因地表被加热而出现湍流混合，气层趋近于干绝热大气，气层上部降温使得气层上方的气层出现逆温.

3. 下沉逆温

由于空气下沉增温而形成的逆温. 一般出现在高气压区，范围广，厚度大，且常不接地而从空中某一高度开始. 大范围的下沉逆温相当于近地面层上空的一个盖子，极不利于污染物的扩散.

4. 地形逆温

由于局部特殊的地形条件形成的，例如盆地和谷地的逆温，山脉背风侧的逆温等. 夜间山坡附近的空气因辐射冷却而向谷地下沉，暖空气被挤，上升浮在冷空气上面，形成谷地逆温.

5. 平流逆温

当较暖的空气流经较冷的地面或水面上时，使上层空气温度比低层温度高，形成暖平流逆温. 例如冬季沿海地区常出现这种逆温，是海洋上的较暖空气流到大陆上时产生的，厚度不大，水平范围较广. 此外，当农村因辐射冷却而产生的厚逆温层随气流移到城市上空时，会形成空中逆温层；经过城市后，在下风方向的农村近地面层又会建立起逆温，城市的烟气层也将被带到地面逆温层中，污染大气.

6. 锋面逆温

锋面是一个倾斜的面，无论冷锋还是暖锋其较暖空气总是在较冷空气的上面，所以在冷空气区能观测到逆温. 由于锋面在移动，所以除移动缓慢的暖锋以外，一般对空气污染影响不大.

实际大气中出现的逆温有时是由几种原因共同生成的，比较复杂，需要具体分析.

2.3　标准大气

前面讨论了几种等垂直减温率大气，其中，均质大气只有理论上的意义，在实际大气中可能只限于地表以上极薄的一层内；绝热大气比较有实用价值，它既给定稳定大气垂直减温率的上限数值，又是持续垂直混合气层的温度分布；等温大气只能适用于实际大气中等温的薄气层，或特定的一些气层，例如平流层低层部分，而对对流层而言，等温假设偏离太远. 因此，接近于实际大气的一些“标准大气”应运而生，以弥补这些大气模式的不足.

标准大气是能够粗略地反映出周年、中纬度状况的，得到国际上承认的，假定的大气温度、压力和密度的垂直分布. 它的典型用途是做高度计校准、飞机性能计算、弹道制表和气象制图的基准. 假定空气服从使温度、压力和密度与位势发生关系的理想气体定律和流体静力学方程.

国际民用航空组织(International Civil Aeronautical Organization, ICAO)给定的标准大气满足的条件如下：

(1) 为干空气组成的大气，垂直方向上化学成分不变，平均分子量为 28.964.

(2) 具有理想气体性质.

(3) 标准海平面重力加速度值为 $g_0=9.80665\ \mathrm{m\cdot s^{-2}}$.

(4) 垂直方向处于流体静力平衡状态.

(5) 海平面上温度为 $T_0=15℃=288.15\ \mathrm{K}$,气压 $p_0=1013.25\ \mathrm{hPa}=1\ \mathrm{atm}$.

(6) 当高度在海拔 11 gpkm(对流层)以下时,温度递减率为常数 6.5℃ · gpkm^{-1}.

(7) 当高度介于 11 gpkm 和 20 gpkm 之间时,温度不变,为−56.5℃;再向上至 32 gpkm,温度递减率为−1.0℃ · gpkm^{-1}.

美国 1976 年标准大气满足以上的条件,并为我国采用.国家标准总局规定,在建立我国自己的标准大气之前,使用 1976 年美国标准大气,取其 30 km 以下部分作为国家标准.

图 2.2 是美国 1976 年标准大气在 100 km 以下,温度、气压和密度随高度变化图.其中温度变化复杂,在 11 gpkm 以下,大气温度随高度降低(−6.5℃ · gpkm^{-1});11～20 gpkm 为等温;20～47 gpkm 温度逐渐上升(其中 32 gpkm 以下,1.0℃ · gpkm^{-1};以上,2.8℃ · gpkm^{-1});47～51 gpkm 处有一极大值为 270.65 K,在这高度以上温度又逐渐下降(−2.8℃ · gpkm^{-1}),在 85～90 gpkm 处达极小值,温度只有 186.87 K;90 gpkm 以上温度又随高度很快增加.对于气压和密度,它们基本上是随高度指数递减的.

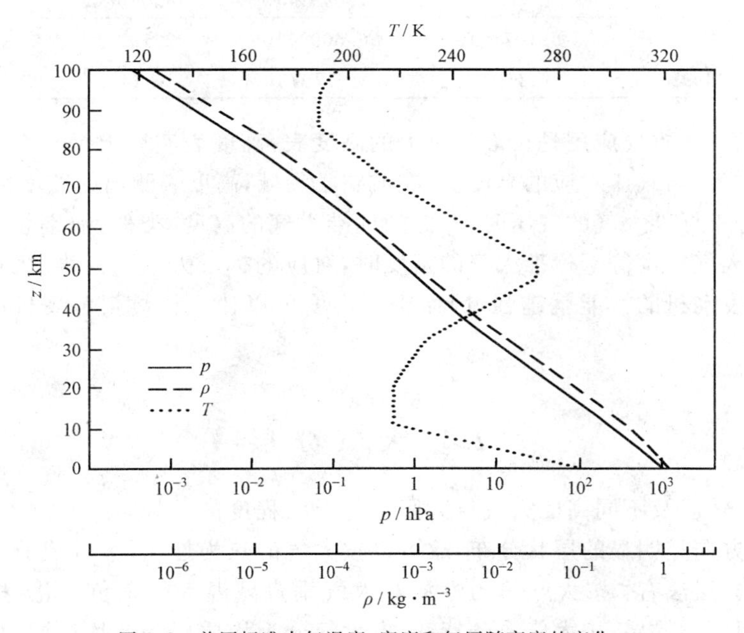

图 2.2 美国标准大气温度、密度和气压随高度的变化

在 86 km(约 85 gpkm)高度以下的大气,可以根据给定的温度-高度廓线及边界条件,通过对流体静力学方程和气体状态方程求积分,就可得到各高度上压力数值.但在 86 km 以上,分子的扩散和光化学过程逐渐占主要地位,使得平均摩尔质量随高度增加而减小,大气的流体静力平衡逐渐被破坏.各高度的气体总压强根据道尔顿分压定律进行计算,

$$p=\sum p_i=\sum n_i kT, \tag{2.3.1}$$

式中 n_i 是大气各高度上第 i 种气体成分的数密度.一般采用表 2.1 中所列的几种主要成分计算大气的摩尔质量 μ 值即可,其他成分影响很小,可以不考虑.如果第 i 种大气成分的摩尔质

量为μ_i,则空气的平均摩尔质量用以下公式计算

$$\mu = \frac{\sum(\mu_i n_i)}{\sum n_i}. \tag{2.3.2}$$

利用(2.3.1)式,密度的计算公式为

$$\rho = \sum(\mu_i n_i)\frac{k}{R^*} = \frac{\sum(\mu_i n_i)}{N_A}, \tag{2.3.3}$$

其中,N_A是阿伏伽德罗常数.

表 2.1 选定高度上大气主要成分的数密度(个·m^{-3})和平均摩尔质量($kg\cdot kmol^{-1}$)

气体	86 km	120 km	300 km	500 km	1000 km
N_2	1.130×10^{20}	3.726×10^{17}	9.593×10^{13}	2.592×10^{11}	4.625×10^{3}
O	8.600×10^{16}	9.275×10^{16}	5.433×10^{14}	1.836×10^{13}	9.562×10^{9}
O_2	3.031×10^{19}	4.395×10^{16}	3.942×10^{12}	4.607×10^{9}	1.251×10^{3}
Ar	1.351×10^{18}	1.366×10^{15}	1.568×10^{10}	3.445×10^{6}	2.188×10^{-2}
He	7.582×10^{14}	3.888×10^{13}	7.566×10^{12}	3.215×10^{12}	4.850×10^{11}
H	—	—	1.049×10^{11}	8.000×10^{10}	4.967×10^{10}
$\sum n_i$	1.447×10^{20}	5.107×10^{17}	6.509×10^{14}	2.192×10^{13}	5.442×10^{11}
μ	28.952	26.20	17.73	14.33	3.94

标准大气的一个重要应用是校准飞机上的高度表,高度表实质上是一个装有测压元件的气压表,表盘上标出与气压对应的高度值.在航空学领域,高度表测出的高度称为气压高度.它是当实际气压等于标准大气的气压时,对应的标准大气的高度.类似,航空领域也使用密度高度,它是当实际大气密度等于标准大气的密度时,对应的标准大气的高度.飞机在飞行中大气密度越高,飞机发动机的性能就越强,因而密度高度可以让飞行员了解飞机所处环境的密度情况.

2.4 大气分层

由于地球自转以及不同高度大气对太阳辐射吸收程度的差异,使得大气在水平方向比较均匀,而在垂直方向呈明显的层状分布,故可以按大气的热力性质、大气成分等特征分成若干层次.最常用的分层法有:按大气热力性质和大气垂直减温率的正负变化,把大气分成对流层、平流层,中间层和热层;按大气成分特性,把大气分为均质层和非均质层(也有的称匀和层和非匀和层),见图 2.3;此外,按大气的电磁特性,分为中性层、电离层和磁层;高空 20~110 km 还有因太阳紫外辐射作用产生的光化学层.

2.4.1 按热力结构分层

1. 对流层(troposphere)

对流层的主要特点是:(1) 大气温度随高度降低;(2) 大气的垂直混合作用强;(3) 气象要素水平分布不均匀.

由于地面是对流层大气的主要热源,所以总趋势是气温随高度降低,平均减温率约是

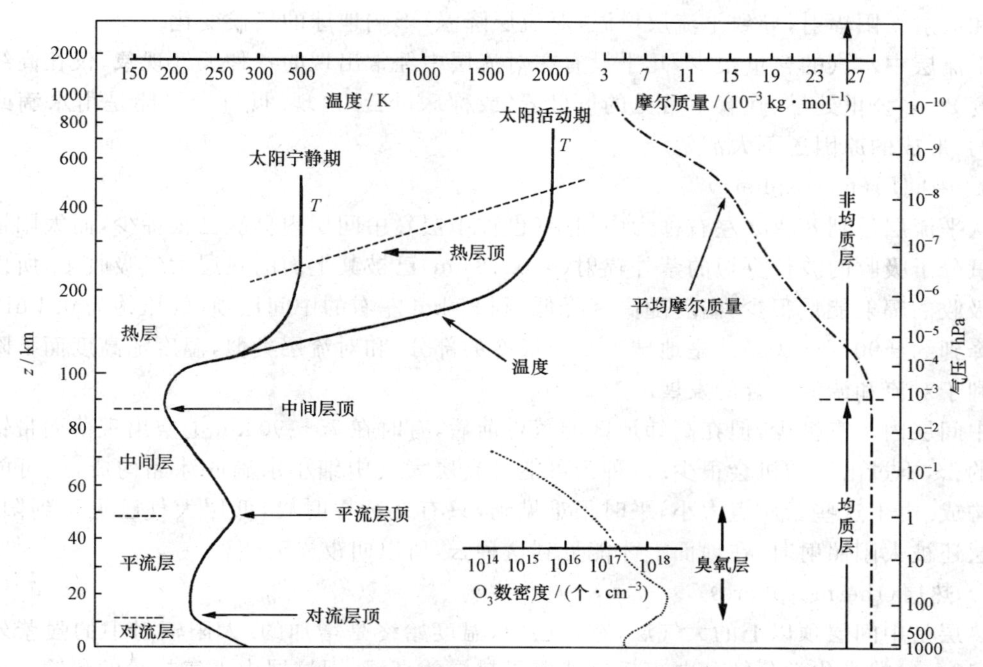

图 2.3 按大气热力结构和成分分布对大气的分层

6.5℃ · $gpkm^{-1}$. 大气温度随高度降低的结果是对流层内有强烈的对流运动,有利于水汽和气溶胶粒子等大气成分在垂直方向上的输送. 对流层里集中了大气质量的 3/4 和几乎全部水汽,又有强烈的垂直运动,因此主要的天气现象和过程如寒潮、台风、雷雨、闪电等都发生在这一层.

到离地表十几公里高处,温度的下降渐趋缓慢或甚至稍有增加. 1957 年,WMO 定义对流层顶为减温率减小到 2℃ · $gpkm^{-1}$或更小时的最低高度,而且要求满足这个高度之上 2 km 以内的气层的平均减温率不超过 2℃ · $gpkm^{-1}$. 对流层顶厚度大约为几千米,是对流层与平流层的过渡区. 一般地,赤道附近及热带对流层顶高约 15～20 km,极地和中纬度带高约 8～14 km. 这种现象与热带地区对流运动剧烈,垂直气流能达到很高的高度有关. 按照大气热力学原理,充分的垂直混合作用能使气温随高度递减,垂直混合延伸的高度越高,顶部的温度就越低,故热带对流层顶的位置高而温度反而低. 中纬度地区对流层顶的坡度很大,并且常常是不连续的,这些间断处有利于对流层与平流层及其上层大气的物质交换.

2. 平流层(stratosphere)

由对流层顶向上到 50 km 左右,垂直减温率为负值的气层称为平流层. 平流层下半部的温度随高度变化很缓慢,上半部由于臭氧层把吸收的紫外辐射能量转化成分子动能,使空气温度随着高度上升而显著增加,每公里约能升温 2℃,到 50 km 附近达到最大值(约－3℃),即为平流层顶.

平流层逆温的存在,使大气很稳定,垂直运动很微弱,多为大尺度的平流运动. 平流层环流的季节变化常常是对流层环流变化的先兆,对长期天气预报有参考意义.

平流层空气中尘埃很少,大气的透明度很高. 但是,由于平流层与对流层交换很弱,大气污染物进入平流层后能长期存在,例如强火山喷发的尘埃能在平流层内维持 2～3 年,它能强烈反射和散射太阳辐射，导致平流层增温，对流层降温，影响地球的气候变化.

平流层中水汽的含量很少，几乎没有在对流层中经常出现的各种天气现象，仅在高纬度冬季高度20多公里处早、晚有不常见的贝母云(或称珠母云)出现.贝母云可能是由水滴或冰晶组成的，形成的原因还不大清楚.

3. 中间层(mesosphere)

从平流层顶到85 km左右称为中间层(也称中层).中间层内臭氧已很稀少，而太阳辐射中能被氧分子吸收的波长更短的紫外辐射($<0.18\,\mu$m)已被其上面的热层大气吸收了，所以这层大气吸收的辐射能量很少，温度随高度降低.到85 km左右的中间层顶(气压约为0.1 hPa)，温度下降到约$-90\sim-100$℃，是地球大气中最冷的部分.和对流层类似，温度随高度而下降的结构有利于对流和湍流混合的发展.

中间层内水汽极少，但在高纬地区的黄昏前后，有时在75～90 km上空出现薄而带银白色光亮的云，不过出现的机会很少.这种云可能是高层大气中细小水滴或冰晶构成，也可能是由尘埃构成.由于这些云质点太小，平时很难见到，只有在黄昏时候，低层大气已见不到阳光，而中间层还被太阳照射时，在地面上才能见到这种云，所以叫夜光云.

4. 热层(thermosphere)

热层是中间层顶以上的大气层，在这层内，温度始终是增加的.太阳辐射中的强紫外辐射($<0.18\,\mu$m)的光化学分解和电离反应造成了热层的高温.因这层内大气热量的传输主要靠热传导，由于分子很稀少，热传导率小，在各高度上热量达到平衡时，必然会有巨大的垂直温度梯度.因此在热层内，温度很快就升到几百度，再往上，升温的趋势渐渐变缓，最终趋近于常数约1000～2000 K.

热层虽是大气中温度最高的气层，但大气极稀薄，分子碰撞机会极少，所以该气层的高温只反映了分子巨大的运动速度，和低层稠密大气有所不同，不会对物体例如通过其中的卫星等飞行物造成很大影响.由于太阳的微粒辐射和宇宙空间的高能粒子能显著地影响这层大气的热状况，故温度在太阳活动高峰期和宁静期能相差几百度至一千多度(图2.3).另外，热层温度的日变化及季节变化也很显著，白天和夜间温差达几百度.

在这一层的高纬度地区经常会出现一种辉煌瑰丽的大气光学现象——极光.太阳发出的高速带电粒子流使高层稀薄的空气分子或原子激发，被激发的原子、分子通过与其他粒子碰撞或自身辐射回到基态时发出可见光，即出现极光.高速带电粒子流在地球磁场的作用下趋向南北两极附近，所以极光常在高纬地区出现.太阳活动强时，极光出现的次数也多.

热层温度趋于常数的高度是热层顶.热层顶的高度随太阳活动的强、弱而变化，高峰期约在500 km高度，温度可达2000 K；宁静期下降到250 km左右，温度约500 K.

2.4.2　逸散层

从约500 km以上的热层顶开始的大气层常被称为逸散层(exosphere)或外大气层.外大气层中大气大部分处于电离状态，质子含量大大超过中性氢原子的含量.

在这样的高空，空气粒子数已很稀少，中性粒子之间碰撞的平均自由程达到10^4 m甚至更大，粒子各自运动，很少互相碰撞.由于强烈的太阳辐射加热，同时地球引力场的束缚大大减弱，这一层内某些速率超过逃逸速率的中性粒子(主要是氢原子)能够克服地球引力逃逸到行星际空间，因此外大气层也称为逸散层或逃逸层.

逸散层的起始高度称为逸散层底(exobase).在行星大气的研究中,逸散层底是指:一群从这个高度快速向上运动的粒子中,将有比例为 e^{-1} 的粒子不经过碰撞就能到达大气外界.由此可以推导出,逸散层底的高度是水平方向平均自由程等于气压标高的那个高度,查标准大气数据表,可估计出地球大气的逸散层一般起始于 500 km 左右的高空.在此高度以下的大气有时也称为气压层(barosphere),即指这层大气中流体静力学公式尚能成立.逸散层底也就是气压层顶(barospause).逸散层一直延伸到 2000～3000 km,逐渐过渡到行星际空间.

2.4.3 按大气成分特性分层

干洁大气中各种气体成分随高度的分布,主要受以下几种因素控制:(1) 重力场;(2) 大气中对流、湍流;(3) 分子扩散;(4) 太阳辐射对气体的光解作用和电离作用.

假设大气处于完全混合(对流和湍流)状态,则在重力场作用下,空气密度虽仍随高度减小,但组成空气的各种气体比例保持不变,使平均摩尔质量保持常数.

假设大气处于完全静止状态,则在重力场和分子扩散平衡下,各气体的分压应分别遵从流体静力平衡规律.虽然在几百公里以上的高空,空气的中性微粒已极稀少,相互碰撞的概率极低,流体静力学方程和压高公式已不适用,但仍可用来作定性讨论.摩尔质量大的气体,分压减小得快.这种重力分离的结果,使混合气体中重的成分随高度很快递减,因此空气平均摩尔质量随高度减小.

实际大气是,由地面到 86 km 左右(按标准大气规定),湍流混合作用大大超过分子扩散及重力场对轻重气体的分离作用,充分混合的结果使干空气中各种成分的比例保持不变;由 90 km 往上到 110 km 左右,这两种作用相当,是由完全混合到扩散平衡的过渡层,湍流混合、分子扩散和分子氧的光解作用以及气体分子的电离作用同时并存;120 km 以上分子扩散和光解、电离作用占主导地位,虽然大气仍有运动,但已很微弱,大气处于扩散平衡状态.从湍流混合到扩散平衡的转换高度,或准确地说是湍涡混合系数和分子扩散系数相等的高度被称为湍流层顶(turbopause).湍流层顶可从火箭的发光尾迹清晰地观测到,湍流层顶以下尾迹受到强烈扰动,湍流层顶以上尾迹趋于光滑.

根据上述大气成分垂直分布的特点,将大气分成均质层和非均质层(图 2.3).

均质层(homosphere)或湍流层(turbosphere)在 86 km 以下,包括对流层、平流层、中层在内,由于湍流扩散作用使大气均匀混合,大气中各种成分所占的比例,除臭氧等可变成分外,在垂直方向和水平方向保持不变,干空气的平均摩尔质量 $\mu_d = 28.964\ \mathrm{kg \cdot kmol^{-1}}$.

在非均质层(heterosphere)里,由于重力分离作用及光化学作用,大气各成分的比例随高度而变化,平均摩尔质量随高度逐渐减小.空气成分浓度随高度的分布与高空的太阳紫外辐射光解作用有关,也还和太阳活动有关.非均质层中各大气成分的浓度,可参考标准大气数据.

习　题

2.1 若地球大气下界为海平面,试估计地球大气总质量,它与固体地球质量(约为 6×10^{21} t)和海洋质量(约为 1.4×10^{18} t)相比如何? 30,50 和 90 km 以下大气质量占整个大气质量的百分之几? 已知 30,50 和 90 km 对应的气压分别为 11.97,0.8 和 1.8×10^{-3} hPa.

2.2 地球大气中氖的平均体积混合比为 18 ppmv,计算大气中氖的总质量.

2.3 如果多元大气的减温率为均质大气减温率的 1/2,即 $\gamma_v = g_0/(2R_d)$,证明此大气的密度随高度是线性递减的.

2.4　已知地面气压为1000 hPa，温度10℃，露点6℃.（1）若温度和比湿不随高度改变，求气压为850 hPa处的位势高度.（2）若在1000～850 hPa的气层中，比湿不随高度变化，求此气层中底面积为1 m^2 空气柱中水汽总质量. 如果其全部凝结为液态水落至地面，降水量是多少？

2.5　把大气看成是理想气体，设在大气范围内重力加速度 g 为常数，海平面处的大气温度273.15 K.（1）如果大气是等温的，计算半数分子处于其下的高度.（2）如果大气是绝热的，计算大气层的高度.

2.6　飞机在1000 gpm高度飞行，虚温为15℃，气压为894 hPa.（1）假设飞机以下的气层的平均垂直减温率为 $\gamma_v=8.5$℃ · gpkm^{-1}，求平均的海平面气压 p_0；（2）平均垂直减温率 γ_v 的误差已知时，导出一个 p_0 相对误差的计算式. 若实际平均垂直减温率为 $\gamma_v=6.5$℃ · gpkm^{-1}，问 p_0 的绝对误差是多少？

2.7　假设在只有海陆分布、与地球特征相近的某行星（重力加速度未知、海水溶解的大气忽略不计）上，陆地占行星表面积的30%，陆地平坦且与海平面等高，大气为等温大气（其气压标高为8 km），陆地表面气压为1013 hPa. 在某一时期该行星上发生地质突变，部分海水移到陆地上生成厚度为2 km的均匀冰层，冰层占行星表面积的5%，大气温度仍保持不变. 求地质突变后的海平面气压、陆地表面气压各是多少？已知冰的密度为0.91 g · cm^{-3}，水的密度为1.0 g · cm^{-3}.

2.8　推导对流层内气压高度和密度高度的表达式.

2.9　根据逸散层底的定义，证明逸散层底的高度是粒子水平方向平均自由程等于气压标高时所对应的高度.

第三章　热力学基础

上一章讨论了处于流体静力平衡的大气特性，这类大气在垂直方向的温度梯度意味着有垂直热量传输. 热量传输方式有三种，即传导、对流和辐射. 分子传导引起的热量传输是个很缓慢的过程，一般在近地面很薄的一层比较显著，因而实用上传导过程不考虑. 大气中的对流传输能量比传导的效率就高多了，对流过程是大气热力学研究的重要内容之一.

另外，在大气数值模式和数值天气预报的方程中，涉及到大气热力过程的包括状态方程、质量守恒方程和能量守恒方程，这其中包含了在大气过程中水汽相变的影响. 水汽相变也是大气热力学研究的重要内容之一.

3.1　大气系统

3.1.1　系统

热力学研究的对象是由大量微观粒子(原子、分子或其他粒子)组成的有限的宏观物质系统. 系统一经确定，所有可能与之发生相互作用的其他物质称为“环境”或“外界”.

根据系统与环境相互作用的情况，将系统分为孤立系、封闭系和开放系，后两种也可简称闭系和开系，以系统是否与环境交换物质区分. 孤立系是与环境没有任何相互作用的系统；封闭系是与环境无物质交换，但有能量交换的系统；开放系统是与环境既有物质交换，也有能量交换的系统.

热力学中讨论的大气系统主要是三类：(1) 干空气系统，这是最简单的一元单相系；(2) 未饱和湿空气系统，是由干空气和水汽组成的二元单相系；(3) 饱和湿空气系统，是指由饱和湿空气、水滴或冰晶组成的云和雾，它含有干空气和水质物(水汽、液态水和固态水的总称)，所以是二元多相系.

显然，大气系统是开放系，然而为了在理论上讨论方便，常把它们当成封闭系处理. 这是因为：(1) 若所研究的空气容积足够大，则其边缘与环境空气的混合对系统内部特性影响极小，可以忽略；或者，(2) 若所研究的是被包含在大块空气中的一小部分空气，由于特性相同，混合作用不影响该系统的特性. 这两个条件在多数情况下是可以满足的，所以封闭系是一个很好的近似. 不过，对于那些与环境湍流混合交换强烈而发生变化的空气，或正在消失的积云单体，封闭系的假设就不大合适了.

描述封闭系的特性的状态物理量有三类，即强度量、广延量和比特性量. 强度量是与系统本身质量无关的量，如大气系统的温度 T、气压 p 和密度 ρ 等，它能够在系统的每个点上确定. 广延量则依赖于系统质量，如大气系统的体积 V 等. 比特性量是广延量与系统质量的比值，也有强度特性，如比容 $v=1/\rho$ 是系统单位质量对应的体积.

当封闭系状态变化过程进行得无限缓慢时，系统在变化过程中的每一步都处于平衡态，称为准静态过程. 这是一种理想的极限概念，不过许多时候可以把实际大气过程当作准静态过程处理.处于准静态过程的系统为了维持与环境的机械平衡,系统对环境的作用力需时刻和环境对系统的作用力保持平衡,这就是准静力条件,即

$$p \equiv p_e, \tag{3.1.1}$$

其中 p 是系统内部压强,p_e 是环境压强.

3.1.2 气块假设

在大气研究中,常以气块(微团)作为一个系统进行研究.

空气块或空气微团是指宏观上足够小而微观上含有大量分子和粒子的空气团,包含干空气、水(水汽和水凝物)、气溶胶和痕量气体(在气块理论中经常忽略后两种组分).气块(微团)模型就是从大气中取一体积微小的空气块(或空气微团),作为对实际气块的近似,它是一个理想气块,其尺度可以是任意的,但要远小于环境大气变化的特征尺度.在实际对流云的研究中,通常认为气块具有 10~1000 m 的尺度.气块满足的其他条件包括:

(1) 此气块内温度、压强和湿度等都呈均匀分布,各物理量服从热力学定律和状态方程.气块内的气溶胶和水凝物的体积和质量通常可以忽略.

(2) 气块运动时是绝热的,遵从准静力条件,环境大气处于静力平衡状态.这意味着气块运动时,一方面,过程进行得足够快而来不及和环境空气作热交换即绝热;另一方面,过程又进行得足够慢(其动能与总能量相比可以忽略),使气块压力不断调整到与环境大气压相同即满足以下准静力条件:

$$p \equiv p_e \quad 和 \quad \frac{\mathrm{d}p}{\mathrm{d}z} = \frac{\partial p_e}{\partial z}. \tag{3.1.2}$$

但应指出,气块内部的温度、密度和湿度不一定和环境的相同.

(3) 气块不与环境大气进行物质交换,其运动不对环境大气造成扰动.

这种气块模型是实际大气简单的、理想化的近似,它要求气块在移动过程中保持完整,不与环境空气混合,而这只有在移动微小距离时可以满足.另外,在此模型中未考虑气块移动对环境空气的影响,这也是不符合实际的.不过,上述绝热过程和准静力条件的假定是合理的,因此气块模型对了解和分析实际大气中发生的一些物理过程很有帮助.

3.2 态函数

3.2.1 内能与热力学第一定律

1. 热力学第一定律

对质量 m 的大气封闭系,系统内能的变化,与其与环境能量交换和对外做功的关系,可以用热力学第一定律(即能量转换和守恒定律)表示.若系统经历一个无穷小过程,热力学第一定律表示为

$$\mathrm{d}U = \delta Q + \delta W, \tag{3.2.1}$$

其中 $\mathrm{d}U$ 代表在无限靠近的初、终两态内能值的微量差.热量 Q 和功 W 并不是态函数,只是与过程有关的无限小量,这里用 δQ 和 δW 表示,以和态函数的微量差相区别.

对于大气系统,只讨论体积变化功(膨胀功).由于准静态过程中系统内部压强 p 和环境

压强 p_e 大小相等，所以系统在无限小的准静态过程中环境所作的体积变化功是

$$\delta W = -p\mathrm{d}V. \tag{3.2.2}$$

负号表示 $\mathrm{d}V$ 与 δW 符号相反，系统膨胀时，$\mathrm{d}V>0$，环境作负功. 热力学第一定律的表达式就是

$$\mathrm{d}U + p\mathrm{d}V = \delta Q. \tag{3.2.3}$$

2. 定容热容量

根据热力学理论，对于理想气体，分子间相互作用可以忽略，即系统内能只是温度的函数，与体积无关，即满足

$$\frac{\partial U}{\partial V} = 0. \tag{3.2.4}$$

这个公式最早由盖-吕萨克获得，但称为焦耳定律.

由系统内能只与温度有关，可用定容热容量 C_V、比定容热容量(定容比热)c_V 和定容摩尔热容量 $c_{V\mathrm{m}}$ 表示系统内能与温度的关系，即

$$C_V = \frac{\delta Q}{\mathrm{d}T} = \left(\frac{\partial U}{\partial T}\right)_V = \frac{\mathrm{d}U}{\mathrm{d}T}, \tag{3.2.5a}$$

$$c_V = \left(\frac{\partial u}{\partial T}\right)_V = \frac{\mathrm{d}u}{\mathrm{d}T}, \tag{3.2.5b}$$

$$c_{V\mathrm{m}} = \frac{C_V}{n} = \left(\frac{N_\mathrm{A}}{N}\right)C_V, \tag{3.2.5c}$$

其中，n 为系统摩尔数，N_A 为阿伏伽德罗常数，N 为系统分子数.

大气中存在单原子气体和双原子气体，根据热力学理论，可分别求得它们的热容量. 对于单原子气体，三种定容热容量为

$$C_V = \frac{\mathrm{d}U}{\mathrm{d}T} = \frac{\mathrm{d}}{\mathrm{d}T}\left(\frac{3}{2}NkT\right) = \frac{3}{2}Nk = \frac{3}{2}mR = \frac{3}{2}n\mu R = \frac{3}{2}nR^*, \tag{3.2.6a}$$

$$c_V = \frac{C_V}{m} = \frac{3}{2}R, \tag{3.2.6b}$$

$$c_{V\mathrm{m}} = \frac{C_V}{n} = \frac{3}{2}R^*. \tag{3.2.6c}$$

对于双原子气体，则为

$$C_V = \frac{5}{2}nR^*, \quad c_V = \frac{5}{2}R \quad 和 \quad c_{V\mathrm{m}} = \frac{5}{2}R^*. \tag{3.2.7}$$

常温常压下的大气可以看成是理想气体，热力学第一定律可以写成为

$$C_V\mathrm{d}T + p\mathrm{d}V = \delta Q, \tag{3.2.8}$$

或者对于单位质量的大气系统，将上述方程两边同除以系统质量 m，热力学第一定律就写为

$$c_V\mathrm{d}T + p\mathrm{d}v = \delta q, \tag{3.2.9}$$

其中，q，v 分别是系统热量和体积的比特性量. 由于空气体积不是直接测量的气象要素，(3.2.8)和(3.2.9)式不便应用，需要根据状态方程将体积转换为气压和温度量.

3.2.2 焓与相变潜热

焓与系统内能、气压和体积的关系为

$$H = U + pV \ (或比焓\ h = u + pv). \tag{3.2.10}$$

这是态函数焓的定义，于是热力学第一定律可以写成

$$dh - RT\frac{dp}{p} = \delta q. \tag{3.2.11}$$

由此可见，等压过程中系统焓的变化，等于热量的变化，而等压绝热过程是等焓过程.

1. 定压热容量

根据热力学理论，由理想气体组成的系统的定压热容量 C_p、定压比热 c_p 和定压摩尔热容量 c_{pm} 与焓随温度的变化有关，即

$$C_p = \frac{\delta Q}{dT} = \left(\frac{\partial H}{\partial T}\right)_p = \frac{dH}{dT}, \tag{3.2.12a}$$

$$c_p = \frac{C_p}{m} = \left(\frac{\partial h}{\partial T}\right)_p = \frac{dh}{dT}, \tag{3.2.12b}$$

$$c_{pm} = \frac{C_p}{n} = \left(\frac{N_A}{N}\right)C_p, \tag{3.2.12c}$$

其中，n 为系统摩尔数，N_A 为阿伏伽德罗常数，N 为系统分子数.

类似定容热容量，对于大气中的单原子气体，三种定压热容量为

$$C_p = \frac{5}{2}nR^*, \quad c_p = \frac{5}{2}R \quad 和 \quad c_{pm} = \frac{5}{2}R^*. \tag{3.2.13}$$

其中，$R^* = N_A k$，对于双原子气体，则为

$$C_p = \frac{7}{2}nR^*, \quad c_p = \frac{7}{2}R \quad 和 \quad c_{pm} = \frac{7}{2}R^*. \tag{3.2.14}$$

定压与定容热容量是有关系的，从焓的定义 $H=U+pV$ 出发，可以得到系统定压与定容热容量的一般关系式

$$C_p = C_V + \frac{\partial U}{\partial V}\frac{\partial V}{\partial T} + p\frac{\partial V}{\partial T}. \tag{3.2.15}$$

对于理想气体，使用焦耳定律和理想气体定律，可以得到

$$C_p - C_V = nR^* \quad 和 \quad C_p - C_V = Nk, \tag{3.2.16}$$

以及

$$c_p - c_V = R, \tag{3.2.17a}$$

$$c_{pm} - c_{Vm} = R^*. \tag{3.2.17b}$$

因此，对于固定质量的系统，定压热容量总是比定容热容量大.

使用理想气体状态方程、及定压与定容热容量之间的关系，得到

$$C_p dT - V dp = \delta Q. \tag{3.2.18}$$

这也是热力学第一定律的表示形式. 对于单位质量的大气系统，将上述方程两边同除以系统质量 m，第一定律就写为

$$c_p dT - v dp = \delta q. \tag{3.2.19}$$

再根据理想气体状态方程 $pv=RT$，可得到

$$c_p dT - RT\frac{dp}{p} = \delta q. \tag{3.2.20}$$

这是用于大气中的热力学第一定律的基本形式.

2. 相变潜热

潜热是系统水质物等压相变中，吸收或放出的热量. 大气中水汽、液态水和冰之间的相变

包括了6个过程. 这6个过程包括了3对可逆过程,即水汽到液态水的凝结过程和液态水到水汽的蒸发过程;水汽到冰的凝华过程和冰到水汽的升华过程;以及液态水到冰的凝固(或结晶)过程和冰到液态水的熔解过程. 每对可逆过程中潜热的变化量是相同的. 因为以吸收的热量为正,所以,通常只以汽化潜热,升华潜热和熔解潜热表示相变潜热(正值),但在不同过程中需要注意潜热值的正负.

因为在等压相变过程中,系统热量的变化是焓的变化,所以潜热更科学的定义应该称为汽化焓、升华焓和熔解焓.

对于蒸发过程,系统汽化潜热 L_v 为

$$L_v = H_v - H_w = U_v - U_w + p(V_v - V_w), \tag{3.2.21a}$$

或比汽化潜热 ℓ_v

$$\ell_v = L_v/m = h_v - h_w. \tag{3.2.21b}$$

同样,也得到比升华潜热 ℓ_s 和比熔解潜热 ℓ_f 为

$$\ell_s = h_v - h_i, \tag{3.2.22a}$$

$$\ell_f = h_w - h_i, \tag{3.2.22b}$$

其中,下标 v,w 和 i 分别代表水汽、液态水和固态冰. 易得汽化潜热、升华潜热和熔解潜热的关系

$$\ell_f + \ell_v = \ell_s. \tag{3.2.23}$$

考虑汽化潜热随温度的变化

$$\frac{\partial L_v}{\partial T} = \frac{\partial H_v}{\partial T} - \frac{\partial H_w}{\partial T} = C_{pv} - C_{pw}, \tag{3.2.24}$$

或可写为

$$\left(\frac{\partial L}{\partial T}\right)_p = \Delta C_p. \tag{3.2.25}$$

这是潜热随温度变化与定压热容量变化的关系式,称为基尔霍夫(Kirchhoff)方程.

从(3.2.25)式积分得到汽化潜热随温度变化的表达式为

$$L_v = L_{v0} + (C_{pv} - C_{pw})(T - T_0), \tag{3.2.26a}$$

或对单位质量

$$\ell_v = \ell_{v0} + (c_{pv} - c_{pw})(T - T_0), \tag{3.2.26b}$$

式中,L_{v0} 和 ℓ_{v0} 是 $T_0 = 273.15$ K 温度下对应的汽化潜热和比汽化潜热. 同样,也可得到升华潜热和熔解潜热随温度变化的表达式. 汽化潜热、熔解潜热和升华潜热随温度变化的数值见表3.1所示.

表3.1 水的潜热值(单位: 10^6 J · kg^{-1})

T/℃	ℓ_s	ℓ_f	ℓ_v
−50	2.8383	0.2035	2.6348
−40	2.8387	0.2357	2.6030
−30	2.8387	0.2638	2.5749
−20	2.8383	0.2889	2.5494
−10	2.8366	0.3119	2.5247
0	2.8345	0.3337	2.5008

（续表）

T/℃	ℓ_s	ℓ_f	ℓ_v
5			2.4891
10			2.4774
15			2.4656
20			2.4535
25			2.4418
30			2.4300
35			2.4183
40			2.4062
45			2.3945
50			2.3823

考虑到

$$\frac{d\ell_v}{dT} \approx -2368\,\mathrm{J \cdot kg^{-1} \cdot K^{-1}}, \tag{3.2.27a}$$

$$\frac{d\ell_s}{dT} \approx -256\,\mathrm{J \cdot kg^{-1} \cdot K^{-1}}, \tag{3.2.27b}$$

$$\frac{d\ell_f}{dT} \approx 2112\,\mathrm{J \cdot kg^{-1} \cdot K^{-1}}, \tag{3.2.27c}$$

与在 $T_0=273.15\,\mathrm{K}$ 时的潜热值 $\ell_{v0}=2.501\times10^6\,\mathrm{J \cdot kg^{-1}}$，$\ell_{s0}=2.835\times10^6\,\mathrm{J \cdot kg^{-1}}$ 和 $\ell_{f0}=0.334\times10^6\,\mathrm{J \cdot kg^{-1}}$ 相比，相变潜热随温度变化非常小，在一些精度要求不高的问题中可以忽略这种变化.

3.2.3　熵与热力学第二定律

态函数熵的定义是

$$S_B - S_A = \int_A^B \frac{\delta Q}{T}, \tag{3.2.28}$$

其中 A 和 B 表示系统变化过程中的两个平衡态，积分由 A 态到 B 态的任意可逆过程进行. 定义式只给出两态的熵差，独立的熵函数可以有一个任意相加的常数. 根据热力学理论，等熵过程是绝热的，但绝热过程不一定等熵，如不可逆绝热过程. 可逆绝热过程就一定是等熵过程.

结合热力学第一定律，对于可逆过程

$$dS = \frac{\delta Q}{T} = C_V\left[\frac{dT}{T} + (\gamma-1)\frac{dV}{V}\right], \tag{3.2.29}$$

其中，$\gamma=C_p/C_V$. 积分(3.2.29)式，得到熵与温度和体积的关系

$$S = S_1 + C_V \ln\left(\frac{TV^{\gamma-1}}{T_1 V_1^{\gamma-1}}\right), \tag{3.2.30}$$

其中，S_1，T_1 和 V_1 是系统起始状态时的熵、温度和体积.

为了书写简洁，(3.2.30)式可写为

$$S = C_V \ln(TV^{\gamma-1}). \tag{3.2.31}$$

这里已忽略了起始态的熵. 这只是一个形式上的表达式，在使用上一定注意.

除了上述熵的变化与温度和体积的关系外，还可得到与温度和气压的关系，即

$$S - S_1 = C_p \ln\left(\frac{T}{T_1}\right) - Nk \ln\left(\frac{p}{p_1}\right), \tag{3.2.32}$$

这里使用了 $pV = NkT = N\frac{R^*}{N_A}T$ 的关系.

熵是德国物理学家克劳修斯(Rudolf Clausius,1822—1888)在 1850 年提出的,最初的表达式是 Q/T,与能量有关,使用的希腊译名“entropy”,类似于能量“energy”. 经过科学家的不断努力,熵也逐渐被人们认识和使用.

1. 液体和固体的熵

根据热力学公式

$$\frac{\partial U}{\partial V} = T\frac{\partial p}{\partial T} - p, \tag{3.2.33a}$$

和定压热容与定容热容的一般关系(3.2.15)式,得到

$$C_p = C_V + T\frac{\partial p}{\partial T}\frac{\partial V}{\partial T}, \tag{3.2.33b}$$

或者

$$C_p = C_V + \frac{TV\alpha^2}{\kappa_T}, \tag{3.2.33c}$$

其中,$\kappa_T = -\frac{1}{V}\frac{\partial V}{\partial p}$为系统压缩系数,$\alpha = \frac{1}{V}\frac{\partial V}{\partial T}$为系统膨胀系数.

(3.2.33c)式变化形式为

$$\frac{C_V}{C_p} = 1 - \frac{T\alpha^2}{\rho c_p \kappa_T}. \tag{3.2.34}$$

对于固态或液态物质,例如液态水或冰晶,$\frac{T\alpha^2}{\rho c_p \kappa_T} \ll 1$,因此可以统一认为

$$C_V = C_p = C. \tag{3.2.35}$$

从而,在等容过程

$$\mathrm{d}S = \frac{\delta Q}{T} = \frac{\mathrm{d}U}{T} = C_V\frac{\mathrm{d}T}{T}, \tag{3.2.36}$$

和在等压过程

$$\mathrm{d}S = \frac{\mathrm{d}H}{T} = C_p\frac{\mathrm{d}T}{T}, \tag{3.2.37}$$

统一写为

$$\mathrm{d}S = C\frac{\mathrm{d}T}{T}. \tag{3.2.38}$$

最终熵随温度变化的积分式为

$$S - S_1 = C\ln\left(\frac{T}{T_1}\right). \tag{3.2.39}$$

对于水,$C = C_{Vw} = C_{pw} = C_w$;对于冰,$C = C_{Vi} = C_{pi} = C_i$.

2. 熵与潜热的关系

只包括液态水和水汽的一元二相系统在等压相变过程中,系统的熵为液态水和汽态水熵的和,即

$$S = xS_w + (1 - x)S_v, \tag{3.2.40}$$

其中,x 为液态水占总水质物的质量百分比,即满足 $0\leqslant x=\dfrac{m_w}{m_w+m_v}\leqslant 1$. 同理,对于系统内能和体积也可写出

$$U = xU_w + (1-x)U_v, \tag{3.2.41a}$$

$$V = xV_w + (1-x)V_v. \tag{3.2.41b}$$

熵和内能随体积的变化为

$$\frac{\partial S}{\partial V} = \frac{\partial S}{\partial x}\Big/\frac{\partial V}{\partial x} = \frac{S_v - S_w}{V_v - V_w}, \tag{3.2.42a}$$

$$\frac{\partial U}{\partial V} = \frac{\partial U}{\partial x}\Big/\frac{\partial V}{\partial x} = \frac{U_v - U_w}{V_v - V_w}. \tag{3.2.42b}$$

根据热力学公式

$$T\frac{\partial S}{\partial V} = \frac{\partial U}{\partial V} + p, \tag{3.2.43}$$

得到

$$T\frac{S_v - S_w}{V_v - V_w} = \frac{U_v - U_w}{V_v - V_w} + p, \tag{3.2.44}$$

即

$$T(S_v - S_w) = U_v - U_w + p(V_v - V_w) = H_v - H_w = L_v. \tag{3.2.45}$$

这是汽化潜热与系统水汽熵和液态水熵的关系式.

同理可写出其他相变过程熵与潜热的关系. 对于单位质量,这些关系为

$$T(s_v - s_w) = \ell_v, \tag{3.2.46a}$$

$$T(s_v - s_i) = \ell_s, \tag{3.2.46b}$$

$$T(s_w - s_i) = \ell_f. \tag{3.2.46c}$$

3. 热力学第二定律

热力学第二定律的普遍表述是:从平衡态 A 开始而终止于另一个平衡态 B 的过程,将朝着使系统与环境的总熵增加的方向进行,即

$$S_B - S_A \geqslant \int_A^B \frac{\delta Q}{T}. \tag{3.2.47}$$

对不可逆过程,上式取不等号;对可逆过程,上式取等号. 违反上述表达式的过程是不可能实现的.

因此,根据热力学第二定律,系统状态发生变化时,系统熵将不会减小. 当系统熵最大时,系统也就达到稳定状态. 但要注意的是,这里指的最大,是局地最大而不是绝对最大.

3.3 理想气体的绝热过程

根据热力学第一定律,由理想气体组成的气块绝热变化时满足

$$c_p\,\mathrm{d}T - RT\frac{\mathrm{d}p}{p} = 0, \tag{3.3.1}$$

积分得到

$$Tp^{\frac{1-\gamma}{\gamma}} = Tp^{-\kappa} = 常数. \tag{3.3.2}$$

这是绝热过程的泊松(Poisson)方程. 其中,γ 是定压与定容热容量的比值,即 $\gamma=C_p/C_V=c_{pm}/c_{Vm}=c_p/c_V$,对于干空气,$\gamma=\gamma_d=1.4$. $\kappa=(\gamma-1)/\gamma=R/c_p$,称为泊松常数,对于干空气,$\kappa=\kappa_d=2/7=0.286$. 其他形式的泊松方程形式还包括

$$TV^{\gamma-1}=\text{常数} \quad \text{和} \quad pV^{\gamma}=\text{常数}. \tag{3.3.3}$$

3.3.1 位温

对于干空气组成的气块的绝热变化,根据(3.3.2)式,从状态(p_1,T_1)到状态(p,T),得到

$$T_1 p_1^{-\kappa_d}=Tp^{-\kappa_d}. \tag{3.3.4}$$

给定 $p_1=p_r=1000\ \text{hPa}$,对应的温度 T_1 以 θ 表示,即

$$\theta=T\left(\frac{1000}{p}\right)^{R_d/c_{pd}}=T\left(\frac{p_r}{p}\right)^{\kappa_d}. \tag{3.3.5}$$

即是气块在绝热上升或下降过程中抵达参考气压 1000 hPa 处气块的温度,称为位势温度,简称位温.

熵和位温的关系,可以从(3.2.32)式得到

$$S-S_r=C_{pd}\ln\left[\left(\frac{T}{T_r}\right)\left(\frac{p_r}{p}\right)^{\kappa_d}\right]=C_{pd}\ln\left(\frac{\theta}{T_r}\right), \tag{3.3.6}$$

其中 T_r是气压 $p_r=1000\ \text{hPa}$ 处的气温. 同理可得比熵与位温的关系

$$s-s_r=c_{pd}\ln\left(\frac{\theta}{T_r}\right), \tag{3.3.7}$$

写成微分形式

$$ds=c_{pd}\frac{d\theta}{\theta}. \tag{3.3.8}$$

而由

$$ds=c_{pd}\frac{dT}{T}-R_d\frac{dp}{p}=c_{pd}\left(\frac{dT}{T}-\kappa_d\frac{dp}{p}\right), \tag{3.3.9}$$

可得到位温的相对变化

$$\frac{d\theta}{\theta}=\frac{dT}{T}-\kappa_d\frac{dp}{p}. \tag{3.3.10}$$

位温是气象学中广泛应用的物理量,因它与熵的密切关系,被称为气象学家的熵. 其历史可追溯到 1888 年,Herman von Helmholtz 使用一个称为 Wärmegehalt 的变量,并以符号 Θ 表示,其意义代表绝热下降到某固定气压处的绝对温度. 随后,W. Von Bezold 在得到 Herman von Helmholtz 同意后,使用位温来表示这一概念. 后来,L. A. Bauer 于 1908 年证明了熵与位温的关系,建议使用熵温度表达更为确切. 但是,由于使用位温已被业界广泛接受,也因此现在一直沿用位温的说法.

3.3.2 干绝热减温率

对干气块绝热过程的泊松方程(3.3.2)式变换得到

$$\frac{1}{T}\frac{dT}{dz}=\kappa_d\frac{1}{p}\frac{dp}{dz}. \tag{3.3.11}$$

根据气块假设,环境大气满足静力平衡且环境与气块气压相同,即 $dp=dp_e=-\rho_e g dz$. 环

境大气密度根据状态方程 $\rho_e=\dfrac{p}{RT_e}$ 得到，其中，下标符号"e"代表环境，R 是环境空气的气体常数. 由此经过合并整理(3.3.11)式，得到气块的减温率为

$$-\frac{dT}{dz}=\kappa_d\frac{g}{R}\frac{T}{T_e}. \tag{3.3.12}$$

如果环境是干绝热大气，则气块在这种环境大气中运动时，其温度必然保持与环境温度一致，即 $T=T_e$，同时气块运动也是绝热的. 由此得到气块的干绝热减温率

$$\Gamma_d=-\frac{dT}{dz}=\kappa_d\frac{g}{R_d}=\frac{g}{c_{pd}}\approx 9.8℃\cdot km^{-1}. \tag{3.3.13}$$

从(3.3.13)式，并结合比焓的表达式 $h=c_{pd}T$，可以得到

$$\frac{dh}{dz}=-g, \tag{3.3.14}$$

即因为重力作功，焓随绝热上升减小. 上式可继续写为

$$\frac{d}{dz}(h+gz)=0, \tag{3.3.15}$$

即可定义干静力能为 $h+gz$，由此可知，绝热过程中系统干静力能守恒.

但是，实际环境并不是干绝热大气，根据(3.3.12)式得到的气块减温率与干绝热减温率(3.3.13)式有偏差，但偏差一般小于百分之几. 因此，热力学中在处理气块的干绝热过程时，总是假设气块的温度按干绝热减温率变化，但是一定要清楚，这是一个近似.

3.3.3　大气熵最大时的温度分布

考虑大气中孤立气层组成的系统，不考虑辐射作用，也没有相变发生. 设气层位于高度 $z_1\sim z_2$(对应气压 $p_1\sim p_2$)之间，气层的密度为 $\rho=\rho(z)$，则气层质量守恒，即单位截面上的气柱质量为常数

$$m=\int_{z_1}^{z_2}\rho dz=\frac{1}{g}(p_1-p_2)=\text{常数}. \tag{3.3.16}$$

气层中大气作绝热变化，能量(即干静力能)守恒，即满足

$$\int_{z_1}^{z_2}\rho(c_pT+gz)dz=\text{常数}. \tag{3.3.17}$$

同时，系统(单位截面积气柱)的熵表示为

$$S=\int_{z_1}^{z_2}\rho s\,dz=\int_{z_1}^{z_2}\rho c_p\ln\theta dz. \tag{3.3.18}$$

根据热力学第二定律，当熵最大时，系统将达到稳定状态. 感兴趣的是稳定状态下的温度垂直变化. 因此，根据上述限制条件，问题的叙述变为在质量和能量守恒条件下，当熵最大时，求气层的温度垂直分布. 这是个复杂的求解问题，这里只给出结果，即气层熵最大时的平衡温度以干绝热减温率变化.

在实际大气中，传导过程将使温度变化趋向均匀，但对流引起熵增加，持续对流导致最大熵和干绝热减温率.

3.4 湿空气能量

3.4.1 湿空气热容量

对任一系统，在气压（或体积）不变的情况下，系统温度变化 ΔT 对应系统热量交换为

$$\Delta Q = \sum c_i \cdot m_i \cdot \Delta T, \tag{3.4.1}$$

其中，系统中第 i 种成分的质量和比热分别为 m_i 和 c_i，系统的总热量变化就是对这些成分贡献的和. 系统的比热为

$$c = \frac{\Delta Q}{m \cdot \Delta T} = \frac{\sum c_i \cdot m_i}{m} = \sum \left(c_i \frac{m_i}{m} \right), \tag{3.4.2}$$

其中，系统的总质量为 $m = \sum m_i$. 可见，需要知道每种成分的比热和质量混合比，即可求得系统比热.

1. 干空气

干空气可以作为双原子分子考虑（忽略含量很少的 Ar，CO_2 以及其他次要成分），则得到干空气的定容比热和定压比热为

$$c_{Vd} = \frac{5}{2} R_d = 718\,\mathrm{J \cdot kg^{-1} \cdot K^{-1}}, \tag{3.4.3}$$

$$c_{pd} = \frac{7}{2} R_d = 1005\,\mathrm{J \cdot kg^{-1} \cdot K^{-1}}. \tag{3.4.4}$$

它们与实验值非常一致. 实验值显示了干空气比热值随温度和气压的微小变化，这些变化可以完全忽略.

2. 水质物

水汽分子是三原子非线性分子，它的位置需要用三个平移坐标和三个转动坐标表示，则根据能量按自由度均分定理（能均分定理），在分子处于基态（ground state）可不考虑振动能量时，得到水汽的定容比热和定压比热为

$$c_{Vv} = \frac{6}{2} R_v = 3R_v = 1384.53\,\mathrm{J \cdot kg^{-1} \cdot K^{-1}}, \tag{3.4.5}$$

$$c_{pv} = c_{Vv} + R_v = 4R_v = 1846.04\,\mathrm{J \cdot kg^{-1} \cdot K^{-1}}. \tag{3.4.6}$$

它们与实验观测到的热容值有差异. 根据大气辐射光谱观测到的水汽的振动-转动谱带，说明在实际大气温度和气压状态下，振动能量不能忽略. 根据实验值，冰、水和水汽的比热值在大气温度范围内变化很小（小于 3%），同干空气一样，它们几乎和温度无关，因此在大气科学研究中，仍然习惯使用常数的热容量值. 一般取 0℃时的值，即

$$c_i = 2106\,\mathrm{J \cdot kg^{-1} \cdot K^{-1}}, \quad c_w = 4218\,\mathrm{J \cdot kg^{-1} \cdot K^{-1}},$$

$$c_{Vv} = 1390\,\mathrm{J \cdot kg^{-1} \cdot K^{-1}}, \quad c_{pv} = 1850\,\mathrm{J \cdot kg^{-1} \cdot K^{-1}}.$$

3. 湿空气

根据(3.4.2)式，得到湿空气的定容比热

$$c_V = \frac{m_d}{m} c_{Vd} + \frac{m_v}{m} c_{Vv}$$

$$= (1-q)c_{Vd} + qc_{Vv} = c_{Vd}\left[1 + \left(\frac{c_{Vv}}{c_{Vd}} - 1\right)q\right], \quad (3.4.7)$$

或

$$c_V = c_{Vd}\frac{1 + w \cdot c_{Vv}/c_{Vd}}{1+w}. \quad (3.4.8)$$

两式可近似为

$$c_V = c_{Vd}(1+0.94q) \approx c_{Vd}(1+0.94w), \quad (3.4.9)$$

同样可得湿空气的定压比热

$$c_p = c_{pd}(1+0.84q) \approx c_{pd}(1+0.84w). \quad (3.4.10)$$

在精度要求不高时，可以认为 $c_V \approx c_{Vd}$，$c_p \approx c_{pd}$，可以使运算简便一些.

3.4.2　大气能量

大气能量的基本形式有内能、势能、动能、显热能和潜热能等五种. 在大气应用中包括湿内能、湿焓、静力能、全势能和大气总能量等形式.

1. 基本形式

(1) 内能

常温常压下的大气可看成是理想气体，内能仅是温度 T 的函数，单位质量空气的内能为

$$u = c_V T, \quad (3.4.11)$$

式中 u 即为比内能. 根据热力学第一定律，大气系统内能的变化决定于非绝热加热和环境对系统所作的体积变化功. 单位截面气柱内空气的总内能是

$$U = \int_0^\infty c_V T\rho \mathrm{d}z = \frac{c_V}{g}\int_0^{p_0} T\mathrm{d}p. \quad (3.4.12)$$

(2) 势能

处于高度 z 处的单位质量空气的势能就是重力位势，即

$$\Phi = \int_0^z g\mathrm{d}z \approx gz. \quad (3.4.13)$$

若上式两端对时间作个别微商，得

$$\frac{\mathrm{d}\Phi}{\mathrm{d}t} \approx gv_z, \quad (3.4.14)$$

式中，v_z 是垂直运动速率. 可见，单位质量空气势能的变化是由于空气的垂直运动引起的. 根据静力平衡条件，得单位截面气柱内空气的总势能是

$$E_\mathrm{p} = \int_0^\infty \rho gz\mathrm{d}z = -\int_{p_0}^0 z\mathrm{d}p. \quad (3.4.15)$$

对上式作分部积分，再利用状态方程，得

$$E_\mathrm{p} = -\int_\infty^0 p\mathrm{d}z = \frac{R}{g}\int_0^{p_0} T\mathrm{d}p. \quad (3.4.16)$$

与总内能比较，可看出单位截面气柱内空气的总势能与总内能成正比，即

$$E_\mathrm{p} : U \approx 2 : 5. \quad (3.4.17)$$

(3) 动能

单位质量空气的动能是

$$E_k = \frac{1}{2}(v_x^2 + v_y^2 + v_z^2) = \frac{1}{2}v^2, \tag{3.4.18}$$

其中,v 是空气运动速率,v_x,v_y 和 v_z 是速度的三个分量.

(4) 显热能(感热能)

单位质量空气的显热能就是比焓,即

$$h = c_p T. \tag{3.4.19}$$

上式实际上是由两项组成,即

$$c_p T = c_V T + RT. \tag{3.4.20}$$

而后一项 RT 常称为压力能,故显热能可认为是内能与压力能之和,已经包含了内能.

(5) 潜热能

令 ℓ 为相变潜热,则单位质量空气的潜热能是

$$E_\ell = \ell q \approx \ell w, \tag{3.4.21}$$

其中,q 和 w 为湿度变量,q 为比湿,w 为混合比.

2. 组合形式

(1) 湿内能

湿内能是内能和潜热能的和.单位质量空气的湿内能以 u_m 表示,则

$$u_m = c_V T + \ell q \approx c_V T + \ell w. \tag{3.4.22}$$

(2) 湿焓(温湿能)

温湿能指显热能与潜热能之和.单位质量空气的温湿能若以 h_m 表示,则

$$h_m = c_p T + \ell q \approx c_p T + \ell w. \tag{3.4.23}$$

(3) 静力能

对单位质量的干空气,干静力能或蒙哥马利流函数(Montgomery streamfunction)是显热能和重力位势的和,即

$$\Phi_d = c_p T + \int_0^z g\mathrm{d}z \approx c_p T + gz; \tag{3.4.24}$$

对单位质量的湿空气,湿静力能是干静力能和潜热能的和

$$\Phi_m = c_p T + gz + \ell q \approx c_p T + gz + \ell w. \tag{3.4.25}$$

(4) 全势能

势能和内能之和称为全势能,单位质量空气的全势能是

$$u + \Phi = c_V T + \int_0^z g\mathrm{d}z \approx c_V T + gz; \tag{3.4.26}$$

单位截面气柱内空气的总全势能

$$U + E_p = \frac{1}{g}\int_0^{p_0} c_p T \mathrm{d}p. \tag{3.4.27}$$

地球大气的根本能源是太阳辐射能.太阳辐射首先加热地面,再通过长波辐射和感热、潜热的输送加热大气,使大气的全势能增加.在实际大气中只有约5%左右的全势能可以转换为动能,这部分能转换的能量称为有效势能,而绝大部分全势能仍储存在大气中.

(5) 大气总能量

单位质量干空气的总能量为干静力能和动能的和,即

$$E_d = \Phi_d + E_k = c_p T + gz + \frac{1}{2}v^2; \tag{3.4.28}$$

单位质量湿空气的总能量为湿静力能和动能的和，即

$$E_m = \Phi_m + E_k = c_p T + gz + \ell q + \frac{1}{2}v^2. \tag{3.4.29}$$

习　题

3.1　某飞机在 200 hPa 的高空飞行，机外环境气温为 -60℃，假设空气为干空气.（1）计算环境空气绝热压缩到机舱气压 1000 hPa 时的温度.（2）如果维持机舱温度为 25℃，机舱内每克空气需要增加或除去的热量是多少？（3）如果不需要额外增加或除去机舱中的热量，为维持机舱温度 25℃和气压 1000 hPa，飞机应该在多大的气压高度上飞行？

3.2　气压 1000 hPa 处温度为 300 K 的 1 kg 干空气，被带到 235 K 和气压 p 的高空中，上升过程中熵增加了 120 $\mathrm{J \cdot kg^{-1} \cdot K^{-1}}$，则气压 p 是多少？最后的位温是多少？

3.3　在初春果园果树开花期，常用风机搅拌使空气垂直混合达到避免霜冻的目的. 如果太阳落山时地面温度 10℃，从地面到几百米高度完全混合，落山后，地面红外辐射降温；太阳升起后不久，地面降温到 -5℃，在 50 m 以上温度不变. 风机位于 0～50 m 的范围，且它的搅拌可以使 0～50 m 间的气层垂直混合. 开启风机后能否使地面保持在冰点以上？

3.4　假设有一 5℃ $\cdot$ $\mathrm{gpkm^{-1}}$ 向上直升到气压为零的空气柱，地面气压 1000 hPa，温度 300 K. 求单位截面积气柱的总内能、势能和焓. 计算时假设重力加速度是常数（$g = 9.8\ \mathrm{m \cdot s^{-2}}$），空气为干空气.

3.5　试推导当位温随高度增加时，大气的温度递减率 Γ 小于干绝热温度递减率 Γ_d. 并证明 $\mathrm{d}\theta/\mathrm{d}p = \kappa\theta p^{-1}(\Gamma/\Gamma_d - 1)$.

3.6　若使地球上单位面积（1 $\mathrm{m^2}$）的大气柱的平均温度升高 1℃，需要多少能量？若从热容量来考虑，整个大气柱相当于多少米深的水层？

3.7　气块垂直运动时虚温为 T_v，环境大气虚温为 T_{ve}，它们都随高度变化. 证明单位质量的气块从高度 z_0 上升到高度 z 时，运动的动能变化为

$$\Delta E_k = \frac{1}{2}v^2 - \frac{1}{2}v_0^2 = -R_d\int_{p_0}^{p} g(T_v - T_{ve})\mathrm{d}\ln p,$$

其中 p_0 和 p 分别是 z_0 和 z 对应的气压.

3.8　大气中孤立气层，没有辐射作用，也不和其他系统物体相互作用，当这层孤立气层的熵最大时，气层平衡温度垂直分布以干绝热减温率变化. 假设位温随气压是线性变化的，试证明熵最大时位温是常数，这也就间接证明了温度递减率为干绝热减温率.

3.9　一般认为，当上升的实际气块温度 T 与环境的温度 T_e 相等时，气块会停止向上运动，证明气块停止向上运动的高度为 $z = \frac{1}{\Gamma}\left[T_{e0} - \left(\frac{T_{e0}^{\Gamma_d}}{T_0^{\Gamma}}\right)^{1/(\Gamma_d - \Gamma)}\right]$，其中 Γ 为环境大气减温率，T_{e0} 和 T_0 分别为初始 $z=0$ 时的环境和气块温度. 这一结论成立的条件是什么？并说明，即使 $\Gamma = \Gamma_d$，当 $T_{e0} \neq T_0$ 时，气块的实际减温率与 Γ_d 有偏差.

第四章　相态平衡

地球环境中的水是以气、液和固三种聚集态存在着的，它们在一定条件下可以平衡共存，也可以互相转变.水的相态平衡和转变在天气变化中起着非常重要的作用.然而理想情况下水的相态平衡和转变，会因干空气的加入而变化，会因为水中有溶质而变化，也会因为液面(或固面)的不同而变化，这些都会影响大气状态的变化.从相态平衡的饱和水汽压的理论值出发，这一章系统介绍干空气加入后对水汽压的影响，也介绍球形溶液滴的水汽压，以及相态平衡在实际中的一些应用.

4.1　饱和水汽压

4.1.1　自由能与克劳修斯-克拉贝龙方程

对于热力学可逆过程，第一定律可以表示为与熵有关的表达式，即

$$dU = TdS - pdV. \tag{4.1.1}$$

经过变形

$$d(H - TS) = Vdp - SdT. \tag{4.1.2}$$

由此，定义 $G=H-TS=(U+pV)-TS$，而且得到

$$\frac{\partial G}{\partial p} = V, \quad 和 \quad \frac{\partial G}{\partial T} = -S. \tag{4.1.3}$$

那么，热力学第一定律可写为

$$dG = Vdp - SdT. \tag{4.1.4}$$

$G=H-TS$ 称为吉布斯(Gibbs)自由能或吉布斯函数，是温度和气压的函数，即 $G=G(p, T)$ 或比自由能 $g=g(p,T)$，因此可应用于等压相变过程中.

考虑水汽和液态水组成的一元二相系统的等压相变过程.在相变过程中，自由能守恒，即它随时间的变化为零，即

$$\frac{d}{dt}(m_v g_v + m_w g_w) = 0, \tag{4.1.5}$$

其中，m_v 和 m_w 为水汽和液态水在系统中的质量，g_v 和 g_w 为水汽和液态水的比自由能.因为在等温等压的相变过程中，水汽和水的比自由能不随时间变化，因此(4.1.5)式变形为

$$g_v \frac{dm_v}{dt} + g_w \frac{dm_w}{dt} = 0. \tag{4.1.6}$$

考虑到

$$\frac{dm_v}{dt} = -\frac{dm_w}{dt}, \tag{4.1.7}$$

得到

$$\frac{\mathrm{d}m_{\mathrm{v}}}{\mathrm{d}t}(g_{\mathrm{v}}-g_{\mathrm{w}})=0. \tag{4.1.8}$$

因为$\frac{\mathrm{d}m_{\mathrm{v}}}{\mathrm{d}t}\neq 0$,所以上式成立必须满足

$$g_{\mathrm{v}}(e_{\mathrm{s}},T)=g_{\mathrm{w}}(e_{\mathrm{s}},T), \tag{4.1.9}$$

其中 e_{s} 为相变过程中温度 T 对应的饱和水汽压.

改变相变过程中的温度,饱和水汽压也会随之改变,但维持相变平衡状态时,(4.1.9)式在新的温度下依然成立.(4.1.9)式两边对温度求导

$$\frac{\partial g_{\mathrm{v}}}{\partial e_{\mathrm{s}}}\frac{\mathrm{d}e_{\mathrm{s}}}{\mathrm{d}T}+\frac{\partial g_{\mathrm{v}}}{\partial T}=\frac{\partial g_{\mathrm{w}}}{\partial e_{\mathrm{s}}}\frac{\mathrm{d}e_{\mathrm{s}}}{\mathrm{d}T}+\frac{\partial g_{\mathrm{w}}}{\partial T}, \tag{4.1.10}$$

则

$$\frac{\mathrm{d}e_{\mathrm{s}}}{\mathrm{d}T}=\left(\frac{\partial g_{\mathrm{v}}}{\partial T}-\frac{\partial g_{\mathrm{w}}}{\partial T}\right)\Big/\left(\frac{\partial g_{\mathrm{w}}}{\partial e_{\mathrm{s}}}-\frac{\partial g_{\mathrm{v}}}{\partial e_{\mathrm{s}}}\right). \tag{4.1.11}$$

应用(4.1.3)式的关系,得到

$$\frac{\mathrm{d}e_{\mathrm{s}}}{\mathrm{d}T}=\frac{-s_{\mathrm{v}}+s_{\mathrm{w}}}{v_{\mathrm{w}}-v_{\mathrm{v}}}. \tag{4.1.12}$$

引入熵和潜热的关系(3.2.46a)式

$$\frac{\mathrm{d}e_{\mathrm{s}}}{\mathrm{d}T}=\frac{T(s_{\mathrm{v}}-s_{\mathrm{w}})}{T(v_{\mathrm{v}}-v_{\mathrm{w}})}=\frac{\ell_{\mathrm{v}}}{T(v_{\mathrm{v}}-v_{\mathrm{w}})}. \tag{4.1.13}$$

这就是著名的克劳修斯-克拉贝龙方程(简称 C-C 方程),它是饱和水汽压随温度变化的微分方程.法国工程师克拉贝龙(1799—1864)于 1834 年得到带有系数 C 的表达式$\frac{\mathrm{d}e_{\mathrm{s}}}{\mathrm{d}T}=\frac{1}{C}\frac{\ell_{\mathrm{v}}}{v_{\mathrm{v}}-v_{\mathrm{w}}}$,将近 40 年后,德国物理学家克劳修斯(1822—1888)经过详细的研究,得到了系数 $C=T$.

考虑到水汽的比容远大于水的比容,并考虑到饱和水汽状态方程,即可得到克劳修斯-克拉贝龙方程的常用形式

$$\frac{1}{e_{\mathrm{s}}}\frac{\mathrm{d}e_{\mathrm{s}}}{\mathrm{d}T}=\frac{\ell_{\mathrm{v}}}{R_{\mathrm{v}}T^2}, \tag{4.1.14}$$

也说明饱和水汽压仅是温度的函数.

4.1.2 饱和水汽压的理论表达式

考虑水汽、液态水组成的一元二相系统,假设汽化潜热 ℓ_{v} 不随温度变化,(4.1.14)式经过积分得到

$$\frac{e_{\mathrm{s}}}{e_{\mathrm{s0}}}=\exp\left(\frac{\ell_{\mathrm{v}}}{R_{\mathrm{v}}T_0}\right)\exp\left(-\frac{\ell_{\mathrm{v}}}{R_{\mathrm{v}}T}\right), \tag{4.1.15}$$

其中 $T_0=273.15\,\mathrm{K}$,对应饱和水汽压 $e_{\mathrm{s0}}=6.107\,\mathrm{hPa}$.使用 0℃时的汽化潜热值 $\ell_{\mathrm{v}}=2.501\times 10^6\,\mathrm{J\cdot kg^{-1}}$,以及水汽气体常数 $R_{\mathrm{v}}=461.52\,\mathrm{J\cdot kg^{-1}\cdot K^{-1}}$代入,得到饱和水汽压的表达式

$$e_{\mathrm{s}}=6.107\exp\left[5419\left(\frac{1}{T_0}-\frac{1}{T}\right)\right], \tag{4.1.16}$$

其中 T 的单位为 K,e_{s} 的单位为 hPa.(4.1.16)式是计算相对于水面的饱和水汽压的近似式.

如果考虑汽化潜热随温度的变化,即根据基尔霍夫方程得到

$$\ell_{\mathrm{v}}=\ell_{\mathrm{v0}}+(c_{p\mathrm{v}}-c_{\mathrm{w}})(T-T_0), \tag{4.1.17}$$

其中，ℓ_{v0} 是温度 T_0 时对应的汽化潜热.

克劳修斯-克拉贝龙方程变化为

$$\frac{1}{e_s}\frac{\mathrm{d}e_s}{\mathrm{d}T}=\frac{\ell_{v0}-(c_{pv}-c_w)T_0}{R_vT^2}+\frac{c_{pv}-c_w}{R_vT}. \tag{4.1.18}$$

经过积分得到

$$\ln\frac{e_s}{e_{s0}}=\frac{\ell_{v0}-(c_{pv}-c_w)T_0}{R_v}\left(\frac{1}{T_0}-\frac{1}{T}\right)+\frac{c_{pv}-c_w}{R_v}\ln\frac{T}{T_0}. \tag{4.1.19}$$

将相关常数代入整理得

$$e_s=6.107\exp\left[6821\left(\frac{1}{T_0}-\frac{1}{T}\right)-5.13\ln\frac{T}{T_0}\right]. \tag{4.1.20}$$

这是计算相对于水面饱和水汽压的精确表达式. 其中 T 的单位为 K.

根据(4.1.16)和(4.1.20)式可以绘制得到饱和水汽压随温度的变化曲线，两条曲线在低于 15℃时基本重合，但当温度较高时，二者显示出了一定的差异. 为了能很好地看到差异，图 4.1 显示了以实测值为标准(见表 1.3)，计算得到饱和水汽压的相对变化. 从图可知，(4.1.16)式在 20℃以上的相对误差可达 1%以上，在 30℃误差达到 2.5%，在－30℃误差近 4%，因此(4.1.16)式只是一个近似表达式，但在一些问题中依然可以使用. (4.1.20)式得到的饱和水汽压相对误差在－30～30℃的范围内，小于 0.2%，因此这是一个精确的表达式.

以上得到了相对于水面的饱和水汽压的表达式，同理可以得到对应的相对于冰面的饱和水汽压公式. 如果假设升华潜热 ℓ_s 为常数，积分得到相对冰面的饱和水汽压 e_{si} 的近似计算公式

$$e_{si}=6.106\exp\left[6143\left(\frac{1}{T_0}-\frac{1}{T}\right)\right]. \tag{4.1.21}$$

其次考虑升华潜热 ℓ_s 随温度变化，积分得到

$$\ln\frac{e_{si}}{e_{s0}}=\frac{\ell_{s0}-(c_{pv}-c_i)T_0}{R_v}\left(\frac{1}{T_0}-\frac{1}{T}\right)+\frac{c_{pv}-c_i}{R_v}\ln\frac{T}{T_0}. \tag{4.1.22}$$

代入相关常数得到

$$e_{si}=6.106\exp\left[6294\left(\frac{1}{T_0}-\frac{1}{T}\right)-0.555\ln\frac{T}{T_0}\right]. \tag{4.1.23}$$

这是计算相对于冰面的饱和水汽压的精确表达式.

根据(4.1.20)和(4.1.23)式计算得饱和水汽随温度变化见图 4.2 所示，同时绘制了水-冰面饱和水汽压的差. 在 0℃以下，根据(4.1.20)式计算的是相对于过冷水面的饱和水汽压. 由图可见，在 0℃以下，(4.1.20)和(4.1.23)式计算的饱和水汽压是有微小差异的，这种差异是因为升华潜热要比汽化潜热大. 二者差值约在－12℃时最大.

在 0℃以下，水面饱和水汽压高于冰面饱和水汽压. 在实际的云中，常出现这样的情况，云中饱和水汽压介于水面饱和水汽压和冰面饱和水汽压之间，因此，云中的液态云滴处于一个不饱和的环境，而云中的冰晶处于一个过饱和环境. 其结果是，液态云滴将不断蒸发变小，而冰晶将不断吸收水汽凝华增大，这就是贝吉龙(Bergeron)过程的主要理论根据.

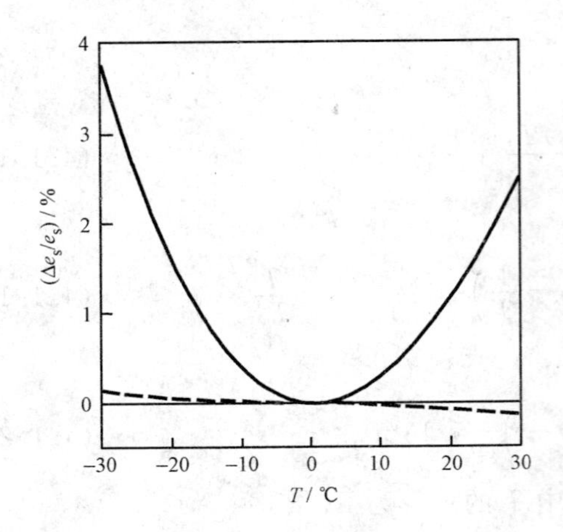

图 4.1 饱和水汽压相对变化随温度的变化，抛物线型实线是根据(4.1.16)式绘制，虚线由(4.1.20)式绘制

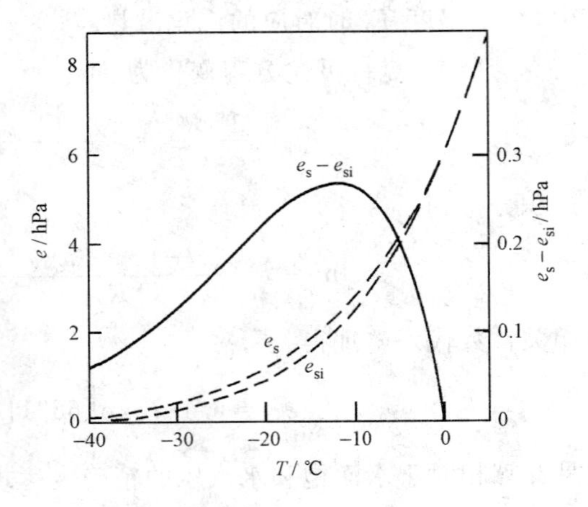

图 4.2 饱和水汽压(虚线)及水-冰饱和水汽压差(实线)随温度的变化

形成冰晶除了需要冰凝结核外，液态云滴也可自己冻结成为冰核，称为均质冻结核化，但这需要约−40℃的低温环境，谢菲尔(Vincent Schaefer)根据研究得到这个结果，因此−40℃这一均质冻结核化的温度点称为谢菲尔点(Schaefer point). 在温度-水汽压图上，液态云滴首先随温度降低一直维持过冷水滴状态，即沿相对过冷水面的饱和水汽压曲线变化，一旦达到约−40℃的低温，就开始冻结，其状态就几乎等温过渡到相对冰面的饱和水汽压曲线上.

4.1.3 相态平衡曲线

包含水汽和液态水的两相系统，在蒸发或凝结过程中，饱和水汽压随温度的变化曲线就是水汽和液态水之间的相变平衡曲线. 在相变过程中，两相的气压、温度和比自由能(它是气压和温度的函数)都相等，因此两相平衡时只需有一个独立变量 T(或饱和水汽压)即可确定平衡状态. 饱和水汽压随温度的变化曲线，称为汽化曲线，它是水汽与液态水共存的相平衡曲线. 类似得到冰面饱和水汽压随温度变化的升华曲线，它是水汽和冰共存的相平衡曲线；以及压强与熔点关系的熔解曲线，它是液态水和冰共存的相态平衡曲线.

将汽化曲线、升华曲线和熔解曲线绘制到一张图上，就是三相图. 根据热力学理论，系统的独立变量数 N 为

$$N = C + 2 - P, \tag{4.1.24}$$

其中 C 是系统的元数，P 是相态数. 这样，当水三相共存时，独立变量数为 0，即没有独立变量，这时系统的状态是唯一确定的，即三相点. 三相点有确定的气压、温度和各相的比容.

4.2 干空气对饱和水汽的影响

4.2.1 大气压对饱和水汽压的影响

考虑水质物和干空气组成的二元系统，这里水质物包括水和水汽. 系统水质物发生相变，系统将发生等温、等压过程，因此自由能 G 守恒. 系统总自由能是干空气、水汽和水自由能的

和，即

$$G = m_a g_a(p,T) + m_v g_v(e_s,T) + m_w g_w(p_t,T), \tag{4.2.1}$$

其中，p，m_a 和 g_a 分别是干空气的分压强、质量和比自由能，系统总气压为 $p_t = p + e_s$，其他量的定义与前面一致.

因自由能 G 守恒，其随时间变化为零，即

$$\frac{\mathrm{d}G}{\mathrm{d}t} = \frac{\mathrm{d}}{\mathrm{d}t}[m_a g_a(p,T) + m_v g_v(e_s,T) + m_w g_w(p_t,T)] = 0. \tag{4.2.2}$$

系统的干空气和水质物质量不变，因此

$$\frac{\mathrm{d}m_a}{\mathrm{d}t} = \frac{\mathrm{d}}{\mathrm{d}t}(m_v + m_w) = 0. \tag{4.2.3}$$

系统的总压力不变，则水的比自由能变化为

$$\frac{\mathrm{d}g_w}{\mathrm{d}t} = \frac{\partial g_w}{\partial p_t}\frac{\mathrm{d}p_t}{\mathrm{d}t} = \frac{\partial g_w}{\partial p_t}\frac{\mathrm{d}}{\mathrm{d}t}(p + e_s) = 0. \tag{4.2.4}$$

空气和水汽的比自由能变化

$$\frac{\mathrm{d}g_a}{\mathrm{d}t} = \frac{\partial g_a}{\partial p}\frac{\mathrm{d}p}{\mathrm{d}t} = v_a\frac{\mathrm{d}p}{\mathrm{d}t}, \tag{4.2.5a}$$

$$\frac{\mathrm{d}g_v}{\mathrm{d}t} = \frac{\partial g_v}{\partial e_s}\frac{\mathrm{d}e_s}{\mathrm{d}t} = v_v\frac{\mathrm{d}e_s}{\mathrm{d}t}, \tag{4.2.5b}$$

其中，v_a 和 v_v 分别是空气和水汽的比容，而且因为空气和水汽共用一个体积 V，则

$$m_a v_a = m_v v_v = V. \tag{4.2.6}$$

将以上相关等式，代入$\frac{\mathrm{d}G}{\mathrm{d}t}=0$ 的表达式中，整理得到

$$\frac{\mathrm{d}m_v}{\mathrm{d}t}[g_v(e_s,T) - g_w(p_t,T)] = 0. \tag{4.2.7}$$

因为$\frac{\mathrm{d}m_v}{\mathrm{d}t}\neq 0$，故上式成立必须满足

$$g_v(e_s,T) = g_w(p + e_s,T). \tag{4.2.8}$$

给定干空气分压的微小变化 Δp，相应于饱和水汽压的变化 Δe_s，得到

$$g_v(e_s + \Delta e_s,T) = g_w(p + \Delta p + e_s + \Delta e_s,T). \tag{4.2.9}$$

按级数展开，取一阶量，即

$$g_v(e_s,T) + \frac{\partial g_v}{\partial e_s}\Delta e_s = g_w(p_t,T) + \frac{\partial g_w}{\partial p_t}(\Delta p + \Delta e_s), \tag{4.2.10}$$

两边除以 Δp 并趋于零，得到

$$\frac{\mathrm{d}e_s}{\mathrm{d}p} = \frac{\rho_v}{\rho_w - \rho_v}. \tag{4.2.11}$$

考虑分母中水汽密度远小于水密度，即 $\rho_v \ll \rho_w$，上式变化为

$$\frac{\mathrm{d}e_s}{\mathrm{d}p} = \frac{\rho_v}{\rho_w}. \tag{4.2.12a}$$

这一方程称为坡印亭(Poynting)公式. 可以看到，饱和水汽压随气压的增加而增大.

如果考虑水汽的理想气体状态方程，(4.2.12a)式改写为

$$\frac{1}{e_s}\frac{\mathrm{d}e_s}{\mathrm{d}p} = \frac{1}{R_v T\rho_w},$$

经过积分得到

$$\ln\frac{e_{s2}}{e_{s1}}=\frac{p_2-p_1}{R_v T\rho_w},\tag{4.2.12b}$$

其中假设水的密度与气压变化无关.在室温 20℃条件下,对于由水汽和液态水组成的一元二相系统,当干空气加入时,气压的变化约为 $\Delta p=p_2-p_1=1\ \mathrm{atm}$,由(4.2.12b)式可估计得到 $\frac{e_{s2}}{e_{s1}}<\frac{100.1}{100}$.即说明,当干空气加入到水汽和液态水组成的一元二相系统中时,饱和水汽压将增大,但增大不到 0.1%.

在 0℃时,饱和水汽压 $e_s=6.11\ \mathrm{hPa}$,水和水汽密度分别为 $\rho_w=1000\ \mathrm{kg\cdot m^{-3}}$ 和 $\rho_v=0.004\,85\ \mathrm{kg\cdot m^{-3}}$,根据坡印亭公式,当干空气加入时,气压从 e_s 变为 p(p 为 1 atm),气压变化量为 $\Delta p=p-e_s\approx 1\ \mathrm{atm}$,因此饱和水汽压的变化为

$$(\Delta e_s)_p\approx\Delta p\,\frac{0.004\,85}{1000}=4.88\times10^{-3}\ \mathrm{hPa}.$$

这是饱和水汽压增加量,相对变化为 $(\Delta e_s)_p/e_s=0.08\%$.

4.2.2 干空气溶入水对饱和水汽压的影响

1. 空气的溶解度

考虑在一密封容器中由干空气和液态水组成的系统,参见图 1.3,不考虑水汽的蒸发,系统温度为 T.与液面平行的某一平面上,干空气向下的通量(单位面积单位时间向下的分子数)可以表示为

$$F^{\downarrow}=\frac{1}{4}n\bar{v},\tag{4.2.13}$$

其中,n 为空气分子数密度,$\bar{v}$ 为分子平均速度,见(1.2.18)式.

向下到达水面的这些分子不完全溶解于水中,水俘获空气分子的速率,即俘获速率 C 正比于向下通量,即

$$C=\alpha F^{\downarrow}=\alpha\cdot\frac{1}{4}n\bar{v}=\frac{\alpha p}{\sqrt{2\pi mkT}},\tag{4.2.14}$$

其中,α 是比例系数,$p=nkT$ 是干空气在水面上分压,m 为分子质量.

同时,溶解于水中的干空气分子部分从水中逃离,逃离速率 E 与水中空气体积浓度 c(即单位体积水中溶解的空气体积)成正比,即

$$E=\beta c,\tag{4.2.15}$$

其中 β 是比例系数.

因此,水中空气分子浓度随时间的变化为

$$\frac{\mathrm{d}c}{\mathrm{d}t}=C-E.\tag{4.2.16}$$

将(4.2.14)式和(4.2.15)式代入(4.2.16)式,得到

$$\frac{\mathrm{d}c}{\mathrm{d}t}=\frac{p\alpha}{\sqrt{2\pi mkT}}-\beta c.\tag{4.2.17}$$

平衡状态下,$\frac{\mathrm{d}c}{\mathrm{d}t}=0$,则平衡时水中空气体积浓度 c_a 为

$$c_a = K_T \cdot p, \tag{4.2.18}$$

其中，$K_T=\dfrac{\alpha}{\beta\sqrt{2\pi mkT}}$，它与温度有关，称为溶解度系数. 在水温一定而溶气压力不很高的条件下，空气在水中的溶解度系数见表 4.1. 溶解平衡时，单位体积水中所能溶解气体的体积称为气体的溶解度，它随温度的升高而减小，随压强的升高而增大.

表 4.1　不同温度下空气在水中的溶解度系数

T/℃	0	10	20	30	40	50
$K_T/(\mathrm{L\cdot hPa^{-1}\cdot m^{-3}})$	0.0285	0.0218	0.0180	0.0158	0.0135	0.0120

(4.2.18)式称为亨利(Henry)定律. 英国人威廉姆·亨利是一名化学家和物理学家，他于 1803 年创立了气-液吸附的这个定律. 它表达的是，在一定温度下，当液面上的一种气体与溶液中所溶解的该气体达到平衡时，该气体在溶液中的溶解度与其在液面上的平衡压力成正比(定律适用的对象是稀溶液中挥发性溶质或气体).

2. 溶液的水汽压

理想溶液的平衡蒸气压为溶质和溶剂蒸气压的和，满足道尔顿分压定律和拉乌尔定律. 以 A 表示溶剂，B 表示溶质，则总气压

$$p = p_A + p_B, \tag{4.2.19}$$

其中，每一分量的分压满足拉乌尔定律，以溶剂为例，则其分压为

$$p_A = p_{A0}x_A = p_{A0}\frac{N_A}{N_A+N_B}, \tag{4.2.20}$$

其中 N_A 和 N_B 是溶剂和溶质的分子数目，p_{A0} 为纯组分溶剂的平衡蒸气压，x_A 是溶剂的摩尔分数. (4.2.20)式称为拉乌尔(Raoult)定律，是常见的一种表达形式. 它表示在一定温度下，难挥发非电解质稀溶液(理想溶液)的平衡蒸气压等于纯溶剂的平衡蒸气压乘以溶剂的摩尔分数(对象是溶剂)，这是与亨利定律(对象是溶质)有区别的.

法国大学化学教授拉乌尔最早从实验得到的表达式为

$$p_{A0} - p_A = p_{A0}\frac{N_B}{N_A}, \tag{4.2.21}$$

或写为 $p_A=p_{A0}\left(1-\dfrac{N_B}{N_A}\right)$，与(4.2.20)拉乌尔定律表达式 $p_A=p_{A0}\left(1+\dfrac{N_B}{N_A}\right)^{-1}$ 比较，只有当 $\dfrac{N_B}{N_A}\ll 1$ 时二者是一致的，这是拉乌尔定律成立的条件，也就要求溶质分子数较少，即要求是稀溶液.

对于溶剂为水的稀溶液，饱和水汽压 e_s 按拉乌尔定律写为

$$e_s = e_{s0}x = e_{s0}\frac{N}{N+n}, \tag{4.2.22}$$

其中，e_{s0} 是水平液面时的纯水的饱和水汽压，N 和 n 分别是溶液中水和溶质的摩尔数，x 就是溶液中水的摩尔分数.

对非理想的电解质溶液，拉乌尔定律不严格成立，与溶质电解程度有关，引入范德霍夫(Van't Hoff)因子 i，表示为

$$e_s = e_{s0}\frac{N}{N+in}, \tag{4.2.23}$$

其中,范德霍夫因子 i 与溶质的离解有关,例如溶质为氯化钠(NaCl)时,一个 NaCl 分子离解为钠离子和氯离子,因此 $i=2$. 当溶液浓度足够大时,i 可以小于 1 个溶质分子离解时产生的离子数,需要用实验测定.

图 4.3 显示了氯化钠溶液在 20℃蒸发凝结达到平衡时,其饱和水汽压与纯水液面上饱和水汽压的比值的理论值$\left(\text{即饱和比} S=e_s/e_{s0}=\dfrac{N}{N+2n}\right)$和测量值的比较,理论值采用范德霍夫因子 $i=2$ 计算. 由图可见在稀溶液时,饱和比理论值与测量值一致. 同时,随溶质的增加,饱和比越来越小于 100%. 在实际大气中,许多凝结核是盐粒子,因此,当空气没有完全达到饱和时,凝结核上就已经开始出现凝结了,容易出现霾的天气现象.

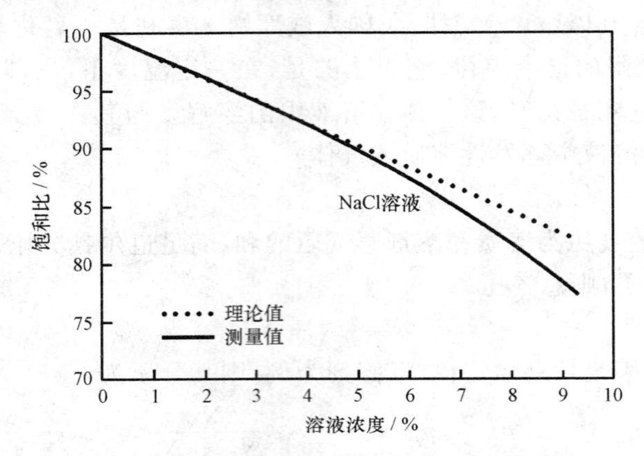

图 4.3 20℃时盐溶液相对纯水液面的饱和比随盐溶液浓度的变化

4.2.3 总体效应

结合亨利定律和拉乌尔定律,考虑干空气溶解于水后对饱和水汽压的影响.

根据亨利定律,在 $T=0℃$ 和 $p=1$ atm 时,1 L(1000 cm^3)水中溶解约 $V=29$ cm^3 空气(见表 4.1),对应的分子数

$$N_a = \frac{pV}{kT} = 7.79\times 10^{20}.$$

水数密度容易计算得到,为$\dfrac{\rho_w N_A}{\mu_w}=3.34\times10^{28}$ m^{-3},则在 0 ℃时,1 L 水中水分子数为

$$N = 3.34\times 10^{25},$$

由此算得水中溶解空气的摩尔分数

$$x = \frac{N_a}{N+N_a} = 2.33\times 10^{-5}.$$

根据拉乌尔定律,饱和水汽压降低

$$(\Delta e_s)_x = e_s x = 1.42\times 10^{-4}\ \text{hPa},$$

这个值大约等于因为干空气加入导致水汽压增加(4.88×10^{-3} hPa)的 1/34. 总体来说,加入干空气后,来自气压和溶解空气的总效果使饱和水汽压增加,但增加的相对量小于 0.1%.

在实际大气的理论和应用中,利用纯水质物系统获得的饱和水汽压的表达式,完全可以应用于湿空气系统中,所带来的误差可以忽略.

4.3 球形液面的饱和水汽压

4.3.1 球形纯液滴的饱和水汽压

考虑实际大气中云、雾滴的平衡,它们一般是球形液滴. 假设液滴和其周围水汽组成的一元二相系统,在温度 T、水汽压 e_s 下达到平衡状态. 在液滴与水汽的等压、等温相态转化过程中,系统的总自由能维持不变. 但是,由于液滴的表面是球面——也就是说需要额外的能量去产生这样一个球面,因此总自由能中需要加入表面自由能 G_s,它与球形液滴表面面积 A 成正比,即

$$G_s = \sigma A, \tag{4.3.1}$$

式中 σ 为单位面积表面自由能,它类似水、水汽的比自由能(单位质量水质物的自由能). σ 的单位为 $\mathrm{J \cdot m^{-2}}$,即 $\mathrm{N \cdot m^{-1}}$,因此 σ 也称表面张力. 根据国际水和水蒸气协会(IAPWS)1994 年给出的数据,在 0.01～647.096 K 范围,空气中液水的表面张力可用下面的公式计算

$$\sigma = B\tau^{\mu}(1 + b\tau), \tag{4.3.2}$$

其中,$B=235.8\times10^{-3}\,\mathrm{N\cdot m^{-1}}$,$\tau=1-T/647.096$,$\mu=1.256$,$b=-0.625$,$T$ 是绝对温度. 一些典型温度下实验得到的液水表面张力数值见表 4.2.

表 4.2 空气中液水表面张力

T/℃	0.01	5	10	15	20	25	30
$\sigma/(10^{-3}\,\mathrm{N\cdot m^{-1}})$	75.64	74.94	74.23	73.49	72.74	71.98	71.19

0℃之下水的表面张力数据最早由 Dorsch 和 Hacker 于 1951 年通过实验获得,−40～0℃的空气中过冷水的表面张力可由下面关系获得

$$\sigma = \sum_{n=0}^{6} a_n (T - T_0)^n, \tag{4.3.3}$$

其中 σ 的单位是 $10^{-3}\,\mathrm{N\cdot m^{-1}}$,$a_0=75.93$,$a_1=0.115$,$a_2=6.818\times10^{-2}$,$a_3=6.511\times10^{-3}$,$a_4=2.933\times10^{-4}$,$a_5=6.283\times10^{-6}$,$a_6=5.285\times10^{-8}$.

在相态转换过程中,生成一个水滴胚胎时的自由能守恒,要求

$$\frac{\mathrm{d}}{\mathrm{d}t}(m_v g_v + m_w g_w + \sigma A) = 0. \tag{4.3.4}$$

考虑 σ 与液滴大小无关,则上式通过变换,得到

$$\left(g_v - g_w - \frac{2\sigma}{r\rho_w}\right)\frac{\mathrm{d}r}{\mathrm{d}t} = 0, \tag{4.3.5}$$

其中,r 是水滴半径;ρ_w 是水的密度,它与水滴半径无关. 上式成立必然满足

$$g_v - g_w - \frac{2\sigma}{r\rho_w} = 0. \tag{4.3.6}$$

上式对液滴半径求导,经过适当变化后积分得到

$$\ln\left(\frac{e_{sr}}{e_{s0}}\right) = \frac{2\sigma}{r\rho_w R_v T} + \frac{\rho_v}{\rho_w}\left(\frac{e_s - e_{s0}}{e_s}\right), \tag{4.3.7}$$

其中,e_{sr} 和 e_{s0} 分别是液滴表面的平衡水汽压和无穷大液滴(水平液面)的饱和水汽压. 等式右边第二项很小可忽略,于是得到

$$e_{sr} = e_{s0}\exp\left(\frac{2\sigma}{r\rho_w R_v T}\right). \tag{4.3.8}$$

(4.3.8)式称为开尔文(Kelvin)方程. 可以看到,弯曲液面上的平衡水汽压高于同温度下的平液面的饱和水汽压,r 越小,要求过饱和比($\Delta S = e_{sr}/e_{s0} - 1$)越大. (4.3.8)式变形为

$$e_{sr} = e_{s0}\exp\left(\frac{C_r}{r}\right), \tag{4.3.9}$$

其中 $C_r = \frac{2\sigma}{\rho_w R_v T}$,只与水的特性有关. 若取 $T = 273.15\ \mathrm{K}$,$\sigma \approx 7.6\times10^{-2}\ \mathrm{N\cdot m^{-1}}$,可计算得到 $C_r = 1.2\times10^{-3}\ \mu\mathrm{m}$,所以在 $r \gg 10^{-3}\ \mu\mathrm{m}$ 时,对指数项做泰勒级数展开并略去高次项,开尔文方程简化为

$$e_{sr} = e_{s0}\left(1 + \frac{C_r}{r}\right), \tag{4.3.10}$$

括号中 C_r/r 项可以看作水滴曲率导致的对饱和水汽压的修正. 表 4.3 给出了水滴平衡时饱和比($S = e_{sr}/e_{s0}$)随水滴半径变化的结果.

表 4.3 水滴平衡时饱和比与水滴半径的关系

r/μm	0.001	0.01	0.1	1	10
S	3.23	1.125	1.012	1.0012	1.0001

4.3.2 溶液滴的平衡水汽压

在引入范德霍夫因子后,当溶液很稀时,溶质粒子数较少,对于半径为 r 的球形溶液滴,拉乌尔定律简化为

$$e_s = e_{sr}\left(1 - \frac{in}{N}\right), \tag{4.3.11}$$

其中,e_s 为溶液滴的平衡水汽压,e_{sr} 为纯水滴的平衡水汽压. 设溶液滴所含溶质和水的质量分别为 m 和 m_w,摩尔质量分别为 μ 和 μ_w,则 $n = \frac{m}{\mu}N_A$,$N = \frac{m_w}{\mu_w}N_A$,$m_w = \frac{4}{3}\pi r^3 \rho_w$,考虑 $m_w \gg m$ 的情况,则有

$$e_s = e_{sr}\left(1 - \frac{3im\mu_w}{4\pi\rho_w\mu}\cdot\frac{1}{r^3}\right) = e_{sr}\left(1 - \frac{C_n}{r^3}\right), \tag{4.3.12}$$

其中,$C_n = \frac{3im\mu_w}{4\pi\rho_w\mu}$ 描述了核(可溶性溶质)的特性,表示了溶质对平衡水汽压的影响,它随核的质量的增加和摩尔质量的减小而增加,并正比于范德霍夫因子.

4.3.3 寇拉曲线

半径为 r 的纯水滴上平衡水汽压满足开尔文方程(4.3.10)式,将它代入溶液滴的平衡水汽压(4.3.12)式,可得到

$$e_s = e_{s0}\left(1 + \frac{C_r}{r}\right)\left(1 - \frac{C_n}{r^3}\right) \approx e_{s0}\left(1 + \frac{C_r}{r} - \frac{C_n}{r^3}\right). \tag{4.3.13}$$

这是云物理学中常用的方程之一,同时可以得到过饱和比

$$\Delta S = \frac{C_r}{r} - \frac{C_n}{r^3}. \tag{4.3.14}$$

饱和比 $S=e_s/e_{s0}$ 或过饱和比 ΔS 随液滴半径变化的曲线，称为寇拉(Köhler)曲线(见图4.4). 图中每一条曲线相当于含一定质量(m)的干盐粒子(NaCl)在吸收水汽凝结增大过程中，溶液滴的饱和比和过饱和比与半径的关系. 若 r_0 为 $S=100\%$(或 $\Delta S=0$)时的半径，则在 $r<r_0$ 时，$S<100\%$(或 $\Delta S<0$)，这时溶质效应(拉乌尔作用)起主导作用，处于平衡态的粒子将以浓溶液滴的形式存在，且可与未饱和空气达到相平衡，形成典型的霾. 当 $r>r_0$ 时，曲率影响起主导作用，随着 r 的不断增大，溶液也变得越来越稀，以致最终可以接近纯水滴情况.

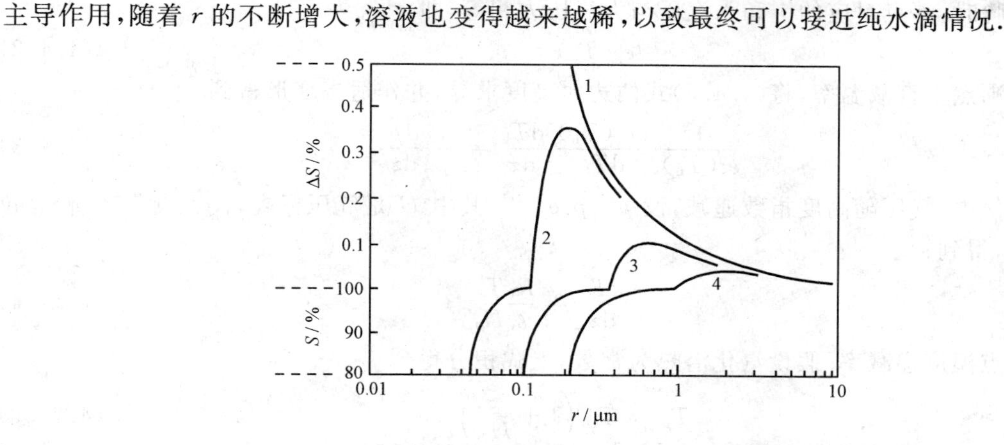

图4.4　纯水滴和 NaCl 溶液滴的寇拉曲线(Emanuel,1994). 曲线1为纯水滴；曲线2,3和4为溶液滴，其中分别含 NaCl 为 10^{-19} kg, 10^{-18} kg 和 10^{-17} kg

过饱和比的极值称为临界过饱和比 ΔS^*，对应的半径称为临界半径 r^*，这两个量为

$$\Delta S^* = \frac{2}{3}\sqrt{C_r^3/3C_n} \tag{4.3.15}$$

及

$$r^* = \sqrt{3C_n/C_r}. \tag{4.3.16}$$

当环境过饱和比超过 ΔS^* 时，溶液滴将会继续长大，即所谓核的"活化". 从图4.4的寇拉曲线可以看出，较大质量的盐核形成的溶液滴，临界过饱和比比较小，容易成核长大.

4.4　饱和状态变化和人体舒适度

4.4.1　沸点与气压的关系

1. 饱和水汽压随沸点的变化

水沸腾时，对应的沸点温度 T_b、汽化潜热 ℓ_v 以及水和水汽的比容值 v_w 和 v_v 分别为：$T_b=100℃$，$\ell_v=2.25\times10^6\,\mathrm{J\cdot kg^{-1}}$，$v_w=0.001\,04\,\mathrm{m^3\cdot kg^{-1}}$ 和 $v_v=1.673\,\mathrm{m^3\cdot kg^{-1}}$. 因为水汽比容远大于水的比容，克劳修斯-克拉贝龙方程写为

$$\frac{de_s}{dT_b} = \frac{\ell_v}{T_b v_v}. \tag{4.4.1}$$

把相关数据代入，得到

$$\frac{de_s}{dT_b} = 36.04\,\mathrm{hPa\cdot K^{-1}}$$

或

$$\frac{de_s}{dT_b} = 0.03557\,\text{atm}\cdot\text{K}^{-1}.$$

这就是沸腾时饱和水汽压随温度的变化关系，这时的饱和水汽压与大气压力相等，因此当气压降低时，沸点也降低.

2. 沸点垂直减温率

水沸腾时，沸点对应的饱和水汽压与大气压力相等，即

$$e_s(T_b) = p. \tag{4.4.2}$$

为了得到沸点垂直减温率，将(4.4.2)式两边对高度求导，并作适当变形得到

$$\frac{1}{e_s(T_b)}\frac{de_s(T_b)}{dT_b}\frac{dT_b}{dz} = \frac{1}{p}\frac{dp}{dz}. \tag{4.4.3}$$

在实际大气中，气压随高度指数递减，设 $p=p_0 e^{-z/H}$，其中 H 是气压标高，代入克劳修斯-克拉贝龙方程，得到

$$-\frac{dT_b}{dz} = \frac{R_v T_b^2}{\ell_v H}. \tag{4.4.4}$$

这即是沸点温度递减率. 假设汽化潜热为常数，上式积分得到

$$T_b = T_{b0}\left(1+\frac{z}{H_b}\right)^{-1}, \tag{4.4.5a}$$

其中 $H_b=\dfrac{\ell_v H}{R_v T_{b0}}$，是沸点降低为海平面标准大气压下沸点值 T_{b0} 的一半时的高度，如果 $H=8\,\text{km}$，可求得 $H_b=105\,\text{km}$. 因此，在对流层低层，可以满足 $z\ll H_b$，则上式变为

$$T_b \approx T_{b0}\left(1-\frac{z}{H_b}\right), \tag{4.4.5b}$$

因此得到

$$-\frac{dT_b}{dz} \approx \frac{T_{b0}}{H_b} \approx 3.57℃\cdot\text{km}^{-1}.$$

4.4.2　熔点与气压的关系

冰熔解时，对应的冰水平衡的熔点温度 T、熔解潜热 ℓ_f 以及冰与水的比容值 v_i 和 v_w 分别为：$T_b=0℃$，$\ell_f=0.334\times10^6\,\text{J}\cdot\text{kg}^{-1}$，$v_i=1.0907\times10^{-3}\,\text{m}^3\cdot\text{kg}^{-1}$ 和 $v_w=1.00013\times10^{-3}\,\text{m}^3\cdot\text{kg}^{-1}$.

这时的克劳修斯-克拉贝龙方程写为

$$\frac{dp_{wi}}{dT} = \frac{\ell_f}{T\Delta v}, \tag{4.4.6}$$

其中 $\Delta v=v_w-v_i$，p_{wi} 为冰水平衡压力. 代入相关数据得到

$$\frac{dp_{wi}}{dT} = -1.35\times10^5\,\text{hPa}\cdot\text{K}^{-1},$$

或者

$$\frac{dp_{wi}}{dT} = -133\,\text{atm}\cdot\text{K}^{-1}.$$

随气压的增大，冰的熔点将会降低. 气压变化 1000 hPa 时，熔点变化只有 0.007 K. 在自然界中，一般是固态密度大于液态，所以大多数情况下是压力上升，熔点也上升，而水则相反. 水

的这个特性可以解释冰川遇到岩石时的运动,即当冰川前进遇到岩石时,与岩石接触处造成较大的压力,因而引起冰的熔点降低,使冰熔化并向前流动.

关于冰和水的压缩性:在大约 100 大气压以下,二者的比容几乎不变,但随着压力的增大,水和冰显示出一定的压缩性.例如在 1 个大气压下,$v_i - v_w = 0.091\,\mathrm{m^3 \cdot kg^{-1}}$,但到 2000 个大气压时,$v_i - v_w = 0.135\,\mathrm{m^3 \cdot kg^{-1}}$,此时熔点温度为 −20℃.

4.4.3 接近饱和时人体舒适度

在相对高的气温条件下,因为大气中水汽含量的不同人体会感到不同的舒适度.假设人皮肤温度等于气温 T_a,皮肤的蒸发通量正比于饱和水汽压与实际水汽压之差,即

$$e_s(T_a) - e = e_s(T_a) - e_s(T_d) = e_s(T_a)(1 - r), \tag{4.4.7}$$

其中,相对湿度 $r = \frac{e}{e_s(T_a)} = \frac{e_s(T_d)}{e_s(T_a)}$,$T_d$ 是露点温度.

假设汽化潜热为常数,使用从克劳修斯-克拉贝龙方程积分导出的饱和水汽压公式,得到

$$r = \frac{\exp(-\ell_v / R_v T_d)}{\exp(-\ell_v / R_v T_a)} = \exp\left[-\frac{\ell_v}{R_v T_a T_d}(T_a - T_d)\right] = \exp[-C(T_a - T_d)], \tag{4.4.8}$$

其中 $C = \frac{\ell_v}{R_v T_a T_d}$. 在 300 K 的温度下,$C \sim 0.05$,因此

$$r \approx 1 - C(T_a - T_d). \tag{4.4.9}$$

根据(4.4.7)和(4.4.9)式,皮肤蒸发通量正比于温度露点差,即

$$e_s(T_a) - e \propto T_a - T_d. \tag{4.4.10}$$

因此,在高温情况下,人体的舒适度与温度露点差有关,即当温度露点差大时,皮肤蒸发通量大,相对舒适些,而当温度露点差小时,则蒸发通量小,皮肤上汗水不能很快蒸发掉,因而会感到不适.

习 题

4.1 过冷水的饱和水汽压通常大于相同温度下的冰的饱和水汽压,过冷水和冰可否共存?

4.2 用液体沸点变化确定山高变化,如何选择液体,使灵敏度最大?

4.3 如何只靠温度表的测量,确定台风来临前的气压变化?温度表可以判断的最小气压变化是多少?

4.4 假设在相对干净空气的情况下,凝结核浓度为 $100\,\mathrm{cm^{-3}}$,地面温度 30℃,空气上升到 1000 m 饱和成云.如果在云中,只通过凝结形成雨滴,且典型雨滴半径为 0.5 mm,讨论形成降雨的可能性.

4.5 人被雨淋湿,衣服含水 0.5 kg,人的比热容近似为水的比热容.不计人体生化反应供热,靠体温使衣服变干,估计体温将变化多少度?如果衣服含水量正比于人体表面积,温度如何降低?从中可获得什么经验?

4.6 液水表面张力 σ 随温度变化的经验关系写为 $\sigma = 0.0756 - 1.44 \times 10^{-4}(T - T_0)$,单位为 $\mathrm{N \cdot m^{-1}}$,此式可在 −20~20℃ 时成立.将此关系用于开尔文方程,求:(1) 当水滴半径满足什么条件时,水滴表面饱和水汽压随温度的增加而增加?(2) 在 $T_0 = 273.15\,\mathrm{K}$ 时微滴半径

多大,可使温度每增加 1℃,其平衡水汽的变化正好等于半径每减小 1 μm 时平衡水汽压的变化?

4.7　海平面气压用水银气压表测量时,在室温条件下,考虑汞的有限气压,测量误差(%)是多少?已知以 mmHg 为单位的汞平衡蒸气压 p 的计算公式是(其中 T 的单位是 K)为

$$\lg p = 10.377 - 0.8256 \lg T - \frac{3285}{T}.$$

4.8　纯金平衡蒸气压 p(单位为 Pa)的表达式为 $p=1.037\times10^{11}\exp\left(-\frac{40\,480}{T}\right)$,其中 T 为绝对温度(单位为 K). 已知金密度是水的 19.3 倍,原子量为 196.9,熔点为 1336 K. 现考虑纯金戒指的蒸发,(1) 室温下以最大蒸发量蒸发,多长时间质量减掉 10%?(2) 如果在人一生中让它以最大蒸发量蒸发掉 10%的质量,需要多大温度?

4.9　证明可降水量 W_v 的上限为 $W_v \approx \frac{T_0 e_{s0}}{\ell_v \Gamma}$,其中 Γ 是大气减温率,假设为常数;T_0 是地表面温度,对应水面饱和水汽压为 e_{s0};ℓ_v 是汽化潜热. 就实际大气的数据计算这一上限值,折合成降水量是多少 mm?

4.10　假设 $p=p_0 e^{-z/H}$,$H=7.29$ km,且汽化潜热为常数,证明沸点 T_b 随高度 z 的变化为

$$T_b = \frac{\ell_v}{R_v}\frac{1}{a + z/H},$$

同时求出 a 的值. 若人血液的温度与体温相同,即为 37℃,计算血液沸腾时对应的高度.

4.11　在室温和沸腾两种情况下,计算因为水的蒸发导致水面下降的最大速率($\mathrm{cm \cdot min^{-1}}$).

第五章　等压过程

在一些大气过程中,气压变化往往缓于温度的变化,幅度也比较小,可以近似看成是等压过程.例如,夜间由于辐射冷却,一些固体表面上会发生凝结和凝华而出现露和霜;低层大气中暖湿气流移过较冷的下垫面时,逐渐冷却而形成平流雾;清晨常能见到的辐射雾等,都是空气等压冷却凝结的产物.此外,降雨在空中蒸发使其周围空气冷却饱和,也属于等压过程;如果研究的系统(降雨和周围空气)范围足够大而使得其内部特性对边界的变化不敏感,则又可视为封闭绝热系统.

根据热力学第一定律,一般等压过程中,系统焓的变化等于系统热量的变化.进一步对于等压绝热过程,则系统焓的变化为零,因此可视为等焓过程.

5.1　等压冷却——露点和霜点

5.1.1　露和霜的形成过程

封闭系统等压冷却,系统水汽压保持不变,但因为温度降低,饱和水汽压一直减小,当温度减小到使得饱和水汽压与水汽压相等时,系统达到平衡或饱和状态,即

$$e_s(T_d,\text{或 } T_f) = e, \tag{5.1.1}$$

其中,相对水面饱和的温度是露点 T_d,相对冰面的是霜点 T_f.露点和霜点在未饱和湿空气所组成的封闭系统中等压降温时,和水汽压一样,是保守的量.辐射雾和平流雾的形成过程就是等压冷却达到饱和凝结的结果.

图 5.1 是在相平衡曲线图上显示等压冷却达到露点和霜点的情况,图中只绘制了汽化曲线和升华曲线,其中粗虚线是汽化曲线在小于三相点时的延伸.图中 P,P'和 P''三点为三个不同的系统进行等压冷却的起始状态,从 P 点出发的过程只能达到露点;P'刚好达到三相点,具有露点和霜点的双重性质;而从 P''出发的过程就相对复杂,首先等压冷却经过升华平衡曲线,继续降温则达到相对于过冷水面的蒸发平衡曲线.如果首先出现凝华,就达到霜点,否则就继续达到露点.出现凝华的关键是需要冰核或表面让水汽凝华,这时就结霜,只出现霜点.但如果没有可供结霜的冰核或表面,水汽就不会凝华而继续冷却达到露点.

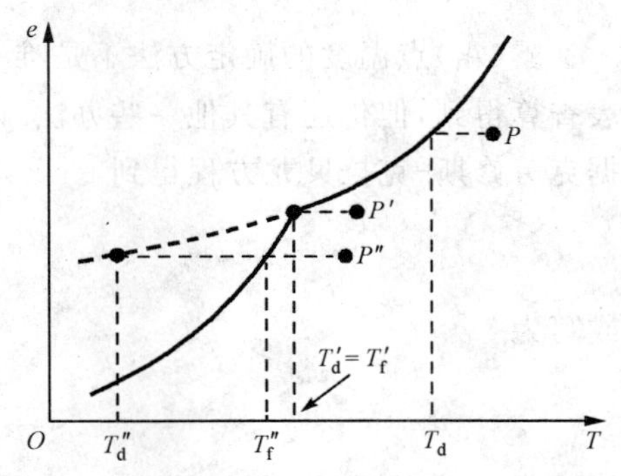

图 5.1　等压冷却过程中露点和霜点

形成露或霜需要一个表面.以形成露为例,考虑水表面的凝结.饱和时,水面上很薄的一层的蒸发率与凝结率相同,这层的露点也就与水表温度一致.但是,薄层上方的水汽会有很大的梯度,将直接决定水汽是否有向水面的净凝结(即凝结率大于蒸发率).因此,有无净蒸发或净凝结,在于薄层上水汽梯度大的几毫米之内的空气露点.

根据热力学理论，水汽通量与水汽密度和水汽平均运动速率有关，即

$$F \propto n \cdot \langle v \rangle \propto \frac{e}{kT} \cdot \sqrt{T} \propto \frac{e}{\sqrt{T}}. \tag{5.1.2}$$

要有净水汽通量向下，必须满足水表面到空气之通量小于从空气到水表面之通量，即

$$\frac{e_s(T_s)}{\sqrt{T_s}} < \frac{e_a}{\sqrt{T_a}} = \frac{e_s(T_d)}{\sqrt{T_a}} = \frac{e_s(T_d)}{\sqrt{T_d}} \sqrt{\frac{T_d}{T_a}}, \tag{5.1.3}$$

其中 T_s 为表面温度，T_a 为空气的温度，T_d 为露点温度，$e_s(T_d)=e_a$.

因为 $T_d \leqslant T_a$，即 $\sqrt{T_d/T_a}<1$，因此从上式得到

$$\frac{e_s(T_s)}{\sqrt{T_s}} < \frac{e_s(T_d)}{\sqrt{T_d}}. \tag{5.1.4}$$

函数 $\frac{e_s(T)}{\sqrt{T}}$ 是关于 T 的单调递增函数，因此得到 $T_s<T_d$. 即形成露时，表面温度要降到露点温度以下，这是充分条件. 但形成露后温度和露点就接近了，即 $\sqrt{T_d/T_s}\approx 1$.

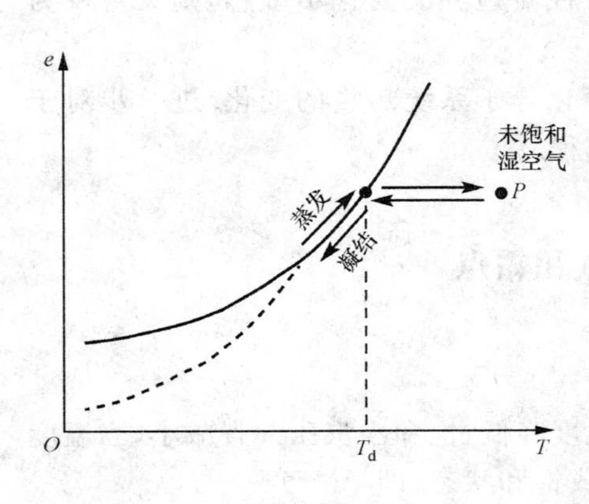

图 5.2　露的形成过程

图 5.2 在平衡曲线图上显示了在有凝结表面存在时，露的形成和消失过程. 开始的未饱和湿空气，等压冷却到达露点，继续冷却就开始凝结成露，系统状态沿汽化平衡曲线变化. 相反如果露受热，液态水蒸发，系统就沿平衡曲线增温变化，达到露点后系统就开始未饱和状态. 霜的形成过程与露是一样的道理，但系统开始的状态位于三相点之下，以保证等压冷却过程与升华平衡曲线相交.

5.1.2　温度露点(霜点)差与相对湿度的关系

露(霜)点温度的确定方法不是唯一的，露(霜)点温度可以根据饱和水汽压表达式或数据表查算得到，但仍还有其他一些办法. 以露点为例，从水汽压与露点的关系 $e=e_s(T_d)$ 出发，根据克劳修斯-克拉贝龙方程得到

$$\frac{\mathrm{d}e}{\mathrm{d}T_d} = \frac{\ell_v e}{R_v T_d^2}, \tag{5.1.5}$$

或写为

$$\frac{\mathrm{d}e_s}{e_s} = \frac{\ell_v \mathrm{d}T}{R_v T^2}. \tag{5.1.6}$$

假设 ℓ_v 为常数，对上式进行积分，积分的上下限变化为 $T_d \to T$ 和 $e \to e_s$，得到

$$\ln\frac{e_s}{e} = \frac{\ell_v}{R_v}\frac{T-T_d}{TT_d}, \tag{5.1.7}$$

或

$$-\ln r = \frac{\ell_v}{R_v}\frac{T-T_d}{TT_d}. \tag{5.1.8}$$

解出温度露点差$(T-T_d)$的表达式为

$$T - T_d = -R_v T T_d \ln r / \ell_v. \tag{5.1.9}$$

同理也可得到关于温度霜点差$(T-T_f)$的表达式

$$T - T_f = -R_v T T_f \ln r / \ell_s. \tag{5.1.10}$$

代入相关常数$\ell_v = 2.501 \times 10^6\ \mathrm{J \cdot kg^{-1}}$，$R_v = 461.52\ \mathrm{J \cdot kg^{-1} \cdot K^{-1}}$和$\ell_s = 2.835 \times 10^6\ \mathrm{J \cdot kg^{-1}}$，得到

$$T - T_d = -1.845 \times 10^{-4}\, T T_d \ln r, \tag{5.1.11}$$

$$T - T_f = -1.628 \times 10^{-4}\, T T_f \ln r. \tag{5.1.12}$$

若将 $T-T_d$ 近似为 r 的函数时，可令 $TT_d \approx 290^2$，并使用以 10 为底的一般对数，得到

$$T - T_d \approx -35 \cdot \lg r. \tag{5.1.13}$$

这就是从相对湿度估计温度露点差的表达式，也可由温度露点差反过来估计相对湿度.

5.1.3 露点和霜点的关系

如前(图 1.4)所示，以 e_t 代表三相点 P_t(温度为 T_t)的水汽压，e 代表露点 D(温度 T_d)和霜点 F(温度为 T_f)的水汽压，将克劳修斯-克拉贝龙方程应用于 $D \to P_t$ 的汽化曲线，以及 $F \to P_t$ 的升华曲线，可得

$$\ln \frac{e_t}{e} = \frac{\ell_v}{R_v} \frac{T_t - T_d}{T_t T_d} = \frac{\ell_s}{R_v} \frac{T_t - T_f}{T_t T_f}. \tag{5.1.14}$$

考虑到 $T_t = 273.16\ \mathrm{K} \approx T_0 = 273.15\ \mathrm{K}$，露点和霜点用℃表示时，各为

$$t_d = T_d - T_0 \approx T_d - T_t, \tag{5.1.15}$$

$$t_f = T_f - T_0 \approx T_f - T_t, \tag{5.1.16}$$

并且

$$T_t T_d \approx T_t T_f, \tag{5.1.17}$$

因此(5.1.14)式可写为

$$\frac{t_d}{t_f} \approx \frac{\ell_s}{\ell_v}. \tag{5.1.18}$$

因为潜热值是随温度变化，所以可用平均潜热值估计上式中的潜热比，但潜热的平均值又随所取的温度间隔而略有变化. 折中方案选取-10℃的潜热作为典型值(见表 3.1)，这样有

$$\frac{t_d}{t_f} \approx \frac{\ell_s}{\ell_v} \approx \frac{9}{8}. \tag{5.1.19}$$

考虑结霜在 0℃以下(t_d 和 t_f 都是负值)，则从上式容易得到

$$|t_d - t_f| \approx \frac{|t_d|}{9} \approx \frac{|t_f|}{8}, \tag{5.1.20}$$

或

$$t_d - t_f \approx \frac{t_d}{9} \approx \frac{t_f}{8}. \tag{5.1.21}$$

5.2 等压冷却凝结

露和霜是水汽在地面物体表面上凝结或凝华形成的，如果这种等压冷却过程发生在大气中的一个系统(气块)中，当水汽饱和并且系统中有凝结核存在时，水汽在核上将发生凝结形成

微滴(例如雾滴和云滴).系统饱和后,温度将缓慢下降,因为凝结过程潜热释放又加热了系统空气,使冷却过程减缓.

5.2.1 一般方程

封闭系统由未饱和湿空气(干空气、水汽)和液态水组成,以下标 d,v 和 w 表示干空气、水汽和液态水,以下标 1 和 2 表示系统经历的起始和结束两个状态,系统焓的变化为

$$\Delta H = (H_{d2} + H_{v2} + H_{w2}) - (H_{d1} + H_{v1} + H_{w1}). \tag{5.2.1}$$

写成比焓形式

$$\Delta H = (m_{d2}h_{d2} + m_{v2}h_{v2} + m_{w2}h_{w2}) - (m_{d1}h_{d1} + m_{v1}h_{v1} + m_{w1}h_{w1}). \tag{5.2.2}$$

考虑到 $\ell_v = h_v - h_w$,干空气质量 $m_{d1} = m_{d2} = m_d$,及系统水质物总质量 $m_t = m_{v1} + m_{w1} = m_{v2} + m_{w2}$,

$$\Delta H = m_d(h_{d2} - h_{d1}) + m_t(h_{w2} - h_{w1}) + m_{v2}\ell_{v2} - m_{v1}\ell_{v1}, \tag{5.2.3}$$

其中 $\ell_{v2} = \ell_v(T_2)$,$\ell_{v1} = \ell_v(T_1)$,如果等压过程中 T_1 和 T_2 差别不太大,可认为两个状态的汽化潜热近似相等

$$\ell_{v1} \approx \ell_{v2} \approx \ell_v. \tag{5.2.4}$$

因为干空气和水的比热在大气温度范围内可看成是常数,可以得到焓的变化为

$$h_{d2} - h_{d1} = c_{pd}(T_2 - T_1) \quad 和 \quad h_{w2} - h_{w1} = c_w(T_2 - T_1). \tag{5.2.5}$$

(5.2.4)和(5.2.5)式代入(5.2.3)式得到

$$\Delta H = m_d c_{pd}(T_2 - T_1) + m_t c_w(T_2 - T_1) + (m_{v2} - m_{v1})\ell_v. \tag{5.2.6}$$

两边同除以干空气质量

$$\frac{\Delta H}{m_d} = \left(c_{pd} + \frac{m_t}{m_d}c_w\right)(T_2 - T_1) + \left(\frac{m_{v2} - m_{v1}}{m_d}\right)\ell_v, \tag{5.2.7}$$

即

$$\Delta H/m_d = (c_{pd} + w_t c_w)(T_2 - T_1) + (w_2 - w_1)\ell_v, \tag{5.2.8}$$

其中,$w_t = \dfrac{m_{v1} + m_{w1}}{m_d} = \dfrac{m_{v2} + m_{w2}}{m_d}$是总水质物相对于干空气的质量混合比,在系统变化中是个常量.由(5.2.8)式可知 $h_m = c_p T + \ell w$ 就是系统的湿焓,它是由干空气、水汽和液态水组成系统的比焓.(5.2.8)式进一步可写为

$$\Delta H/m_d = (c_{pd} + w_t c_w)\Delta T + \ell_v \Delta w. \tag{5.2.9}$$

考虑到 c_{pd},c_w 和 ℓ_v 不随温度变化,写成微分表达式

$$\mathrm{d}H/m_d = (c_{pd} + w_t c_w)\mathrm{d}T + \ell_v \mathrm{d}w, \tag{5.2.10}$$

或考虑到系统总质量 $m = m_d + m_v + m_w \approx m_d$,系统比焓 $\mathrm{d}h = \mathrm{d}H/m \approx \mathrm{d}H/m_d$,则

$$\mathrm{d}h \approx c_p \mathrm{d}T + \ell_v \mathrm{d}w. \tag{5.2.11}$$

这是等压过程的微分方程式,其中要注意,$c_p = c_{pd} + w_t c_w$,称为有效比热.

5.2.2 饱和水汽压变化和凝结液态水的估计

根据热力学第一定律,封闭系统焓的变化等于系统热量的变化.考虑处于饱和状态的系统,在等压过程中系统单位质量的热量变化为 δq,则根据等压过程微分方程

$$\delta q = c_p \mathrm{d}T + \ell_v \mathrm{d}w_s, \tag{5.2.12}$$

式中 $\mathrm{d}w_s$ 为凝结后的饱和混合比与开始凝结时的饱和混合比之差

$$\mathrm{d}w_s = w_s(T_1 + \mathrm{d}T) - w_s(T_1) < 0, \tag{5.2.13}$$

T_1 是开始凝结的温度，即露点. $-\mathrm{d}w_s$ 则近似为单位质量空气中凝结的水量. 利用饱和混合比表达式和克劳修斯-克拉贝龙方程可以得到

$$\mathrm{d}w_s \approx \mathrm{d}\left(\frac{\varepsilon e_s}{p}\right) = \frac{\varepsilon}{p}\mathrm{d}e_s = \frac{\varepsilon}{p}\frac{\ell_v e_s}{R_v T^2}\mathrm{d}T. \tag{5.2.14}$$

将(5.2.14)式代入(5.2.12)式，就有

$$\delta q = \left(c_p + \frac{\varepsilon \ell_v^2 e_s}{pR_v T^2}\right)\mathrm{d}T, \tag{5.2.15}$$

或

$$\delta q = \left(\frac{c_p R_v T^2}{\ell_v e_s} + \frac{\varepsilon \ell_v}{p}\right)\mathrm{d}e_s. \tag{5.2.16}$$

如果测得等压冷却过程中气压和温度的变化(例如昼夜温差)，就可估算单位质量空气释放的热量；反之，如果能够估计等压冷却过程中的热量损失(例如辐射损失)，也可以利用上面的式子计算此过程中的温度变化 $\mathrm{d}T$ 和饱和水汽压的变化 $\mathrm{d}e_s$. 计算中要用有限差分代替微分.

单位体积空气中凝结的水量 $\mathrm{d}\rho_w$，可根据凝结过程中终、初两态的饱和水汽密度差得到，即

$$\mathrm{d}\rho_w = -\mathrm{d}\rho_v = -\frac{1}{R_v}\mathrm{d}\left(\frac{e_s}{T}\right) = -\frac{1}{R_v}\left(\frac{\mathrm{d}e_s}{T} - \frac{e_s \mathrm{d}T}{T^2}\right). \tag{5.2.17}$$

利用克劳修斯-克拉贝龙方程，上式可以写成

$$\mathrm{d}\rho_w = -\frac{1}{R_v}\frac{e_s}{T^2}\left(\frac{\ell_v}{R_v T} - 1\right)\mathrm{d}T. \tag{5.2.18}$$

假设 $T = 270\ \mathrm{K}$，则 $\frac{\ell_v}{R_v T} \approx 20$，所以 $\frac{\ell_v}{R_v T} - 1 \approx \frac{\ell_v}{R_v T}$，(5.2.18)式简化成

$$\mathrm{d}\rho_w \approx -\frac{1}{R_v T}\mathrm{d}e_s, \tag{5.2.19}$$

代入(5.2.16)式得到

$$\delta q = -\left(\frac{c_p R_v^2 T^3}{\ell_v e_s} + \frac{\varepsilon \ell_v R_v T}{p}\right)\mathrm{d}\rho_w. \tag{5.2.20}$$

(5.2.18)—(5.2.20)式可以用来估计等压冷却过程中凝结的液态水含量及释放的热量. 实际工作中，利用埃玛图(见第九章)也可以迅速地估计等压冷却过程中凝结的液态水含量.

有雾时，大气能见度与雾的液态水含量有关. 根据饱和水汽压随温度变化的特点，由(5.2.19)式可知，在不同的气温下，若降低同样的温度 ΔT，则温度高的比温度低的空气凝结出的水量多. 所以，能见度差的浓雾多出现在暖湿的空气中.

5.3 等压绝热过程——湿球温度和相当温度

讨论由未饱和湿空气和液态水组成的封闭系统的等压绝热过程，也就是等焓过程. 施以相当的替换后(以冰的质量和比热代替水的质量和比热，以升华潜热代替汽化潜热)，同样的方法也可适用于湿空气和冰.

5.3.1 等压湿球温度

根据等压过程微分方程，在等焓过程中

$$(c_{pd}+w_t c_w)\mathrm{d}T+\ell_v \mathrm{d}w=0, \tag{5.3.1}$$

又可写成

$$(c_{pd}+w_t c_w)(T_1-T_2)=(w_2-w_1)\ell_v, \tag{5.3.2}$$

或

$$\frac{c_{pd}+w_t c_w}{\ell_v}(T_1-T_2)=w_2-w_1. \tag{5.3.3}$$

(5.3.1)—(5.3.3)式可以统称为等压绝热方程. 其中，下标1和2表示等压绝热过程中的起始状态和结束状态. 等压绝热过程中系统的湿焓守恒.

系统起始(状态1)是未饱和状态，如果在等压绝热过程后，系统中部分液态水蒸发，使系统达到饱和，这时系统由水和饱和湿空气组成，水汽量不再增加(状态2). 并且，由于蒸发降温，系统的最终温度要低于起始温度，即 $T_2<T_1$.

考虑两个随系统等压过程中温度变化的函数

$$f(T)=-\frac{c_{pd}+w_t c_w}{\ell_v}(T-T_1) \quad 和 \quad g(T)=w_s(T)-w_1, \tag{5.3.4}$$

并把它们随温度变化的曲线绘制出来，见图5.3. 这两个函数对应曲线的交点的温度就是系统的最终状态 T_2. 显然 $g(T)$ 函数对应一条确定的曲线，当 $T=T_d$(系统状态1对应的露点)时，$g(T)=0$，当 T 从 T_1 减小时，$g(T)$ 随着单调降低. $f(T)$ 是 T 的线性函数，对应直线的斜率与系统总水质物相对干空气的质量混合比 w_t 有关. 随着 w_t 的减小，函数 $f(T)$ 逐渐变平缓(与横轴夹角减小)，其与函数 $g(T)$ 的交点对应的温度也逐渐减小. 当 $w_t\to 0$ 时，交点对应的温度就是系统所能达到的最低温度，这时的温度称为等压湿球温度，即图中 T_w.

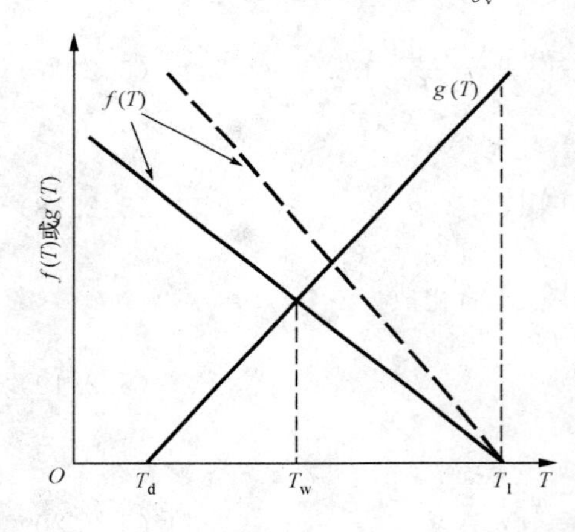

图5.3 由 f 和 g 两个函数确定湿球温度示意图

实际情况中不存在水分少到使得 $w_t\to 0$ 的情况，因此要求 $m_d\to\infty$. 也即 $m_d\gg m_t$，这是很好的近似了.

设开始温度为 $T_1=T$，混合比 $w_1=w$，最后温度为等压湿球温度 T_w，对应饱和混合比 $w_s(T_w)$. 在 $m_d\to\infty$ 时，变化(5.3.2)式得到

$$c_{pd}(T-T_w)=[w_s(T_w)-w]\ell_v, \tag{5.3.5}$$

即

$$T_w+\frac{\ell_v}{c_{pd}}w_s(T_w)=T+\frac{\ell_v}{c_{pd}}w, \tag{5.3.6}$$

或者

$$T_w=T+\frac{\ell_v}{c_{pd}}[w-w_s(T_w)]. \tag{5.3.7}$$

这是计算等压湿球温度的表达式，但需要数值求解.

必须注意,常见的等压湿球温度的定义,是气块等压绝热过程中,通过消耗气块内能量导致内部液态水蒸发,使气块降温而达到饱和时的温度. 根据以上分析,这个定义显然是不完整的,需要设定限制条件,即系统中的干空气质量要远大于水质物的质量. 另外,在等压绝热过程中,系统混合比是变化的,这也就说明等压湿球温度是与露点有区别的.

如果系统组成是湿空气和冰,则与等压湿球温度对应的是等压冰球温度(T_i).

通过一个实验可以说明等压湿球温度的获得. 选取与环境绝缘的容器,里面是未饱和湿空气和水组成的系统,此系统处于等压的状态下. 开始时放入水较多,并最终饱和,系统组成为水和饱和湿空气,温度不再降低,测定此时的平衡温度. 开始放入水越多,则最终温度越高. 因此,现在逐步减少放入的水,系统达到饱和后再重新测平衡温度. 直到放入合适的水量后,可以测得系统最小的平衡温度,就是等压湿球温度.

5.3.2 等压相当温度

假设系统经过等压绝热凝结过程(假想的过程)成为干燥空气,水汽全部凝结并放出潜热使空气升温,那么,空气的最终温度称为等压相当温度,以 T_e 表示.

系统开始时温度为 T,混合比为 $w_1=w$. 为了估计等压相当温度,假设 $w_t=w_1=w$. 在系统结束状态时,空气温度为等压相当温度即 $T_2=T_e$,混合比 $w_2=0$,因此从等压绝热过程的方程出发

$$(c_{pd}+wc_w)(T-T_e)=(0-w)\ell_v, \tag{5.3.8}$$

得到

$$T_e=T+\frac{\ell_v w}{c_{pd}+wc_w}. \tag{5.3.9}$$

但是,由于在绝热的封闭系中,水汽未饱和时不可能自动凝结,只会自动蒸发,故自然界中并不存在等压绝热凝结过程,只存在其逆过程即等压绝热蒸发过程. 因此可将等压相当温度理解为:系统经等压绝热蒸发过程成为湿空气以前,绝对干燥的空气所应具有的温度. 也就是说等压相当温度是这个等压绝热蒸发过程中所可能有过的最高温度.

考虑到 $c_{pd}\gg wc_w$,因此上式可近似为

$$T_e\approx T+\frac{\ell_v}{c_{pd}}w\approx T+2500w, \tag{5.3.10}$$

即可根据温度 T 和混合比 w 来估计等压相当温度 T_e 的数值.

等压相当温度与温度的差异相当大. 对非常湿的空气,$w\sim 40\ \mathrm{g\cdot kg^{-1}}$,$T_e-T\approx 100$℃;对于非常干燥的空气,例如 $w\sim 1\ \mathrm{g\cdot kg^{-1}}$,$T_e-T\approx 2.5$℃.

5.3.3 干湿表方程

考虑当 $p\gg e$ 时,

$$w=\frac{\varepsilon e}{p-e}\approx\frac{\varepsilon e}{p}, \tag{5.3.11}$$

以及

$$c_p=c_{pd}+w_t c_w\approx c_{pd}, \tag{5.3.12}$$

等压绝热方程(5.3.2)式变为

$$c_{pd}(T_1 - T_2) = \frac{\varepsilon}{p}(e_2 - e_1)\ell_v. \tag{5.3.13}$$

系统起始状态为 $T_1 = T, e_1 = e$，最终状态温度为等压湿球温度 $T_2 = T_w$，对应水汽压为 $e_2 = e_s(T_w)$，代入上式有

$$e = e_s(T_w) - A(T - T_w), \tag{5.3.14}$$

或

$$e_s(T_d) = e_s(T_w) - A(T - T_w), \tag{5.3.15}$$

称为干湿表方程(psychrometric equation)，它是等压湿球温度和露点温度的关系，是干湿球温度表(psychrometric)测量湿度的理论基础，其中 $A = \frac{pc_{pd}}{\varepsilon\ell_v}$ 称为干湿表常数，T 是系统的初态温度，称为干球温度. 测得气压 p、干球温度 T 和湿球温度 T_w 后，就可以算出水汽压 e，并进一步得到露点 T_d 或相对湿度 $r = e/e_s(T)$.

实际工作中，干球温度、湿球温度是用通风良好的干湿球温度表直接测量的(见图 5.4). 采用两个完全相同的玻璃温度表并以垂直或水平方式安置在相同的环境中，其中一支温度表直接测量温度，即干球温度；另一支温度表球部用吸饱水的棉纱布包裹着就成为湿球. 当湿球周围空气未饱和时，纱布上的水分必然会蒸发并使周围空气降温；当空气达到饱和后，温度就不再降低了. 若流经湿球的空气提供的热量，与水分继续蒸发维持饱和状态所需的耗热量相等，就达到定常，此时湿球温度表上显示的温度就是湿球温度. 这个热力学系统是由流经湿球的一定(任意的)质量的空气和从纱布蒸发出来的水分所组成的. 用实测湿球温度代替理论湿球温度，在通风良好的条件下，其误差很小. 同时，不同类型湿度表的 A 值有差异，而且随风速有变化，应注意取值.

当实际大气未饱和时，图 5.4 中湿球温度实际上是蒸发液态水，使得未饱和空气达到饱和时的温度(相当于露点). 因此，$T - T_w$ 的大小反映了蒸发水汽的多少. 若原来的实际大气水汽含量少(露点温度低)，则需要蒸发较多的水汽才能达到饱和，$T - T_w$ 就相应较大；反之 $T - T_w$ 的值就较小. 因为相同气温、气压情况下，露点的大小反映了水汽的多少，因此此种情况下湿球温度大于实际大气的露点温度. 若实际大气已达饱和，则湿球温度等于实际大气的露点温度.

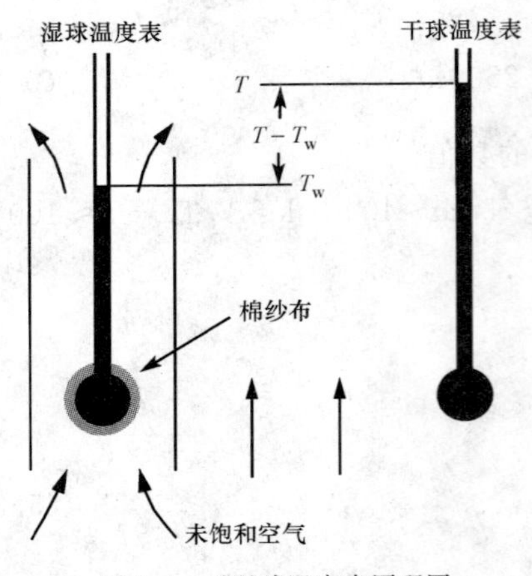

图 5.4　干湿球温度表原理图

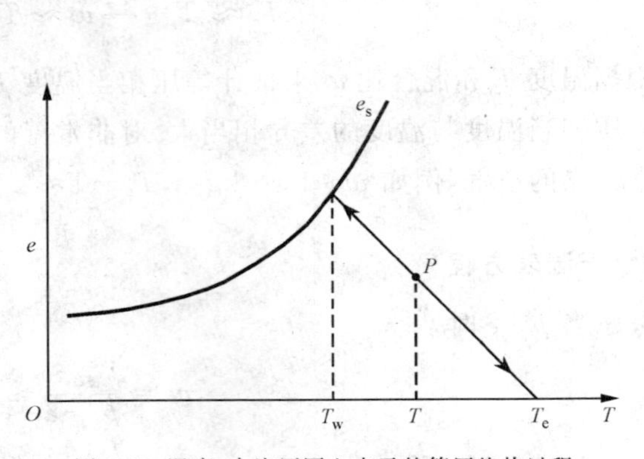

图 5.5　温度-水汽压图上表示的等压绝热过程

当 $A = \frac{pc_{pd}}{\varepsilon\ell_v}$ 为常数时，(5.3.14)式表示的是在等压绝热过程中，水汽压随温度线性变化，

如图 5.5 所示，开始状态 T 的系统（P 点）等压绝热向上变化与相平衡曲线（e_s）相交，交点对应温度为等压湿球温度 T_w；如果向下变化与横轴相交，水汽压为零，交点对应温度近似为等压干球温度 T_e. 因而两交点之间的线段基本代表了等压绝热过程.

习 题

5.1 通过辐射冷却，气压 1000 hPa，温度 10℃ 的饱和空气开始降温. 结果水汽凝结产生辐射雾. 雾的形成过程中空气失去 $1.2\times10^4\ \mathrm{J\cdot kg^{-1}}$ 的热量. 求最后的温度和水汽压的变化，以及单位体积雾中的含水量.

5.2 设某地气压为 1000 hPa，气温 25℃，相对湿度 80%. 若气温降低 5℃，问是否会产生雾？如果有雾，求单位体积雾中的含水量.

5.3 如果干湿球温度表中湿球纱布上使用的是盐水而不是蒸馏水，请说明测量的露点温度的变化，并阐述其原因. 在未饱和大气条件下，比较露点温度与湿球温度的大小并说明原因.

5.4 假定系统中液态水的含量很少，证明等压绝热过程中

$$\frac{\ln \ell_v(T)}{c_{pv}-c_w}+\frac{\ln(m_d c_{pd}+m_v c_w)}{c_w}=\text{常数}.$$

5.5 40℃ 的非常干燥的空气通过蒸发冷却，求可能达到的最低温度. 已知汽化潜热 $\ell_v=2.4\times10^6\ \mathrm{J\cdot kg^{-1}}$.

第六章　干绝热过程

与第五章相比,气块系统的垂直运动过程,就不是等压过程了.严格地说,在气块的垂直运动过程中,气块能通过湍流交换、辐射和分子热传导与环境交换热量,故不是绝热的.

但是,气块垂直运动时,气压随高度变化很快,使气块的温度在短期内就发生很大变化,而其他热量交换对空气温度的影响远比由于空气压缩或膨胀所产生的影响小,故可以忽略其他热交换作用而假设气块是绝热的.而且,除去贴近地表面的很薄的一层外,分子热传导的作用完全可以忽略.这样处理空气的垂直运动过程,使得问题大大简化.

6.1　湿空气的干绝热过程

在绝热过程中,若讨论的是干空气,或者是没有凝结、也不包含液态水和固态水的湿空气(下面讨论中简称为湿空气,除非强调饱和),这样的过程称为干绝热过程.

干绝热过程是可逆过程.

6.1.1　湿空气的泊松方程

根据热力学第一定律 $c_p\mathrm{d}T-v\mathrm{d}p=\delta q$,在绝热过程中,$\delta q=0$,同时引入湿空气状态方程 $p=\rho RT=RT/v$,得到

$$c_p\mathrm{d}T-\frac{RT}{p}\mathrm{d}p=0. \tag{6.1.1}$$

这是干绝热过程的微分方程,其中 c_p 和 R 分别是湿空气的定压比热和气体常数.由初态(p_1,T_1)到终态(p,T)积分,得

$$\frac{T}{T_1}=\left(\frac{p}{p_1}\right)^{\kappa}, \tag{6.1.2}$$

其中,$\kappa=R/c_p$.(6.1.2)式就是湿空气干绝热过程的泊松(Poisson)方程.

湿空气可以视为理想气体,可以直接使用理想气体的泊松方程,只需求出湿空气对应的 κ 值.

对于湿空气,κ 值为

$$\kappa=\frac{R}{c_p}=\frac{R_\mathrm{d}(1+0.608w)}{c_{p\mathrm{d}}(1+0.84w)}=\kappa_\mathrm{d}\frac{1+0.608w}{1+0.84w}, \tag{6.1.3}$$

其中,κ_d 是干空气时的值.由于大气中混合比总是小于 0.04 的,因此 $\kappa/\kappa_\mathrm{d}>0.99$ 而接近于 1,可以认为

$$\kappa\approx\kappa_\mathrm{d}(1-0.23q)\approx\kappa_\mathrm{d}=0.286, \tag{6.1.4}$$

于是泊松方程就改写为

$$\frac{T}{T_1}=\left(\frac{p}{p_1}\right)^{\kappa_\mathrm{d}}=\left(\frac{p}{p_1}\right)^{0.286}. \tag{6.1.5}$$

由此计算大气的干绝热过程已经足够精确.

6.1.2 干绝热减温率

前面已经定义的干绝热减温率,是干空气块在静力平衡大气中绝热抬升或下降过程中温度随高度的递减率.这个减温率是 $\Gamma_{\mathrm{d}}=g/c_{pd}$,式中 g 是重力加速度,c_{pd} 是干空气的定压比热,减温率数值近似为 9.8℃/km,在这种减温率大气中,位温不随高度变化,是常数.

干绝热减温率的定义也适用于湿空气的绝热减温率,只不过因为包含水汽的缘故,减温率与 Γ_{d} 有微小差异.类似干空气的干绝热减温率的推导方法,可得到湿空气的干绝热减温率 Γ_{m} 为

$$\Gamma_{\mathrm{m}} = g/c_p, \tag{6.1.6}$$

式中 $c_p=c_{pd}\dfrac{1+w\cdot c_{pv}/c_{pd}}{1+w}\approx c_{pd}(1+0.84w)$,$w$ 是水汽的混合比,它是一个很小的值,c_{pv} 是水汽的定压比热.因此,湿空气的干绝热减温率进一步写为

$$\Gamma_{\mathrm{m}} = \Gamma_{\mathrm{d}}/(1+0.84w) \approx \Gamma_{\mathrm{d}}(1-0.84w) \approx \Gamma_{\mathrm{d}}. \tag{6.1.7}$$

由于混合比很小,在处理未饱和湿空气时,常采用 Γ_{d} 作为干绝热减温率.若采用位势高度,则有

$$\Gamma_{\mathrm{d}} = g_0/c_{pd} \approx 9.8℃/\mathrm{gpkm}. \tag{6.1.8}$$

6.1.3 露点减温率

湿气块绝热上升时,没有发生凝结,混合比 w 保守.因为气压 p 是降低的,据 $e=wp/(w+\varepsilon)$ 可知,水汽压也是降低的,由此可知露点一定随高度减小.类似温度的垂直递减率定义,露点的减温率为

$$\Gamma_{\mathrm{D}} = -\frac{\mathrm{d}T_{\mathrm{d}}}{\mathrm{d}z}. \tag{6.1.9}$$

因水汽压 e 是露点 T_{d} 所对应的饱和水汽压 $e_{\mathrm{s}}(T_{\mathrm{d}})$,因此它们随高度的变化相等,即

$$\frac{\mathrm{d}e}{\mathrm{d}z} = \frac{\mathrm{d}e_{\mathrm{s}}(T_{\mathrm{d}})}{\mathrm{d}z}, \tag{6.1.10}$$

并做变换得到

$$\frac{\mathrm{d}e}{\mathrm{d}z} = \frac{\mathrm{d}e_{\mathrm{s}}(T_{\mathrm{d}})}{\mathrm{d}T_{\mathrm{d}}}\frac{\mathrm{d}T_{\mathrm{d}}}{\mathrm{d}z}. \tag{6.1.11}$$

另外,对 $e=wp/(w+\varepsilon)$ 两边高度求导,得到

$$\frac{\mathrm{d}e}{\mathrm{d}z} = \frac{w}{w+\varepsilon}\frac{\mathrm{d}p}{\mathrm{d}z}, \tag{6.1.12}$$

或者

$$\frac{\mathrm{d}e}{\mathrm{d}z} = \frac{e}{p}\frac{\mathrm{d}p}{\mathrm{d}z} = \frac{e_{\mathrm{s}}(T_{\mathrm{d}})}{p}\frac{\mathrm{d}p}{\mathrm{d}z}. \tag{6.1.13}$$

(6.1.11)和(6.1.13)式两式合并,有

$$\frac{\mathrm{d}e_{\mathrm{s}}(T_{\mathrm{d}})}{\mathrm{d}T_{\mathrm{d}}}\frac{\mathrm{d}T_{\mathrm{d}}}{\mathrm{d}z} = \frac{e_{\mathrm{s}}(T_{\mathrm{d}})}{p}\frac{\mathrm{d}p}{\mathrm{d}z}, \tag{6.1.14}$$

再考虑克劳修斯-克拉贝龙方程,上式变为

$$\frac{\ell_{\mathrm{v}}}{R_{\mathrm{v}}T_{\mathrm{d}}^2}\frac{\mathrm{d}T_{\mathrm{d}}}{\mathrm{d}z} = \frac{1}{p}\frac{\mathrm{d}p}{\mathrm{d}z}. \tag{6.1.15}$$

对于绝热过程，根据泊松方程(6.1.2)式和减温率(6.1.6)式，得到

$$\frac{1}{p}\frac{\mathrm{d}p}{\mathrm{d}z}=\frac{c_p}{RT}\frac{\mathrm{d}T}{\mathrm{d}z}=-\frac{g}{RT}. \tag{6.1.16}$$

由(6.1.15)和(6.1.16)式，得到露点减温率的表达式

$$\Gamma_{\mathrm{D}}=-\frac{\mathrm{d}T_{\mathrm{d}}}{\mathrm{d}z}=\frac{g}{\ell_{\mathrm{v}}}\frac{R_{\mathrm{v}}}{R}\frac{T_{\mathrm{d}}^2}{T}\approx\frac{g}{\varepsilon\ell_{\mathrm{v}}}\frac{T_{\mathrm{d}}^2}{T}, \tag{6.1.17}$$

其中，$R/R_{\mathrm{v}}\approx R_{\mathrm{d}}/R_{\mathrm{v}}=\varepsilon$，$g/\varepsilon\ell_{\mathrm{v}}$ 的值约为 $6.3\times10^{-6}\ \mathrm{m}^{-1}$，几乎与温度无关. 而 T_{d}^2/T 尽管由气块温度和露点确定，但在对流层内其值变化范围较小. 对流层内实际大气露点减温率的范围大致为 1.7～1.9 ℃ · km^{-1}. 例如若取 $T=288\ \mathrm{K}$，$T_{\mathrm{d}}=280\ \mathrm{K}$，则有 $\Gamma_{\mathrm{D}}=1.7$ ℃ · km^{-1}. 平均状态的露点减温率可以取 $\Gamma_{\mathrm{D}}=1.8$ ℃ · km^{-1}，作为气块露点温度随单位距离高度减小的近似值.

6.1.4 位温

1. 湿气块位温

对于干空气，位温定义为干气块干绝热膨胀或压缩到参考气压(1000 hPa)时应有的温度，即 $\theta=T\left(\frac{1000}{p}\right)^{\kappa_{\mathrm{d}}}$，其中 p(取 hPa 为单位的数值)和 T 分别是干空气的气压和温度. 类似，可以写出湿气块的位温为

$$\theta_{\mathrm{m}}=T\left(\frac{1000}{p}\right)^{\kappa}=T\left(\frac{1000}{p}\right)^{\kappa_{\mathrm{d}}(1-0.23w)}, \tag{6.1.18}$$

其中，p 和 T 分别是湿气块的气压和温度. 因为水汽压远小于总气压，可以假设干气块气压和湿气块气压相等，则

$$\theta_{\mathrm{m}}=\theta\left(\frac{1000}{p}\right)^{-\kappa_{\mathrm{d}}0.23w}, \tag{6.1.19}$$

或

$$\theta_{\mathrm{m}}=\theta\left(\frac{1000}{p}\right)^{-0.07w}. \tag{6.1.20}$$

就像此前一直讨论的那样，在大气中 $w\ll1$，因此可以得到

$$\theta_{\mathrm{m}}\approx\theta. \tag{6.1.21}$$

对于虚温，同样可以定义虚位温，即

$$\theta_{\mathrm{v}}=T_{\mathrm{v}}\left(\frac{1000}{p}\right)^{\kappa_{\mathrm{d}}}. \tag{6.1.22}$$

它表示了一个温度为 T_{v} 的干气块，从气压 p 处绝热上升或下沉到 1000 hPa 气压时的温度，显然 $\theta_{\mathrm{v}}>\theta$.

从上面可以看到，湿空气的位温和干空气位温近似相当，差异小于 0.1℃，即可用干空气的位温代替湿空气的位温，统一以 θ 代表干空气或湿空气的位温. 但是，并不是湿空气的所有量，可由干空气代替，例如虚温等.

2. 位温与热量收支

类似干空气位温和比熵的关系，可以写出湿空气比熵的变化

$$\mathrm{d}s=c_p\frac{\mathrm{d}\theta}{\theta}=c_p\mathrm{d}\ln\theta, \tag{6.1.23}$$

即位温 θ 的变化可表示湿空气比熵的变化，同时说明干绝热过程是等熵过程，位温保持不变.

热力学第一定律可以写为下面的形式

$$\delta q = c_p T \frac{\mathrm{d}\theta}{\theta} = c_p T \mathrm{d}\ln\theta. \tag{6.1.24}$$

(6.1.24)式说明,空气块收入热量时位温增加;放出热量时位温降低.

位温在干绝热过程中保持不变,即在干绝热过程中具有保守性.位温等一些具有保守性的物理量,在研究大气过程时是很重要的.由于它们不随气块高度(或压强)的改变而改变,好像是一种性质稳定的示踪物,便于追溯气块或气流的源地以及研究它们以后的演变.

3. 环境位温的垂直变化

对位温定义式取对数,再对高度求导数,有

$$\begin{aligned}\frac{\mathrm{d}\ln\theta}{\mathrm{d}z} &= \frac{\mathrm{d}\ln T}{\mathrm{d}z} - \kappa\frac{\mathrm{d}\ln p}{\mathrm{d}z} \\ &= \frac{1}{T}\frac{\mathrm{d}T}{\mathrm{d}z} - \frac{\kappa}{p}\frac{\mathrm{d}p}{\mathrm{d}z} = -\frac{1}{T}\Gamma + \frac{1}{c_p}\frac{g}{T} = -\frac{1}{T}\Gamma + \frac{1}{T}\Gamma_{\mathrm{m}},\end{aligned} \tag{6.1.25}$$

其中 Γ 是环境大气垂直减温率,可以得到

$$\frac{\mathrm{d}\ln\theta}{\mathrm{d}z} = \frac{1}{T}(\Gamma_{\mathrm{m}} - \Gamma) \approx \frac{1}{T}(\Gamma_{\mathrm{d}} - \Gamma), \tag{6.1.26}$$

或

$$\frac{\mathrm{d}\theta}{\mathrm{d}z} = \frac{\theta}{T}(\Gamma_{\mathrm{m}} - \Gamma) \approx \frac{\theta}{T}(\Gamma_{\mathrm{d}} - \Gamma). \tag{6.1.27}$$

因此,位温的垂直变化率是和 $(\Gamma_{\mathrm{d}} - \Gamma)$ 成正比的.如果某一层大气的减温率 $\Gamma = \Gamma_{\mathrm{d}}$,则整层大气位温必然相等.在对流层内,一般情况下大气垂直减温率 $\Gamma < \Gamma_{\mathrm{d}}$,所以有 $\mathrm{d}\theta/\mathrm{d}z > 0$,即位温是随高度增加而增加的.

对虚位温也可同样进行推导,虚位温的高度变化关系,在讨论大气稳定度时是一个重要的关系式.

6.2 抬升达到饱和时的特征量

湿气块干绝热上升过程中,气压和温度减小,因此气块饱和水汽压 e_s 减小.同时,只要没有出现凝结,q 和 w 不变,根据 $e = wp/(w+\varepsilon)$ 水汽压 e 也减小.从温度和露点的减温率可知,温度的降低比露点快,这样 e 的减小比 e_s 慢,因此必然导致相对湿度增大.当气块温度和露点随高度减小达到相同时,也即相对湿度刚好达到100%时,气块达到饱和.如果继续上升,则气块水汽就开始出现凝结,形成云(见图6.1).

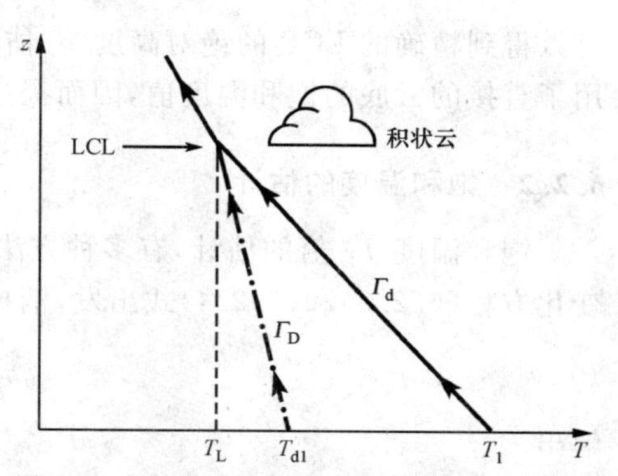

图6.1 气块上升的干绝热过程.湿气块从初态 $(p_1, T_1, T_{\mathrm{d1}})$ 干绝热上升,温度和露点分别以 Γ_{d} 和 Γ_{D} 减小,当气块温度和露点刚好相等时,气块达到饱和(LCL),若继续上升凝结成云,LCL对应云底高度

湿气块干绝热上升刚好达到饱和的高度,称为抬升凝结高度(lifting condensation level, LCL),也称为等熵凝结高度,它对应于热力对流积状云的云底高度.在LCL高度处的气压和温度分别称为饱和气压和饱和温度,以 p_{L} 和 T_{L} 表示.这些定义也适用于含

凝结水的气块,对应于气块可逆绝热下沉时凝结水刚好蒸发完的状态. 表示在热力图上的点(T_L,p_L)称为气块特征点,或称绝热饱和点、绝热凝结点.

6.2.1　抬升凝结高度的估计

LCL 可以代表热力积状对流云的云底高度,因而需要做出估计便于应用. 最简单的估计方法,就是根据温度和露点随高度的变化,得到高度 z 处的温度和露点表达式为

$$T(z) = T_s - \Gamma_d(z - z_s), \tag{6.2.1}$$

$$T_d(z) = T_{ds} - \Gamma_D(z - z_s), \tag{6.2.2}$$

其中设地面 $z_s=0$,对应温度和露点分别为 T_s 和 T_{ds},以地面为起点的 LCL 的绝对高度值为 z_L. 达到 LCL 时,饱和温度和露点的表达式为

$$T_L = T_s - \Gamma_d z_L, \tag{6.2.3}$$

$$T_{dL} = T_{ds} - \Gamma_D z_L. \tag{6.2.4}$$

因为在 LCL 高度,温度和露点相等,即 $T_L=T_{dL}$,从(6.2.3)和(6.2.4)两式得到

$$z_L = \frac{T_s - T_{ds}}{\Gamma_d - \Gamma_D}, \tag{6.2.5}$$

或

$$z_L \approx \frac{T_s - T_{ds}}{8}. \tag{6.2.6}$$

(6.2.6)式为露点公式(dewpoint formula),其中高度的单位为 km,据此可以估计云底相对地面的高度,此式可以应用于当地的热力对流云,不能用于因天气系统移动到当地的对流云.

地面的温度露点差(T_s-T_{ds})对 z_L 值的影响很大,而它在一天中可变化几度,不易选择恰当的数值;再加上对气块垂直运动所作的绝热假定与实际情况有一定差距,因此推算的云底高度与实测的云底高度有时相差很大,但仍可以作为实测的参考值使用.

在一些应用中,需要精确的 LCL 值. 根据温度随高度的变化,如果预先获得了气块的饱和温度 T_L 值,则

$$z_L = \frac{T_s - T_L}{\Gamma_d}, \tag{6.2.7}$$

可以得到精确的 LCL 的绝对高度 z_L 估计值. 这个式子避开了露点温度及其减温率的变化,使用了直接的云底的饱和温度值,因而提高了精度.

6.2.2　饱和温度的估计

饱和温度 T_L 值的估计,有多种方法可供使用. 最简便的估计方法是从温度和露点随高度变化方程(6.2.3)和(6.2.4)式出发,消掉 z_L,得

$$\frac{T_s - T_L}{T_{ds} - T_L} = \frac{\Gamma_d}{\Gamma_D}, \tag{6.2.8}$$

解出

$$T_L = \frac{T_{ds}\Gamma_d - T_s\Gamma_D}{\Gamma_d - \Gamma_D}, \tag{6.2.9}$$

或者

$$T_L = \frac{9.8T_{ds} - 1.8T_s}{8}. \tag{6.2.10}$$

这种方法获得的饱和温度是近似解，不能用来精确估计抬升凝结高度. 因为使用上面的公式，最后得到的 z_L 结果又回到了(6.2.6)式.

从相对湿度的变化考虑，因为相对湿度在干绝热过程中是增大的，到 100%时达到饱和，因此选择从相对湿度 $r=e/e_s$ 入手，变换形式为

$$\mathrm{d}\ln r = \mathrm{d}\ln e - \mathrm{d}\ln e_s. \tag{6.2.11}$$

同时，根据泊松方程 $Tp^{\frac{1-\gamma}{\gamma}}=Tp^{-R/c_p}=$常数，因为 e/p 是常数，则 $Te^{-R/c_p}=$常数，进而得到

$$\mathrm{d}\ln T = \frac{R}{c_p}\mathrm{d}\ln e. \tag{6.2.12}$$

利用(6.2.11)和(6.2.12)式，以及克劳修斯-克拉贝龙方程，整理得到相对湿度随温度变化的微分方程

$$\mathrm{d}\ln r = \frac{c_p}{R}\mathrm{d}\ln T - \frac{\ell_v}{R_v T^2}\mathrm{d}T, \tag{6.2.13}$$

其中，右边第一项是水汽压的减小(露点减小)造成相对湿度的变化，而第二项是温度减小(饱和水汽压减小)造成的影响. 考虑到 ℓ_v 与温度有关，上式变形为

$$\mathrm{d}\ln r = \frac{c_p}{R}\mathrm{d}\ln T - \frac{\ell_r}{R_v T^2}\mathrm{d}T - \frac{c_{pv}-c_w}{R_v T}\mathrm{d}T, \tag{6.2.14}$$

式中，$\ell_r=\ell_{v0}-(c_{pv}-c_w)T_0$. 若气块初态的温度和相对湿度分别为 T_1 和 r_1，所求的饱和温度就是终态温度 T_L，对应的相对湿度为 100%. 因此，对(6.2.14)式进行积分，

$$-\ln r_1 = \left(\frac{c_p}{R}+\frac{c_w-c_{pv}}{R_v}\right)\ln\frac{T_L}{T_1}+\frac{\ell_r}{R_v}\left(\frac{1}{T_L}-\frac{1}{T_1}\right). \tag{6.2.15}$$

根据(6.2.15)式，如果 r_1，T_1 和气块起始高度 z_1 已知，就可以通过数值计算得到饱和温度 T_L，随后可根据泊松方程确定饱和气压 p_L，根据干绝热温度变化确定抬升凝结高度 z_L，即

$$p_L = p_1\left(\frac{T_L}{T_1}\right)^{c_p/R}, \tag{6.2.16}$$

$$z_L = z_1 + \frac{c_p}{g}(T_1 - T_L). \tag{6.2.17}$$

如果已知的是起始状态的露点温度，则依据克劳修斯-克拉贝龙方程积分得到

$$\ln\frac{e_s(T_1)}{e_{s0}} = \frac{\ell_r}{R_v}\left(\frac{1}{T_0}-\frac{1}{T_1}\right)-\frac{c_w-c_{pv}}{R_v}\ln\frac{T_1}{T_0}, \tag{6.2.18}$$

$$\ln\frac{e_s(T_{d1})}{e_{s0}} = \frac{\ell_r}{R_v}\left(\frac{1}{T_0}-\frac{1}{T_{d1}}\right)-\frac{c_w-c_{pv}}{R_v}\ln\frac{T_{d1}}{T_0}. \tag{6.2.19}$$

(6.2.18)式与(6.2.19)式相减得到

$$-\ln\frac{e_s(T_{d1})}{e_s(T_1)} = -\ln r_1 = \frac{\ell_r}{R_v}\left(\frac{1}{T_{d1}}-\frac{1}{T_1}\right)-\frac{c_w-c_{pv}}{R_v}\ln\frac{T_1}{T_{d1}}. \tag{6.2.20}$$

由(6.2.15)和(6.2.20)式联合消去 $-\ln r_1$，并整理得到

$$\frac{1}{T_L}+A\ln\frac{T_L}{T_{d1}} = \frac{1}{T_{d1}}+B\ln\frac{T_1}{T_{d1}}, \tag{6.2.21}$$

其中，$A=\left(\frac{c_w-c_{pv}}{R_v}+\frac{c_p}{R}\right)\frac{R_v}{\ell_r}\approx\frac{c_w-c_{pv}}{\ell_r}+\frac{c_p}{\varepsilon\ell_r}$，$B=\frac{c_p}{R}\frac{R_v}{\ell_r}\approx\frac{c_p}{\varepsilon\ell_r}$. 和(6.2.15)式一样，需要对(6.2.21)式进行数值求解，才能得到 T_L. 如果使用推导露点减温率的一些过程，可以得到干绝热过程温度随露点的导数变化关系

$$\frac{\mathrm{d}T_{\mathrm{d}}}{\mathrm{d}T}=\frac{c_p T_{\mathrm{d}}^2}{\varepsilon\ell_{\mathrm{v}}(T_{\mathrm{d}})T}. \tag{6.2.22}$$

通过积分，同样也可以得到(6.2.21)式的结果.

根据(6.2.15)式和(6.2.21)式都可以得到精确的饱和温度值，不过计算过程相当复杂，因此需要获得求饱和温度的解析表达式，便于计算. 例如，如果使用近似式 $\ln\frac{T_{\mathrm{L}}}{T_{\mathrm{d1}}}\approx 1-\frac{T_{\mathrm{d1}}}{T_{\mathrm{L}}}$，(6.2.21)式进行简化可以得到求解 T_{L} 的解析表达式

$$T_{\mathrm{L}}=\frac{1-AT_{\mathrm{d1}}}{\frac{1}{T_{\mathrm{d1}}}+B\ln\frac{T_1}{T_{\mathrm{d1}}}-A}. \tag{6.2.23}$$

波尔顿(Bolton，1980)导出比(6.2.15)、(6.2.21)和(6.2.23)式更简单适用的形式来计算饱和温度，表达式为

$$T_{\mathrm{L}}=\frac{2840}{3.5\ln T_1-\ln e_1-4.805}+55, \tag{6.2.24}$$

或者

$$T_{\mathrm{L}}=\frac{1}{\frac{1}{T_1-55}-\frac{\ln r_1}{2840}}+55, \tag{6.2.25}$$

式中 T_1 以 K 为单位，e_1 是水汽压，单位为 hPa，r_1 是相对湿度，取值范围为 0～1. 在典型的大气温度范围内，(6.2.24)和(6.2.25)式的精度在 0.1℃以内.

6.3　饱和成云

考虑开始时未饱和(相对湿度 $r_1<1$)的湿气块的上升和下沉过程中饱和成云的干绝热过程. 根据(6.2.13)式，

$$\mathrm{d}\ln r=\frac{\gamma}{\gamma-1}\mathrm{d}\ln T-\frac{\ell_{\mathrm{v}}}{R_{\mathrm{v}}T^2}\mathrm{d}T=\mathrm{d}\ln T\left(\frac{\gamma}{\gamma-1}-\frac{\ell_{\mathrm{v}}}{R_{\mathrm{v}}T}\right). \tag{6.3.1}$$

湿空气上升过程要达到饱和，则要求温度降低时，相对湿度增大，即要求

$$\frac{\gamma}{\gamma-1}-\frac{\ell_{\mathrm{v}}}{R_{\mathrm{v}}T}<0, \tag{6.3.2}$$

即

$$T<\frac{\ell_{\mathrm{v}}R}{R_{\mathrm{v}}c_p}. \tag{6.3.3}$$

因为绝热膨胀上升时，温度从开始温度 T_1 一直减小到饱和温度，而气块开始时的温度 T_1 最高，因此上升成云的条件为

$$\frac{\gamma}{\gamma-1}<\frac{\ell_{\mathrm{v}}}{R_{\mathrm{v}}T_1},\quad 或\quad T_1<\frac{\ell_{\mathrm{v}}R}{R_{\mathrm{v}}c_p}. \tag{6.3.4}$$

开始上升温度 T_1 必须小于某一临界温度 T_{cr}，

$$T_{\mathrm{cr}}=\frac{\ell_{\mathrm{v}}(T_{\mathrm{cr}})R(T_{\mathrm{cr}})}{R_{\mathrm{v}}c_p(T_{\mathrm{cr}})}=\frac{\varepsilon\ell_{\mathrm{v}}(T_{\mathrm{cr}})}{c_{pd}}\cdot\frac{1+w_{\mathrm{s}}(T_{\mathrm{cr}})/\varepsilon}{1+w_{\mathrm{s}}(T_{\mathrm{cr}})c_{pv}/c_{pd}}. \tag{6.3.5}$$

从(6.3.5)式看到，因为饱和混合比是温度和气压的函数，因此临界温度是气压的函数. 这个温度值非常大，因而饱和混合比要远大于 1，(6.3.5)式近似为

$$T_{cr} \approx \frac{\ell_v(T_{cr})}{c_{pv}}. \tag{6.3.6}$$

(6.3.6)式显示临界温度不是气压的函数，它实际上就是水的临界温度，即 $T_{cr}=647\,K$. 可以肯定，在地球大气中，通过上升过程绝热膨胀，必然导致未饱和的湿空气最终达到饱和，即上升成云.

如果大气中某种成分在绝热下沉过程中可饱和成云，则要求随温度增加，相对湿度增大，即要求

$$\frac{\gamma}{\gamma-1}-\frac{\ell_v}{R_v T_1}>0. \tag{6.3.7}$$

而下沉时，温度从开始温度 T_1 一直增大到饱和温度，而气块开始时温度 T_1 最低，得到下沉成云的条件为

$$\frac{\gamma}{\gamma-1}>\frac{\ell_v}{R_v T_1}, \quad 或 \quad T_1>\frac{\ell_v R}{R_v c_p}. \tag{6.3.8}$$

根据上升成云的分析，如果让地球大气中湿空气下沉成云，气块开始的温度必须大于临界温度 647 K，这显然是完全不可能的. 因此，湿空气不能下沉成云.

如果大气中某种成分的特性及其与干空气组成的大气的特性满足条件$\frac{\gamma}{\gamma-1}=\frac{\ell_v}{R_v T_1}$，则为了分析此时成云的可能途径，令 $\xi=\frac{p}{p_1}$，并结合泊松方程$\left(\frac{p}{p_1}\right)^{(1-\gamma)/\gamma}=\frac{T_1}{T}$，(6.3.1)式变形为

$$\frac{dr}{d\xi}=\frac{r}{\xi}\left(\frac{\gamma-1}{\gamma}\right)\left(\frac{\gamma}{\gamma-1}-\frac{\ell_v}{R_v T_1}\xi^{\frac{1-\gamma}{\gamma}}\right). \tag{6.3.9}$$

气块开始时 $p=p_1$，即 $\xi=p/p_1=1$，对应$\frac{dr}{d\xi}=0$. 而 r 对 ξ 的二次导数为

$$\left.\frac{d^2 r}{d\xi^2}\right|_{\xi=1}=r_1\exp(\ell_v/R_v T_1)\frac{\ell_v}{R_v T_1}\left(\frac{\gamma-1}{\gamma}\right)^2>0. \tag{6.3.10}$$

因此，气块开始时 $\xi=p/p_1=1$ 对应的相对湿度是最小值，必然存在上升和下沉两种过程，气块的相对湿度会变大并达饱和而成云，即此时无论上升过程或下沉过程都能成云.

在理论上，某些有机物的特性可以满足下沉饱和成云的条件. 许多有机物的 γ 随分子量的增大而降低，例如乙烷基($C_4H_{10}O$)的 $\gamma\approx1.08$，同时比汽化潜热低，就能满足下沉成云的条件. 或许在宇宙中某些星球上存在下沉成云的情况，或者上升、下沉成云都能发生.

因此$\frac{\ell_v}{R_v T_1}$和$\frac{\gamma}{\gamma-1}$的大小，决定了上升或下沉成云、或者上升和下沉都能成云. 决定因素是成云气体的比汽化潜热、气体常数、由成云气体和干空气所组成的湿空气的热容比 $\gamma=c_p/c_V$，以及气块初态温度 T_1.

图 6.2 绘制了干绝热过程上升($\gamma=1.4$)、下沉($\gamma=1.04$)达到饱和的过程. 图 6.2(a)中湿气块从温度为 25℃的初态，绝热膨胀(上升)到温度冷却为 15℃，水汽压的绝热线与饱和水汽压曲线相交，气块水汽压等于饱和水汽压，这时气块刚好达到饱和. 水汽压线和饱和水汽线之所以相交，是因为水汽的特殊的汽化潜热和气体常数，以及湿空气的热容比的数值，它们是水汽和空气的固有特性. 如果某个值出现差异，其结果可能大相径庭. 例如假如空气的热容比为 1.04，如图 6.2(b)所示，开始温度为 20℃的不饱和气块，将绝热压缩(下沉)使温度变暖为 25℃，这时水汽压曲线与饱和水汽压线相交，气块开始达到饱和. 这种情况下，空气中就会出现

下沉饱和成云的事件.

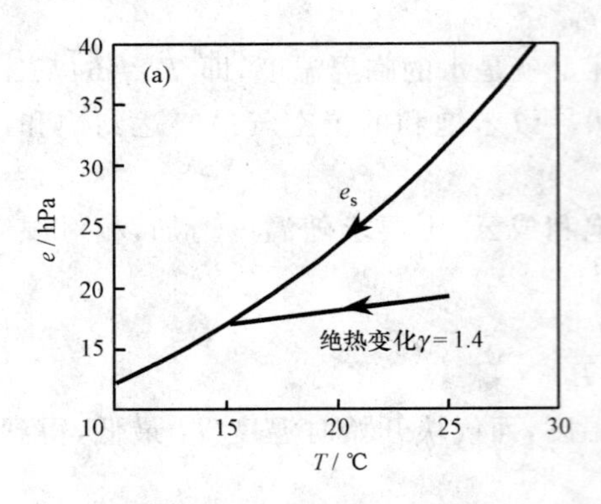

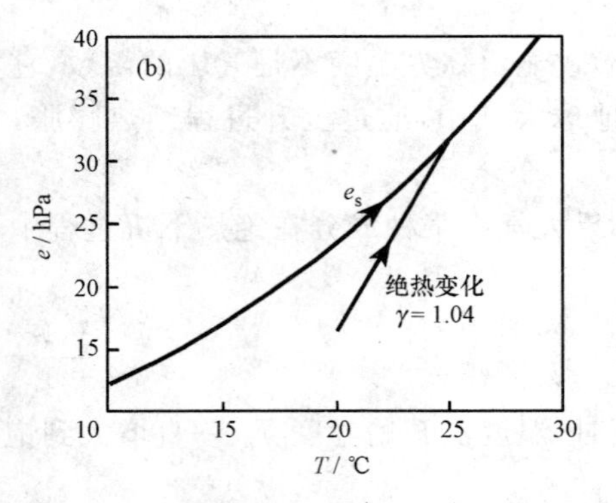

图 6.2 干绝热过程气块上升($\gamma=1.4$)和下沉($\gamma=1.04$)达到饱和示意图. 上升、下沉绝热过程水汽压曲线(绝热线)与饱和水汽压曲线相交时,达到饱和. (a) $\gamma=1.4$ 时对应干绝热过程上升达到饱和,(b) $\gamma=1.04$ 时对应干绝热过程下沉达到饱和. (引自 Bohren 和 Albrecht, 1998)

习 题

6.1 位密度 D 是密度为 ρ 的干空气从压力 p 可逆绝热地升降到参考气压 p_{00} 时(通常是 1000 hPa)所具有的密度. (1) 导出的 D 的表达式. (2) 若一干空气的温度为 -15℃,气压为 600 hPa,计算其位密度.

6.2 证明未饱和气块的虚温垂直减温率 $\Gamma_v \approx \Gamma_d$.

6.3 证明单位质量干气块绝热上升及准静力条件下膨胀所作之功可表示为 $\delta w = -\frac{gT}{\gamma_d T_e}dz$,其中 T 和 T_e 分别为气块和环境空气温度,$\gamma_d = c_{pd}/c_{Vd}$.

6.4 若地球大气由氩气组成,求此大气的干绝热减温率(单位用℃ · gpkm^{-1}). 已知氩的原子量为 39.9.

6.5 证明干绝热上升时,$e^{0.286}T^{-1}=$常数.

6.6 已知汽化潜热 $\ell_v = 2.47\times10^6\ \mathrm{J\cdot kg^{-1}}$,如果气块在 1000 hPa 的湿球温度是 15.6℃,混合比是 6 g · kg^{-1},在气块干绝热抬升到 900 hPa 后,求气块的相对湿度.

6.7 水汽标高是干绝热过程中饱和水汽压随高度降低到 e^{-1} 值时的高度,求此高度. 并由此导出此高度与 LCL 的关系. 说明下沉成云时水汽标高与气压标高的关系,并进一步说明大气和水汽的哪些特性影响下沉成云,与本章给的下沉成云条件比较.

第七章　湿绝热过程

当气块在经过干绝热过程上升，到达 LCL 后，如果气块继续绝热上升，将经历湿绝热过程（也称为饱和绝热过程），即气块处于饱和状态并可能含有凝结液态水滴或冰晶的绝热过程.

假如在湿绝热过程的上升阶段，全部凝结水都保留在气块内，当气块下沉时凝结的水分又会蒸发，仍然沿着绝热过程回到原来的状态，这个过程是可逆的，称为可逆饱和绝热过程（或可逆湿绝热过程）. 由于绝热和可逆，则此过程是等熵的.

与上述情况相反，如果在湿绝热过程的上升阶段，凝结物一旦形成便全部从气块中降落，在气块下沉时必然会沿着干绝热过程变化，无法再回到原来的状态，这是一个开放系的不可逆过程. 对于上升阶段，如果凝结物脱落不带走系统任何热量，则上升过程称为假绝热过程（或不可逆湿绝热过程）. 因为与环境没有热量交换，系统熵不变.

可逆饱和绝热过程中气块的上升效果，相当于有云无降水的状态；而假绝热过程则相当于全是降水而无云的状态.

7.1　湿绝热方程

7.1.1　饱和气块的熵

以包含干空气、饱和水汽和液态水的气块作为系统，系统的总熵为干空气、饱和水汽和液态水的熵的和，即

$$S = S_d + S_v + S_w, \qquad (7.1.1)$$

其中，下标 d，v 和 w 分别代表干空气、饱和水汽和液态水.

在（7.1.1）式的等号两边都除以系统中干空气的质量，并写成各组分比熵的形式为

$$S/m_d = s_d + \frac{m_v}{m_d}s_v + \frac{m_w}{m_d}s_w, \qquad (7.1.2)$$

其中，m_d，m_v 和 m_w 代表系统中干空气、饱和水汽和液态水的质量，s_d，s_v 和 s_w 为这三种组分的比熵.（7.1.2）式可进一步写为

$$S/m_d = s_d + w_s s_v + (w_t - w_s)s_w, \qquad (7.1.3)$$

其中，$w_s = m_v/m_d$ 为饱和混合比，$w_t = (m_v + m_w)/m_d$ 是总水质物（水汽和液态水）对干空气的质量混合比. 使用熵与潜热的关系（3.2.46a）式，代入并消去 s_v，得到

$$S/m_d = s_d + w_t s_w + \frac{\ell_v w_s}{T}, \qquad (7.1.4)$$

其中液态水的比熵根据（3.2.39）式为

$$s_w = c_w \ln T + 常数. \qquad (7.1.5)$$

干空气的比熵根据（3.2.32）式为

$$s_d = c_{pd}\ln T - R_d \ln p_d + 常数. \qquad (7.1.6)$$

(7.1.6)式中,干空气的分压为 $p_d=p-e_s(T)$,p 为系统总压强,$e_s(T)$为温度为 T 时的饱和水汽压.

将(7.1.5)、(7.1.6)式代入(7.1.4)式,得到总熵与干空气质量的比值为

$$S/m_d = c_p\ln T - R_d\ln p_d + \frac{\ell_v w_s}{T} + \text{常数}, \tag{7.1.7}$$

式中 $c_p=c_{pd}+w_t c_w$. 由此,可定义湿熵为 $s_m=c_p\ln T-R_d\ln p_d+\frac{\ell_v w_s}{T}+$常数,它是由干空气、饱和水汽和液态水(或冰)组成的系统的比熵.

如果气块是由干空气、饱和水汽和冰晶组成,只需将汽化潜热 ℓ_v 替换为升华潜热 ℓ_s,水的比热 c_w 替换为冰的比热 c_i,相对于水面的饱和混合比 w_s 替换为相对冰面的饱和混合比 w_{si},水的质量 m_w 替换为冰晶质量 m_i,(7.1.7)式仍然成立.

下面只讨论由干空气、饱和水汽和液态水组成的气块系统.

7.1.2 可逆饱和绝热过程

因为熵是守恒的,而且系统中干空气质量不变,根据(7.1.7)式,得到描述可逆饱和绝热过程的方程为

$$c_p\ln T - R_d\ln p_d + \frac{\ell_v w_s}{T} = \text{常数}, \tag{7.1.8}$$

其中 $c_p=c_{pd}+w_t c_w$. 显然,湿熵在可逆饱和绝热过程中守恒.

或者,(7.1.8)式两边取微分变化,可以得到微分形式的可逆饱和绝热过程的方程

$$c_p\mathrm{d}\ln T - R_d\mathrm{d}\ln p_d + \mathrm{d}\left(\frac{\ell_v w_s}{T}\right) = 0. \tag{7.1.9}$$

对上述方程的求解是困难的事情,因为对于确定的系统状态(p,T),c_{pd},c_w 与温度 T 无关,ℓ_v 和 w_s 能够计算获得,但液态水混合比的确定就麻烦多了. 因此,假绝热过程就成了一种替代方案.

7.1.3 假绝热过程

假绝热过程中凝结物离开系统,不影响系统状态. 因此,(7.1.7)式忽略液态水项,即令 $w_t=w_s$,可逆饱和绝热过程的方程(7.1.8)和(7.1.9)式变形为

$$c_p\ln T - R_d\ln p_d + \frac{\ell_v w_s}{T} = \text{常数}, \tag{7.1.10}$$

或

$$\mathrm{d}(c_p\ln T) - R_d\mathrm{d}\ln p_d + \mathrm{d}\left(\frac{\ell_v w_s}{T}\right) = 0, \tag{7.1.11}$$

其中 $c_p=c_{pd}+w_s c_w$(与可逆饱和绝热过程方程不同),这就是描述假绝热过程的方程,可数值求解.

对可逆饱和绝热过程和假绝热过程的比较可有助于更深入了解两个过程的特点,两个过程微分方程(7.1.9)和(7.1.11)式的差异主要表现在方程等号左边的第一项上. 图 7.1 是根据微分方程绘制的可逆饱和绝热过程和假绝热过程中的上升凝结阶段气块温度随气压的变化,从中可以看到,这两个过程在 400 hPa 以下完全一致,随着气压的降低,才出现明显的差异. 可

逆过程中的饱和气块的温度要高于假绝热过程中的气块温度，是因为气块中凝结的液态水有携带热量的能力.

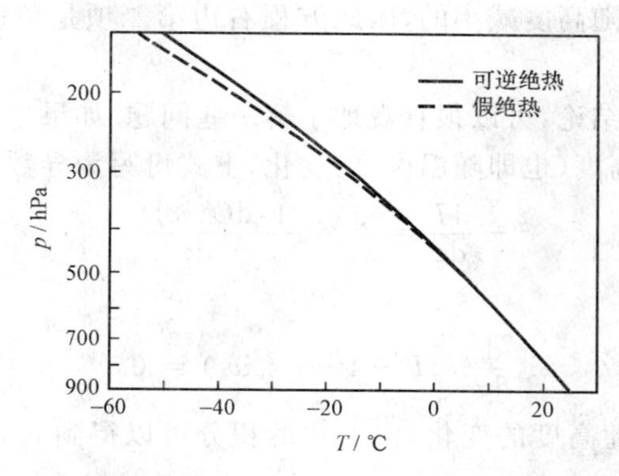

图 7.1 可逆饱和绝热过程和假绝热过程中上升凝结阶段气块温度随气压的变化

在可逆饱和绝热过程和假绝热过程中，气块的上升阶段，方程的差异是可以忽略的. 即考虑到 $w_s \approx w_t \ll c_{pd}$，可以得到 $c_{pd}+w_s c_w \approx c_{pd}$ 和 $c_{pd}+w_t c_w \approx c_{pd}$，两个过程的微分方程(7.1.9)和(7.1.11)式都变成为

$$c_{pd}\,\mathrm{d}\ln T - R_d\,\mathrm{d}\ln p_d + \mathrm{d}\left(\frac{\ell_v w_s}{T}\right) = 0, \tag{7.1.12}$$

因此，在上升过程中，通常不再区分两种过程的差异. 但气块下降过程是有显著差异的：可逆饱和绝热过程的气块下降时，仍按可逆饱和绝热过程下沉，直到达到抬升凝结高度后再按干绝热下沉；而假绝热过程的气块下沉则只沿干绝热过程下沉.

7.2 湿绝热减温率

气块在可逆饱和绝热上升过程中，水汽饱和凝结而有潜热释放，因此气块中能量增加了，这样气块的温度下降就变得缓慢，因此其减温率 Γ_s 一定小于干绝热减温率 Γ_d. 对于相反的下降过程中，因液态水蒸发吸收能量，气块的温度上升同样变得缓慢，其减温率 Γ_s 一定也小于干绝热减温率 Γ_d. 考虑一个简单的关系

$$\Gamma_s = \Gamma_d + \Delta\Gamma, \tag{7.2.1}$$

其中 $\Delta\Gamma$ 就是因为潜热交换而导致的气块偏离干绝热的减温率变化.

因为饱和气块中潜热交换导致了气块温度的额外偏离，考虑一微小过程，在这一过程中，气压变化不大，可以认为是等压的. 不考虑液态水对系统热量的影响，潜热交换与温度的变化可用下面关系式描述为

$$\ell_v \cdot \Delta w_s \approx c_p \cdot \Delta T, \tag{7.2.2}$$

其中方程左边为气块饱和混合比变化 Δw_s 对应的潜热变化，右边对应于气块的温度变化 ΔT，c_p 是系统空气的定压比热，假设蒸发潜热不随温度变化. 由此得到

$$\Delta\Gamma = \frac{\Delta T}{\Delta z} \approx \frac{\ell_v}{c_p}\frac{\Delta w_s}{\Delta z}, \tag{7.2.3}$$

从而得到湿绝热减温率

$$\Gamma_s = \Gamma_D \approx \Gamma_d + \frac{\ell_v}{c_p}\frac{\Delta w_s}{\Delta z}. \tag{7.2.4}$$

实际大气中饱和混合比是随高度减小的，因此方程右边第二项是负值，这样也得到 $\Gamma_s < \Gamma_d$ 的结果.

根据这个简单的近似结论，可以很直观地了解一些问题. 如果把上式中的干绝热减温率表达式代入，并考虑潜热随高度(也即随温度)的变化，上式可写为导数形式

$$-\frac{dT}{dz} = \frac{g}{c_p} + \frac{1}{c_p}\frac{d(\ell_v w_s)}{dz}, \tag{7.2.5}$$

或

$$\frac{d}{dz}(c_p T + gz + \ell_v w_s) = 0. \tag{7.2.6}$$

变换中没有考虑 g 和 c_p 随高度的变化，由上式的积分可以得到 $c_p T + gz + \ell_v w_s$ 为常数的结论，这就是湿静力能

$$h_m = c_p T + gz + \ell_v w_s. \tag{7.2.7}$$

它在湿绝热过程中守恒，类似于干静力能在干绝热过程中守恒.

将方程(7.1.9)式展开，并用①—④的标号表示其中一些项：

$$c_p dT - \underset{①}{\frac{R_d T}{p_d}dp} + \underset{②}{\frac{R_d T}{p_d}de_s} + \underset{③}{d(\ell_v w_s)} - \underset{④}{\frac{\ell_v w_s}{T}dT} = 0. \tag{7.2.8}$$

对于①项，需要考虑虚温(1.3.13)式和系统的总气压 $p = p_d(1 + w_s/\varepsilon)$，则①项变为

$$-\frac{R_d T}{p_d}dp = \frac{R_d T}{p_d}\rho g\,dz = \frac{R_d T}{p_d}\frac{p}{R_d T_v}g dz = (1 + w_t)g dz. \tag{7.2.9}$$

对于②项，考虑克劳修斯-克拉贝龙方程，以及比气体常数、饱和水汽压、干空气分压与饱和混合比的关系 $R_d e_s / R_v p_d = w_s$，则②项变为

$$\frac{R_d T}{p_d}de_s = \frac{\ell_v w_s}{T}dT. \tag{7.2.10}$$

可以看到，它与第④项刚好抵消.

对于③项，首先展开为

$$d(\ell_v w_s) = w_s d\ell_v + \ell_v dw_s. \tag{7.2.11}$$

(7.2.11)式右边第一项可写为

$$w_s d\ell_v = w_s \frac{d\ell_v}{dT}dT = w_s(c_{pv} - c_w)dT. \tag{7.2.12}$$

考虑饱和混合比 $w_s = \varepsilon \dfrac{e_s}{p - e_s}$ 后，(7.2.11)式右边第二项变化为

$$\begin{aligned}\frac{1}{w_s}dw_s &= -\frac{1}{p_d}d(p - e_s) + \frac{1}{e_s}de_s \\ &= -\frac{1}{p_d}dp + \left(\frac{1}{p_d} + \frac{1}{e_s}\right)\frac{de_s}{dT}dT \\ &= \frac{1}{R_d T}(1 + w_t)g dz + \left(1 + \frac{w_s}{\varepsilon}\right)\frac{\ell_v}{R_v T^2}dT.\end{aligned} \tag{7.2.13}$$

(7.2.12)和(7.2.13)代入(7.2.12)式，得到第③项为

$$d(\ell_v w_s) = w_s(c_{pv} - c_w)dT + \frac{\ell_v w_s}{R_d T}(1 + w_t)g dz + \frac{\ell_v^2 w_s(\varepsilon + w_s)}{R_d T^2}dT. \tag{7.2.14}$$

最终,从(7.2.8)、(7.2.9)和(7.2.14)式,合并、整理得到可逆湿绝热减温率(reversible moist-adiabatic lapse rate)为

$$\Gamma_{\rm rm} = -\frac{\mathrm{d}T}{\mathrm{d}z} = g\frac{(1+w_{\rm t})\left(1+\dfrac{\ell_{\rm v} w_{\rm s}}{R_{\rm d} T}\right)}{c_p + \dfrac{\ell_{\rm v}^2 w_{\rm s}(\varepsilon + w_{\rm s})}{R_{\rm d} T^2}}, \tag{7.2.15}$$

其中,$c_p = c_{p\rm d} + c_{p\rm v} w_{\rm s} + c_{\rm w} w_{\rm w}$.

对于假绝热过程,凝结生成的液态水全部从气块中降落,因而上式中去除液态水项,得到假绝热减温率(pseudoadiabatic lapse rate)

$$\Gamma_{\rm ps} = -\frac{\mathrm{d}T}{\mathrm{d}z} = g\frac{(1+w_{\rm s})\left(1+\dfrac{\ell_{\rm v} w_{\rm s}}{R_{\rm d} T}\right)}{c_p + \dfrac{\ell_{\rm v}^2 w_{\rm s}(\varepsilon + w_{\rm s})}{R_{\rm d} T^2}}, \tag{7.2.16}$$

其中,$c_p = c_{p\rm d} + c_{p\rm v} w_{\rm s}$.

如果将这些减温率表达式进一步近似,可以得到包括可逆饱和绝热过程和假绝热过程的湿绝热减温率(moist-adiabatic lapse rate)

$$\Gamma_{\rm s} = -\frac{\mathrm{d}T}{\mathrm{d}z} \approx g\frac{1+\dfrac{\ell_{\rm v} w_{\rm s}}{R_{\rm d} T}}{c_{p\rm d} + \dfrac{\ell_{\rm v}^2 w_{\rm s}\varepsilon}{R_{\rm d} T^2}}. \tag{7.2.17}$$

根据上式计算的湿绝热减温率的代表值见表 7.1,可以发现随着气压的降低,减温率是降低的,同时,温度降低时,减温率越来越接近干绝热减温率. 湿气块本身的气温越高,容纳的水汽越多,绝热上升时,水汽凝结放出的潜热越多,对因空气块上升向外膨胀做功耗能的补充越多,故温度下降不大,亦即湿绝热减温率越小. 湿气块气压大,向外膨胀能力强,做功耗能多,内能减少多,使得潜热的补偿变小,则湿绝热减温率就大.

表 7.1 不同气压和温度条件下对应的湿绝热减温率,单位℃ · km^{-1}(Ahrens,2003)

p/hPa	T/℃				
	−40	−20	0	20	40
1000	9.5	8.6	6.4	4.3	3.0
800	9.4	8.3	6.0	3.9	2.8
600	9.3	7.9	5.4	3.5	2.6
400	9.1	7.3	4.6	3.0	2.4
200	8.6	6.0	3.4	2.5	2.0

和推导干绝热减温率一样,在推导可逆湿绝热减温率中,依然是气块在饱和湿绝热环境中的理想情况,这时气块的温度与环境温度相同. 在实际处理饱和气块在任意环境中运动时,就需要假设气块按以上推导的减温率进行温度变化. 和干绝热减温率一样,这是一种理想情况,但需要注意它也是一种近似.

上升过程中的凝结水总量,称为绝热液水含量,可以从(7.1.9)式近似得到

$$\mathrm{d}w_{\rm w} = \frac{c_{p\rm d}}{\ell_{\rm v}}(\Gamma_{\rm d} - \Gamma_{\rm s})\mathrm{d}z. \tag{7.2.18}$$

从云底高度到云中高度 z 积分即可到绝热液水含量，它是抬升成云时云中液态水含量的上限. 因为 Γ_s 的复杂形式，求绝热液水含量必须依赖数值计算. 绝热液水含量随 z 和云底温度的增大而增大，因为这种情况下（$\Gamma_d - \Gamma_s$）变大. 降水及云与环境干空气的混合，会降低云中液水含量.

7.3 温湿参量

在大气热力学中，仅用温度、湿度和气压是不够的，常将这些气象要素按不同物理过程组合成一些特征量，连同气象要素一起描述空气的状态，统称为温湿参量. 在等压过程和干绝热过程中定义的温湿参量有等压湿球温度、等压相当温度、位温和饱和温度等. 在本章的湿绝热过程中，还要定义相当位温、假湿球位温和假相当位温等.

定义这些参量的理由，就是它们在某些热力过程中具有保守性，用处之一就是可以用来追踪气块. 例如，一个冷湿气团沿山坡上升，由于降水而变干，然后再沿背风坡下降，抵山脚时变成干热气团（焚风），只要它的假湿球位温或假相当位温保持原值，便能辨识出这就是原先的气团.

7.3.1 相当位温

在可逆饱和绝热过程中，定义

$$\theta_d = T\left(\frac{1000}{p_d}\right)^{R_d/c_p}, \tag{7.3.1}$$

其中，$c_p = c_{pd} + w_t c_w$. 对(7.3.1)式作微分变换

$$c_p \mathrm{d}\ln\theta_d = c_p \mathrm{d}\ln T - R_d \mathrm{d}\ln p_d, \tag{7.3.2}$$

可以发现，(7.3.2)式中的部分项与可逆饱和绝热方程(7.1.9)式的一样，与可逆饱和绝热方程比较得到

$$c_p \mathrm{d}\ln\theta_d = -\mathrm{d}\left(\frac{\ell_v w_s}{T}\right), \tag{7.3.3}$$

或考虑到 c_p 不变，

$$\mathrm{d}\ln\theta_d = -\mathrm{d}\left(\frac{\ell_v w_s}{c_p T}\right), \tag{7.3.4}$$

显然很容易积分得到

$$\theta_d \exp\left(\frac{\ell_v w_s}{c_p T}\right) = \text{常数}. \tag{7.3.5}$$

可以看到，在可逆饱和绝热过程中，有一个量始终维持保守，这个量就是 $\theta_d \exp\left(\frac{\ell_v w_s}{c_p T}\right)$，因此，定义相当位温（也称湿相当位温）$\theta_e$：

$$\theta_e = \theta_d \exp\left(\frac{\ell_v w_s}{c_p T}\right) = T\left(\frac{1000}{p_d}\right)^{R_d/(c_{pd}+w_t c_w)} \exp\left[\frac{\ell_v w_s}{(c_{pd} + w_t c_w)T}\right], \tag{7.3.6}$$

θ_e 的值，近似为把一个饱和气块抬升到很低的气压，水汽全部凝结后气块的位温. 即当 $w_s = 0$ 时，得到 $\theta_e = \theta_d \approx \theta$.

从(7.1.7)式可以得到

$$ds \approx \frac{1}{m_d}dS = c_p \frac{d\theta_e}{\theta_e}, \tag{7.3.7}$$

上式和熵与位温的关系 $ds = c_p \dfrac{d\theta}{\theta}$ 比较，在形式上是一致的，故 θ_e 命名为相当位温.

相当位温在饱和空气中定义，但也适用与非饱和空气. 气块从非饱和状态 (T, p, w) 抬升到 LCL，在 LCL 处气块达到饱和，定义

$$\theta_d = T_L\left(\frac{1000}{p_d}\right)^{R_d/c_p}, \tag{7.3.8}$$

于是相当位温为

$$\theta_e = \theta_d \exp\left[\frac{\ell_v(T_L)w}{c_p T_L}\right], \tag{7.3.9}$$

式中 $p_d = p_L - e_s(T_L)$，$c_p = c_{pd} + wc_w$. 因为未饱和气块的热力状态 (T, p, w) 可以确定唯一的饱和温度 T_L 和饱和气压 p_L，因此，在干绝热的上升和下沉过程中，气块的 θ_e 是保守的.

对(7.3.9)式可以再作进一步分析，因为 $\theta_d \approx \theta$，因此

$$\theta_e \approx \theta\exp\left(\frac{\ell_v w}{c_p T_L}\right) \approx \theta + \frac{\theta}{T_L}\frac{\ell_v w}{c_p} \approx \theta + \frac{\ell_v w}{c_p}. \tag{7.3.10}$$

这与等压绝热过程的等压相当温度(5.3.9)式类似，但二者所表达的过程是完全不同的，前者表示的是远离等压的绝热过程，而后者表示的是不存在的等压绝热过程.

7.3.2 假湿球位温和假湿球温度

未饱和气块经过干绝热过程上升达到饱和后，沿可逆饱和绝热过程下沉到起始气压处的温度，称为假湿球温度(或绝热湿球温度)；沿可逆饱和绝热过程下沉到参考气压 $p_r = 1000$ hPa 处的温度，称为假湿球位温(或湿球位温).

如图 7.2 所示，气块从开始气压 p(点 A)经过干绝热过程上升达到 LCL(点 C)，再经过可逆饱和绝热过程下沉到气压 p 处(点 W)对应的温度为假湿球温度 T_{wp}，继续下沉到 1000 hPa，对应的温度就是假湿球位温 θ_{wp}(或湿球位温 θ_w).

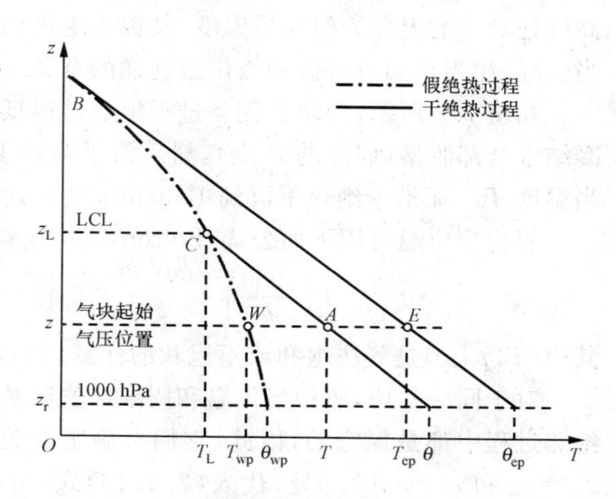

图 7.2 假湿球温度 T_{wp} 和假湿球位温 θ_{wp}

在气块从 LCL 下沉的可逆饱和绝热过程中，相当位温保守，即满足

$$\theta_d \exp\left(\frac{\ell_v w_s}{c_p T}\right) = 常数. \tag{7.3.11}$$

实际上，这是一假想的过程，因为气块下沉需要额外的水汽补充才能保持饱和，因而饱和混合比是逐渐增加的，这样 c_p 就是变化的. 为了能够得到假湿球位温 θ_{wp} 的近似解，需要假设 c_p 为常数.

气块状态起始于 LCL，对应温度为 T_L 和饱和混合比 $w_s = w$，w 是气块干绝热过程中的混合比，θ_d 近似等于干绝热过程的位温 θ. 气块状态结束于 1000 hPa，对应温度即是假湿球位温

θ_{wp}，并且 $\theta_d=\theta_{wp}$，对应饱和混合比 $w_s(\theta_{wp})$. 依据(7.3.11)式

$$\theta \exp\left[\frac{\ell_v(T_L)w}{c_pT_L}\right]=\theta_{wp}\exp\left[\frac{\ell_v(\theta_{wp})w_s(\theta_{wp})}{c_p\theta_{wp}}\right]. \tag{7.3.12}$$

在假设蒸发潜热随温度变化不大的情况下，

$$\theta_{wp}=\theta\exp\left[\frac{\ell_v}{c_p}\left(\frac{w}{T_L}-\frac{w_s(\theta_{wp})}{\theta_{wp}}\right)\right]. \tag{7.3.13}$$

这是假湿球位温的近似表达式，但因为表达式右边也含有假湿球位温，因而这不是解析解，需要通过数值计算求解.

对(7.3.13)式进行简化，

$$\theta_{wp}\approx\theta+\frac{\ell_v}{c_p}\left(\frac{\theta}{T_L}w-\frac{\theta}{\theta_{wp}}w_s(\theta_{wp})\right)\approx\theta+\frac{\ell_v}{c_p}[w-w_s(\theta_{wp})], \tag{7.3.14}$$

比较发现，(7.3.14)式与等压湿球温度(5.3.7)式类似. 如果考虑到相当温度与位温的关系(7.3.10)式，假湿球位温也可写为

$$\theta_{wp}\approx\theta_e-\frac{\ell_v}{c_p}w_s(\theta_{wp}). \tag{7.3.15}$$

假湿球位温没有熵与位温的类似关系，它在干、湿绝热过程中都是保守的.

7.3.3 假相当位温和假相当温度

气块经过假绝热过程上升，直到全部水汽凝结脱落，然后再沿干绝热过程下沉到起始气压高度处对应的温度为假相当温度(又称为绝热相当温度)，下沉到 1000 hPa 对应的温度为假相当位温. 相当位温没有假相当位温这样的意义.

如图 7.2 所示，气块首先经过干绝热过程抵达 LCL(C 点)，继续沿假绝热过程上升，直到凝结水全部脱落(假想的 B 点)，然后沿干绝热下沉到起点 p 气压处(E 点)，对应温度为假相当温度 T_{ep}；而沿干绝热下沉到 1000 hPa 气压处对应的温度为假相当位温 θ_{ep}.

假相当位温可用下面公式(Bolton，1980)来求

$$\theta_{ep}=T\left(\frac{1000}{p}\right)^{0.2854(1-0.28w)}\exp\left[w(1+0.81w)\left(\frac{3376}{T_L}-2.54\right)\right], \tag{7.3.16}$$

其中(T,p,w)是气块饱和或不饱和的任意状态，w 在计算时使用无单位量.

对于同一气块，假相当位温和假湿球位温是在同一湿绝热过程中定义的，且它们在干、湿绝热过程中都是保守的，因此，它们有确定的关系. 选择气块状态在 $p=1000$ hPa，对应 $T=T_L=\theta_{wp}$ 和 $w=w_s(\theta_{wp})$ 处，代入(7.3.16)式，可得到假相当位温 θ_{ep} 和假湿球位温 θ_{wp} 之间的关系

$$\theta_{ep}=\theta_{wp}\exp\left[w(1+0.81w)\left(\frac{3376}{\theta_{wp}}-2.54\right)\right]. \tag{7.3.17}$$

7.4 焚风现象

7.4.1 焚风成因

焚风是绝热过程的典型例子，是指气流过山以后形成的干而暖的地方性风，最初专指阿尔卑斯山区的焚风. 从地中海吹来的湿润气流到达阿尔卑斯山南坡，受到山脉的阻挡而逐渐爬

升，水汽凝结且部分降落，气流过山后下沉增温，山脉北麓的气温比南麓同高度处平均约高10～12℃，相对湿度平均下降40%～50%，在山的背风面出现了温度高、湿度小的干热的焚风.

如图7.3所示，气流在迎风坡首先沿干绝热上升，当达到饱和到达抬升凝结高度后，就沿饱和绝热过程继续上升，如果凝结的液态水全部形成降雨，则气流经历的是假绝热过程，当气流越过山脉后，气流就经历干绝热过程下沉. 如果饱和气流在迎风坡只有部分液态水形成降雨，则气流过山后需要首先经历饱和绝热过程，然后才是干绝热过程，这样形成山前山后不同云底高度的情况.

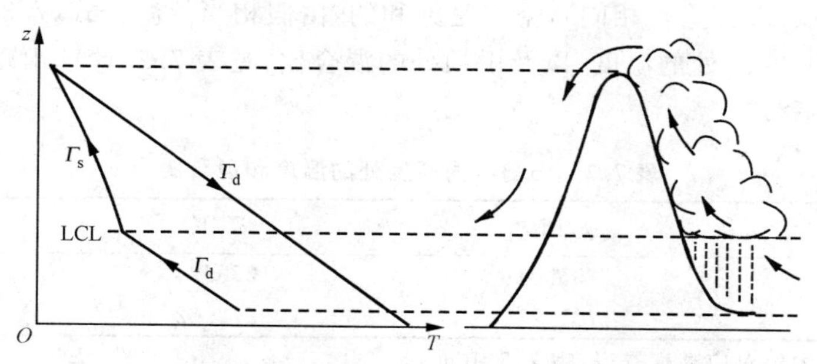

图7.3 气流过山经历绝热过程形成焚风的原理示意图

现在，凡是气流过山形成的干热风都已泛称为焚风. 例如北美落基山东坡，我国天山南麓乌鲁木齐等地、大兴安岭和太行山的东麓、台湾中央山脉西麓都有明显的焚风. 除了上述形成焚风的原因外，大多数焚风是由于过山气流的干绝热下沉造成的. 例如，我国大兴安岭是南北走向的山脉，海拔在1000 m以上，最高峰达2000 m. 从大兴安岭东部陡坡上吹下的焚风，气流的绝热下沉增温是主要原因. 因此，焚风产生的原因可归纳为，有降水时，潜热释放提供过山气流热能而使气温升高；无降水时，空气自上层而来，经绝热压缩气温升高导致焚风.

但是，如果在山的迎风坡之前风速不够大，爬到山顶的空气已经增加了许多潜热，变得暖和，气层稳定，过了山顶后就不可能下山. 因此，焚风的发生不是轻而易举的事.

焚风干而暖的气流在寒冷季节能促使冰雪融化，在温暖季节能促使作物早熟. 但是若焚风过强，也可使植物干枯而死，并且容易引发森林火灾.

7.4.2 理论计算

图7.4是气流过山形成焚风示意图，开始山前的气流在山脚处，温度和露点分别是20℃和12℃. 下面根据前面给出的理论公式计算各高度上气流的状态.

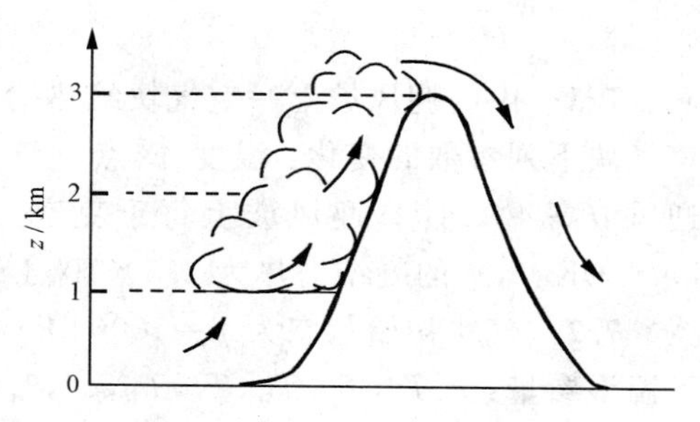

图7.4 气流过山形成焚风示意图

开始山前的气流在山脚处，温度和露点分别是20℃和12℃，使用(4.1.20)式，计算对应饱和水汽压和实际水汽压分别为23.35 hPa和14.01 hPa，由此得到相对湿度和混合比

$$r = e/e_s = 60\%, \qquad (7.4.1)$$

$$w=\frac{\varepsilon e}{p-e}=8.72\,\mathrm{g\cdot kg^{-1}},\tag{7.4.2}$$

其中假设了山脚气压为 $p=1013.25\,\mathrm{hPa}$.

气块开始上升时未饱和,爬山抬升冷却,相对湿度增加,到达抬升凝结高度处时,饱和温度根据(6.2.25)式计算得到,$T_L=T_{dL}=283.37\,\mathrm{K}$,即温度与露点相同.

从山脚到 LCL,气流经历干绝热过程.根据(6.1.2)式,计算饱和气压为 $p_L=899.65\,\mathrm{hPa}$.

从 p_L 往上抬升为假绝热过程,假相当位温 θ_{ep} 保守.通过(7.3.16)式计算得到,$\theta_{ep}=317.08\,\mathrm{K}$.

从 LCL 到山顶(温度露点相同),空气是饱和的,由假相当位温公式(7.3.16)式,通过数值求解,得到 2 km 和 3 km 处的温度,以及山顶处的混合比,见表 7.2.计算山顶处的混合比是为了分析过山后的过程.

表 7.2 山前不同高度处的温度和混合比

z/km	p/hPa	T/K	$w/\mathrm{g\cdot kg^{-1}}$
2	795.01	278.24	—
3(山顶)	701.21	272.62	5.27

注:气压从标准大气对应高度查得,表 7.3 相同.

过山前,凝结水全部降落.过山后气流干绝热下沉,气流状态满足泊松方程,并由此计算温度;混合比保守(即等于山顶处的混合比 $5.27\,\mathrm{g\cdot kg^{-1}}$),由此可计算露点温度.表 7.3 给出了山后不同高度的气流状态.

最后的问题是比较山前山后气流的特征,可以看到山前山脚处气温 20℃,相对湿度 60%,而气流过山后在同一高度,气温达到了近 30℃(302.84 K),而相对湿度为 20%,也即山后是干热气流,成为了焚风.

表 7.3 山后不同高度处空气的状态特征

z/m	p/hPa	T/K	T_d/K	r/%
0(山脚)	1013.25	302.84	277.80	20
1000	898.76	292.65	276.09	—
2000	795.01	282.57	274.38	—

习 题

7.1 山的迎风坡上一空气块绝热抬升,降水发生在迎风坡上.定性说明在迎风坡一侧时,该气块下列参数的变化:温度、露点、相对湿度、位温和假湿球位温.如果山的背风坡的气温比迎风坡高 4℃.计算迎风坡上每千克空气降水的近似值.已知空气的定压比热为 $1005\,\mathrm{J\cdot kg^{-1}\cdot K^{-1}}$,水的凝结潜热为 $2.5\times10^6\,\mathrm{J\cdot kg^{-1}}$.

7.2 气块初始状态为 $p=1000\,\mathrm{hPa}$,$T=30℃$,$w=14\,\mathrm{g\cdot kg^{-1}}$.利用有关理论公式计算以下温湿参量:$r,T_v,T_d,T_w,T_e,T_L,z_L,\theta_{ep},T_{ep},\theta_{wp},\theta_v$.

7.3 如果干绝热过程中露点减温率为 $2℃\cdot\mathrm{km^{-1}}$,干绝热减温率为 $10℃\cdot\mathrm{km^{-1}}$,湿绝热减温率为 $6℃\cdot\mathrm{km^{-1}}$,环境减温率 $8℃\cdot\mathrm{km^{-1}}$.根据这些条件,计算图 7.4 焚风过程中各个高度处山前山后气流的温度和露点温度值,并与课程中的理论计算结果比较.

7.4 气压 1000 hPa，温度 27℃，相对湿度 80%的湿气团遇山抬升，气团刚成云时的温度和气压是多少？假设越过山顶前气团内的云全部形成降水落下，到达山顶时，山顶气压为 800 hPa，气温为 17℃，求气团过山后下降到 1000 hPa 处的比湿，以及抬升形成云前与过山后的位温分别是多少？

7.5 潮湿空气从山的迎风面山脚 A 点处（气压为 1000 hPa，温度为 20℃）开始，持续流过一山脉（如题图）. 上升到 B 处（气压 845 hPa）时饱和，并继续上升到山顶 C 处（气压为700 hPa），然后沿山脉背风面下沉流向山脚 D 点（气压为 1000 hPa）. 气流从 B 到 C 需要时间 1500 s，所有凝结的水都以降水形式脱落. 已知：每平方米水平面上空潮湿空气的质量为 2000 kg，每千克潮湿空气凝结出 2.45 g 的雨水，干空气气体常数为 $R_\mathrm{d}=287.05\ \mathrm{J\cdot kg^{-1}\cdot K^{-1}}$，重力加速度 $g=9.81\ \mathrm{g\cdot s^{-2}}$，空气定压比热 $c_p=1005\ \mathrm{J\cdot kg^{-1}\cdot K^{-1}}$，水汽凝结潜热 $\ell_\mathrm{v}=2.5\times10^6\ \mathrm{J\cdot kg^{-1}}$. 忽略水汽对空气气体常数、空气密度、热容量和潜热的影响. 求：(1) B 处的温度 T_B；(2) 如果空气密度随高度线性减小，求 A 到 B 的高度；(3) C 处的温度 T_C；(4) 如果 B 到 C 之间的降水是均匀的，求因水汽凝结 3 小时形成的降雨量；(5) D 处的温度 T_D.

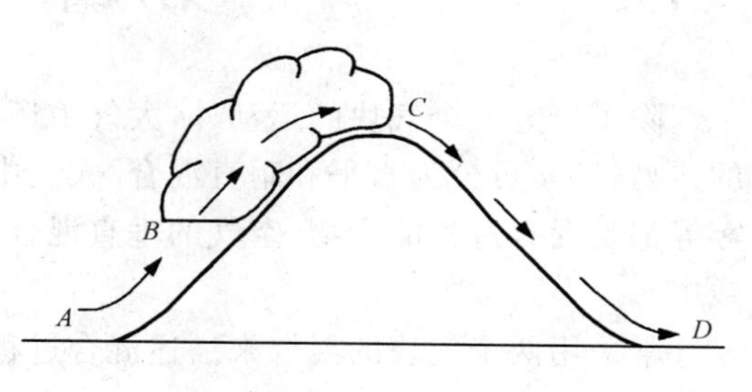

习题 7.5 图

7.6 如果一厚度为 300 m 的饱和气层在 850 hPa 以 $2\ \mathrm{m\cdot s^{-1}}$ 的垂直速度上升，设气层的平均温度为 20℃. 问其最大降水率是多少？

7.7 推导 $\dfrac{1}{\theta_\mathrm{e}}\dfrac{\mathrm{d}\theta_\mathrm{e}}{\mathrm{d}z}=K\cdot(\Gamma_\mathrm{s}-\Gamma)$，给出 K 的表达式.

7.8 证明干空气、未饱和水汽、液态水共存的系统的湿熵为

$$s_\mathrm{m}=S/m_\mathrm{d}=c_p\ln\left[Tp_\mathrm{d}^{-R_\mathrm{d}/c_p}\left(\frac{e}{e_\mathrm{s}}\right)^{-wR_\mathrm{v}/c_p}\exp\left(\frac{\ell_\mathrm{v}w}{c_pT}\right)\right]+\text{常数},$$

对应的相当温度为 $\theta_\mathrm{e}=T\left(\dfrac{1000}{p_\mathrm{d}}\right)^{R_\mathrm{d}/c_p}\left(\dfrac{e}{e_\mathrm{s}}\right)^{-wR_\mathrm{v}/c_p}\exp\left(\dfrac{\ell_\mathrm{v}w}{c_pT}\right)$，其中 $c_p=c_{p\mathrm{d}}+c_\mathrm{w}w_\mathrm{t}$. 这是未饱和时相当位温的另一种定义.

第八章 混合过程

除了研究单个气块的运动外，大气中还涉及空气的混合过程. 混合过程也是大气热力学中的典型过程，可分为水平和垂直混合. 大气中的一些常见现象，例如飞机的凝结尾迹云和蒸汽雾等都是混合过程的产物. 空气的垂直混合的原理，已被应用到例如春季果园等防止霜冻的实践中.

常采用两个气块的混合来描述混合过程，然后可推广到多个气块.

8.1 湿气块的等压绝热混合

大气在水平混合过程中，可认为是等压混合，如果在混合过程中系统又是绝热的，则就是等压绝热混合过程. 从热力学第一定律(3.2.11)式可知，等压绝热过程即是等焓过程，可采用态函数焓来分析.

若两个气块在混合过程中，气块始终处于等压状态，以下标 1 和 2 分别表示两个气块组成的系统，m_1 和 m_2 分别为两个气块质量. 假设气块没有凝结产生，开始的两个系统的水汽压和温度分别为(e_1, T_1)和(e_2, T_2)，等压绝热混合后的状态为(e, T).

因为是等焓过程，系统混合前后焓的变化为

$$\Delta H = m_1 \Delta h_1 + m_2 \Delta h_2 = 0, \tag{8.1.1}$$

其中，Δh_1 和 Δh_2 表示混合前后两气块比焓的变化，由(3.2.12b)式，有

$$\Delta h_1 = c_{p1} \Delta T = c_{p1}(T - T_1), \tag{8.1.2}$$

$$\Delta h_2 = c_{p2} \Delta T = c_{p2}(T - T_2). \tag{8.1.3}$$

因为 $c_p = c_{pd}(1 + 0.84q)$，则

$$m_1 c_{pd}(1 + 0.84q_1)(T - T_1) + m_2 c_{pd}(1 + 0.84q_2)(T - T_2) = 0, \tag{8.1.4}$$

解出

$$T = \frac{(m_1 T_1 + m_2 T_2) + 0.84(m_1 q_1 T_1 + m_2 q_2 T_2)}{m + 0.84 m_v}, \tag{8.1.5}$$

其中，混合后系统的质量和水汽质量分别为 $m = m_1 + m_2$ 和 $m_v = m_1 q_1 + m_2 q_2$，则混合后系统的比湿

$$q = \frac{m_v}{m} = \frac{m_1 q_1 + m_2 q_2}{m}. \tag{8.1.6}$$

混合后的温度(8.1.5)式可改写为

$$T = \frac{(m_1 T_1 + m_2 T_2) + 0.84(m_1 q_1 T_1 + m_2 q_2 T_2)}{m(1 + 0.84q)}. \tag{8.1.7}$$

因为计算比湿时，必须按它是无单位的量来考虑，是远小于 1 的数，因此

$$(m_1 T_1 + m_2 T_2) \gg 0.84(m_1 q_1 T_1 + m_2 q_2 T_2) \quad 和 \quad m \gg 0.84 mq. \tag{8.1.8}$$

经过近似，(8.1.7)式变为

$$T \approx \frac{(m_1 T_1 + m_2 T_2)}{m}. \tag{8.1.9}$$

可以发现混合的温度近似是混合前两系统各自温度的按质量的加权平均，且已足够精确. 同理可以得到混合后位温 θ 和水汽压 e 近似式

$$\theta \approx \frac{(m_1 \theta_1 + m_2 \theta_2)}{m}, \tag{8.1.10}$$

$$e \approx \frac{(m_1 e_1 + m_2 e_2)}{m}. \tag{8.1.11}$$

(8.1.10)式说明空气块绝热混合的效果是：位温高的气块混合时位温下降，即它放出热量；位温低的气块混合时吸收热量，位温上升；若两空气块位温相等，则达到热量平衡.

考虑混合前后在温度-水汽压变化图上的图示关系，从混合后温度和水汽压的表达式(8.1.9)和(8.1.11)式变化得到

$$T = xT_1 + (1-x)T_2, \tag{8.1.12}$$

$$e = xe_1 + (1-x)e_2. \tag{8.1.13}$$

(8.1.12)和(8.1.13)式中，$x = m_1/m$. 两式消去 x，得到

$$e = \frac{e_2 T_1 - e_1 T_2}{T_1 - T_2} + \frac{e_1 - e_2}{T_1 - T_2} T, \tag{8.1.14}$$

或写成

$$e = a_0 + a_1 T, \tag{8.1.15}$$

其中，$a_0 = \frac{e_2 T_1 - e_1 T_2}{T_1 - T_2}$，$a_1 = \frac{e_1 - e_2}{T_1 - T_2}$，是只与混合前两系统有关的常数. 这是线性方程式，说明在温度-水汽压变化图上，混合系统的水汽压随温度线性变化并位于(T_1, e_1)和(T_2, e_2)两点之间(见图 8.1 所示)，而最终混合后的温度和水汽压值则取决于开始两系统的质量. 例如如果 $m_1 = m_2$，则混合后的状态位于(T_1, e_1)和(T_2, e_2)两点连线的中点.

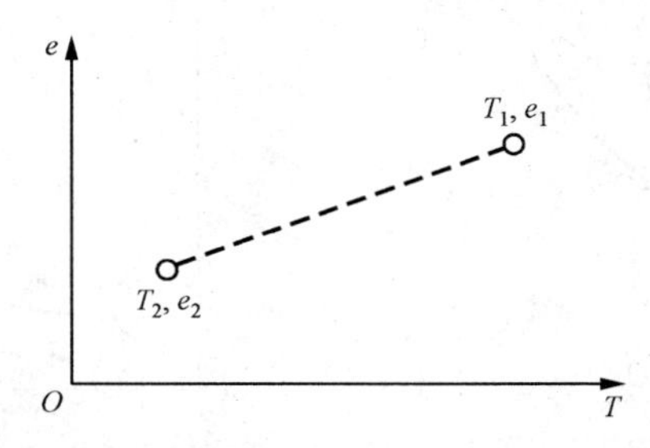

图 8.1 混合后水汽压随温度的线性变化. 混合的状态位于开始两系统状态点的连线之间，混合后的温度和水汽压值取决于开始时两系统的质量

8.2 混合成云

8.2.1 等压绝热混合后的凝结

混合系统如果饱和，可发生凝结，成为可见的云，因而就与天气现象相联系. 为了研究饱和发生与否，在温度-水汽压图上同时做出饱和水汽压随温度变化的曲线，如图 8.2 所示，表示位

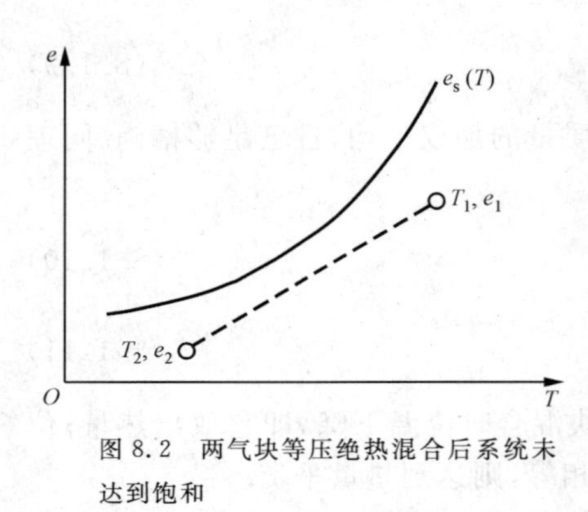

图 8.2 两气块等压绝热混合后系统未达到饱和

于 1 和 2 状态的未饱和暖空气和未饱和冷空气的混合，混合系统的状态在连线之间，这条线段位于饱和水汽压曲线下方，因此混合后系统是不饱和的. 这种情况下，无论开始时两混合空气的质量如何变化，混合后的系统都达不到饱和.

图 8.3 给出了混合后系统可以达到临界饱和及过饱和的情况. 如果混合前两个气块的状态对应 A_1 和 A_2 点，没有达到饱和，混和后系统的状态位于 A_1 和 A_2 两点连线之间. 在这种极限情况下，线段 A_1A_2 与饱和水汽压曲线相切于 A 点，只有这一点是饱和的. 因此，从混合前后温度的关系(8.1.9)式出发，结合图 8.3，得到只有当

$$\frac{\overline{A_1A}}{\overline{AA_2}} = \frac{T_1 - T}{T - T_2} = \frac{m_2}{m_1} \tag{8.2.1}$$

时，混合系统才能饱和，而这要求混合前两系统的质量比也是唯一的.

图 8.3 中另外的两个气块对应的混合开始前的状态 B_1 和 B_2 是饱和的，即开始混合前的状态都位于饱和水汽压曲线上，混合系统状态位于 B_1B_2 线段之间的 B 点，可以看到无论两个气块的质量比如何变化，混合状态 B 点都是过饱和的，这时会发生凝结.

典型的混合饱和发生的情况见图 8.4，开始两个系统都是不饱和的，在温度-水汽压图上，系统状态点连线的一部分与饱和水汽压曲线相交，位于饱和水汽压曲线上方的线段对应于混合后的过饱和，而下方的两段则是未饱和. 至于混合后的状态位于哪一段，则取决于混合前两系统的质量比了.

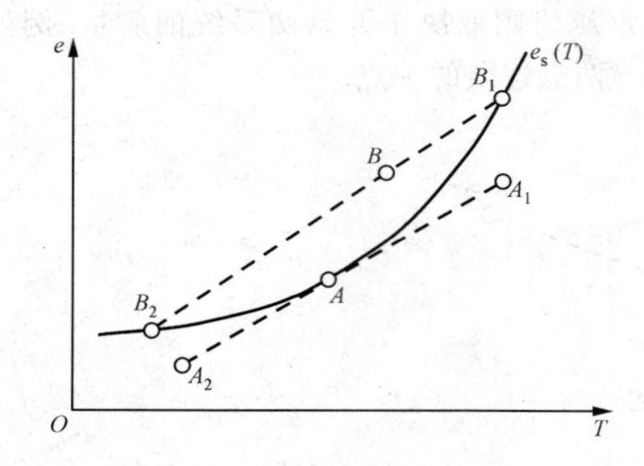

图 8.3 等压混合后的系统的临界饱和和过饱和状态

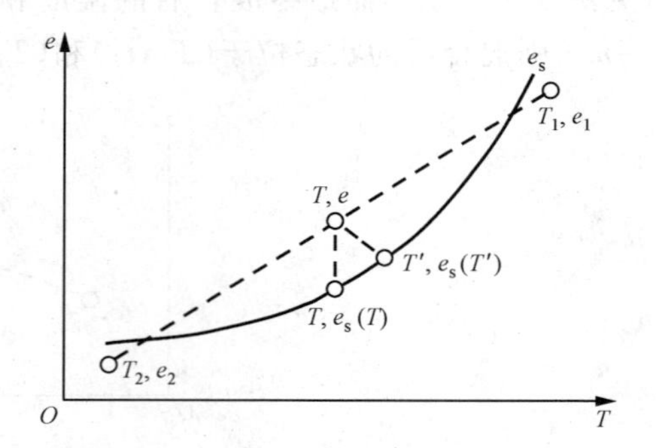

图 8.4 未饱和空气混合后达饱和状态

当图 8.4 中混合后状态位于饱和水汽压曲线 e_s 上方，即出现过饱和，这时就出现凝结. 因此，需要从理论上给出出现过饱和或出现凝结的判据.

假设没有凝结时，根据已知的两系统状态，按等压绝热混合理论计算混合后的温度 T 和水汽压 e. 然后计算这一混合温度 T 状态下的饱和水汽压 $e_s(T)$. 比较 e 和 $e_s(T)$ 的大小，即可判断是否出现凝结：如果 $e<e_s(T)$，没有凝结；如果 $e>e_s(T)$，发生凝结.

发生凝结后，系统的状态就会出现相应的变化. 系统最终是饱和水汽、液态水共存的饱和状态. 在温度-水汽压图上状态落在饱和水汽压曲线上，即最终温度为 T'，对应饱和水汽压为 $e_s(T')$，见图 8.4. 因为水汽凝结释放潜热，系统最终温度 T' 一定大于当假设没有凝结时计算

的值 T;因为水汽凝结减少了,系统最终水汽压 $e_s(T')$ 一定小于当假设没有凝结时的计算值 e.

将等压绝热混合凝结过程分为两步,第一步假设没有凝结时的等压绝热混合过程,系统最终为过饱和湿空气;第二步近似为等压绝热凝结过程,系统最终为饱和湿空气和液态水组成. 考虑第二步过程,系统水汽凝结潜热释放为

$$\delta q = -\ell_v \mathrm{d}w \approx -\frac{\varepsilon \ell_v}{p}\mathrm{d}e. \tag{8.2.2}$$

因释放潜热,系统温度发生了变化,即

$$\delta q = (c_{pd} + w_t c_w)\mathrm{d}T = c_p \mathrm{d}T. \tag{8.2.3}$$

合并(8.2.2)式和(8.2.3)式

$$-\varepsilon \ell_v \mathrm{d}e/p = (c_{pd} + w_t c_w)\mathrm{d}T, \tag{8.2.4}$$

或者

$$\frac{\mathrm{d}e}{\mathrm{d}T} = -\frac{p c_p}{\varepsilon \ell_v} \approx 常数, \tag{8.2.5}$$

其中 $c_p = c_{pd} + w_t c_w$.

由此,等压凝结过程的系统水汽压随温度近似线性变化. 过程开始于等压绝热混合过程的终点,即图 8.4 中的 (T, e),结束于系统真正饱和状态 $(T', e_s(T'))$. 系统最后的温度近似等于等压湿球温度. 由

$$(c_{pd} + w_t c_w)(T - T') = \frac{\varepsilon \ell_v}{p}[e_s(T') - e], \tag{8.2.6}$$

经过数值计算,即可求得等压混合凝结后的最终状态.

上述过程可以说明,当未饱和暖空气和未饱和冷空气混合后,可能出现过饱和,并因此凝结成云,即混合成云. 除了混合成云之外,蒸汽雾和混合雾的形成就是冷暖空气混合的结果.

8.2.2 凝结尾迹

凝结尾迹是飞机高空飞行时后面出现的线状云带现象,即飞机飞行时后面画出的白线,可经常在晴朗、冷湿的大气环境中观测到. 常见的凝结尾迹是混合成云的典型例子,因为是水汽凝结而起,所以又称水汽尾迹. 它与飞行表演中为增加效果而施放的烟幕完全不同.

飞机凝结尾迹是有飞机飞行以来常见的现象,最早见于 1919 年. 首先它在军事上有着重要价值,喷气式作战飞机在合适的高度上飞行最容易出现凝结尾迹,很容易暴露飞机航迹和位置. 为了避免暴露目标,就必须弄清凝结尾迹形成的原理和形成的环境. 研究人员给出各种解释,包括: 因飞机成云粒子的排放而形成尾迹云;飞机水蒸汽的排放导致凝结成云;飞机后部减压导致空气饱和;以及飞机后部热释放触发局部对流云等等. 直到 1941 年德国科学家施密特(E. Schmidt)和 1953 年美国科学家埃普曼(H. Appleman)各自独立给出了合理的解释.

现在研究表明,由高速飞行的飞机所产生的"凝结尾迹"对地球的能量平衡产生的效应,与高空薄卷云对地球能量平衡所产生的效应相似. 它们会将从地球及其大气层向外传播的长波辐射束缚住,并反射入射的太阳辐射. 平均来说,长波效应占优势,净效应是气温变暖. 该效应与由其他排放引起的效应相比是小的,但随着航空流量的增加,了解该现象也是很重要的.

凝结尾迹一般由冰晶、煤烟和硫酸盐组成. 飞机排放的尾气和环境空气混合后相对水面达到了饱和,环境大气中的气溶胶或尾气排放的一些粒子充当凝结核,凝结生成小水滴. 因为尾

迹形成的环境温度通常小于−40℃，只要混合后水汽相对冰面为过饱和，小水滴即刻冻结并通过汽-冰凝华过程生成冰晶. 如果环境温度大于−40℃，环境中有足够量的冰晶冻结核可使小水滴转变为冰晶，冰晶继续生长直到水汽量减小到相对冰面饱和为止. 水汽相对冰面不饱和时，冰晶通过升华消失；或者冰晶以降水形式降落. 如果飞机排放的尾气和环境空气混合后，相对水面没有达到饱和，但相对冰面却达到过饱和，这个时候如果环境冰凝结核少，不能形成冰晶.

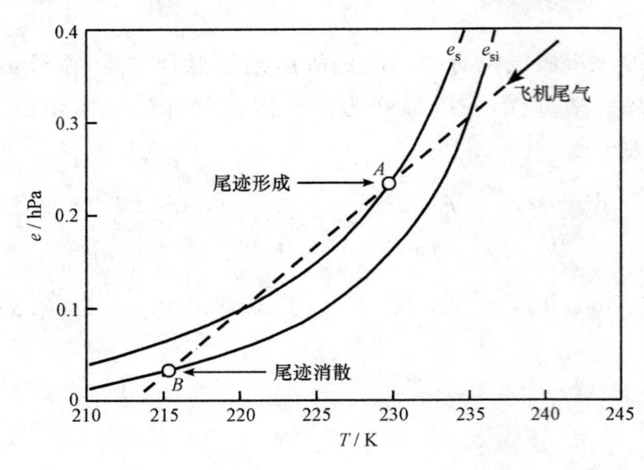

图 8.5　凝结尾迹的形成和消散

图 8.5 绘制了水汽相对水面和冰面的饱和水汽压曲线，以及飞机尾气和环境的混合直线（虚线），环境状态点（T_a，e_a）位于混合线的下端，而上端延伸到飞机排放的尾气的状态点（T_e，e_e）. 混合后，随环境空气的不断加入，混合物温度逐渐降低，尾迹在点 A 处形成，最后在 B 点，当水汽相对冰面达饱和时，尾迹开始消失.

图 8.6 绘制了不同环境条件下的冰凝结尾迹形成过程的混合线，同图 8.5 一样，环境状态点（T_a，e_a）位于混合线的下端，而上端延伸到飞机排放的尾气的状态点（T_e，e_e）. 第①种情况，尽管混合气体对冰面饱和，但冰凝结核少不能形成尾迹. 第②种情况下，混合线与蒸发平衡曲线相切，即两线交于一点 F，这个时候出现凝结水滴并冻结成冰晶，形成尾迹，直到混合物温度降低到约−42℃时，相对冰面不饱和，尾迹开始消散，这是一种短暂凝结尾迹. 第③种情况混合后相对冰面和水面都是过饱和，可以形成持久凝结尾迹. 第④种情况形成的凝结尾迹将比第②种情况持久一些.

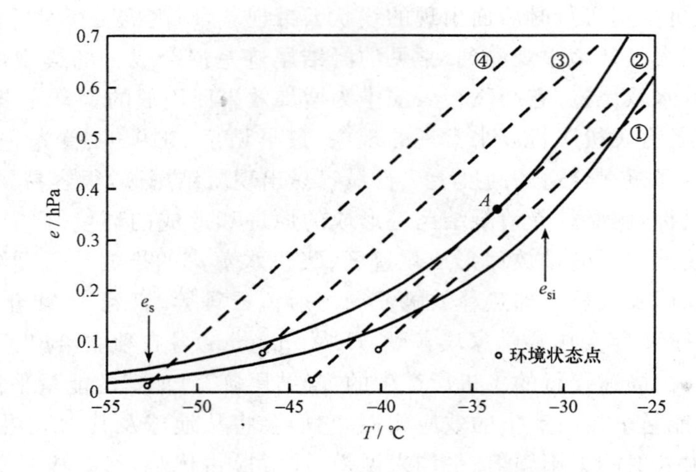

图 8.6　飞机尾气与不同条件环境空气的混合线（Holton 等，2002）标注 e_s 的实线为蒸发平衡曲线，标注 e_{si} 的实线为升华平衡曲线，虚线为混合线

图 8.6 第②种情况的混合线与相对水面的饱和水汽曲线相切，是形成尾迹的分界线，如果实际混合线位于这条混合线的左侧，则尾迹形成，否则就不能形成尾迹. 一般飞机尾气温度约 600 K，水汽含量约 2%. 飞机如果在 200 hPa 飞行，水汽压约 4 hPa，根据混合线与饱和线相切的要求，环境温度必须小于 −47℃. 在实际对流层上层 10 km 处，环境温度可达 −56℃，因此飞机凝结尾迹是常见的现象.

虽然在 −36℃ 的环境下仍可以观测到凝结尾迹，但从图 8.6 看到，环境温度越低越容易产生尾迹. 凝结尾迹形成的阈值温度定义为，在已知环境水汽压 e_a，以及飞机尾气状态（T_e，e_e）时，所能形成凝结尾迹的最高温度. 显然确定与饱和水汽压曲线相切的混合线的斜率，就可以得到这个温度. 环境水汽压 e_a 可以从探空资料获得，飞机尾气状态及斜率与飞机发动机类型、燃油等情况有关，这里不再细述.

除了上述混合凝结尾迹外，还有动力凝结尾迹、对流凝结尾迹和蒸发尾迹等. 动力凝结尾迹是飞机在接近饱和的空气中飞行，机翼的顶端后部附近空气因动力降压、膨胀冷却产生凝结而形成的，比较少见. 对流凝结尾迹是飞机尾气和环境空气混合后，形成温度和湿度增大的混合气体，它经过上升、绝热膨胀冷却后形成凝结尾迹，类似干绝热上升饱和，通常在飞机上方离飞机距离达几百米，飞行员难以发觉. 蒸发尾迹是飞机在高空很薄的云层中飞行时，排放的废气对环境空气的加热作用大于增湿作用，混合后的空气由于温度升高，相对湿度减小，结果原有的云层蒸发，在白色云层中形成一长条无云的蓝色缝隙.

8.3 垂直混合

大气中对流或湍流过程时时存在，因此大气有垂直方向的混合. 由于气块垂直移动时气压、温度和湿度都发生了连续变化，问题变得复杂起来. 为简化问题，可以考虑不同气压层 p_1 和 p_2 处（$p_1 > p_2$）的两理想气块（温度分别为 T_1 和 T_2，质量分别为 m_1 和 m_2），先经过绝热膨胀或压缩移动到某一气压层 p，再进行等压混合；此外，限制混合范围在气压层 $p_1 \sim p_2$ 之间.

垂直混合过程可分两阶段完成，第一阶段是两气块经过干绝热过程，垂直移动到气压层 p，在此过程中，两气块的比湿 q_1 和 q_2 及位温 θ_1 和 θ_2 不变，但温度和水汽压改变；第二阶段是在气压层 p 处，两气块等压绝热混合.

第一阶段后，气块移动到 p 处时新的温度为

$$T_1' = T_1\left(\frac{p}{p_1}\right)^{\kappa}, \quad T_2' = T_2\left(\frac{p}{p_2}\right)^{\kappa}, \tag{8.3.1}$$

水汽压为

$$e_1' = e_1 \cdot \frac{p}{p_1}, \quad e_2' = e_2 \cdot \frac{p}{p_2}. \tag{8.3.2}$$

在第二阶段，可以用等压绝热混合的结果，即混合后的状态为

$$q = \frac{m_1 q_1 + m_2 q_2}{m}, \tag{8.3.3}$$

$$T \approx \frac{m_1 T_1' + m_2 T_2'}{m}, \tag{8.3.4}$$

$$\theta \approx \frac{m_1 \theta_1 + m_2 \theta_2}{m}, \tag{8.3.5}$$

和

$$e \approx \frac{m_1 e_1' + m_2 e_2'}{m}. \tag{8.3.6}$$

由上面的结果可见，无论是水平绝热混合还是垂直绝热混合，(8.1.6)和(8.1.10)式都是比湿和位温的普遍计算式. 但应注意，不能用(8.1.9)和(8.1.11)式直接计算垂直混合气块的温度和水汽压.

如果经过垂直混合后的两气块仍然能够区分出来，让它们分别通过绝热压缩或膨胀退回到原来的高度，位温及比湿都是 θ 和 q，两气块温度却不是原来 p_1 和 p_2 处的温度，它们分别变为

$$T(p_1) = \theta\left(\frac{p_1}{1000}\right)^{\kappa}, \quad T(p_2) = \theta\left(\frac{p_2}{1000}\right)^{\kappa}. \tag{8.3.7}$$

上述两式表明，混合气块最后的温度与参考气压 p 的大小无关，但它们之间是有关系的，即从 p_1 到 p_2，温度 $T(p_1)$ 到 $T(p_2)$ 以干绝热减温率变化.

8.4 混合层特征及云的形成

8.4.1 混合层的温度和湿度

考虑一个与外界绝热的气层($p_1 \sim p_2$)，假设气层内因湍流或对流产生持续的垂直混合，混合前后气层都没有达到饱和. 如果气层由许多个气块组成，首先令这些气块都到同一气压 p 处作等压绝热混合，然后再让它们回到原气压高度，垂直移动过程是绝热的. 得到的新气层的温度垂直分布与选定的气压 p 无关，而且，如果再次重复垂直混合过程，气层的温度都维持不变，达到一个稳定状态，因此，根据第三章的分析，气层的最终温度垂直分布以干绝热减温率变化.

当整层空气充分均匀混合后，最终气层的位温 $\bar{\theta}$ 趋于一致，它是气层起始位温的质量加权平均，即

$$\bar{\theta} \approx \frac{\int_0^m \theta(m)\mathrm{d}m}{m} = \frac{\int_{z_1}^{z_2} \theta(z)\rho(z)\mathrm{d}z}{\int_{z_1}^{z_2} \rho(z)\mathrm{d}z} = -\frac{\int_{p_1}^{p_2} \theta(p)\mathrm{d}p}{p_1 - p_2} = \text{常数}. \tag{8.4.1}$$

同样的关系适用于比湿(或混合比)，例如，最终气层的比湿 $\bar{q}$ 为

$$\bar{q} = -\frac{\int_{p_1}^{p_2} q(p)\mathrm{d}p}{p_1 - p_2} = \text{常数}. \tag{8.4.2}$$

最终气层水汽压 e 随气压 p 的分布为

$$e(p) = \frac{1}{\varepsilon} p\bar{q}. \tag{8.4.3}$$

温度 T 随气压 p 的分布可表示为

$$T(p) = \bar{\theta}\left(\frac{p}{1000}\right)^{\kappa_d}. \tag{8.4.4}$$

图 8.7 是 $p_1 \sim p_2$ 层空气充分均匀混合的示意图. 混合层就是通过湍流等强烈混合，使得

位温、比湿等随高度混合均匀的大气层. 假设大气初始温度递减率 $\Gamma<\Gamma_d$，则初始位温垂直分布必然是$\frac{\partial\theta}{\partial z}>0$，整层空气内部 $p_1\sim p_2$ 气层经湍流混合的结果是上层热量向下输送，持续混合的结果是最终形成温度垂直分布趋于 Γ_d 的混合层. 因混合层顶温度降低，其上 $p_2\sim p_3$ 之间会形成一个湍流逆温层($\Gamma<0$). 逆温层是绝对稳定的，它对上下空气的对流起着削弱抑制作用，空气中的尘埃和污染物难以穿过它向上空扩散. 由于地面水汽经湍流运动不断向上输送，聚集在逆温层下形成高湿气层，如果在某个高度达到饱和，就能发生凝结而生成云.

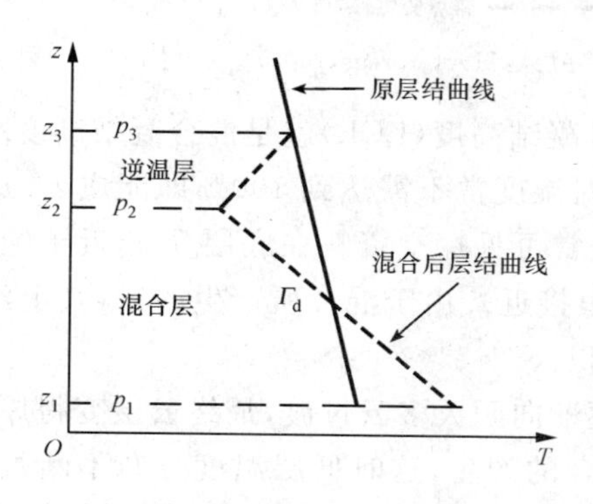

图 8.7 湍流混合形成混合层，温度以干绝热减温率递减

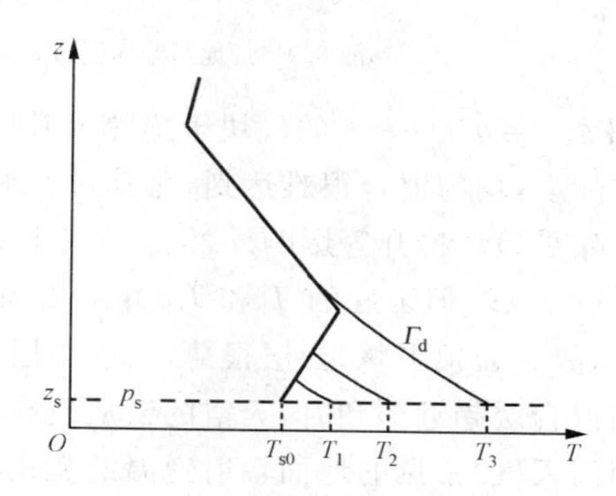

图 8.8 近地面气层的湍流混合(非绝热变化)

晴热的夏天或砂壤地区，由于太阳辐射加热，地面温度逐渐升高(图 8.8)，从开始 T_{s0}，升高到 T_1，T_2 到 T_3. 地表温度有时能比几米高处的气温高出 2～3°C，因此贴地面气层能达到超绝热($\Gamma>\Gamma_d$). 但这个超绝热层是不稳定的，由于下部位温高，上部位温低，湍流交换将下层热量往上输送，使这个被加热气层逐渐向上扩展. 当午后地面达到热平衡，不再增温时，湍流混合的结果将导致上下位温一致，温度分布最终趋于干绝热减温率 Γ_d. 对流层的中、高层温度变化缓慢，可近似看成是不变的.

8.4.2 垂直混合成云

一般情况，气层比较干燥，如果混合后气层没有饱和，气层温度将按干绝热减温率递减，即混合层高层温度在混合后降低，而低层在混合后升温. 由于比湿通常随高度降低，混合后混合层高层比湿将升高，而低层将降低. 因此，结果是高层相对湿度增大，低层相对湿度减小.

如果是一个湿气层经过垂直混合，则有可能使得气层高层的相对湿度达到 100%，即达到饱和，从而成云. 图 8.9 中混合前大气稳定且接近于饱和，如果从地面到 600 m 的气层受到了强风和湍流混合，那么混合后温度趋近干绝热减温率，湿度(例如比湿)将趋于均匀. 低层因温度升高且湿度降低，变得干热；高层温度降低、湿度升高使得混合层顶部到达饱和，形成一层层积云. 混合层顶部仍然是稳定的，它限制了混合的发展. 有时，云顶的辐射降温可能使云上形成逆温层，限制了云的垂直发展. 尽管有这些限制，但如果地面持续受热，上升的热气块就可突破稳定层，使得云向上发展，并形成分立的积云或浓积云. 在温暖湿润的夏季，经常可以看到天空中层积云层因为地面受热，演变为分立发展的积状云.

风的搅拌使气层充分垂直混合，使得混合层中达到饱和的最低高度，称为混合凝结高度(mixing condensation level, MCL). 若混合层的平均位温为 $\bar{\theta}$，平均比湿为 $\bar{q}$，则状态为 $p=$

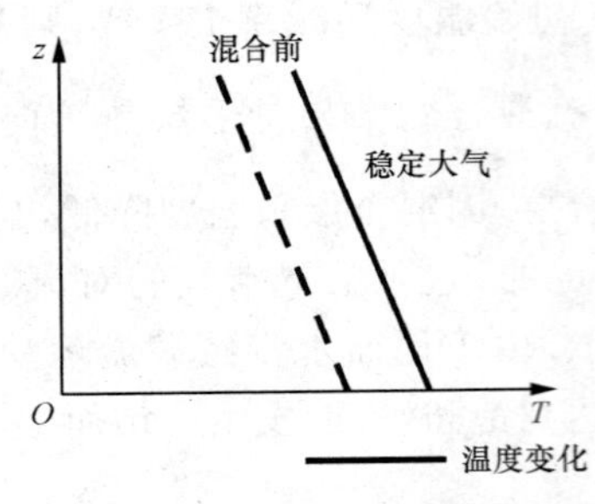

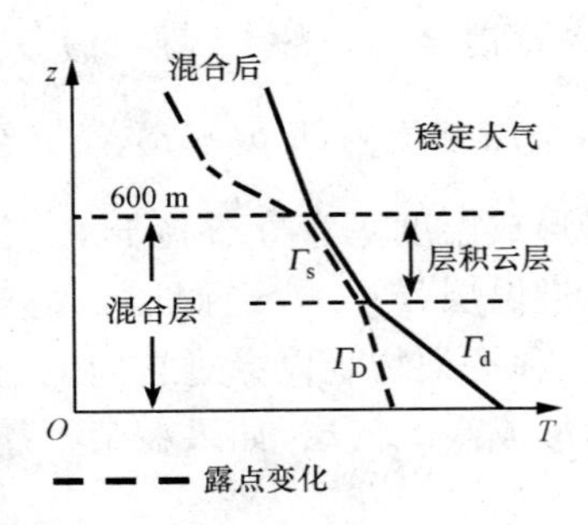

图 8.9 近地面湿气层的混合可以产生一层层积云(Ahrens,2003)

1000 hPa,$T=\bar{\theta}$ 和 $q=\bar{q}$ 的气块干绝热上升后的抬升凝结高度(LCL)就是混合凝结高度.

实际上,均匀混合很难达到,尤其对于水汽,相对湿度常不需达到100%即能成云.这种云的形成除受地形抬升等影响外,混合作用很重要.经常可见探空资料在底层 T 趋近干绝热线、而 q 趋近 q_s 线,但云底的 T 和 T_d 并不相同(不过很接近).由于混合所产生的云,其上经常有逆温层,故其云顶平整,云层很薄,一般为层云或层积云.

当混合层趋近饱和时,天空的云从破碎薄云,逐渐向阴天多云过渡,最终云层变得厚实,导致连阴雨天气.常见的地面辐射逆温的变化预示混合的产生,这时低层温度分布不断被调整.但在确定 MCL 时,必须首先判断混合层的高度,因为需要首先确定混合层的平均比湿等变量.一般来说,混合层顶位于逆温层顶或稳定大气的顶部,其特点是位温随高度骤增,和混合比随高度骤减等等.白天混合层的高度一般在 1~4 km,它随季节和地域而变化.

混合层顶高度主要依赖于低层风速、下垫面粗糙度和低层起始减温率.若预期或起始的减温率预示着弱稳定度,则湍流混合会达到较高高度,不会形成明显的湍流逆温.例如,活跃的云的形成、辐合、坡面抬升或因地面受热产生附加的对流等,将会导致较深厚的混合层.因为混合层顶高度确定的复杂性,对特定测站湍流混合层顶的经验预测是最佳选择,其中重要的是要了解当地湍流混合层厚度随时间的变化.

湍流混合也会受到一些重要的大气过程的影响.例如,当暖空气中的混合层移到冷地面时,混合层平均温度会降低,湍流逆温增强并向下扩展;当冷空气中的混合层移到暖地面时,混合层温度升高,逆温层减弱向上收缩,最终会消失.

习 题

8.1 人的呼气与环境空气混合可形成可见的"云".因为种种原因,人的呼气温度要低于体温,约35℃,且其相对湿度为95%.估计室温20℃和温度40℃两种环境条件下,呼气成"云"时环境的相对湿度满足的条件.

8.2 气压为 p_1 到 p_2 的干空气气层($p_1>p_2$)发生垂直绝热混合,若(1) 混合前气层为温度 T_0 的等温气层;(2) 混合前位温分布为 $\theta=\alpha p^{-1}$,其中 α 为常数.求两种情况下,气层充分混合后的温度随气压的分布 $T(p)$.

8.3 等质量两气块,在1000 hPa处绝热混合.其中一个气块的起始温度和混合比分别为 $T_1=293.8\,\mathrm{K}$ 和 $w_1=16.3\,\mathrm{g\cdot kg^{-1}}$;另一气块的温度和混合比分别为 $T_2=266.4\,\mathrm{K}$ 和 $w_2=1.3\,\mathrm{g\cdot kg^{-1}}$.混合后最终成为包含饱和湿空气和液态云滴的气团.(1) 说明刚混合后,整个气团是过饱和的;(2) 求最终温度,混合比;(3) 求最终单位质量气团中液水含量;(4) 求最终单位体积气团中液水含量.

8.4 气压从 1000 hPa 到 900 hPa 的气层，探空获得的温度和比湿如下表：

p/hPa	1000	950	900
t/℃	28	24	21
q/(g·kg^{-1})	21	19	15

估计气层充分垂直混合后的位温和混合凝结高度.

第九章　大气热力图

热力图(thermodynamic diagram,有时称为绝热图),能够描绘气压、温度和湿度的数值,以及由它们表示的一些函数.这些函数包括状态方程、干绝热和假绝热过程的热力学第一定律等.通常的热力图之间在数学上可以互相转换.包含的线条有等压线,等温线,湿度线,干绝热线、饱和绝热或假绝热线.当气块经历一绝热过程时,连续的状态可以用图上的曲线表示出来,循环过程可以用一封闭曲线表示.一些图上的封闭曲线包围的面积与过程中环境对系统做的功成正比,有人更喜欢只将这些图称为热力图.

18 世纪后期,大气热力学过程的研究不断取得进展.在实验上,确定了干、湿绝热减温率.在理论上,得到了湿绝热过程的表达式,并给出饱和绝热上升的气压和温度的对照表.为了减少繁杂的热力学变量的计算并便于应用,1884 年,物理学家赫兹(Heinrich Hertz)开发了热力图,它与今天使用的图在总体特性上没有显著变化.以此为起点,许多热力图被设计出来.使用最多的是斜温图(skew T-ln$p$,简称 skew T)、温熵图(tephigram)和温度对数压力图(T-ln$p$,或称埃玛图,emagram).

设计热力图考虑的要素包括:① 坐标为实测的气象要素,或其简单函数,纵坐标最好和高度成正比.② 绘制的热力线最好为直线,因为直线有利于绘图和分析.③ 等温线和绝热线的夹角要尽可能大,这样图形对于垂直温度梯度的变化就越敏感.④ 一些热力线就是气块状态的变化曲线.⑤ 图上面积与能量成正比,便于计算大气运动能量.具备最后一项要素的热力图也称为等积图,或面积保守图、能量图.

9.1　面积等价变换

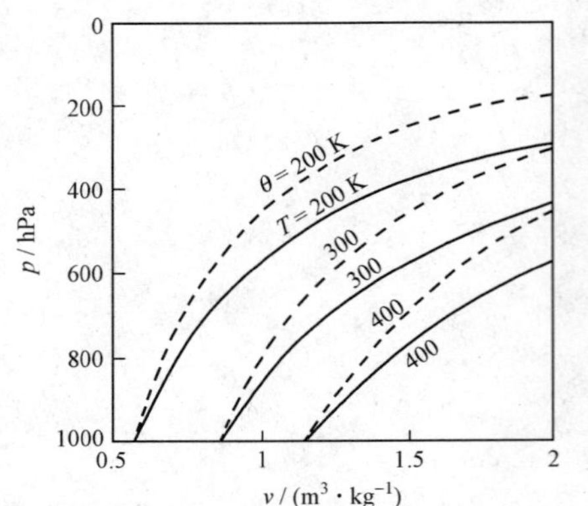

图 9.1　克拉贝龙热力图

绝热线为虚线,标位温数值;等温线为实线,标绝对温度数值

以比容 v、压强 p 为坐标的$(v,-p)$图是经典物理学中熟知的能量图,称为克拉贝龙图.在此热力图中闭合曲线所包围的面积代表外界对单位质量系统物质所作的功,即 $\delta w=-p\mathrm{d}v$,闭合曲线呈顺时针走向时,曲线所包围的面积为正面积,外界对系统作正功.但图中等温线和绝热线交角很小,且绝热线和等温线为曲线(见图 9.1).因此克拉贝龙图在使用上不是很方便,一般很少将它应用在气象探空资料的分析中.

尽管克拉贝龙图很少在实际中被使用,但它可以作为设计新能量图的参考.设定克拉贝龙图的坐标为 $x=v$ 和 $y=-p$,新热力图的坐标为 u 和 w,如图 9.2。设 x-y 平面和 u-w 平面上的点一一对应,也即 x,y 都是 u,w 的函数,即 $x=x(u,w),y=y(u,w)$.两种热力图的面积

元的大小分别为 $dA=|d\boldsymbol{x}\times d\boldsymbol{y}|$ 和 $dA'=|d\boldsymbol{u}\times d\boldsymbol{w}|$，根据微分关系有

$$d\boldsymbol{x}=\frac{\partial x}{\partial u}d\boldsymbol{u}+\frac{\partial x}{\partial w}d\boldsymbol{w}, \tag{9.1.1}$$

$$d\boldsymbol{y}=\frac{\partial y}{\partial u}d\boldsymbol{u}+\frac{\partial y}{\partial w}d\boldsymbol{w}, \tag{9.1.2}$$

可计算面积元 dA 为

$$d\boldsymbol{x}\times d\boldsymbol{y}=\left(\frac{\partial x}{\partial u}\frac{\partial y}{\partial w}-\frac{\partial x}{\partial w}\frac{\partial y}{\partial u}\right)|\,d\boldsymbol{u}\times d\boldsymbol{w}\,|, \tag{9.1.3}$$

即

$$dA=J\,dA', \tag{9.1.4}$$

其中

$$J=\begin{vmatrix}\partial x/\partial u & \partial x/\partial w\\ \partial y/\partial u & \partial y/\partial w\end{vmatrix} \tag{9.1.5}$$

称为坐标变换的雅可比(Jacobian)行列式. 如果 $J=1$，称为等积变换. 一般情况下，若 J 为一常数，称为面积等价变换，这时新热力图为能量图.

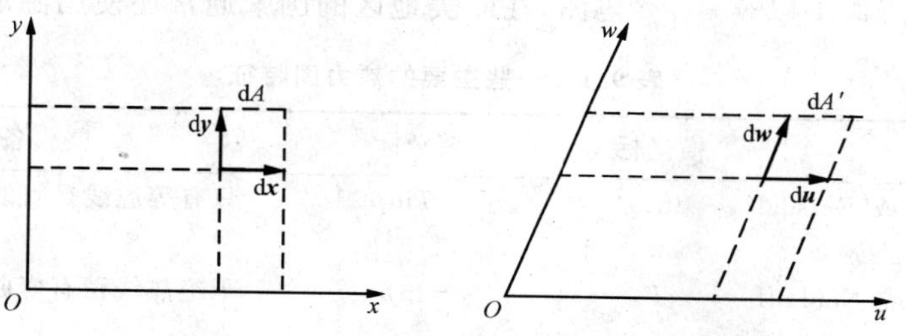

图 9.2 (x,y)和(u,w)热力图的面积等价变换

在设计一种新的热力学图时，如果一个坐标和雅可比行列式的值已经选定，另一个坐标是按照(9.1.5)式决定的，这样设计出的就必然是能量图. 根据(9.1.4)式可得

$$\oint y\,dx=\oint -p\,dv=J\oint w\,du, \tag{9.1.6}$$

或者

$$\oint(p\,dv+Jw\,du)=0. \tag{9.1.7}$$

它成立的条件是 $p\,dv+Jw\,du=dz$ 为一全微分. 因此满足 $z=z(v,u)$ 以及

$$dz(v,u)=\left(\frac{\partial z}{\partial v}\right)_u dv+\left(\frac{\partial z}{\partial u}\right)_v du. \tag{9.1.8}$$

由(9.1.8)式得到

$$p=\left(\frac{\partial z}{\partial v}\right)_u,\quad Jw=\left(\frac{\partial z}{\partial u}\right)_v, \tag{9.1.9}$$

和

$$\left(\frac{\partial p}{\partial u}\right)_v=\frac{\partial^2 z}{\partial v\partial u},\quad J\left(\frac{\partial w}{\partial v}\right)_u=\frac{\partial^2 z}{\partial v\partial u}. \tag{9.1.10}$$

根据(9.1.10)式得到，若

$$J\left(\frac{\partial w}{\partial v}\right)_u=\left(\frac{\partial p}{\partial u}\right)_v, \tag{9.1.11}$$

则满足面积等价变换.如果先确定了 u,通过(9.1.11)式并选取适当的 J 值,就可以确定 w,这样就设计出了新的(u,w)能量图.

9.2　热力图例

常见的一些热力图列在表 9.1 中,其中斯塔夫图也称为假绝热图.实际上所有的图都是假绝热图,因为在处理饱和绝热过程时按假绝热处理,即凝结潜热用来加热气块,而凝结物生成后即刻脱落.

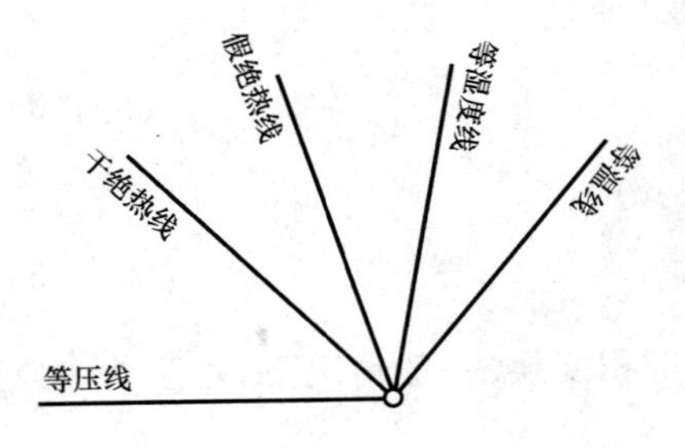

图 9.3　基本线条的相对方位

热力图包括 5 组基本线条,即等压线、干绝热线(称为等位温 θ 线,或等熵线)、假绝热线(例如等相当位温 θ_e 线,等假相当位温 θ_{ep} 线,或等假湿球位温 θ_{wp} 线)、等湿度线(例如等饱和比湿 q_s 线,或等饱和混合比 w_s 线)和等温线,它们的相对位置如图 9.3 所示.不同的热力图选择不同的坐标系,因而有不同的构造和特点.在中国广泛使用的是埃玛图,在欧美地区的国家通常还使用温熵图和斜温图等.

表 9.1　一些主要的热力图特征

名　称	横坐标	纵坐标	备　注
高空图(aerogram,或 Refsdal diagram)	$\ln T$	$-T\ln p$	只有等温线是直线
埃玛图(emagram,或 Neuhoff diagram)	T	$-\ln p$	干绝热线稍有弯曲
温高图(pastagram)	T	$T_0[1-(p/p_0)^{R_d\Gamma/g}]$	T_0,p_0 取标准值,$\Gamma=6.5℃\cdot km^{-1}$.主要使用在静力平衡计算中.
斯塔夫图(Stüve diagram,或称假绝热图,pseudo-adiabatic diagram)	T	$-p^{\kappa_d}$	干绝热线是倾斜直线,非能量图
斜温图(skew T-log$p$ diagram,或 skewed emagram)	$T-c\cdot\ln p$	$-\ln p$	干绝热线弯曲,等温线是倾斜直线.制图时,选择合适的 c 值,使干绝热线与等温线垂直.
温熵图(tephigram)	T	$\ln\theta$	等压线倾斜弯曲
压温图(thetagram)	T	$-p$	干绝热线弯曲,非能量图

9.2.1　温熵图

温熵图的坐标是$(T,\ln\theta)$,因为 $\ln\theta$ 与比熵 s 存在线性关系,故纵坐标实际表示的是熵,故名温熵图.虽然纵坐标是 $\ln\theta$,但坐标刻度值仍以 θ 的单位表示.

图 9.4 是温熵图的简单示意图.温熵图中,等温线(T)与干绝热线(θ)的交角为 90°,对于大气分析是很好的条件,同时等温线和干绝热线为直线.对于等压线(p),根据位温定义得到

$$(\ln\theta)=\ln(T)-\kappa_d\ln p+\kappa_d\ln p_r.\qquad(9.2.1)$$

(9.2.1)式中括号部分代表温熵图的坐标变量,$p_r=1000$ hPa.由此可见,等压线为对数曲线,因而不是直线,然而在大气研究范围内可近似为直线(图 9.4 中倾斜的曲线).同时,可以证明

温熵图是能量图.

因为倾斜的等压线对分析大气垂直特性不方便,常将温熵图中感兴趣的大气范围(如图9.4中方框的范围),顺时针旋转45°,作为实际使用的温熵图,此时等压线大致是水平分布的.图9.5是实际使用的温熵图的简略示意图,图中同时标出了等饱和混合比(w_s)曲线和等假湿球位温(θ_{wp})曲线(即假绝热线).

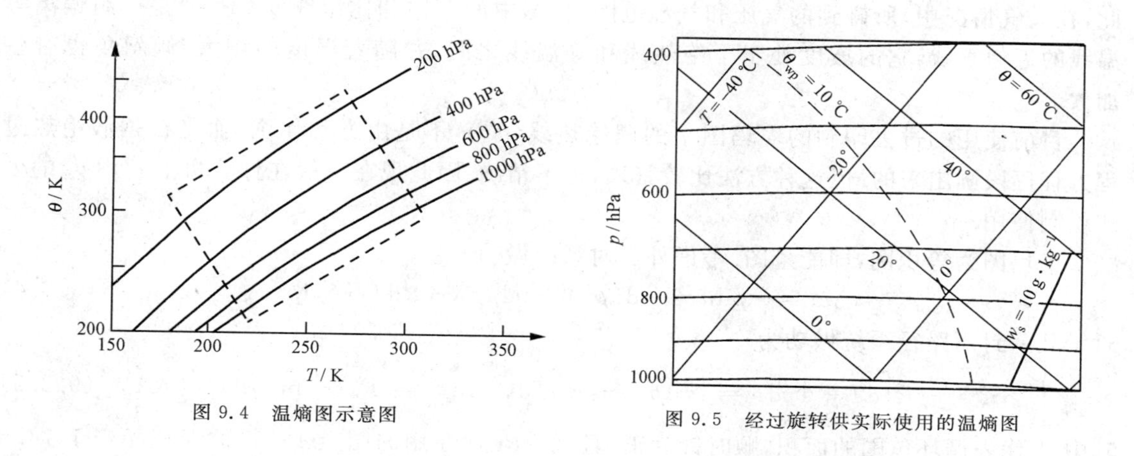

图 9.4 温熵图示意图

图 9.5 经过旋转供实际使用的温熵图

9.2.2 温度对数压力图

即埃玛图,以(T,$-\ln p$)为坐标,埃玛图(emagram)是单位质量的能量图的意思.这种图也可称为T-$\ln p$图,或Neuhoff图.图9.6是温度对数压力图的简略示意图.

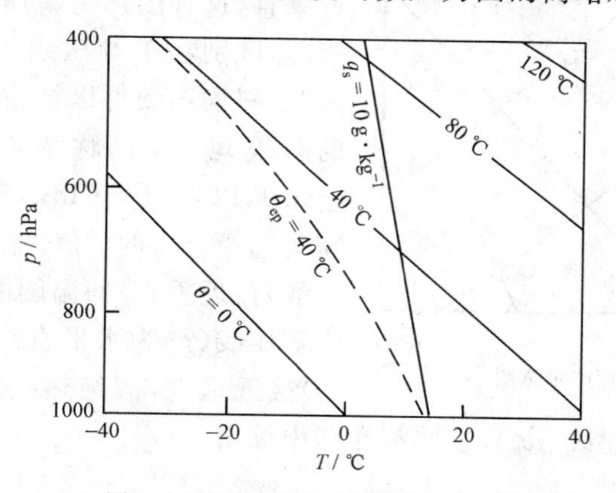

图 9.6 温度对数压力图简略示意图

温度对数压力图的等温线(T)和干绝热线(θ)的夹角随位置而变,通常在45°左右.等压线(p)和等温线皆为直线.而从位温定义可得

$$(-\ln p)=-\frac{1}{\kappa_d}\ln(T)+\frac{1}{\kappa_d}\ln\theta-\ln p_r, \tag{9.2.2}$$

其中,括号部分代表埃玛图的坐标变量.由(9.2.2)式可知,干绝热线为对数曲线,但斜率接近常数,因而干绝热线近似为直线.为了使干绝热线与坐标轴成45°交角,制图时需要选择适当的坐标轴尺度.

等饱和比湿线是一组双曲线,它的方程可以写为

$$(T) \cdot [(-\ln p) + C_1] = C_2. \tag{9.2.3}$$

此方程可根据饱和比湿的定义,并利用克劳修斯-克拉贝龙方程变换得到.其中,C_1 和 C_2 为常数,$C_1 = \dfrac{\ell_v}{R_v T_0} + \ln \dfrac{\varepsilon e_{s0}}{q_s}$,$C_2 = \dfrac{\ell_v}{R_v}$.从(9.2.3)式可见,以实际大气状况考虑,等饱和比湿线是双曲线的一段.由于等温线就是等饱和水汽压线,而压强 p 随着纵坐标尺度的增加而减少,因此,在大气情况中,所碰到的气压和气温范围内,图中的等饱和比湿线 $q_s(T,p)$ 是一组偏离等温线的近似直线,它的坡度处于干绝热线和等温线之间,并随着温度的增大,倾斜角也有些加大.

目前使用的过去印制的埃玛图中的假绝热线(θ_{ep}),不是由方程作图,而是根据假绝热过程方程逐段画出来的.但这种方法比较繁琐,也不精确.因此现在一般在计算机上利用 θ_{ep} 的公式绘制使用.

埃玛图为等积图,即能量图.考虑外界对系统做功

$$\delta w = -p\mathrm{d}v = -\mathrm{d}(pv) + v\mathrm{d}p = -R\mathrm{d}T + v\mathrm{d}p. \tag{9.2.4}$$

对于某一封闭路径系统做功为

$$w = -R\oint \mathrm{d}T + \oint v\mathrm{d}p = \oint v\mathrm{d}p = -R\oint T\mathrm{d}(-\ln p) = R\oint(-\ln p)\mathrm{d}T = RA, \tag{9.2.5}$$

其中 A 代表循环包围的面积,顺时针为正,且 $J = R$.现在用的图上 $1\ \mathrm{cm}^2$ 的面积相当于 $74.5\ \mathrm{J \cdot kg^{-1}}$ 的能量.

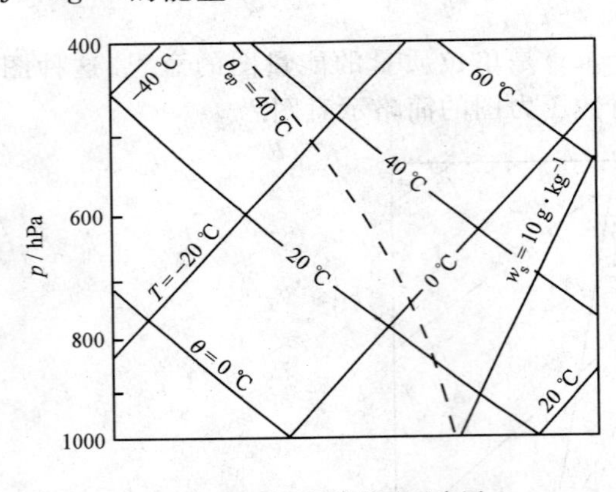

图 9.7　斜温图的简略示意图

为了增大等温线和绝热线的夹角,将埃玛图的纵轴顺时针旋转 45°,使得等温线和干绝热线接近垂直,这种图称为斜埃玛图.这种图非常类似温熵图,区别在于等压线为直线,而干绝热线弯曲.因此,斜埃玛图得以被重视并重新研究绘制.目前的斜埃玛图,也称为斜温图(skew T-$\ln p$ diagram),以($T + c \cdot \ln p$, $-\ln p$)为坐标,在绘制时,需要选择合适的 c 值,能使等温线和干绝热线(非直线)接近垂直.斜温图的简略示意图见图 9.7.图中等压线(p)为水平直线,等温线(T)与干绝热线(θ)接近垂直,假绝热线为等假相当位温(θ_{ep})线,等湿度线为等饱和混合比线(w_s),这些都在图中标出.

9.3　热力图的应用

热力图对于快速了解大气垂直结构或某一区域的大气特性有极大的辅助作用,至今仍然具有其他方法难以替代的作用.通常使用温度和湿度等大气探空资料,以估计热力参数和等压面间气层厚度,分析大气热力过程和大气垂直稳定度,以及对一些气象要素或天气进行预报等.这一节主要介绍温度对数压力图的基本应用,其他热力图的应用类似.

9.3.1　层结和路径曲线的绘制

大气层结指一个地区上空大气温度和湿度的垂直分布. 将气象台站高空无线电探空仪实测得到的温度、露点和压强的数值点绘在埃玛图上,用折线连接,就能得到该地区大气温度层结曲线和露点层结曲线.

层结曲线反应了环境的大气热力状况,气块在此环境中作上升或下沉运动时,气块的温度和露点随气压(或高度)而变化,绘制于埃玛图上的曲线,称为气块的路径曲线(或状态曲线). 图 9.8 是气块路径曲线的示意图. 初态为(T_1, p_1, q_1)的未饱和气块在外力抬升作用下干绝热上升,其温度按 Γ_d 下降,同时,因绝热过程中比湿不变,与比湿对应的露点将沿着等比湿线 $q_s = q_1$按 Γ_D 降低. 气块干绝热上升到温度与露点相等处达到饱和而发生凝结,该点的气压 p_L 和温度 T_L 就是饱和气压和饱和温度,所在的高度就是抬升凝结高度 LCL. 在抬升凝结高度以上,饱和湿空气块将以假绝热过程上升,温度和露点将以 Γ_s 下降,其比湿等于该气块的温度和压强所对应的饱和比湿.

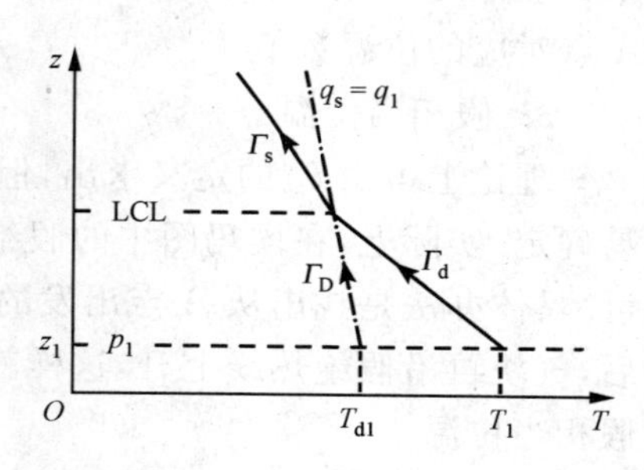

图 9.8　气块的路径曲线

9.3.2　温湿参量的确定

根据探空数据,容易获得温度和露点层结曲线. 选定某一大气条件(T, p, T_d),在埃玛图上可确定此条件下的温度参量,包括 T_v, θ, θ_{ep} 和 θ_{wp} 等,湿度要素包括 q, q_s, e, e_s 和 r 等. 为此,首先在图上确定温度和湿度状态点 $A(p, T)$和 $D(p, T_d)$.

1. 虚温

根据虚温定义

$$T_v = T\left(1 + 0.378\,\frac{e}{p}\right) = T + \Delta T_v, \tag{9.3.1}$$

其中,虚温差 $\Delta T_v = 0.378\,\frac{e}{p}T = 0.378\,\frac{e_s}{p}T \cdot \frac{e}{e_s} = (\Delta T_v)_s r$,定义饱和虚温差为

$$(\Delta T_v)_s = 0.378\,\frac{e_s}{p}T, \tag{9.3.2}$$

其值在埃玛图上的主要等压线(300—1000 hPa 每隔 100 hPa 的等压线)上,已用绿色垂直短线间隔标出.

如果 A 点位于这些主要等压线上,且位于垂直短线之间,则相邻两短线之间的间隔就是饱和虚温差;但如果位于某一短线上,则需要计算此短线两侧相邻短线间隔的平均值作为饱和虚温差. 如果 A 点位于两主要等压线之间,则从 A 点作垂线与两等压线相交,确定两交点处的饱和虚温差,然后由 A 点与两交点的距离进行加权平均即得 A 点饱和虚温差.

得到 A 点的饱和虚温差后,还需要已知 r 才能计算虚温.

考察 D 点的饱和虚温差

$$(\Delta T_v)'_s = 0.378\,\frac{e_s(T_d)}{p}T_d = 0.378\,\frac{e}{p}T_d \approx 0.378\,\frac{e}{p}T = \Delta T_v, \tag{9.3.3}$$

即约等于实际虚温差的值,这样虚温可以写为

$$T_v = T + (\Delta T_v)'_s, \tag{9.3.4}$$

即在埃玛图上确定 D 点的饱和虚温差，它与温度的和即是虚温.

2. 位温

位温是通过点 A 的干绝热线上的数值，或沿干绝热线下降到 1000 hPa 处对应的温度. 如果 A 点位于埃玛图上两条干绝热线之间，读出这两条干绝热线上的位温数值，再用内插法求 A 点对应的位温数值.

3. 假相当位温

理论上可由 θ_{ep} 的定义求出，但需要假绝热线上升到所有液态水降落的高度，这个高度不易确定. 实际上，在埃玛图中的假绝热线上，已标有 θ_{ep} 数值，所以只需找到对应的假绝热线即可. 具体办法是找出从 A 点出发的气块温度路径曲线，即从 A 点沿干绝热线上升，到达 LCL 后，气块再沿假绝热线上升，这样就确定了假绝热线. 假绝热线上标注的 θ_{ep} 数值，就是 A 点的假相当位温.

如果假绝热过程中气块路径曲线位于图上绘制的两条假绝热线之间，则需要用内插法求得 θ_{ep}.

因为 θ_{ep} 等于干气块的位温，所以沿 $\theta = \theta_{ep}$ 的干绝热线下沉到 p 气压处的温度，即得到 T_{ep}.

4. 假湿球位温

θ_{wp} 需要按照其定义在埃玛图上求得，即假设气块从 A 点沿干绝热线上升到 LCL 后，再沿假绝热线下降到 1000 hPa 高度处对应的温度. 同样，如果气块所处的假绝热线，位于图上绘制的两条假绝热线之间，则需要用内插法求得 θ_{wp}. 气块所在的假绝热线与 p 等压线交点对应的温度为 T_{wp}.

5. 饱和比湿

过 A 作等饱和比湿线，如果此等饱和比湿线与埃玛图上的等饱和比湿线重合，则等饱和比湿线上标出的值即为饱和比湿；否则，找到图上两边相邻的等饱和比湿线，用内插法得到对应数值 q_s.

6. 比湿

在 D 点，饱和比湿 $q_{sD} = \varepsilon e_{sD}/p$，而实际比湿为 $q = q_A = \varepsilon e_A/p$.

因为 D 是露点，所以实际水汽压等于露点处的饱和水汽压，即 $e_{sD} = e_A$，从而得到实际比湿 $q = q_A = q_{sD}$.

所以，D 点处的饱和比湿 q_{sD} 就是实际比湿，从埃玛图上只需按求饱和比湿的方法得到 q_{sD}.

7. 水汽压

在埃玛图上，等饱和比湿的数值是以单位 $g \cdot kg^{-1}$ 给出的，因而使用饱和比湿的定义式时，ε 就要扩大 1000 倍，即用 622 代替. 首先在埃玛图上，找到点 $B(p_B = 622\ \text{hPa}, T_d)$，则 $e_{sB} = e_{sD} = e$，B 点饱和比湿为

$$q_{sB} = 622 e_{sB}/p_B = e_{sB} = e_{sD} = e, \tag{9.3.5}$$

所以 q_{sB} 值就是 A 点以“hPa”为单位的实际水汽压的数值. 从埃玛图上只需按求饱和比湿的方法得到 q_{sB}.

8. 饱和水汽压

类似水汽压的求法，找到点 $C(p_C = 622\ \text{hPa}, T)$，这时 $e_{sC} = e_{sA} = e_s(T)$，C 点饱和比湿为

$$q_{sC} = 622 e_{sC}/p_C = e_{sC} = e_{sA} = e_s(T), \tag{9.3.6}$$

所以 q_{sC} 值就是 A 点以“hPa”为单位的饱和水汽压的数值.从埃玛图上只需按求饱和比湿的方法得到 q_{sC}.

9. 相对湿度

最简单的方法是,r 可以从前面得到的比湿和饱和比湿的比值、或水汽压和饱和水汽压的比值得到.

图 9.9 是获取相对湿度的另一种方法的示意图.在过 D 点的等饱和比湿线上,找出点 C($p_C=1000$ hPa,q_{sD}).然后作出过 C 的等温线,与过 A 点的等饱和比湿线相交于点 B(p_B,q_{sA}),显然 $e_{sB}=e_{sC}$.由此得到相对湿度

$$\begin{aligned} r &= q_{sD}/q_{sA}\times 100\% \\ &= q_{sC}/q_{sB}\times 100\% \\ &= [(622e_{sC}/p_C)/(622e_{sB}/p_B)]\times 100\% \\ &= [(e_{sC}/p_C)/(e_{sB}/p_B)]\times 100\% \\ &= (p_B/10)\%, \end{aligned} \tag{9.3.7}$$

即按前述方法,找到 B 点,只需读出 B 点的气压,除以 10 就是以%为单位的 r 数值.

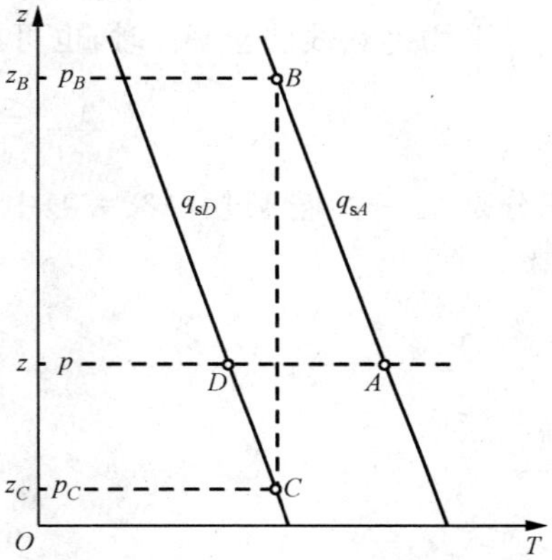

图 9.9 埃玛图上相对湿度的获取

9.3.3 气层平均温度和等压面厚度

因实际大气中虚温与压强不是简单的函数关系,由测高方程直接计算等压面间气层厚度有一定困难,其中的关键是要确定等压面间的气层平均虚温.

根据(2.1.16)式,得到以位势高度表达的测高方程为

$$Z_2 - Z_1 = \frac{R_d}{g_0}\int_{p_1}^{p_2} T_v \mathrm{d}(-\ln p) = \frac{R_d}{g_0} T_{vm} \ln\frac{p_1}{p_2}, \tag{9.3.7a}$$

或

$$Z_2 - Z_1 = \frac{R_d}{g_0} A_{em}, \tag{9.3.7b}$$

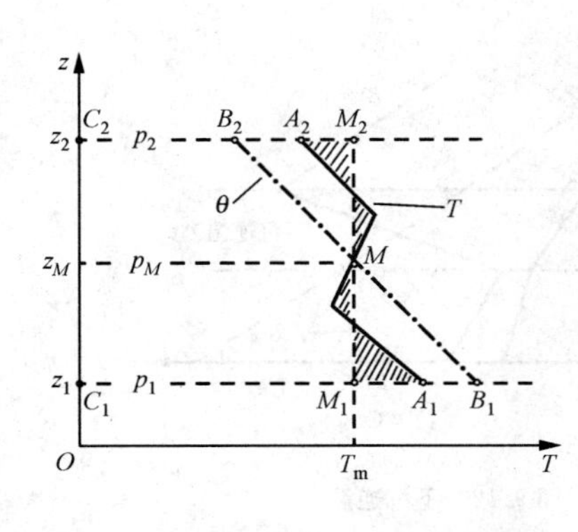

图 9.10 图解法求等压面间厚度.A_1A_2 是层结曲线的一段,B_1B_2 是等 θ 线

其中,$A_{em} = \int_{p_1}^{p_2} T_v \mathrm{d}(-\ln p) = T_{vm}\ln\frac{p_1}{p_2}$,采用埃玛图中的坐标后,$A_{em}$ 就相当于图 9.10 中 $A_1A_2C_2C_1A_1$ 环线(p_1 和 p_2 等压线,层结虚温曲线 A_1A_2 和纵坐标轴)包围的面积,T_{vm} 就是 $p_1\sim p_2$ 气层的平均虚温.在 $p_1\sim p_2$ 等压面间作等温线 M_1M_2 使等温线两侧的包围的面积(阴影区)相等,则 A_{em} 和矩形 $M_1M_2C_2C_1M_1$ 的面积相等,所以 M_1M_2 线对应的虚温就是气层 $p_1\sim p_2$ 的平均虚温 T_{vm},这种方法称为平均等温线法.此法因为在实施过程中,满足等温线两侧的相关曲线包围的面积相等,故也常常称为等面积法.

在埃玛图上,1000~850 hPa,850~700 hPa,700~500 hPa,500~300 hPa 和 300~200 hPa 等规定等压面间的气层厚度已标在图上,分别位于约 922

hPa，771 hPa，592 hPa，387 hPa 和 245 hPa 的等压线上，根据平均虚温很容易查到. 但对非规定等压面的高度则需要计算.

根据图 9.10，如果采用过等温线 M_1M_2 中点 M 的任意直线 B_1B_2 取代 M_1M_2，仍然可以得到相同的结果，这时 M 点的气压为 $p_M=\sqrt{p_1p_2}$. 如果这时点 B_1 和点 B_2 对应的虚温分别为 T_{v1} 和 T_{v2}，则 $T_{vm}=(T_{v1}+T_{v2})/2$.

因为埃玛图上已经有干绝热线和等饱和比湿线可供参考，因此根据实际情况可选此两线之一代替等温线. 在图 9.10 中，B_1B_2 就是干绝热线. 这样获得气层平均虚温的方法称为平均绝热线法.

平均绝热线法求 A_{em} 时，也可以采用不同的公式，根据

$$A_{em}=\int_{p_1}^{p_2}T_v\mathrm{d}(-\ln p)=-\frac{1}{R_d}\int_{p_1}^{p_2}v\mathrm{d}p, \tag{9.3.8}$$

积分是在一个绝热过程（$\delta q=0$）中进行的，所以根据热力学第一定律

$$\begin{aligned}\int_{p_1}^{p_2}v\mathrm{d}p&=\Delta h-\delta q\\&=c_p(T_2-T_1),\end{aligned} \tag{9.3.9}$$

则

$$A_{em}=\frac{c_p}{R_d}(T_1-T_2), \tag{9.3.10}$$

式中，T_1 和 T_2 分别是点 B_1 和点 B_2 对应的温度.

9.3.4　逆温层结的特征

在埃玛图上可以确定逆温层，例如辐射逆温、下沉逆温和锋面逆温等.

辐射逆温开始于地面，通常在地表 $T=T_d$，或 $T\sim T_d$. 在逆温层内，露点层结曲线接近平行于等饱和比湿线，逆温层上部，T 和 T_d 开始降低. 如图 9.11 所示.

下沉逆温层在埃玛图上的特点是：在逆温层内，T 随高度增大，T_d 快速降低；在逆温层上，T 近似为干绝热变化. 如图 9.12 所示.

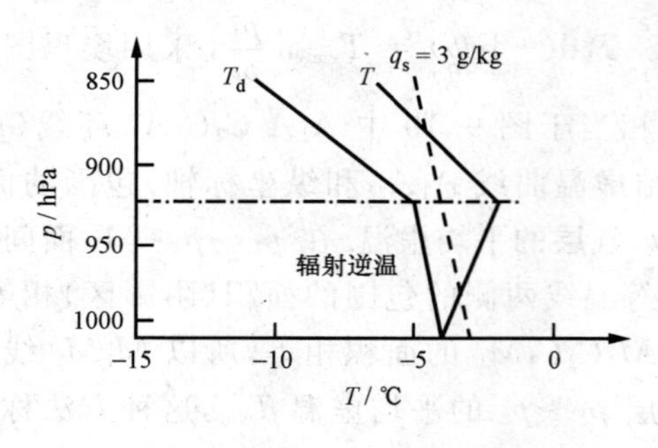

图 9.11　辐射逆温

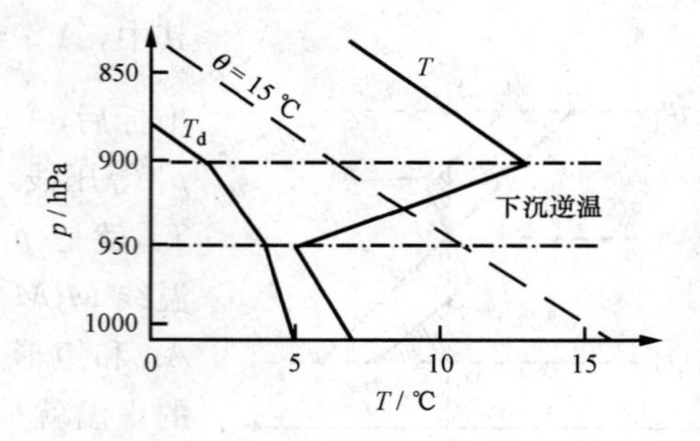

图 9.12　下沉逆温

锋面逆温是一浅薄的逆温层，在此逆温层中 T 接近等温，T_d 在逆温层内随高度增大. 如图 9.13 所示.

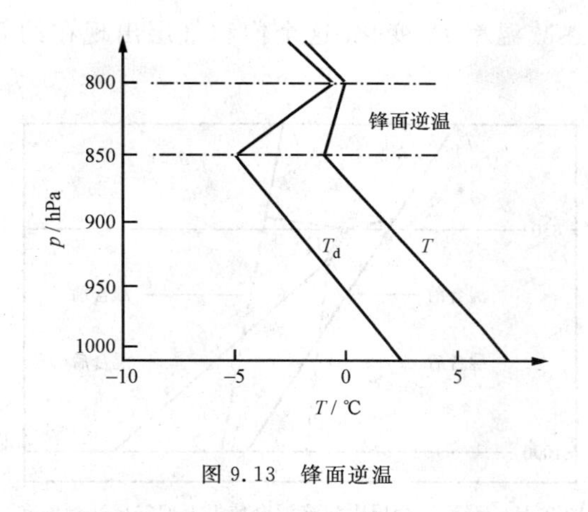

图 9.13 锋面逆温

9.3.5 混合凝结高度

在热力图上,混合层中气层平均比湿 $\bar{q}$ 与气层平均位温 $\bar{\theta}$ 是通过等面积法近似得到的. 如果 MCL 存在,则在混合层内,位温为 $\bar{\theta}$ 的干绝热线与比湿为 $\bar{q}$ 的等饱和比湿线的交点就是 MCL. 若在混合层内没有交点,则意味着混合层中空气太干燥而达不到饱和,则 MCL 不存在.

确定 MCL 时,首先需要估计或预报混合层的高度,这个高度没有客观的办法来确定,主要是主观的经验估计. 在得到混合层高度的估计后,确定混合层的平均位温和平均比湿,这是气层充分混合后的位温和比湿,它们不随高度变化. 图 9.14 显示了一起始稳定的层结,经过湍流充分垂直混合后,混合层中温度层结沿干绝热线(位温 θ)变化,并在混合层顶形成湍流逆温;而露点层结则沿等饱和比湿线(q_s)变化,而在混合层顶湿度骤降. 这是最简单的一种情况,没有云生成、没有空气辐合、没有蒸发和不考虑辐射,也没有平流效应. 确定气层的平均位温和平均比湿时采用了等面积法,即图 9.14 中的三角区域 A 和 B 的面积相等,三角区域 C 和 D 的面积相同,此时 $\bar{\theta}=\theta, \bar{q}=q_s$. 在确定平均位温时,可以忽略湍流层顶上方湍流逆温温度线、湍流层顶气压线和原始温度层结包围的小面积. 这也可用于确定平均比湿的过程中. 值得一提的是,探空仪中测湿元件的滞后效应,使得测量的湿度偏低,这样露点层结不会完全与等饱和比湿线重合或平行.

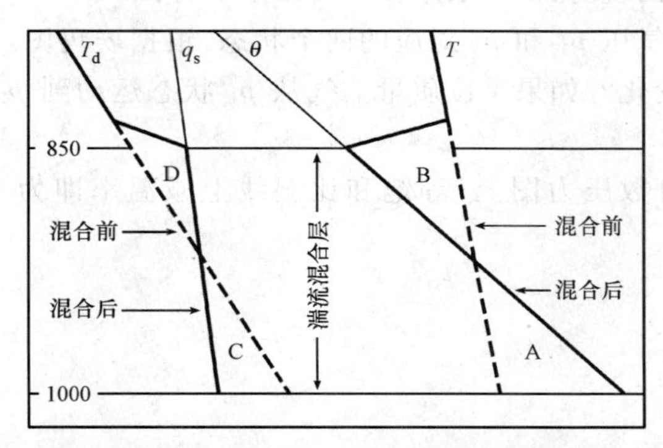

图 9.14 湍流逆温形成示意图,图中三角区域 A 和 B 的面积相等,三角区域 C 和 D 的面积相同

最后,若在混合层内,位温为 $\bar{\theta}$ 的干绝热线与比湿为 $\bar{q}$ 的等饱和比湿线相交,则交点所在高度就是 MCL. 这也意味着起始层结中,混合层中水汽足够多,充分混合可使混合层上部达到

饱和,大气层结将按湿绝热减温率 Γ_s 变化.这个饱和气层出现在约 875 hPa 到 850 hPa 之间(见图 9.15).

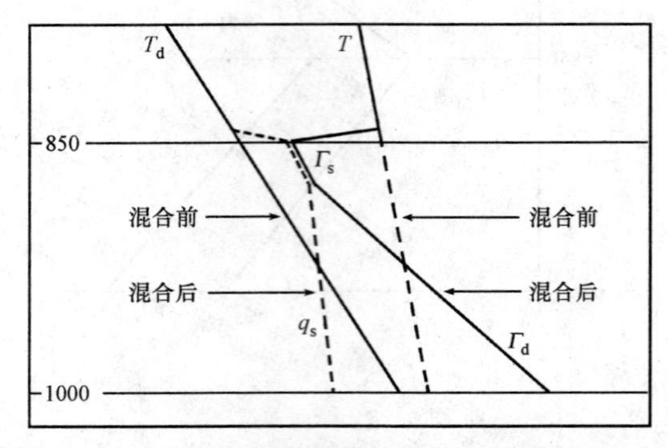

图 9.15　湍流混合层中湍流混合使得上部气层达到饱和

习　题

9.1　根据能量图的设计方法,给定 $u=T$,请给出确定温度对数压力图的另一坐标 $w=-\ln p$ 的过程.

9.2　证明温熵图是能量图,其能量和面积的比值为 c_p.

9.3　根据探空资料得到气压 950 hPa 时的温度和相对湿度分别为 5℃和 60%,使用埃玛图可以求 950 hPa 处的哪些大气温湿参量?分别是多少?

9.4　设有一团湿空气,其气压为 1000 hPa,温度为 20℃,比湿为 $5\ \mathrm{g\cdot kg^{-1}}$,经过干绝热过程升至 850 hPa,问上升前后相对湿度各为多少?

9.5　空气微团的比湿为 $7\ \mathrm{g\cdot kg^{-1}}$,上升到凝结高度以后,继续上升到 510 hPa,比湿为 $2.5\ \mathrm{g\cdot kg^{-1}}$.求未到凝结高度以前及在 510 hPa 处的位温.

9.6　气流在 950 hPa 时,温度和比湿分别为 14℃和 $8\ \mathrm{g\cdot kg^{-1}}$.此气流遇到山坡被抬升,山顶压强为 700 hPa,过山后下沉.若凝结出的水分 70%在爬坡途中降落,求背风面 950 hPa 处气流的温度、比湿、位温和假相当位温.

9.7　列出湍流逆温出现时,大气层结在埃玛图上的特征.

9.8　给定层结曲线气压 p_1 和 p_2 对应的两个状态,根据埃玛图,如何计算两态之间单位质量空气内能、焓、熵的变化?如果单位质量空气从 p_1 状态运动到 p_2 状态,系统膨胀功和能量变化如何计算?

9.9　证明在温度对数压力图上,等饱和比湿线上减温率即为干绝热过程中的露点减温率.

第十章　静力稳定度

处于静力平衡状态的大气中，一些气块受到动力因子或热力因子的扰动，其温度就会偏离环境温度，由此气块在垂直方向上处于非静力平衡状态，就会产生向上或向下的垂直运动. 这种偏离其平衡位置的垂直运动能否继续发展，是由大气层结即大气温度和湿度的垂直分布所决定的. 大气层结所具有的这种影响垂直运动的能力称为大气的静力稳定度，也称垂直稳定度.

为了研究静力稳定度，需要首先分析气块在环境中的运动状态，然后，根据气块在不同层结大气中运动特点，确定大气的稳定度特性.

10.1　气 块 运 动

判断静力稳定度的方法通常使用气块法(也称路径法，path method)，是指让一个理想气块在静力平衡的大气环境中受到扰动，根据气块的运动特征，来判断大气稳定度的方法，在气块运动时，环境状态维持不变. 气块运动中的热力状态是确定的，即按干绝热过程和饱和后的湿绝热过程进行. 图 10.1 是气块理论概念的示意图. 气块运动则取决于气块与环境的热力差异，因为气块的热力变化是确定的，所以运动取决于大气层结.

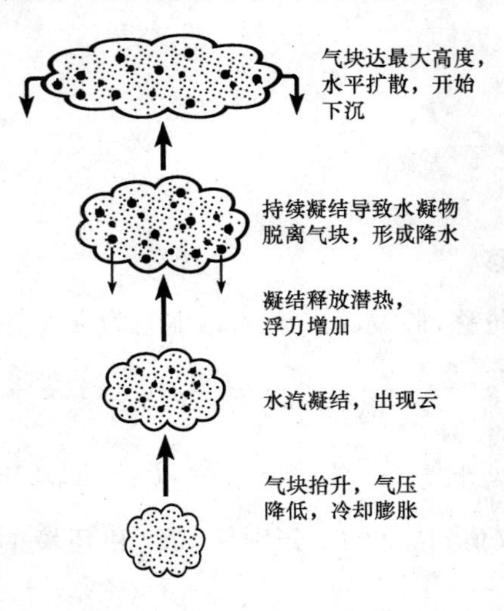

图 10.1　气块理论的概念示意图

气块法在讨论气块作微小虚拟位移时，可以得到可靠的稳定度判据，对于有限位移，得到的只是含有相当误差的量值，但仍然能得出正确的定性结论.

10.1.1　一般运动方程

气块的运动在垂直方向受到气压梯度力和重力的合力作用,垂直运动方程可写成

$$\rho \frac{\mathrm{d}^2 z}{\mathrm{d}t^2} = -\frac{\mathrm{d}p}{\mathrm{d}z} - \rho g. \tag{10.1.1}$$

由于环境大气处于静力平衡及气块满足准静力条件,下列关系式成立

$$\frac{\mathrm{d}p}{\mathrm{d}z} = -\rho_e g, \tag{10.1.2}$$

其中,下标 e 表示环境.(10.1.2)式代入(10.1.1)式,气块的运动方程改写为

$$\rho \frac{\mathrm{d}^2 z}{\mathrm{d}t^2} = \rho_e g - \rho g, \tag{10.1.3}$$

或

$$\ddot{z} = g\frac{\rho_e - \rho}{\rho} = gB = F_A, \tag{10.1.4}$$

其中,F_A 称为阿基米德浮力,是为了跟通常定义的浮力相区分.阿基米德浮力是由于气块和环境密度的不同,造成在重力场中气块的向上的合力,有时也称为折合重力(reduced gravity).B 称为浮力因子.

当气块被扰动,上升到新位置后,若气块密度比环境空气的密度小(因温度高或湿度大),则 $F_A>0$,加速度为正,气块将继续上升;反之,$F_A<0$,加速度为负;若 $F_A=0$,加速度也等于零.

根据状态方程和虚位温定义,有下列关系

$$\frac{\rho_e}{\rho} = \frac{T_v}{T_{ve}}, \quad 和 \quad \frac{T_v}{T_{ve}} = \frac{\theta_v}{\theta_{ve}}, \tag{10.1.5}$$

代入(10.1.4)式,得到

$$\ddot{z} = g\left(\frac{T_v - T_{ve}}{T_{ve}}\right) = g\left(\frac{\theta_v - \theta_{ve}}{\theta_{ve}}\right). \tag{10.1.6}$$

10.1.2　气块作微小虚拟位移

如果气块作微小的虚拟位移,假设起点 $z_1=0$,虚温为 T_{ve1},将 T_{ve} 和 T_v 进行级数展开

$$T_v = T_{ve1} + \frac{\mathrm{d}T_v}{\mathrm{d}z}z + \frac{1}{2}\frac{\mathrm{d}^2 T_v}{\mathrm{d}z^2}z^2 + \cdots = T_{v1} - \Gamma_v z + \frac{1}{2}\frac{\mathrm{d}^2 T_v}{\mathrm{d}z^2}z^2 + \cdots, \tag{10.1.7}$$

$$T_{ve} = T_{ve1} + \frac{\mathrm{d}T_{ve}}{\mathrm{d}z}z + \frac{1}{2}\frac{\mathrm{d}^2 T_{ve}}{\mathrm{d}z^2}z^2 + \cdots = T_{v1} - \Gamma_{ve} z + \frac{1}{2}\frac{\mathrm{d}^2 T_{ve}}{\mathrm{d}z^2}z^2 + \cdots, \tag{10.1.8}$$

其中,导数值为 $z_1=0$ 时的取值,Γ_v 和 Γ_{ve} 分别为气块和环境的减温率.取一阶近似并代入(10.1.6)式得到

$$\ddot{z} = g\frac{\Gamma_{ve} - \Gamma_v}{T_{ve1} - \Gamma_{ve} z}z. \tag{10.1.9}$$

如果考虑 $\frac{1}{T_{ve1} - \Gamma_{ve} z} = \frac{1}{T_{ve1}}\frac{1}{1-\frac{\Gamma_{ve} z}{T_{ve1}}} \approx \frac{1}{T_{ve1}}\left(1+\frac{\Gamma_{ve} z}{T_{ve1}}\right)$,则(10.1.9)式变化为

$$\ddot{z} = \frac{g}{T_{ve1}}\left(1 + \frac{\Gamma_{ve} z}{T_{ve1}}\right)(\Gamma_{ve} - \Gamma_v)z. \tag{10.1.10}$$

仍然略去二阶小量,整理得到

$$\ddot{z}+g\frac{1}{T_{\mathrm{ve1}}}(\Gamma_{\mathrm{v}}-\Gamma_{\mathrm{ve}})z=0. \tag{10.1.11}$$

这是气块运动的微分方程.

类似(10.1.11)式的推导,从虚位温出发,也可得到气块另一种形式的的运动微分方程

$$\ddot{z}+g\frac{1}{\theta_{\mathrm{ve1}}}\frac{\mathrm{d}\theta_{\mathrm{ve}}}{\mathrm{d}z}z=0. \tag{10.1.12}$$

其中 θ_{ve1} 是 $z_1=0$ 时环境的虚位温.(10.1.11)和(10.1.12)式是经典物理中常见的振动方程的形式,也由此可见,气块的运动受大气层结(Γ_{ve} 或 $\mathrm{d}\theta_{\mathrm{ve}}/\mathrm{d}z$)的影响.

10.1.3 气块作有限虚拟位移

如果气块受到扰动作有限虚拟位移,从 z_1 运动到 z,对应气压为 p_1 和 p. 从气块垂直上升速度 $v=\mathrm{d}z/\mathrm{d}t$,可以得到 $\mathrm{d}t=\mathrm{d}z/v$ 和 $\ddot{z}=\mathrm{d}v/\mathrm{d}t$. 根据(10.1.4)式得到

$$\ddot{z}=v\frac{\mathrm{d}v}{\mathrm{d}z}=gB, \tag{10.1.13}$$

变化形式后得到

$$v\mathrm{d}v=gB\,\mathrm{d}z, \tag{10.1.14}$$

积分得到

$$\frac{1}{2}v^2-\frac{1}{2}v_1^2=\int_{z_1}^{z}gB(z)\mathrm{d}z, \tag{10.1.15}$$

其中

$$\int_{z_1}^{z}gB(z)\mathrm{d}z=\int_{p_1}^{p}g\frac{T_{\mathrm{v}}-T_{\mathrm{ve}}}{T_{\mathrm{ve}}}\frac{R_{\mathrm{d}}T_{\mathrm{ve}}}{pg}\mathrm{d}p=R_{\mathrm{d}}\int_{p_1}^{p}(T_{\mathrm{v}}-T_{\mathrm{ve}})\mathrm{d}(-\ln p). \tag{10.1.16}$$

由此得到

$$\frac{1}{2}v^2-\frac{1}{2}v_1^2=R_{\mathrm{d}}\int_{p_1}^{p}(T_{\mathrm{v}}-T_{\mathrm{ve}})\mathrm{d}(-\ln p)\approx R_{\mathrm{d}}\int_{p_1}^{p}(T-T_{\mathrm{e}})\mathrm{d}(-\ln p). \tag{10.1.17}$$

(10.1.17)式中使用了 $T_{\mathrm{v}}-T_{\mathrm{ve}}\approx T-T_{\mathrm{e}}$ 的关系.

(10.1.15)式右边表示阿基米德浮力 gB 将单位质量空气从 z_1 移到 z 所作的功,左边是转化成气块的动能增量,以 ΔE_{k} 表示. 若气块温度高于环境温度,则净浮力为正,气块的垂直运动动能不断增加;反之,净浮力为负,气块的动能将减小. 由于气块上升时的温度变化是确定的,因此浮力的正负取决于气层 $p_1\sim p$ 的温度层结.

气块在垂直运动中动能的增量 ΔE_{k},可以认为是由气层中所储存的一部分能量转化而来,这部分可以转化的能量一般称为气层的不稳定能量,它的大小和正负是大气层结是否稳定的标志. 简单地说,不稳定能量就是气层储存的可使单位质量气块作上升加速运动的能量. 由(10.1.15)式可知,不稳定能量可由从气层下底高度至上底高度的阿基米德浮力对单位质量气块所做的功来确定. ΔE_{k} 可进一步表示为

$$\Delta E_{\mathrm{k}}=\frac{1}{2}v^2-\frac{1}{2}v_1^2=R_{\mathrm{d}}A_{\mathrm{em}}, \tag{10.1.18}$$

式中 $A_{\mathrm{em}}=\int_{p_1}^{p}(T_{\mathrm{v}}-T_{\mathrm{ve}})\mathrm{d}(-\ln p)\approx\int_{p_1}^{p}(T-T_{\mathrm{e}})\mathrm{d}(-\ln p)$ 是埃玛图中,路经曲线和环境曲线在 p_1 和 p 等压线之间包围的面积,当 $T>T_{\mathrm{e}}$ 时是正面积,反之就是负面积. 正、负面积分别对

应正、负不稳定能量，并成正比关系.

根据第九章的知识，通过求气层平均虚温，可以求得面积积分 A_{em}. 如果根据平均等温线法求得路径曲线和环境曲线在 p_1 和 p 等压线之间的平均虚温或温度，即可求得 A_{em}，从而可计算 ΔE_k

$$\Delta E_k = R_d(\overline{T}_v - \overline{T}_{ve})(\ln p_1 - \ln p) \approx R_d(\overline{T} - \overline{T}_e)(\ln p_1 - \ln p). \qquad (10.1.19)$$

通过计算 ΔE_k，还可以确定上升气块的垂直速度 v. 对于正不稳定能量，这样得到的 v 是浮力对流中可能达到的垂直速度的上限.

气块法忽略了下列因素：(1) 气块上升时会受到空气动力学阻力；(2) 气块会与环境空气发生混合作用；(3) 气块上升时，环境空气会下沉补偿；(4) 凝结水对气块的上升运动有拖曳作用. 这些因素的共同作用，使得气块法在讨论有限位移的气块时，与实际相比有偏差，但得到的定性结论是正确的.

10.2　静力稳定度判据

在气块作微小的虚拟位移情况下，判断气块的运动情况，分稳定、不稳定和中性平衡三种情况. 以下首先考虑一般的情况，然后考虑气块未饱和和饱和的情况.

10.2.1　气块的位移和平衡条件

1. 稳定平衡

当 $\Gamma_v - \Gamma_{ve} > 0$ 或 $d\theta_{ve}/dz > 0$ 时，可以得到气块的位移方程

$$z(t) = A\sin\omega t + B\cos\omega t, \qquad (10.2.1)$$

式中 A 和 B 是与气块起始状态有关的常数，因为 $t=0$ 时，$z=0$，所以 $B=0$，则 $z(t)=A\sin\omega t$，即气块在其平衡位置 $z=0$ 以周期 $2\pi/\omega$ 上下振动，$\omega=\sqrt{\frac{g}{T_{ve1}}(\Gamma_v-\Gamma_{ve})}=\sqrt{g\frac{1}{\theta_{ve1}}\frac{d\theta_{ve}}{dz}}$ 称为布伦特-维塞拉(Brunt-Väisälä)频率，是气块的振动频率.

布伦特在 1927 年推导得到了浮力振荡频率，他发现这一频率与有时观测到的气压振荡频率有关，同时，他也发现维塞拉早于他在 1925 年也得到这个公式，并发表于芬兰的一个杂志上. 但他们两人的工作是独立的，因此这个频率以二人名字命名.

2. 不稳定平衡

当 $\Gamma_v - \Gamma_{ve} < 0$ 或 $d\theta_{ve}/dz < 0$ 时，得到气块的垂直位移

$$z(t) = Ae^{\omega t} + Be^{-\omega t}, \qquad (10.2.2)$$

式中 $\omega=\sqrt{-\frac{g}{T_{ve1}}(\Gamma_v-\Gamma_{ve})}=\sqrt{-g\frac{1}{\theta_{ve1}}\frac{d\theta_{ve}}{dz}}>0$，已不再表示振动频率. A 和 B 是与气块起始运动有关的常数，因为 $t=0$ 时，$z=0$，所以 $A+B=0$，即 $A=-B\neq 0$. 在此情况下，气块位移将随时间以指数增长远离初始位置 $z=0$，气块运动是加速运动.

3. 中性平衡

当 $\Gamma_v - \Gamma_{ve} = 0$ 或 $d\theta_{ve}/dz = 0$ 时，气块的位移随时间线性变化，位移方程为

$$z(t) = At + B, \qquad (10.2.3)$$

式中 A 和 B 是与气块起始状态有关的常数. 可以看到，中性与不稳定的差异在于有没有加速

运动,中性情况不是加速运动.

图 10.2 给出了三种平衡情况下气块路径与环境虚温层结的配置情况.开始气块位于 P 点,起始高度为 z_1,环境和气块状态相同,然后给予气块偏离起点 z_1 向上的微小位移 Δz 扰动到达 A 点.当 $\Gamma_{ve}<\Gamma_v$ 时,气块的温度将低于环境温度,气块因此受到向下的阿基米德浮力,有从 A 向下回到 P 的趋势,气块会出现在 z_1 高度上下振荡的情况,此时气块处于稳定平衡状态;当 $\Gamma_{ve}>\Gamma_v$ 时,气块的温度将高于环境温度,气块因此受到向上的阿基米德浮力,有从 A 点继续向上运动的趋势,此时气块处于不稳定平衡状态;当 $\Gamma_{ve}=\Gamma_v$ 时,气块的温度与环境温度相同,气块受到阿基米德浮力为零,此时气块处于中性平衡状态.如果给予气块偏离起点 z_1 向下的微小位移,同样也可得到上述结论.

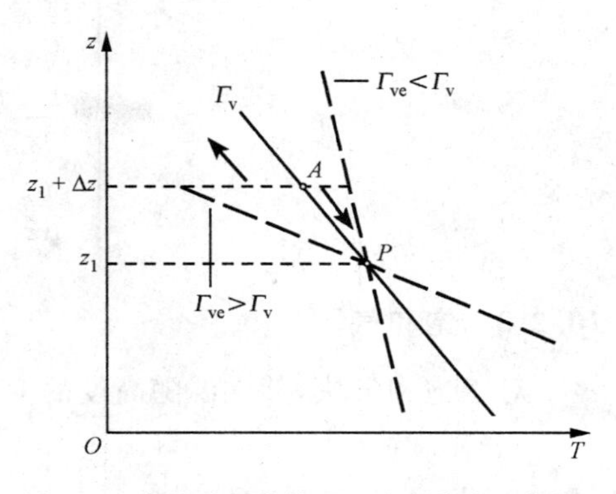

图 10.2 气块路径曲线(Γ_v)和环境虚温曲线(Γ_{ve})配置,$\Gamma_{ve}<\Gamma_v$,$\Gamma_{ve}=\Gamma_v$ 和 $\Gamma_{ve}>\Gamma_v$ 分别对应气块稳定,中性和不稳定平衡.实线为气块运动路径曲线,短划线为环境虚温层结曲线

10.2.2 未饱和气块

对于未饱和气块,其虚温 $T_v=(1+0.608q)T$,则虚温减温率

$$-\frac{dT_v}{dz}=-(1+0.608q)\frac{dT}{dz}. \qquad (10.2.4)$$

引入减温率 $\Gamma_m=(1-0.84q)\Gamma_d$,得到

$$\Gamma_v=(1+0.608q)(1-0.84q)\Gamma_d\approx(1-0.23q)\Gamma_d. \qquad (10.2.5)$$

因为 $0.23q\ll1$,所以近似得

$$\Gamma_v\approx\Gamma_d, \qquad (10.2.6)$$

即气块的虚温减温率等于干绝热减温率.

对于环境,虚温随高度变化为

$$\frac{dT_{ve}}{dz}=(1+0.608q_e)\frac{dT_e}{dz}+0.608T_e\frac{dq_e}{dz}, \qquad (10.2.7)$$

则虚温减温率

$$\Gamma_{ve}=(1+0.608q_e)\Gamma_e-0.608T_e\frac{dq_e}{dz}\neq\Gamma_e. \qquad (10.2.8)$$

因为$\frac{dq_e}{dz}\neq0$,且其数值在环境大气中变化大不易确定,环境虚温减温率不等于环境温度减温率.

因此,根据气块三种平衡条件,得到对于不饱和气块,判别环境大气稳定度的判据

$$\begin{cases}\Gamma_{ve}<\Gamma_d, & \text{稳定大气},\\ \Gamma_{ve}=\Gamma_d, & \text{中性大气},\\ \Gamma_{ve}>\Gamma_d, & \text{不稳定大气}.\end{cases} \qquad (10.2.9)$$

同样,可以得到环境虚位温随高度变化判别大气稳定度的判据,即

$$\begin{cases} \dfrac{d\theta_{ve}}{dz} > 0, & \text{稳定大气,} \\ \dfrac{d\theta_{ve}}{dz} = 0, & \text{中性大气,} \\ \dfrac{d\theta_{ve}}{dz} < 0, & \text{不稳定大气.} \end{cases} \tag{10.2.10}$$

10.2.3　饱和气块

对于饱和气块,其虚温随高度的变化为

$$\frac{dT_v}{dz} = (1 + 0.608q_s)\frac{dT}{dz} + 0.608T\frac{dq_s}{dz}, \tag{10.2.11}$$

则虚温减温率为

$$\Gamma_v = (1 + 0.608q)\Gamma_s - 0.608T\frac{dq_s}{dz}. \tag{10.2.12}$$

这种情况下,可以证明右边第 2 项远比第 1 项小,故

$$\Gamma_v \approx \Gamma_s. \tag{10.2.13}$$

同样的情况,环境虚温减温率不能近似为温度减温率,故对饱和气块来说,判别大气稳定度的判据为

$$\begin{cases} \Gamma_{ve} < \Gamma_s, & \text{稳定大气,} \\ \Gamma_{ve} = \Gamma_s, & \text{中性大气,} \\ \Gamma_{ve} > \Gamma_s, & \text{不稳定大气.} \end{cases} \tag{10.2.14}$$

除了用减温率判据外,还可以用环境大气的相当位温或假相当位温随高度的变化来判别大气稳定度. 因为假相当位温 θ_{ep} 沿假绝热线不变,环境层结偏离 Γ_s,就意味着 θ_{ep} 随高度的变化,根据已经得到的判据(10.2.14)式,可得到对于饱和气块,使用 θ_{ep} 判别大气稳定度的判据为

$$\begin{cases} \dfrac{d\theta_{ep}}{dz} > 0, & \text{稳定大气,} \\ \dfrac{d\theta_{ep}}{dz} = 0, & \text{中性大气,} \\ \dfrac{d\theta_{ep}}{dz} < 0, & \text{不稳定大气.} \end{cases} \tag{10.2.15}$$

使用相当位温 θ_e 和假湿球位温 θ_{wp} 也可以判别,其判据与(10.2.15)式类似.

10.2.4　稳定度类别

为了描述简洁,省略指示环境变量的下标 e. 除了 Γ_d 和 Γ_s 为描述气块绝热变化的干、湿绝热减温率外,其他量 Γ_v,θ_v 和 θ_{ep} 则是环境的参量.

大气稳定度按减温率定义分为三类,即当 $\Gamma_v<\Gamma_s$ 为绝对稳定;当 $\Gamma_v>\Gamma_d$ 为绝对不稳定;当 $\Gamma_s<\Gamma_v<\Gamma_d$ 为条件性不稳定. 连同位温判据总结在一起如下:

(1) $\Gamma_v<\Gamma_s\left(\text{或}\dfrac{d\theta_{ep}}{dz}>0\right)$时,大气绝对稳定,即对于未饱和气块和饱和气块来说大气都是稳定的.

(2) $\Gamma_s<\Gamma_v<\Gamma_d\left(\text{或}\frac{d\theta_v}{dz}>0\text{ 及 }\frac{d\theta_{ep}}{dz}<0\right)$时,大气为条件性不稳定,即对未饱和气块来说是稳定,对饱和气块则不稳定.

(3) $\Gamma_v>\Gamma_d\left(\text{或}\frac{d\theta_v}{dz}<0\right)$时,大气绝对不稳定,即对于未饱和气块和饱和气块来说,大气都是不稳定的.

此外还有两种情况,即

(1) $\Gamma_v=\Gamma_s\left(\text{或}\frac{d\theta_{ep}}{dz}=0\right)$时,大气对饱和气块来说中性,对不饱和气块是稳定.

(2) $\Gamma_v=\Gamma_d\left(\text{或}\frac{d\theta_v}{dz}=0\right)$时,大气对未饱和气块是中性,对饱和气块则为不稳定.

图 10.3 显示了绝对稳定、条件不稳定和绝对不稳定情况与干湿绝热减温率的关系.

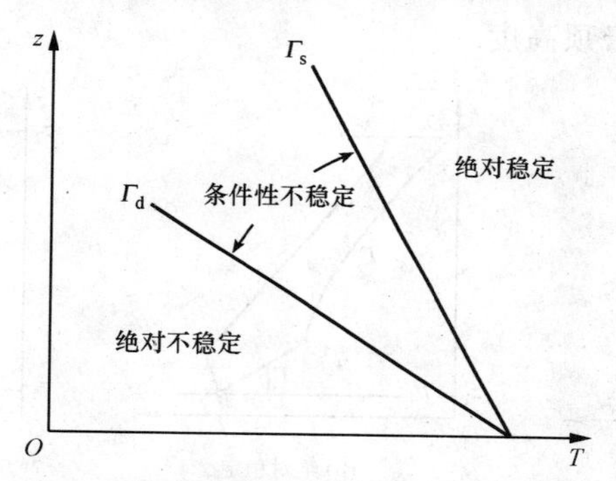

图 10.3　大气绝对稳定、条件性不稳定和绝对不稳定情况与干、湿绝热减温率的关系

10.3　条件性不稳定

条件性不稳定气层对天气过程形成发展起重要作用,是重点关注的对象.对于未饱和的条件不稳定气层,气块作有限位移时,当气块温度高于环境温度,气块处于不稳定,即这种条件不稳定气层的不稳定性是潜在的.因此,气块的微小位移扰动法,或减温率判据无法真正判断气层的状况.另外,气层的水汽分布对这种潜在的不稳定性有很大影响,由此,引入有效能量的概念,并将条件性不稳定分类.

条件性不稳定有两种定义,一种就是前述的减温率判据,即满足 $\Gamma_s<\Gamma_v<\Gamma_d$ 为条件性不稳定,它是以气块微小位移为前提,与气块的运动无关;另一种是有效能量判据,在气层平均减温率满足 $\Gamma_s<\Gamma_v<\Gamma_d$ 的条件下,气块作有限位移的绝热运动,气块的稳定度与有效能量的分布有关.这一节将讨论第二种定义的条件性不稳定.

有效能量即气块的不稳定能量,根据气块作有限位移的理论,气块的不稳定能量与埃玛图上路径曲线、层结曲线、气块初态和终态气压对应的两条等压线包围的面积成正比.正、负面积分别对应正、负不稳定能量,分别以 A_+ 和 A_- 表示.根据层结曲线和路径曲线的相互配置,常把条件性不稳定性气层分为三种基本类型,即潜在不稳定型、绝对稳定型和绝对不稳定型.潜在不稳定又分为真潜在不稳定和假潜在不稳定.

10.3.1 潜在不稳定

潜在不稳定型气层的特点是，上升气块的路径曲线与层结曲线有几个交点，既有正面积，又有负面积(图 10.4(a)中 $p_1 \sim p_2$ 气层). 气块从 A 点开始上升，到达 C 点(LCL)饱和，然后继续按湿绝热过程上升，路径曲线与层结曲线先后交于 F 和 E 点. 如图 10.4(a)所示，F 点以下是负面积区 A_-，F 点至 E 点是正面积区 A_+，E 点以上又是 A_-. 若有外力对气块作功(例如地形或锋面的强迫抬升)，使气块克服负浮力上升，一旦越过了 F 点，气块就受到正浮力而加速上升，且上升加速度和气块内外温差($T-T_v$)成正比. 这第一次相交的 F 点高度称为自由对流高度(level of free convection, LFC). 第二个交点 E 常称为平衡高度(equilibrium level, EL)，此处气块上升加速度为零，速度达到最大. 越过第二个交点 E 以后，气块进入负面积区并减速. 到达速度为零的高度称为最大气块高度(maximum parcel level, MPL)，是气块运动的上限，代表对流云发展的最大云顶高度.

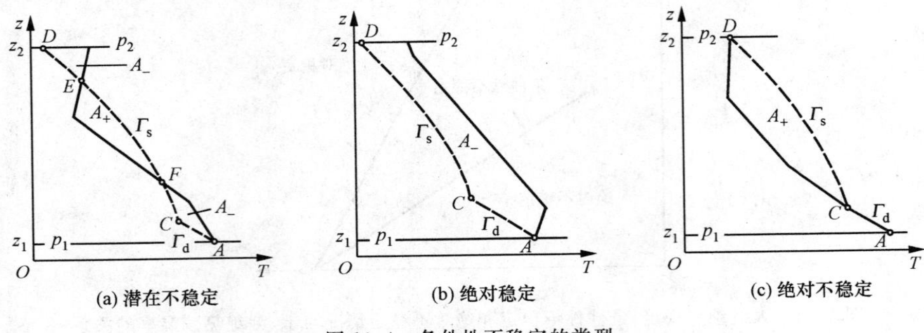

图 10.4　条件性不稳定的类型

目前在强对流天气的分析预报中，更多地采用对流有效势能(convective available potential energy, CAPE)来表示 F 至 E 点之间的正面积区对应的不稳定能量，可通过下式计算获得

$$\text{CAPE} = R_d(\overline{T} - \overline{T}_e)\ln\frac{p_F}{p_E}, \tag{10.3.1}$$

其中 p_F 和 p_E 分别是 F 和 E 点处的气压，$\overline{T}$ 和 $\overline{T}_e$ 分别是在 $p_F \sim p_E$ 范围内气块路径曲线和层结曲线对应的平均温度. 如果气块到达 F 点的速度为零，则可计算得到气块到达 E 点的最大垂直速度为

$$v_{\max} = \sqrt{2 \cdot \text{CAPE}}, \tag{10.3.2}$$

与 CAPE 一起，是对流最终发展强弱的指标.

F 点高度(LFC)以下的负面积区对应的不稳定能量称为对流抑制能量(convective inhibition, CIN). CIN 的物理意义是：处于大气底部的气块要能到达自由对流高度，需从其他途径获得的最小能量. 计算表达式为

$$\text{CIN} = -R_d(\overline{T} - \overline{T}_e)\ln\frac{p_1}{p_F}, \tag{10.3.3}$$

式中 p_1 是气块开始抬升时的气压，$\overline{T}$ 和 $\overline{T}_e$ 分别是在 $p_1 \sim p_F$ 范围内气块路径曲线和层结曲线对应的平均温度. 如果气块从地面开始克服负浮力上升，到达 F 点时速度刚好为零，则可以得到气块开始上升时所必须具有的最小垂直速度为

$$v_{\min} = \sqrt{2 \cdot \text{CIN}}. \tag{10.3.4}$$

它是对流从地面开始时的最小速度，低于这一速度，气块就到达不了正面积区，对流难以发生. 因此 CIN(或 v_{min})的值，是反映对流能否发生的指标.

所谓一个气层是潜在不稳定的，即是指在该气层中，下部的稳定气块具有到达上部时转变为不稳定气块的条件. 当有足够的抬升力使气块上升到自由对流高度以上时，潜在不稳定就变成了真实不稳定；若气块获得的能量不足以克服对流抑制能量 CIN，气块将回到原平衡位置，气层仍处于稳定状态.

根据正负面积区的大小，可将潜在不稳定型再分成真潜在不稳定和假潜在不稳定两种. 若 LFC 以上的正面积区大于 LFC 以下的负面积区，即对应于 CAPE>CIN，将有利于对流发展甚至雷暴的形成，这是真潜在不稳定型. 反之，若 CIN>CAPE，则上升气块不易到达 LFC；即使抬升外力很强，气块到达 LFC 后，由于 CAPE 较小，仍很难发展成强对流，所以称为假潜在不稳定型. 若大气低层湿度大，则气块能很快达到 LCL，与低层湿度小的情况相比，此时 LFC 以下的负面积区相对较小，容易达到 CAPE>CIN 的条件，气块容易被抬升到 LFC 以上，出现真潜在不稳定型. 因此，湿度大小对潜在不稳定的类型起重要作用.

10.3.2 绝对稳定和绝对不稳定

绝对稳定型气层中，上升气块的路径曲线始终在层结曲线的左边，全部是负面积区(图 10.4(b))，即全部是 CIN，没有 CAPE. 绝对稳定型气层称为"稳定的条件性不稳定气层"更准确. 这种环境下，即使气块在起始高度上受到外力作用被迫上升，由于其温度总是低于环境大气温度($T-T_e<0$)，垂直运动不能发展，难以形成对流，所以是绝对稳定型.

绝对不稳定型的气层，上升气块的路径曲线始终在层结曲线的右边，气块温度始终高于环境温度，即 $T-T_e>0$，全部是正面积区，即全部是 CAPE. 这时只要在起始高度有一微小的扰动，对流就能强烈发展，所以是绝对不稳定的.

绝对不稳定型的典型情况如图 10.4(c)所示，与饱和气块的有限位移有关. 图 10.4(c)中，低层大气是一个干绝热气层，此时只要低层有一点扰动，空气就能上升，若水汽含量较大，从 A 点上升到某一点(例如 C 点)高度就会发生凝结. 这个凝结高度称为对流凝结高度(convective condensation level，CCL). 空气经过对流凝结高度后将沿假绝热过程继续上升，所以此时 CCL 又是 LFC. 这个绝对不稳定气层位于气块湿绝热运动区，也称为湿绝热不稳定气层或湿绝对不稳定气层. 图 10.4(c)是夏天午后发生局地热雷雨时大气层结的典型形态.

10.3.3 热雷雨的预报

热雷雨是指气团内因下垫面(森林、沙地和湖泊等)受热不均匀，由热力抬升作用形成的雷雨. 多发生在夏季午后，一般时间较短，强度不大，但有时也能产生大风、雷暴等强烈的天气现象，因此需要及早作出预报. 图 10.5 是一个向阳坡地上热力对流气块——"热泡"形成和上升的示意图(风向自左向右)，"热泡"用等位温线表示. 这些"热泡"在浮力作用下不断从源地脱开，漂浮于空气中，并不断和外界空气混合. 当大气处于不稳定或潜在不稳定而且低层大气具有充沛的水汽时，这些"热泡"就能不断上升膨胀增大，到达凝结高度以上形成为积云胚胎.

图 10.6 中曲线 ABC 是夏季早晨 08 时探空曲线的一种典型形式，近地面气层有逆温，B 点之上一般为条件性不稳定. 日出之后，地面(开始温度为 T_s，露点为 T_{ds})很快增温并通过湍流输送加热空气，使贴近地面的气层变得超绝热. 这种超绝热气层极不稳定，湍流混合的结果

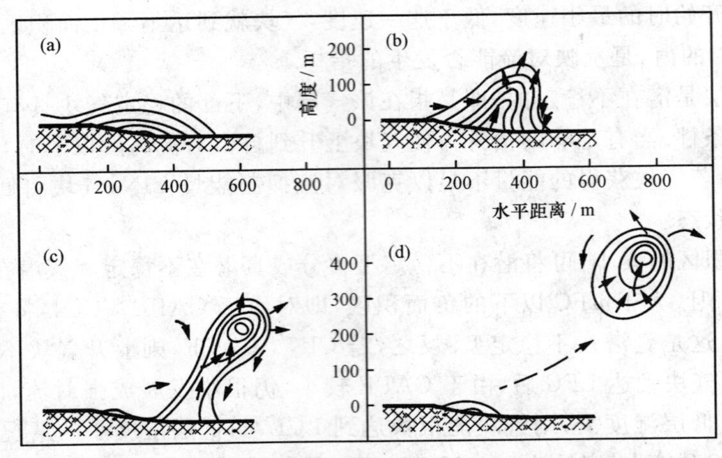

图 10.5 热力对流气块上升示意图(图中实线是等位温线,箭矢表示气流方向)(转引自盛裴轩等,2005)

将使其成为干绝热气层. 随着地面温度的逐渐升高(从 $T_1 \to T_c$),这个干绝热气层不断向上扩展;同时,湍流混合作用还使大气低层的湿度趋近于平均比湿 $\bar{q}_0$. 当地面温度上升到 T_c 时,层结曲线(干绝热线)与等饱和比湿线 $\bar{q}_0$ 相交于 C 点(饱和凝结),标志着地面空气能自由上升到 C 点凝结,并继续沿湿绝热线上升,所以 C 点就是 CCL,T_c 称为对流温度.

层结曲线现在已经变化为 $ACDEF$(见图 10.7),C 点(即 CCL)被看成是热力对流产生的积云(对流云)的云底高度,积云在 CCL 以上的正面积区得到发展,正面积 A_+ 越大,发展越旺盛. 假设云内外无混合作用,云内温度应按湿绝热减温率变化,在 E 点处(EL)垂直气流速度达到最大. 过 E 点以后垂直气流减速,至正负面积相等的高度(G 点)垂直气流速度降为零,积云停止发展. G 点的高度即为对流上限或最大气块高度,即是理论上的积云云顶高度. 这就是最简单的积云绝热模型.

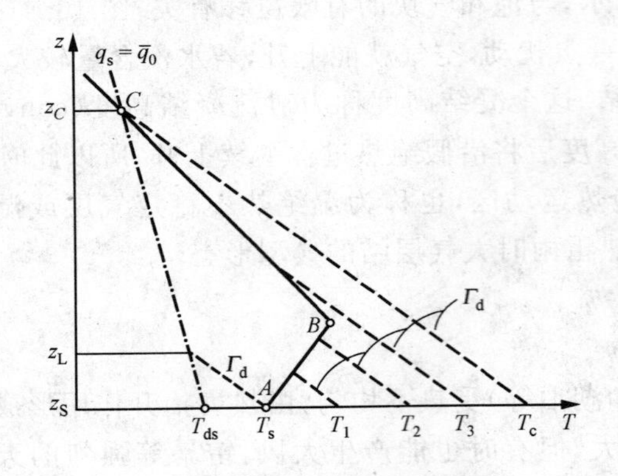

图 10.6 日出后地面温度和近地气层的变化

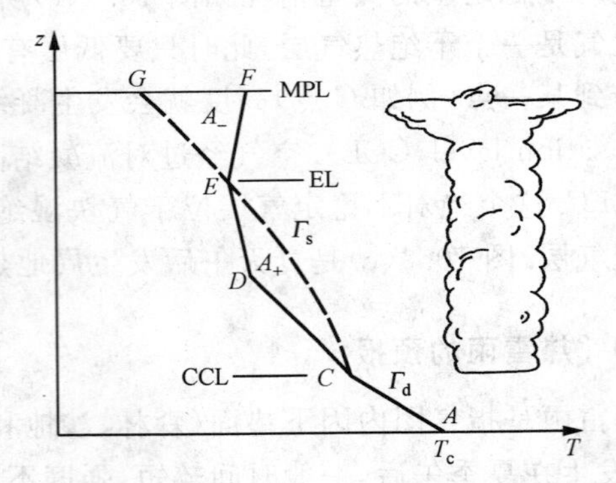

图 10.7 积云绝热模型示意图

因此,若要用埃玛图做局地热雷雨预报,首先需根据当日清晨 08 时的大气层结曲线确定 CCL. 由前面的分析可知,CCL 即为温度层结曲线和低层等饱和比湿 $\bar{q}_0$ 线的交点. 要预测当天可能发生热雷雨的可能性,需从 CCL 沿干绝热线下延至地面,以确定当天可能发生热对流的对流温度 T_c. 一般认为,如果几天来天气条件没有太大变化,且地面最高气温接近或超过 T_c,那么当天最高气温就可能达到或超过 T_c,产生热雷雨的可能性就比较大.

如果不知过去几天天气条件，且缺乏其他预报信息，则可从埃玛图上根据当日清晨的大气层结曲线预报当天的最高气温. 当天空云量低于 5 时，从温度层结曲线上 850 hPa 处的点，沿干绝热线到地面气压处对应的温度；或当云量高于 5 时，沿假绝热曲线下降到地面气压处对应的温度，即为当天的最高温度. 当然也可以预报当天最低气温，即从露点层结曲线在 850 hPa 处的点，沿假绝热曲线到地面气压处对应的温度.

要确定 CCL，常用的方法是将过地面露点的等饱和比湿线上延，与温度层结交点对应的高度即是. 理论上，根据 CCL 的意义，为了更精确确定 CCL，需要首先确定大气低层湿度层的平均比湿，这种方法因此称为湿层法. 简单经验性的湿层法是，当大气低层的湿度变化剧烈时，可以使用近地层 100 hPa 厚度层的平均湿度替代地面湿度获得 CCL. 另外一种经验性的湿层法的步骤是，(1) 确定近地面湿度层的范围：湿度层顶为大气层结满足 $T-T_d>6$℃时的高度，若此高度超过 6000 ft(对应标准大气气压约 810 hPa，ft 为英尺，1 ft = 0.3048 m)，则认为近地面 150 hPa 厚的气层为湿度层；(2) 对已确定的湿度层使用等面积法求得气层平均湿度；(3) 以平均湿度替代地面湿度获得 CCL. 当然，湿层法的一些经验性参数的适用性还值得讨论.

热对流发生时，CCL 以下大气的状态已发生了变化，即从早晨的稳定气层，变成了干绝热气层，变化的能量可以认为都是由太阳辐射提供. 那么为了能够发生热对流，可以估计从地面($z_s=0$，气压为 p_s)到 z_C(即 CCL，气压为 p_C)之间单位截面气柱需要的太阳辐射能为

$$Q_c=\int c_p(T-T_e)\mathrm{d}m=\int_0^{z_C}c_p\rho(T-T_e)\mathrm{d}z$$
$$=\int_{p_C}^{p_s}\frac{c_p}{g}(T-T_e)\mathrm{d}p, \tag{10.3.5}$$

其中，$T=T(p)$是发生对流时从地面到 z_C 的气块温度变化，$T_e=T_e(T)$是早晨大气层结曲线. 某一地方从太阳升起到中午前后达最高气温时的气柱吸收的太阳能量，可以由理论算出，因此，计算得到的能量可以与 Q_c 比较，如果大于 Q_c，则有可能发生对流. 当然，这种比较和其他预报方法一起，才能做出更准确的热对流预报.

10.4 薄 层 法

气块法的一个主要缺点是假设气块运动时，环境空气不受扰动. 其实，气块上升必然需要有周围环境空气下沉补偿. 这与实际是相符的，因为据对对流云的观测，一般云外补偿性下沉气流速度约是云内上升气流的 25%～50%，下沉气流范围可伸展到云半径的 1～5 倍区域. 当上升气块的区域比较大时，下沉空气的作用是不能忽略的. “薄层法”(slice method)就是考虑这种补偿的下沉空气运动，进而对大气稳定度进行判别的方法.

10.4.1 假设和条件

“薄层法”要考虑气块上升时环境的下沉补偿运动. 假设：

(1) 当气块垂直运动时，伴随有环境的垂直补偿运动；

(2) 环境空气与气块没有混合；

(3) 起始水平气层是饱和的；

(4) 气层水平均一($\rho=\rho_e$,其中 e 代表环境(或下沉)量);

(5) 上升气块(面积 A)的减温率为 Γ_s,垂直速度 v,而下沉空气(面积 A_e)的减温率为 Γ_d,垂直速度 v_e;

(6) 通过参考层 z_0,向上传输的质量等于向下传输的质量($dm=dm_e$);

(7) 上升和下沉时,气压满足静力平衡条件;

(8) 温度改变只与垂直运动有关(没有水平方向的冷暖空气平流).

10.4.2 薄层法判据

薄层法重点关注积云形成的面积.一般来说,上升面积 A 不等于下沉面积 A_e,即 $A\neq A_e$.根据薄层法假设,通过一固定参考面 z_0,质量向上传输量等于向下传输量($dm=dm_e$).令 dz 和 dz_e 是气块上升和环境下沉通过的垂直距离.则在一短时间间隔 dt,质量向上传输量和向下传输量分别为

$$dm=\rho Av\,dt=\rho A\,dz, \tag{10.4.1}$$

$$dm_e=\rho_e A_e v_e\,dt=\rho_e A_e\,dz_e. \tag{10.4.2}$$

根据假设(4),水平薄层区域是水平均一的,所以 $\rho=\rho_e$.另外根据假设(6),$dm=dm_e$,在过程初始阶段,由(10.4.1)和(10.4.2)两式得到

$$\frac{A_e}{A}=\frac{v}{v_e}=\frac{dz}{dz_e}. \tag{10.4.3}$$

图 10.8 所示的是大气中的最典型的情况,是考虑补偿运动后上升气块和下沉空气的温度随高度的变化示意图.当气块按湿绝热减温率 Γ_s 上升并通过 z_0,上部的环境大气则按干绝热减温率 Γ_d 下沉通过 z_0 进行补偿.

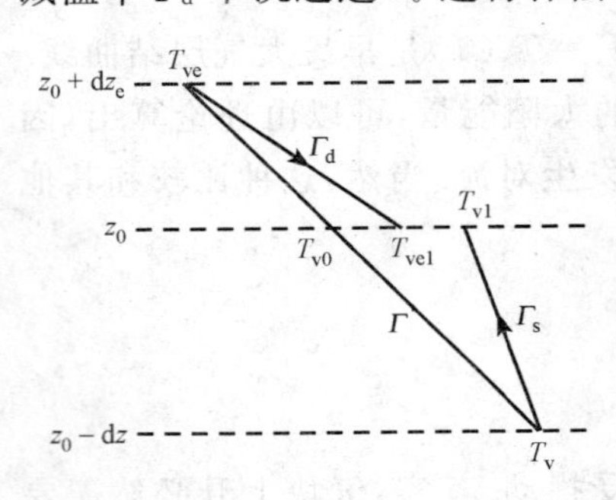

图 10.8 薄层法中上升气块和下沉空气的虚温随高度的变化

在 z_0 参考平面,下沉的环境大气虚温度 T_{ve1} 和上升的气块虚温 T_{v1} 分别为 $T_{ve1}=T_{ve}+\Gamma_d dz_e$ 和 $T_{v1}=T_v-\Gamma_s dz$.对于不稳定情况 $T_{v1}>T_{ve1}$,则

$$T_v-\Gamma_s dz>T_{ve}+\Gamma_d dz_e. \tag{10.4.4}$$

但对于最初条件,在 z_0 处虚温为 T_{v0},大气虚温递减率为 Γ,则

$$T_v=T_{v0}+\Gamma dz, \tag{10.4.5}$$

$$T_{ve}=T_{v0}-\Gamma dz_e. \tag{10.4.6}$$

合并(10.4.4)—(10.4.6)式,得到当

$$(\Gamma-\Gamma_s)dz>(\Gamma_d-\Gamma)dz_e, \tag{10.4.7}$$

产生不稳定,同样也可得到产生中性和稳定的条件.

考虑(10.4.3)式的条件后,可以得到大气不稳定、中性和稳定的条件

$$(\Gamma-\Gamma_s)-(\Gamma_d-\Gamma)\frac{A}{A_e}\begin{cases}>0, & \text{不稳定},\\ =0, & \text{中性},\\ <0, & \text{稳定},\end{cases} \tag{10.4.8}$$

或

$$
(\Gamma-\Gamma_s)-(\Gamma_d-\Gamma)\frac{v_e}{v}\begin{cases}>0, & 不稳定, \\ =0, & 中性, \\ <0, & 稳定.\end{cases} \tag{10.4.9}
$$

在实际工作中，测量上升和下沉气流的面积或测量气流的垂直速度都是难度比较大的，一般是根据人为估计. 当上升气流区与总面积相比很小时，上两式中的第二项 A/A_e 或 v_e/v 可以忽略不计，于是就得到和"气块法"相同的稳定度判据.

以下分三种类型作定性讨论：

(1) 绝对不稳定型

这是气层减温率满足 $\Gamma>\Gamma_s$ 及 Γ_d 的情况. 无论 A/A_e 是何值，(10.4.8)和(10.4.9)式的等式右边都是大于零的，故是绝对不稳定的，且气块内外温差 ΔT 比气块法公式求出的大. 从图 10.9(a)也可看出，上升气流温度必高于周围下沉气流温度，物理意义很清楚.

(2) 绝对稳定型

此时气层的减温率满足 $\Gamma<\Gamma_s$ 及 Γ_d，与绝对不稳定型的讨论类似，(10.4.8)和(10.4.9)式的等式右边都是小于零的，气块内外温差 ΔT(负值)比气块法公式求出的大，而且由图 10.9(b)可见，上升气流温度必低于周围下沉气流温度，所以是绝对稳定的.

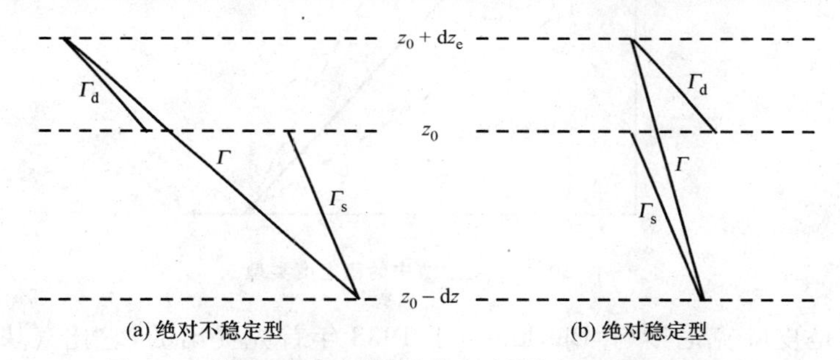

图 10.9 薄层法稳定度判别中的绝对不稳定型和绝对稳定型

(3) 条件不稳定型

条件不稳定型气层的温度递减率 $\Gamma_s<\Gamma<\Gamma_d$，由(10.4.8)和(10.4.9)式看出，气层稳定与否和面积比 A/A_e(或垂直气流速度比 v_e/v)即对流的相对范围有关. 当上升气块相对很小且上升速度很大时，气层容易达到不稳定(图 10.10(a))；否则，气层是稳定的(图 10.10(b)). 因此在条件性不稳定大气中，有迅速发展的单个或少量积云块时，气层不稳定且有利于积云对流的发展；如果积云块的数量较多，气层却可能比较稳定，积云不易向上发展. 这种大气层结也叫选择性不稳定气层.

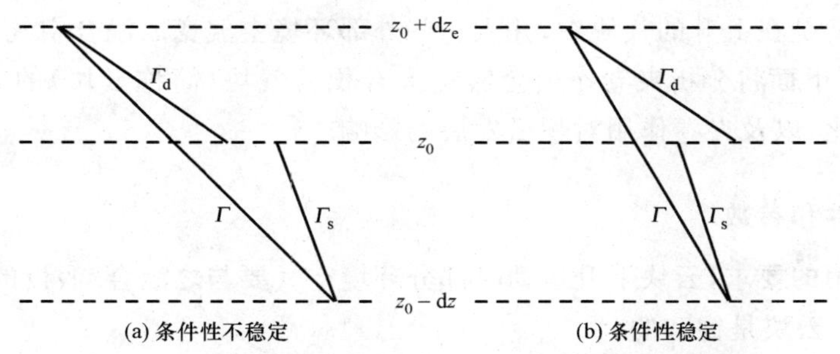

图 10.10 薄层法稳定度判别中的条件性不稳定和条件性稳定

在中性条件下,可以得到温度递减率为 $\Gamma=\dfrac{A\Gamma_d+A_e\Gamma_s}{A+A_e}$,或 $\Gamma=\dfrac{v_e\Gamma_d+v\Gamma_s}{v+v_e}$,因此定义中性平衡的温度递减率为

$$\Gamma_n \equiv \frac{A\Gamma_d + A_e\Gamma_s}{A + A_e} = \frac{v_e\Gamma_d + v\Gamma_s}{v + v_e}. \tag{10.4.10}$$

严格来说,Γ_n 是 Γ_d 和 Γ_s 的速度加权平均. 这时稳定度判据为

$$\begin{cases} \Gamma > \Gamma_n, & \text{不稳定}, \\ \Gamma = \Gamma_n, & \text{中性}, \\ \Gamma < \Gamma_n, & \text{稳定}. \end{cases} \tag{10.4.11}$$

薄层法中的稳定度类型见图 10.11 所示. 在条件性不稳定情形下,考虑环境大气的垂直补偿运动,若要产生不稳定条件,大气需要有较陡的递减率,才能满足 $\Gamma>\Gamma_n$. 如前所述,这需要上升气块面积相对很小且上升速度很大,使得 $\Gamma_n\sim\Gamma_s$.

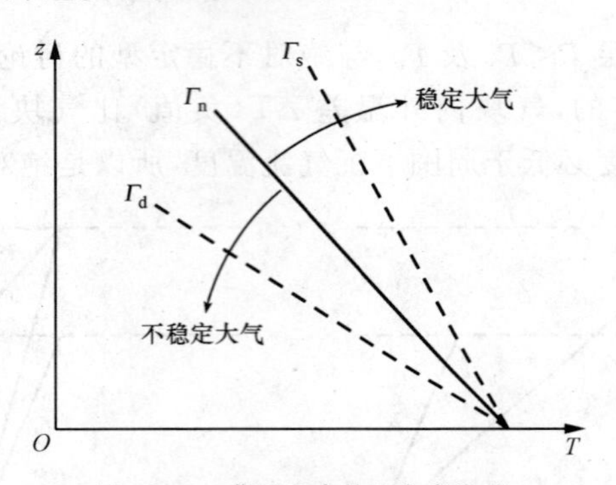

图 10.11　薄层法中的稳定度类型

薄层法判据是皮叶克尼斯(J. Bjerknes)于 1938 年首先提出的,它比气块法有所改进,提供了一个在给定高度上分析微小虚拟位移的稳定度的令人满意的方法. 但由于上升气块和下沉环境大气面积 A 和 A_e 不易预计,所以难以在实际中应用,但它仍能得到一些在气块法中无法得到的正确的定性结论.

10.5　夹卷作用

当气块法应用于气块有限位移时,那个气块与周围环境没有混合的假设,便像分析条件性不稳定一样,成为导致误差的根源. 事实上,气块和周围环境的湍流混合和动力混合都很活跃. 混合的主要作用就是在上升的气块中,并入一些外部环境空气变成混合空气,这种作用称为夹卷(entrainment). 下面将分析夹卷作用会影响上升积云气块(简称云块)的减温率,从而使大气稳定度发生变化,以及夹卷作用对积云发展的影响.

10.5.1　假设条件和参数

按照夹卷作用的要求,云块上升运动时部分环境空气要与之混合. 假设的条件如下:

(1) 上升的积云块是饱和的;

(2) 上升导致质量 m 的云块饱和绝热冷却,像在气块法中那样;

(3) 混合过程是等压混合，导致质量 m 的云块等压冷却(因而夹卷质量 $\mathrm{d}m$ 的空气等压变暖)；

(4) 混合也导致 m 中部分液态水蒸发进入 $\mathrm{d}m$ 中，不断地进行绝热等压蒸发，产生最终饱和的混合物；

(5) 云块具有均匀水平分布的温度、水汽和液态水；

(6) 云块和夹卷空气是一个热力孤立系统(不计气块膨胀作的功，$\mathrm{d}m$ 获得的热量一定等于 m 失去的热量)；

(7) 水汽与液态水的热量交换，和与干空气的热量交换相比较小，忽略不计.

图 10.12 给出上升积云块的夹卷过程示意图以及涉及的参量. 饱和云块初态的质量、温度和饱和混合比分别为 m, T_1 和 w_{s1}；云块上升 $\mathrm{d}z$ 高度(相应的气压变化为 $\mathrm{d}p$)后与夹卷入的未饱和环境空气等压混合；夹卷入的未饱和环境空气的质量、温度和混合比分别为 $\mathrm{d}m, T_e$ 和 w_e；混合后最终的云块质量、温度和饱和混合比分别为 $m+\mathrm{d}m, T$ 和 w_s. 表 10.1 给出云块与环境状态的比较.

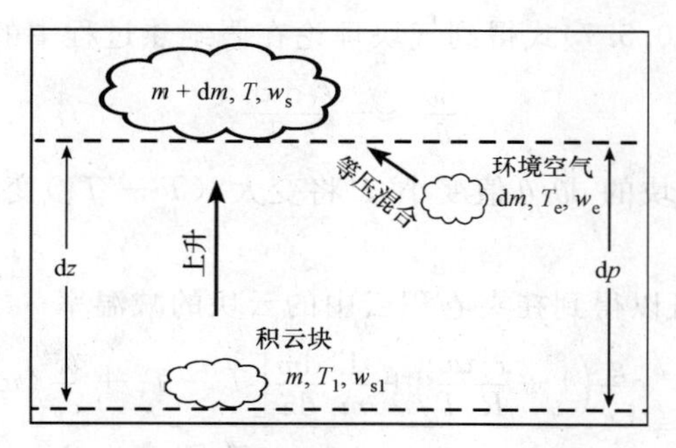

图 10.12 上升积云块的夹卷过程和参量

表 10.1 云块与环境状态的比较

变量比较	物理意义
$T > T_e$	对于持续向上运动的云块，它的温度一定高于环境温度
$T < T_1$	因为饱和绝热膨胀，云块上升冷却
$w_s > w_e$	相同气压下，饱和空气的混合比大于未饱和空气的混合比；饱和空气比未饱和空气含有更多的水汽
$w_s < w_{s1}$	在较低的气压，或高海拔，饱和云块含有较少的水汽

10.5.2 云块减温率和夹卷积云模型

对于夹卷空气 $\mathrm{d}m$，感热(焓)交换使其变暖，温度从开始温度 T_e，上升到最终温度 T，交换的热量表示为

$$\mathrm{d}Q_1 = c_p(T - T_e)\mathrm{d}m. \tag{10.5.1}$$

从云块角度看，$\mathrm{d}Q_1$ 是热量损失.

夹卷入的空气 $\mathrm{d}m$ 最终达到饱和，需要获得蒸发的水汽，它来自云块中的部分液态水. 液态水的蒸发导致的潜热交换的热量为

$$\mathrm{d}Q_2 = \ell_v(w_s - w_e)\mathrm{d}m. \tag{10.5.2}$$

从云块角度看,蒸发是冷却过程,因此 $\mathrm{d}Q_2$ 也是热量损失.

云块在饱和上升时,部分水汽凝结,释放热量.这样,在饱和绝热膨胀过程中释放的热量为

$$\mathrm{d}Q_3 = -\ell_v m(w_s - w_{s1}) = -m\ell_v \mathrm{d}w_s. \tag{10.5.3}$$

这是云块的热量收入项,负号是因为 $\mathrm{d}w_s$ 为负值.因此导致 $\mathrm{d}Q_3$ 是正值.

根据热力学第一定律

$$\mathrm{d}Q = m(c_p \mathrm{d}T - v\mathrm{d}p), \tag{10.5.4}$$

考虑云块的热量的损失和收入项,得到云块的净收入热量

$$\mathrm{d}Q = -\mathrm{d}Q_1 - \mathrm{d}Q_2 + \mathrm{d}Q_3. \tag{10.5.5}$$

将(10.5.1)—(10.5.4)式代入(10.5.5)式

$$m(c_p \mathrm{d}T - v\mathrm{d}p) = -c_p(T - T_e)\mathrm{d}m - \ell_v(w_s - w_e)\mathrm{d}m - \ell_v m\mathrm{d}w_s. \tag{10.5.6}$$

使用状态方程(1.3.9)式,并应用(3.3.10)式,得到

$$\frac{\mathrm{d}\theta}{\theta} = -\frac{\ell_v \mathrm{d}w_s}{c_p T} - \left(\frac{T - T_e}{T} + \frac{\ell_v}{c_p T}(w_s - w_e)\right)\frac{\mathrm{d}m}{m}. \tag{10.5.7}$$

没有夹卷时($\mathrm{d}m=0$),从(10.5.7)式得到气块理论在假绝热过程中的结果(7.3.5)式

$$\frac{\mathrm{d}\theta}{\theta} \approx -\frac{\ell_v \mathrm{d}w_s}{c_p T}. \tag{10.5.8}$$

有夹卷时,根据表 10.1,云块的 $\mathrm{d}\theta/\theta$ 值变小,Γ 将变大,$(T - T_e)$ 变小,因此,云块温度降得更快,阿基米德浮力被削弱.

从(10.5.6)式,最终可以得到在夹卷积云中的云块的减温率

$$\Gamma = -\frac{\mathrm{d}T}{\mathrm{d}z} = \frac{\dfrac{g}{c_p}\left(1 + \dfrac{\ell_v w_s}{R_d T}\right) + \dfrac{1}{m}\dfrac{\mathrm{d}m}{\mathrm{d}z}\left[T - T_e + \dfrac{\ell_v}{c_p}(w_s - w_e)\right]}{1 + \dfrac{\varepsilon \ell_v^2 w_s}{c_p R_d T^2}}, \tag{10.5.9}$$

或改写为

$$\begin{aligned}\Gamma &= \frac{\dfrac{g}{c_p}\left(1 + \dfrac{\ell_v w_s}{R_d T}\right)}{1 + \dfrac{\varepsilon \ell_v^2 w_s}{c_p R_d T^2}} + \frac{\dfrac{1}{m}\dfrac{\mathrm{d}m}{\mathrm{d}z}\left[T - T_e + \dfrac{\ell_v}{c_p}(w_s - w_e)\right]}{1 + \dfrac{\varepsilon \ell_v^2 w_s}{c_p R_d T^2}} \\ &= \Gamma_s + E,\end{aligned} \tag{10.5.10}$$

式中 E 代表夹卷作用,$T - T_e$ 和 $w_s - w_e$ 都是正值(表 10.1),$\dfrac{1}{m}\dfrac{\mathrm{d}m}{\mathrm{d}z}$也是正值,则 $E>0$,所以云块的减温率 Γ 因为夹卷作用增大了.$\dfrac{1}{m}\dfrac{\mathrm{d}m}{\mathrm{d}z}$称为夹卷率,它是随着高度的变化,云块相对质量的变化.

积云是在不稳定环境中的饱和气团,如果在一特定高度的环境减温率为 Γ_e,云块的减温率增大,会导致环境和云块之间的温差 ΔT 变小,即从 ΔT_s 减小为 ΔT_e,如图 10.13 所示.这种较小的 ΔT 意味着较小的不稳定度(或较大的稳定度),即夹卷作用增大了环境的稳定度.也可这样理解,饱和云块是与较冷和较干的外部空气夹卷混合的,而冷干空气比暖湿空气重,导致云块的上升运动会因夹卷减慢,因而增加了大气的稳定度.

夹卷作用因此使得云内温度降低变快,云内温度变化曲线偏离假绝热曲线,导致云顶高度降低,正不稳定能量减少,使得上升运动的增强受到削弱,这是夹卷积云的模型,见图 10.14 所示.这也被观测事实证明,即观测表明,对流云内的减温率一般都大于湿绝热减温率而与云外减温率接近;云内含水量也比按绝热过程计算的小 1/2～1/3;云顶高度则比计算的低.这说明对流云的发展不是孤立的,云内外空气有强烈的混合,云外空气进入云内的过程通常称为夹卷过程.

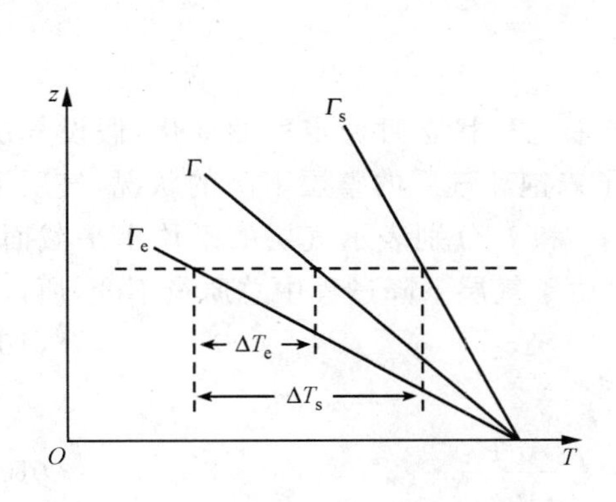

图 10.13 夹卷作用的影响.云块的减温率从 Γ_s 增大到 Γ,使环境的稳定度增大

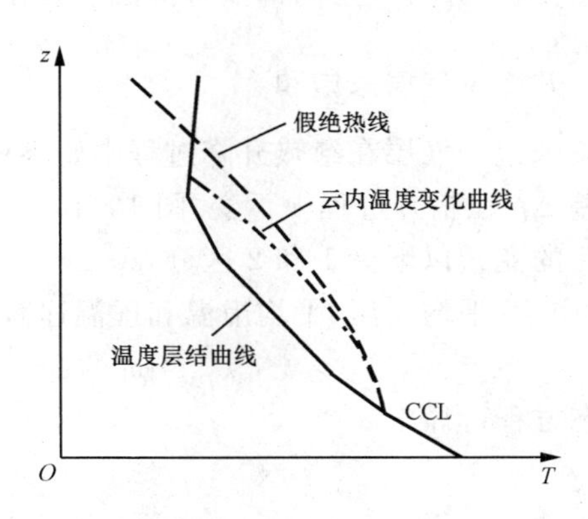

图 10.14 夹卷作用对积云温度和云顶高度的影响

夹卷过程包括:

(1) 湍流夹卷.通过云顶和侧边界,云内外进行热量、动量、水分和质量的湍流交换.

(2) 动力夹卷.由于云内气流的加速上升,根据质量连续性的要求,四周空气必然会流入云中进行补偿.

夹卷作用对于积云对流过程影响很大,特别是在积云发展时期更大.如果围绕积云的环境空气在积云初生阶段相当干燥,夹卷作用将使云体破碎、消散,并使环境的湿度增加.上升云块的温度由于混合后蒸发液态水而降低,会使得它的阿基米德浮力逐渐减小甚至消失.类似的过程,可以使孤立的云塔消散,好像向下缩于母体云中.夹卷作用也使云体内的液态水含量减少.夹卷过程使云中液态水和垂直速度产生水平梯度,并在云体内部出现极大值.理论上的液态水含量值,只有到积云中心才能够达到.至于垂直速度,由于云体中浮力降低,即使在云体中心也难以达到理论值.因此,积云云顶很少能达到预期的高度.

夹卷积云的模型,和前面提到的积云绝热模型,都是简化的模型,还不能完全说明积云发展的实际情况.例如根据夹卷积云模型,横向夹卷(等压混合)使得云顶范围变大,而实际观测到的云顶是花椰菜状向上发展的.因此,根据实际观测可以订正已有的模型或发展新的模型,包括开发有夹卷过程影响的多种云雾数值模式,它们是根据热力学和流体力学理论建立的数学物理模型.这方面的研究工作仍然在继续.

10.6 整层大气静力稳定度

大气中常出现大范围的空气层上升或下沉运动,例如低压区整层抬升,高压区整层下沉等情况.这种运动水平范围在几百公里左右,持续时间几小时甚至几天,垂直升降的速度约为厘米每秒的量级. 这种大范围的升降运动常是由天气系统引起. 整层气层升降会导致大气减温率和湿度垂直分布的变化,从而使气层的稳定度发生变化,导致强烈对流,或者使气层更稳定,因此是很重要的.

对整层大气静力稳定度的判别,不能使用单个气块来进行判别讨论,但可以把整层大气当作许多气块组成的一个整体. 因此,可以假定气层在升降过程中是绝热的,与气层外的大气环境无质量交换;并且气层内部没有湍流混合作用,气层内各部分的相对位置不变.

10.6.1　升降中气层未饱和

讨论未饱和气层在绝热升降过程中始终处于未饱和状态时稳定度的变化,假设气层上下界气压差 Δp 在抬升过程中不变. 图 10.15 显示了未饱和气层的整层下降的状况,气层下降前与下降后的变量以下标 1 和 2 区分,$A, \Delta z, \rho, p, T_v$ 和 Γ 分别表示气层的平均水平截面积、厚度、平均密度、平均气压、平均虚温和虚温递减率. 由于气层下降过程中总质量不变,所以有

$$\rho_1 A_1 \Delta z_1 = \rho_2 A_2 \Delta z_2. \tag{10.6.1}$$

利用状态方程可导出

$$\frac{\Delta z_1}{\Delta z_2} = \frac{\rho_2 A_2}{\rho_1 A_1} = \frac{p_2 A_2 T_{v1}}{p_1 A_1 T_{v2}}. \tag{10.6.2}$$

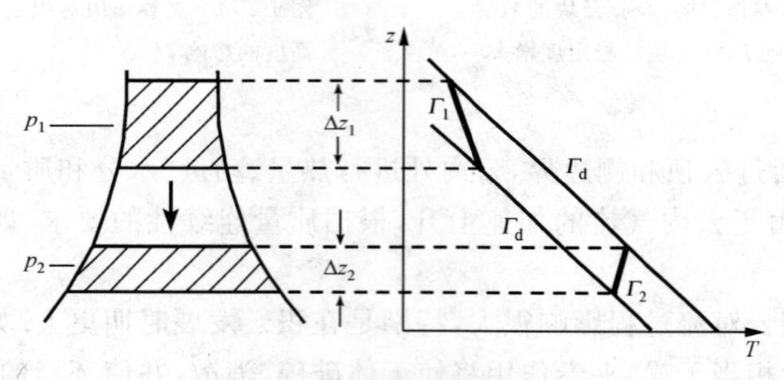

图 10.15　未饱和气层的整层下降

若 θ_v 为气层下界的虚位温,则气层上界的虚位温为 $\theta_v + \frac{\partial \theta_v}{\partial z}\Delta z$. 因为气层上下界在绝热过程中虚位温不变,因而气层上下界位温差在下降前后不变,即

$$\frac{\partial \theta_v}{\partial z_1}\Delta z_1 = \frac{\partial \theta_v}{\partial z_2}\Delta z_2. \tag{10.6.3}$$

将(10.6.2)与(10.6.3)式合并,得到

$$\frac{\partial \theta_v}{\partial z_2} = \frac{\partial \theta_v}{\partial z_1}\frac{p_2 A_2 T_{v1}}{p_1 A_1 T_{v2}}. \tag{10.6.4}$$

考虑虚位温高度变化率与减温率的关系后,得到

$$\Gamma_{v2} = \Gamma_d - (\Gamma_d - \Gamma_{v1})\frac{p_2 A_2}{p_1 A_1} = \Gamma_{v1} + (\Gamma_d - \Gamma_{v1})\left(1 - \frac{p_2 A_2}{p_1 A_1}\right). \tag{10.6.5}$$

这是从整层下降时得到的结果,但也可适用于整层抬升时的情况,只是此时变量的下标 1 和 2 分别代表抬升前后的气层.

当整层气层下沉且伴随有横向扩散(水平辐散)时,$p_2 A_2 > p_1 A_1$,因此$\left(1 - \frac{p_2 A_2}{p_1 A_1}\right) < 0$. 根

据(10.6.5)式,当 $\Gamma_{v1}<\Gamma_d$ 时,可得 $\Gamma_{v2}<\Gamma_{v1}<\Gamma_d$,下沉气层趋向于稳定,甚至可能使 $\Gamma_{v2}<0$ 而形成逆温层(见图 10.16);当 $\Gamma_{v1}=\Gamma_d$ 时,可得 $\Gamma_{v2}=\Gamma_{v1}=\Gamma_d$,即原来中性气层整层下降时仍然是中性的;当 $\Gamma_{v1}>\Gamma_d$ 时,可得 $\Gamma_{v2}>\Gamma_{v1}>\Gamma_d$,下沉气层变得更不稳定,但这种超绝热气层在实际大气中是极少见的.

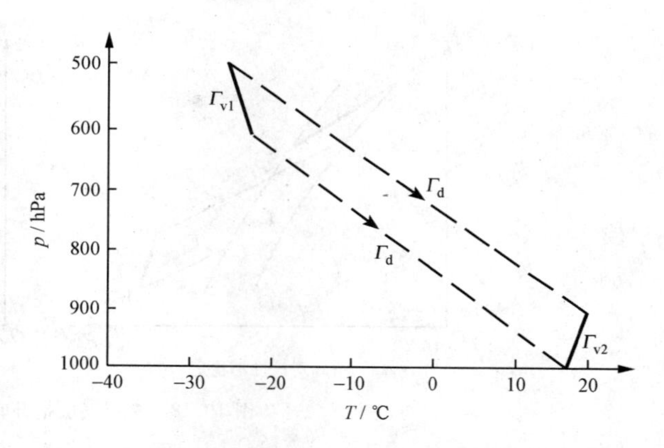

图 10.16 整层下沉时形成的下沉逆温

当整层气层上升且伴随有横向辐合时,$p_2A_2<p_1A_1$,则 $\left(1-\dfrac{p_2A_2}{p_1A_1}\right)>0$. 这时根据(10.6.5)式,当 $\Gamma_{v1}<\Gamma_d$ 时,原来稳定的气层抬升后 $\Gamma_{v2}>\Gamma_{v1}$,但是因为 $\left(1-\dfrac{p_2A_2}{p_1A_1}\right)<1$,所以 $\Gamma_{v2}<\Gamma_d$,即抬升气层仍然是稳定气层但稳定度减小,甚至当达到 $\Gamma_{v2}>\Gamma_s$ 时出现条件不稳定(见图 10.17);当 $\Gamma_{v1}>\Gamma_d$ 时,原来不稳定气层抬升后,$\Gamma_{v2}>\Gamma_d$ 且 $\Gamma_{v2}<\Gamma_{v1}$,即气层仍然是不稳定的,只是不稳定程度减小. 当 $\Gamma_{v1}=\Gamma_d$ 时,原来中性气层,抬升后 $\Gamma_{v2}=\Gamma_{v1}=\Gamma_d$,仍然是中性的.

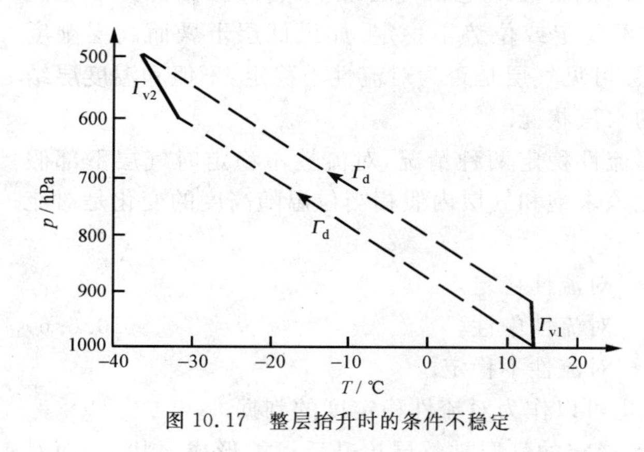

图 10.17 整层抬升时的条件不稳定

10.6.2 升降中气层饱和

原来稳定气层被整层抬升时,由于水汽垂直分布不同,气层内不同高度的空气可能先后达到饱和,凝结时放出的相变潜热将会改变气层垂直减温率,从而改变了气层稳定度. 这里只考虑上升过程,并假设气层上下界气压差 Δp 在抬升过程中不变.

如果潮湿气层上升时整体已达饱和,则气层上界和下界都沿湿绝热过程变化. 这时稳定度变化与升降中气层未饱和时的气层上升的稳定度变化类似,即原来稳定气层上升后依然是稳定的,只是稳定度减小;原来不稳定气层上升后依然不稳定,同样不稳定度下降;原来中性气层上升后依然是中性的.

如果开始上升时气层未饱和,定性讨论以下两种不同的情况:

(1) 在图 10.18(a)中,最初整层气层沿干绝热线上升,因下湿上干,下部比上部先达到饱和,饱和后沿假绝热线继续上升,于是温度层结曲线由原来的 A_1B_1 变成 A_2B_2. 显然,整层气层上升并先后凝结后,饱和气层的垂直减温率将变得大于 Γ_s,成为不稳定层结.

(2) 在图 10.18(b)中,气层是上湿下干,上部先达到饱和,气层的垂直减温率将变小甚至小于零(逆温),将变得更加稳定.

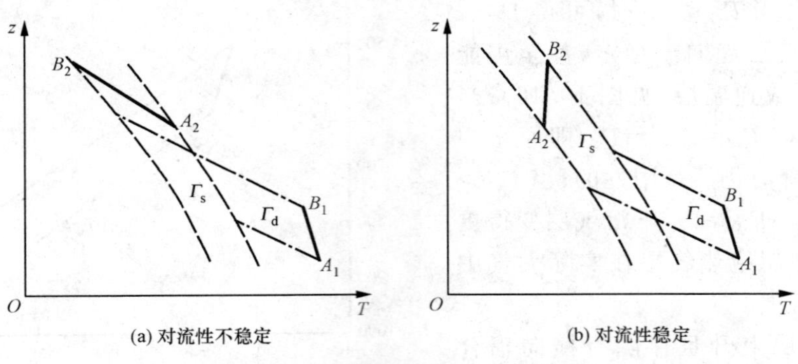

(a) 对流性不稳定　　　(b) 对流性稳定

图 10.18　整层气层抬升时的稳定度变化

大气中的水汽主要来源于地表，因此常是低层湿度大而高层干燥，大范围气层被抬升时往往下部先达到饱和，符合第一种情况. 这种原来稳定的未饱和气层，由于整层被抬升到一定高度以上而变成为不稳定的气层，称为对流性不稳定或位势不稳定. 如果低层干燥而高层湿度大，符合第二种情况，即为对流性稳定的气层. 可见气层是否为对流性不稳定，不但和温度层结有关，显然还取决于湿度条件，特别是低层的水汽状况.

根据图 10.18 所示的对流性不稳定和对流性稳定两种情况，对流性不稳定时气层下部假相当位温比上部高，对流性稳定时相反. 因此该未饱和气层内假相当位温随高度的变化是对流性稳定度的判据，即

$$\frac{\mathrm{d}\theta_{\mathrm{ep}}}{\mathrm{d}z}\begin{cases}>0, & \text{对流性稳定,}\\ =0, & \text{对流性中性,}\\ <0, & \text{对流性不稳定.}\end{cases} \tag{10.6.6}$$

同样，假湿球位温 θ_{wp} 和假相当位温 θ_{ep} 一样，也可以作为对流性稳定度的判据.

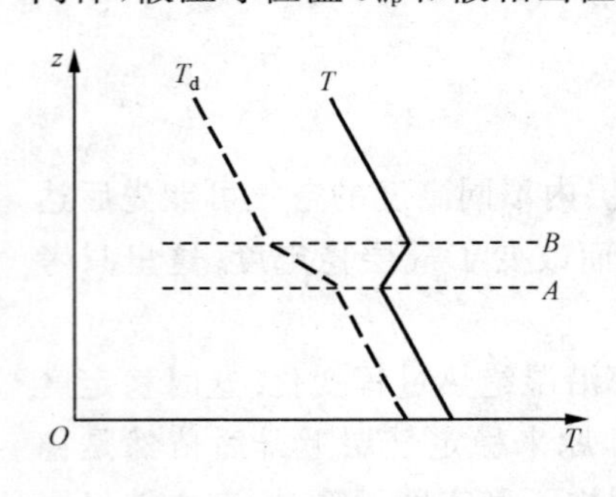

图 10.19　对流性不稳定气层 AB 的温度、露点垂直分布

对流性稳定的气层被整层抬升后可能形成层状云，而对流性不稳定的气层则形成积状云(对流云)，发展旺盛时，甚至产生对流性降水(即阵雨). 观测表明，最可能产生强对流的是低层暖湿、高层干燥的具有条件性不稳定层结的气层，其温度曲线和露点曲线呈现“喇叭口”形状(如图 10.19 中的 AB 气层). 如果 AB 气层被抬升起来，则原来在逆温层底 A 处的空气就会很快地达到其 LCL，并在超过此高度后按湿绝热冷却. 而原先在逆温层顶 B 点处的空气，在达到其 LCL 之前，必须先按干绝热冷却经历很厚的气层. 因此，当整个逆温层 AB 被抬升时，逆温层顶部将冷却得远比底部快，从而使减温率表示的稳定度很快减弱. 这样，这个逆温层当它被充分抬升后，就变成条件不稳定性了.

对流性不稳定是一种潜在的不稳定，所谓“潜在不稳定”是指，当时的气层是稳定的，需要有一定的外加抬升力作为“触发机制”，潜在的不稳定性才能转化成真实的不稳定. 对流性不稳定的实现要求有大范围的抬升运动，因此要有天气系统(如锋面)的配合或大地形的作用，造成的对流性天气往往比较强烈，范围也大. 前述 10.3 节中的条件性不稳定也是一种潜在的不稳定，它只要有局地的热对流或动力因子对空气进行抬升即可，因而往往造成局地性的雷雨天气.

10.7 稳定度指数

稳定度指数(stability indices)是以单一的数字来描述大气的稳定(或不稳定)特征,估计对流雷暴活动的可能性,容易从常规探空资料并结合热力图获得. 它的优点是易计算,并易在预报中使用,但是它忽略了大气廓线的细节. 因此,必须和其他预报方法结合使用,并研究与大气廓线的密切关系.

对流性雷暴容易在潜在不稳定大气中,受到如锋、山地、局地加热等触发机制时生成. 一般雷暴可划分为普通雷暴(也称气团雷暴),是夏季散落分布的暖湿气团中发展生成、生命期短暂、少强风和大冰雹的雷暴;以及强雷暴,是能产生大冰雹、表面强风、暴洪和龙卷的雷暴. 多数普通雷暴和强雷暴是多单体雷暴. 超级单体是一个巨大的旋转雷暴(强雷暴),上升和下沉气流完美配合形成一个单体,可维持一小时以上,并伴随龙卷. 往往从雷暴下部伸出旋转的云,并将出现漏斗状云,预示龙卷很快就会出现(龙卷雷暴).

稳定度指数就是为了研究雷暴活动的可能性,并指导预报. 它涉及环境、气块的温度和露点的计算等. 常用的稳定度指数有:沙氏指数(Showalter index, SI)、抬升指数(lifted index, LI)、K 指数(K-index, KI)、全总指数(total totals index, TT)、能量指数(energy index, EI)和强天气威胁指数(severe weather threat index, SWEAT)等.

1. 沙氏指数

沙氏指数的定义为

$$\mathrm{SI} = T_{\mathrm{e}500} - T_{500}, \tag{10.7.1}$$

式中 $T_{\mathrm{e}500}$ 是 500 hPa 处的环境温度(单位为℃,下同),T_{500} 是从 850 hPa 开始,气块被抬升到 500 hPa 处的温度.

850 hPa 处的温度和湿度,不能很好地代表边界层的条件,因此沙氏指数不能代表低层对流,只适用于中层对流. SI 为正值时,表示稳定层结. SI 越小,表示大气越不稳定,并有强雷暴发展的潜力.

2. 抬升指数

针对 SI 的局限性,考虑了边界层的湿度,定义抬升指数为

$$\mathrm{LI} = T_{\mathrm{e}500} - T'_{500}, \tag{10.7.2}$$

式中 T'_{500} 是在 500 hPa 处的气块温度,要求气块首先从最下面的厚度为 100 hPa 气层的平均混合比和预报的最高温度开始,干绝热上升直到饱和,然后假绝热上升到达 500 hPa.

一般情况 LI 为正值时,表示大气是稳定的,为负值则表示不稳定,并可能出现雷暴活动,LI 值越小,出现雷暴的可能性越大.

3. K 指数

K 指数考虑了温度垂直变化、低层大气湿度和水汽层的向上伸展等影响,定义为

$$\mathrm{KI} = (T_{850} - T_{500}) + T_{\mathrm{d}850} - (T_{700} - T_{\mathrm{d}700}), \tag{10.7.3}$$

式中 T_{850} 和 T_{500} 是环境 850 hPa 和 500 hPa 处的温度,二者之差代表了温度垂直变化;$T_{\mathrm{d}850}$ 是 850 hPa 处的露点温度,代表低层大气湿度;$(T_{700} - T_{\mathrm{d}700})$ 是 700 hPa 处的温度露点差,代表了水汽层的向上垂直伸展.

K 指数的计算不需要绘制探空曲线和气块路径曲线,因而计算更简洁. K 指数有利于指

示气团型雷暴活动. KI>15 时,雷暴就有可能出现,而且 KI 值越大,雷暴出现几率越大.

4. 全总指数

全总指数用来确定雷暴发展可能性,是两种指数的和. 这两种指数是垂直总指数(vertical totals,VT)和交叉总指数(cross totals,CT)

$$\mathrm{TT} = \mathrm{VT} + \mathrm{CT}, \tag{10.7.4}$$

其中,VT 定义为

$$\mathrm{VT} = T_{850} - T_{500}. \tag{10.7.5}$$

它取决于 850 hPa 和 500 hPa 之间的减温率,当 VT>26 时,雷暴会发展起来,VT 越大,则可能出现的雷暴数量越多. VT 适用于气团雷暴. CT 定义为

$$\mathrm{CT} = T_{\mathrm{d}850} - T_{500}. \tag{10.7.6}$$

它是雷暴发展可能性的指标量. 当低层湿度高,高空温度低时,CT 值就大,雷暴容易发展. 一般来说,CT>18 时,雷暴发展.

由(10.7.4)—(10.7.6)式,全总指数(TT)的具体计算式为

$$\mathrm{TT} = T_{850} + T_{\mathrm{d}850} - 2T_{500}. \tag{10.7.7}$$

它是强风暴活动非常可靠的预报因子,阈值随地理环境而变. 一般情况下 TT 值大于 50 时,有雷暴活动的可能性,TT 值越大,雷暴活动可能性越大.

5. 能量指数

大气中,低层暖湿、中层干冷的环境,是对流不稳定的环境. 因此,能量指数就是要通过比较低层(850 hPa)与中层(500 hPa)环境之间的能量和湿度特征,评估强雷暴发生的可能性. 其定义为

$$\mathrm{EI} = \Phi_{\mathrm{m}500} - \Phi_{\mathrm{m}850}, \tag{10.7.8}$$

式中 $\Phi_{\mathrm{m}500}$ 和 $\Phi_{\mathrm{m}850}$ 分别是 500 hPa 和 850 hPa 的湿静力能,可根据探空资料计算. EI<0 时,就有雷暴活动可能.

6. 强天气威胁指数

强天气威胁指数用来估计灾害性强对流天气的潜力,它考虑了低层湿度(850 hPa 露点)、不稳定性和中层湿度(全总指数)、低层急流效应(850 hPa 风速)、中层急流效应(500 hPa 风速)以及暖平流(850 hPa 和 500 hPa 等压面之间风的转向)的共同作用,定义为

$$\mathrm{SWEAT} = 12T_{\mathrm{d}850} + 20(\mathrm{TT} - 49) + 2v_{850} + v_{500} + 125[\sin(\Delta\phi_{500-850}) + 0.2], \tag{10.7.9}$$

式中 v_{850} 和 v_{500} 分别是 850 hPa 和 500 hPa 高度的风速(单位为海里/小时,即 kt,1 kt=0.5144 $\mathrm{m \cdot s^{-1}}$),$\Delta\phi_{500-850}$ 是 500 hPa 和 850 hPa 处的风向差.

强天气威胁指数包括了强风暴发展的切变条件,只指示强对流天气的可能性或潜力. 至于强对流天气的出现,需要触发机制去实现这种可能性.

根据统计,当 SWEAT>300 时,具有出现强雷暴的可能性;而当 SWEAT>400 时,具有出现龙卷雷暴的可能性.

习 题

10.1 一个充氦气球在气压为 1000 hPa 的地面释放,气球自重可忽略,并有很好的可塑性,所以气球上升时,其内部气压始终等于环境大气压力. 大气是等温的,并且气球释放时,氦气的温度等于环境温度. 若气球绝热地上升,气球失去阿基米德浮力时的气压是多少?

10.2　已知气块的抬升凝结高度为 z_L，环境大气的减温率为 Γ，其中 $\Gamma_s<\Gamma<\Gamma_d$，Γ_s 和 Γ 为常数. 证明气块的自由对流高度 z_F 可表示为 $z_F=z_L\dfrac{\Gamma_d-\Gamma_s}{\Gamma-\Gamma_s}$.

10.3　对于位密度 D(见第六章习题 6.1 的定义)，(1) 证明 $\dfrac{1}{D}\dfrac{dD}{dz}=\dfrac{1}{T}(\Gamma-\Gamma_d)$，其中 Γ 和 Γ_d 分别为环境大气减温率和干绝热减温率；给出 $\dfrac{dD}{dz}$ 判断大气稳定度的判别式. (2)"海市蜃楼"生成的必要条件为大气密度随高度增加. 证明只有当 $\Gamma>3.5\Gamma_d$ 时，大气密度才会随高度增加，即"海市蜃楼"才有可能发生.

10.4　某地早晨的探空记录如下表所示：

p/hPa	1000	900	850	800	700	600	500	400	300	200
T/℃	23.0	20.5	17.0	12.0	4.5	−4.0	−12.1	−23.0	−32.5	−45.3
T_d/℃	19.0	10.4	7.6	6.8	−1.1	−8.5	−19.2	−29.5	−45.0	−59.5

(1) 求 900 hPa 处空气的比湿、饱和比湿、相对湿度；

(2) 求 LCL，CCL 及 LFC 高度对应的气压，分析地面气块绝热上升时不稳定能量的垂直分布情况，确定大气层属于哪种稳定度；

(3) 当天最高气温要达到多少度才有可能出现热雷雨？

(4) 判断 900～1000 hPa 及 800～850 hPa 是否为对流性不稳定？为什么？

10.5　假定环境为干绝热大气，气块在 900 hPa 处，温度为 280 K，且已饱和，气块受扰动向上作绝热位移，并得正浮力连续上升. 忽略空气动力学阻力及凝结水的作用，按气块未作虚温订正和作虚温订正两种情况，分别计算气块在 700 hPa 处的速度.

10.6　在 330～300 hPa 处有一未饱和气层，气层底部和顶部温度分别为 −49℃ 及 −51℃. 若整层下沉，无辐散，问下沉到气压为何值时才会出现逆温？若下沉且有辐散，面积比原来增加 20%，那么下沉到气压为何值时就会出现逆温？

第十一章　辐射基本知识

前面讨论的大气中热力过程及大气状态的变化，其能量主要来源于太阳.太阳的能量即太阳辐射，是地球最重要的能源.而地球飘浮在宇宙空间，它只有通过辐射过程才能与其周围环境交换能量并最终达到某种平衡(虽然地球大气系统也接收到其他天体发送过来的粒子流，但从能量角度来讲是微不足道的).因此，需要研究太阳、地球及大气中的辐射能交换，掌握辐射能量在大气中传输和转换的规律.

11.1　基本物理量

任何物体，只要温度大于 0 K，都以电磁波形式向四周放射能量，同时也接收来自周围的电磁波.这是物质的本性决定的，是由物质本身的电子、原子和分子运动产生的.对电磁波的认识，开始于 1864 年，当年麦克斯韦理论预言，电场和磁场可以相互激发，以波的形式传播形成电磁波.直到二十多年后的 1888 年，赫兹通过振荡电偶极子的一系列实验，证实了电磁波的存在，从此电磁波的研究与应用对人类文明进步起了越来越重要的作用.

以电磁波形式传播的能量称为电磁辐射.辐射这个词，虽然现如今有更广的含义(例如把放射性粒子放射 α、β、中子射线也称为辐射)，但通常还是用来表示这种能量.在经典电磁波理论中，能量的传播是靠电磁场的连续波动完成的，传播方向在互相垂直的电场和磁场振动平面内.电磁辐射的量子理论，增加了辐射的粒子特征，量子化为具有最小能量的光子.

辐射也表示电磁辐射通过真空传输的过程，通过互相垂直的电场和磁场的波动形式以真空中光速进行传播，它与其他能量传输方式(对流和传导)是有区别的.当辐射在大气中传播时，辐射能会因其他过程发生转化，同时辐射传输速度也会降低，不过偏差极小，依然认为辐射是以光速在传输.

在大气研究领域，只研究电磁辐射的问题.

11.1.1　电磁波特性

作为电磁辐射的载体的电磁波，其特性采用频率 f、波长 λ、波数 ν 和波速 c 四个量来描述.这些量的关系为

$$\lambda \cdot f = c, \quad \nu = 1/\lambda = f/c, \tag{11.1.1}$$

其中，波长 λ 的单位常用 μm(10^{-6} m)，但在紫外和可见光波段也用 nm(10^{-9} m).在红外波段习惯上用波数 ν 表示，其单位常用 cm^{-1}，表示在 1 cm 空间距离内有几个波动.频率 f 的单位则用赫兹(Hz)等，表示 1s 时间内有几次振动.

已知的电磁辐射序列，按电磁波波长从小到大排列，有波长最短的宇宙射线、γ 射线、X 射线、紫外辐射、可见光辐射、红外辐射、微波和全部的无线电波，这个序列称为电磁波谱(见图 11.1).图中给出了各种辐射波长对应的能量和绝对温度大小，波长和温度的对应关系的意义是，具有这个温度的黑体在对应波长上发射的辐射最大(即后面将提到的维恩定律).电磁波谱

中不同波段的物理特性，决定了探测它们要采用不同的技术，应用于大气研究中要采用不同的方法.

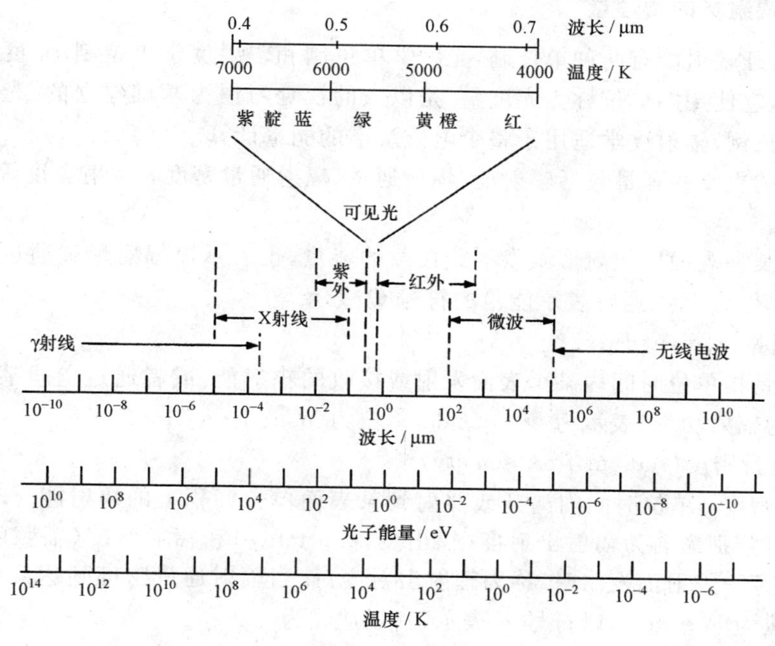

图 11.1 电磁波谱

太阳、地球和大气辐射的波长范围基本上在 0.1～120 μm，即紫外波段、可见光和红外波段部分.可见光波段集中了太阳辐射的主要能量，不但对地球大气辐射收支有着重要影响，而且不同波长的辐射还提供人眼不同的色彩感觉(表 11.1).在微波波段，直到几十厘米波长还有少量的辐射，也为大气科学工作者所关注.表 11.2 给出了在大气研究中几个主要电磁波波段的特性量的数值和单位比较，一般使用数值数量级 10^{-1}～10^{2} 的单位.

表 11.1 各种颜色对应的波长范围

颜色	紫	靛	蓝	绿	黄	橙	红
波长/μm	0.4～0.43	0.43～0.45	0.45～0.5	0.5～0.57	0.57～0.6	0.6～0.63	0.63～0.76

表 11.2 电磁波谱中不同波段的参量和单位比较

	λ		f		ν
	cm	μm	Hz	GHz(10^9 Hz)	cm^{-1}
紫外	10^{-5}	0.1	3×10^{15}		
可见	4×10^{-5}	0.4	7.5×10^{14}		
红外	2×10^{-3}	20	1.5×10^{13}		500
微波	0.1	10^3	3×10^{11}	300	10

电磁辐射的波动性表现为波动传播，发生反射、折射、干涉、衍射和偏振等效应.电磁辐射也具有微粒性，因此电磁辐射表现为波粒二象性.二者之间有相互关系，波动的频率 f、波长 λ 与微粒的能量 E、动量 p 之间存在着一定关系，即光子能量 $E=hf$、动量 $p=h/\lambda$，其中 h 为普

朗克常数.微粒性表现为发射、吸收过程中发生的气体辐射谱线和吸收谱线、光电效应等.

11.1.2 表征辐射场的物理量

历史上,表征辐射能有两种单位制,光度学单位制和辐射度学单位制.光度学研究对可见光能量的计算,它使用的单位称为光度量,是以人的视觉习惯为基础建立的.光度学是辐射度学的一部分或特例,辐射度学适用于整个电磁波谱的能量计算.

辐射度学的主要物理量包括辐射能、辐射通量、辐射通量密度和辐射亮度等.

1. 辐射能

辐射能是某一表面以辐射形式发射或接收的能量,也表示以辐射形式通过空间某一表面传输的能量,单位为J,以通常表示能量的符号Q表示.

2. 辐射通量(radiant flux)

辐射通量是指单位时间内某个表面发射或接收的辐射能,或者通过空间某一表面传输的辐射能,也称为辐射功率,表示为$\Phi=\mathrm{d}Q/\mathrm{d}t$,单位为W或$\mathrm{J\cdot s^{-1}}$.

3. 辐射通量密度(radiant flux density)

辐射通量密度:单位时间内离开或照射到某表面单位面积上的辐射能.按照辐射能传输方向的不同,可分别命名为辐射出射度(辐出度,emittance)和辐射照度(辐照度,irradiance).当通量密度由某一发射面发出时,称为辐射出射度;而当辐射通量密度到达某一接收面,称为辐射照度.单位为$\mathrm{W\cdot m^{-2}}$,以符号F表示,其表达式为

$$F=\frac{\mathrm{d}\Phi}{\mathrm{d}A}=\frac{\mathrm{d}^2Q}{\mathrm{d}A\mathrm{d}t}. \tag{11.1.2}$$

在大气中,一个面(真实的或假想的)一侧的半球空间所有方向的辐射能通过这个面单位面积的辐射功率,就是辐射通量密度.辐射通量密度的值,依赖于选择的面的取向.

4. 辐射亮度(radiance)

这个量与光度学单位制中的亮度单位对应,所以取名辐射亮度.它的意义是,在与辐射传输方向$\boldsymbol{\Omega}$垂直的表面上,单位面积、单位时间、单位立体角所通过的辐射能,单位为$\mathrm{W\cdot sr^{-1}\cdot m^{-2}}$.根据此定义,这个量表示一定方向的辐射流,具有强度的意义,所以它也被称为比强度(specific intensity).通常,所谓强度,是限于对一束辐射而言的.以符号I表示辐射亮度,其定义式为

$$I=I(\boldsymbol{\Omega})=\frac{\mathrm{d}^3Q}{\cos\theta\mathrm{d}A\mathrm{d}t\mathrm{d}\Omega}=\frac{\mathrm{d}^3Q}{(\boldsymbol{n}\cdot\boldsymbol{\Omega})\mathrm{d}A\mathrm{d}t\mathrm{d}\Omega}. \tag{11.1.3}$$

其中,$\mathrm{d}\Omega$为微分立体角元,θ是表面面元$\mathrm{d}A$法线方向$\boldsymbol{n}$到辐射流方向$\boldsymbol{\Omega}$的角度.若在球面坐标系中以天顶角θ和方位角ϕ表示方向,则辐射传输方向矢量$\boldsymbol{\Omega}$(见图11.2)在笛卡尔坐标中可表示为$\boldsymbol{\Omega}=\{\theta,\phi\}=\{\sin\theta\cos\phi,\sin\theta\sin\phi,\cos\theta\}$;此时,面元$\mathrm{d}A$的法向$\boldsymbol{n}=\{0,0,1\}$.

任意物体对某点所张的立体角,定义为以这点为顶点、包含该物体的锥体(锥体表面与该物体表面相切),所拦截的单位球面上的面积,如图11.3所示.如果锥体在半径为r的球面拦截的球面面积为A,则立体角为

$$\Omega=\frac{A}{r^2}. \tag{11.1.4}$$

立体角的单位用球面度(sr)表示.

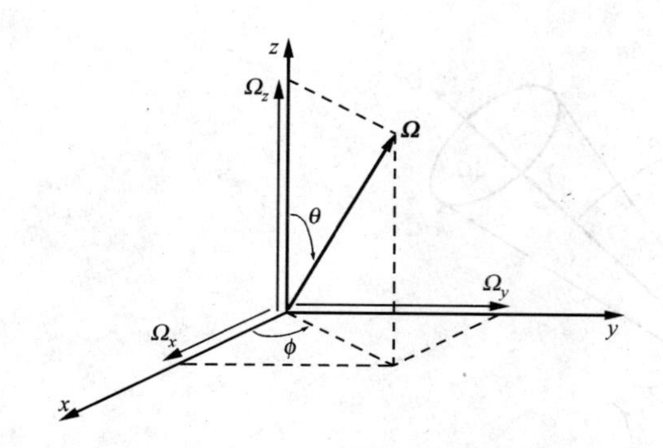

图 11.2 方向矢量 $\boldsymbol{\Omega}$ 的笛卡尔坐标和球坐标的关系

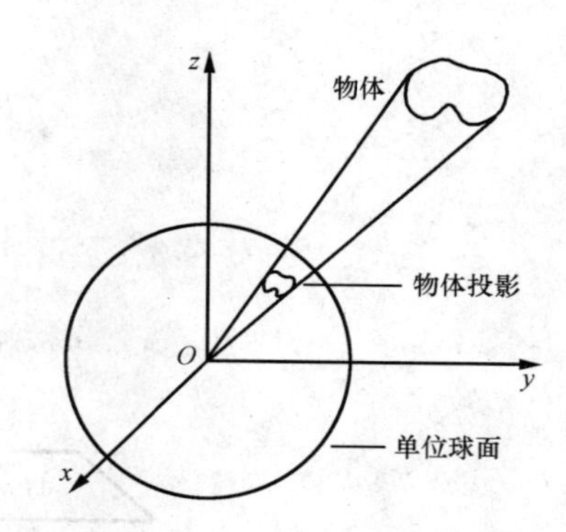

图 11.3 立体角的定义

通常立体角的计算采用球坐标(r,θ,ϕ),半径为 r 的球面在球坐标系中的球面面积元为

$$\mathrm{d}A = r^2\sin\theta\mathrm{d}\theta\mathrm{d}\phi, \tag{11.1.5}$$

其中 θ 和 ϕ 分别表示球坐标系中的天顶角和方位角. 根据立体角定义,微分立体角元为

$$\mathrm{d}\Omega = \frac{\mathrm{d}A}{r^2} = \sin\theta\mathrm{d}\theta\mathrm{d}\phi = -\mathrm{d}\mu\mathrm{d}\phi, \tag{11.1.6}$$

其中 $\mu=\cos\theta$. 物体的立体角就是下面的积分

$$\Omega = \iint\sin\theta\mathrm{d}\theta\mathrm{d}\phi, \tag{11.1.7}$$

其中 θ 和 ϕ 的积分范围,要根据物体投影在球面上的范围来确定. 对表面积为 $4\pi r^2$ 的球,它对球内任意一点所张的立体角均为 4π sr.

根据辐射亮度定义,得到辐射通量密度与辐射亮度的关系为

$$F = \int_{2\pi} I(\boldsymbol{\Omega})(\boldsymbol{n}\cdot\boldsymbol{\Omega})\mathrm{d}\Omega, \tag{11.1.8}$$

其中立体角的方向为 $\boldsymbol{\Omega}$ 向;$\boldsymbol{n}$ 为面元的法线方向(如图 11.4 所示). 这是一个普遍关系式,它不依赖于对坐标系的选择. 在实际应用中,使用球面极坐标并使 z 轴垂直于表面,则向上和向下的辐射通量密度与对应的辐射亮度的关系可分别写为

$$F^{\uparrow} = \int_0^{2\pi}\int_0^{\pi/2} I^{\uparrow}(\theta,\phi)\cos\theta\sin\theta\mathrm{d}\theta\mathrm{d}\phi, \tag{11.1.9}$$

和

$$F^{\downarrow} = -\int_0^{2\pi}\int_{\pi/2}^{\pi} I^{\downarrow}(\theta,\phi)\cos\theta\sin\theta\mathrm{d}\theta\mathrm{d}\phi, \tag{11.1.10}$$

式中因为 $I^{\uparrow}$ 和 $I^{\downarrow}$ 都是正值,因此从上面两式求出的 $F^{\uparrow}$ 和 $F^{\downarrow}$ 也是正值.

辐射亮度是最常用的辐射量,它具有的重要性质之一是,在一透明介质中,沿辐射方向辐射亮度保持不变. 例如,在空气干净的时候,当红色汽车远离我们,我们感到在一定距离内汽车保持同样的红色亮度,直到汽车很小成为一点时,这个点逐渐在我们的视野中黯淡下去,最终消失. 当汽车成为一点时,已不能使用亮度概念了,这时已转为辐射通量密度的意义,它与距离平方成反比,因此才会看到汽车越来越暗,直到最终消失.

在辐射研究中,辐射能密度表示空间单位体积中的辐射能,单位为 $\mathrm{J\cdot m^{-3}}$,微分形式为

$$\mathrm{d}u = \frac{\mathrm{d}^3Q}{\mathrm{d}V} = \frac{I\cos\theta\mathrm{d}A\mathrm{d}t\mathrm{d}\Omega}{\mathrm{d}A\cos\theta c\,\mathrm{d}t} = \frac{I}{c}\mathrm{d}\Omega. \tag{11.1.11}$$

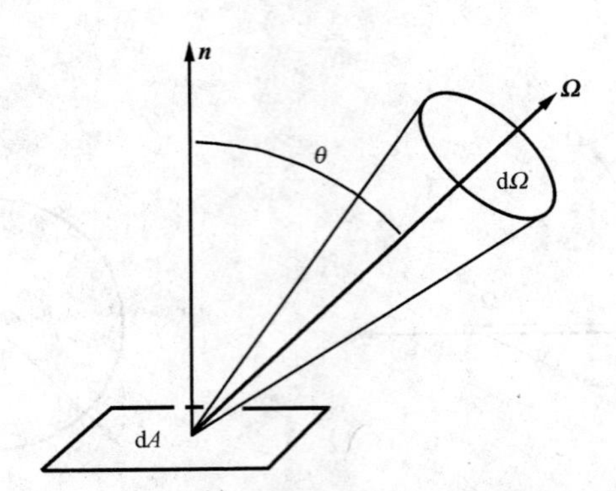

图 11.4 通过面元 dA 向某一方向 $\boldsymbol{\Omega}$ 传输的辐射束通量密度与 $\cos\theta=\boldsymbol{n}\cdot\boldsymbol{\Omega}$ 成正比

对空间所有方向进行积分

$$u=\int_{4\pi}\mathrm{d}u=\frac{1}{c}\int_{4\pi}I\mathrm{d}\Omega=\frac{4\pi}{c}\bar{I}. \tag{11.1.12}$$

可见,它与空间平均辐射亮度成正比.式中,平均辐射亮度为

$$\bar{I}=\frac{1}{4\pi}\int_{4\pi}I\mathrm{d}\Omega. \tag{11.1.13}$$

上述定义的辐射量都是在整个辐射波段的总量,即总辐射量.实际中常使用谱(或单色、分光)辐射量,即单位波长(或频率、波数)间隔内的辐射能.例如单色辐射通量密度定义为

$$F_\lambda=\mathrm{d}F/\mathrm{d}\lambda, \tag{11.1.14}$$

其单位为 $\mathrm{W\cdot m^{-2}\cdot\mu m^{-1}}$.总辐射通量密度即可通过对整个波段的积分来计算

$$F=\int_0^\infty F_\lambda\mathrm{d}\lambda. \tag{11.1.15}$$

有时需要知道某一波段 $\lambda_1\sim\lambda_2$ 之间的辐射通量密度,则只需对这一波段积分,即

$$F_{\Delta\lambda}=F(\lambda_1,\lambda_2)=\int_{\lambda_1}^{\lambda_2}F_\lambda\mathrm{d}\lambda. \tag{11.1.16}$$

其他的量也具有类似的称谓、单位和算式.

单色辐射量,例如 F_λ,F_f 和 F_ν 在数学形式上是不同的,但它们有一定的相互关系,需要根据能量守恒来得到.如果 $\mathrm{d}\lambda$ 间隔对应的频率间隔和波数间隔分别为 $\mathrm{d}f$ 和 $\mathrm{d}\nu$,则它们分别对应的能量相同,即

$$F_\lambda\mid\mathrm{d}\lambda\mid=F_f\mid\mathrm{d}f\mid=F_\nu\mid\mathrm{d}\nu\mid. \tag{11.1.17}$$

根据(11.1.17)式,只要已知 F_λ,F_f 和 F_ν 其中之一的函数表达式,则即可得到其他两函数的表达式.其他单色辐射量也遵循(11.1.17)式类似的关系.

11.2 辐射与物体

11.2.1 辐射源

往外发射辐射的物体称为辐射源,它可以是真实存在的物体(例如太阳),也可以是虚拟的一个面(例如大气空间中的任何一个面),即辐射从此面发出.同时,为方便研究应用,常使用一些理想的辐射源,如点源和朗伯源等.

1. 点源

点源是空间发射辐射的一点，是最简单的辐射源，是一种理想的情况，即其几何尺度可以被忽略. 假设源向四周发射是均匀的，辐射通量为 Φ，则在以点源为中心、半径为 r 的球表面上的辐照度为

$$F = \frac{\Phi}{4\pi r^2}, \tag{11.2.1}$$

这里辐射传输的方向都在半径方向. 可见，点源的辐照度随距离的变化服从反平方规律.

当离点辐射源距离相当大并且是讨论相对比较小范围中的问题时，可以把由点源发出的辐射当作平行辐射或平行光来处理. 平行辐射的特点是：在不考虑吸收和散射等因素时，平行光在任何位置上的辐照度应是常数. 在大气辐射中，常把来自太阳的直接辐射看作平行光. 因为地球离太阳的距离约为 $d=1.5\times10^8$ km，而大气辐射学中讨论的最大尺度是地球半径的尺度，即 $R_E=6371$ km，在这样一个范围中，太阳辐射的强度改变为 $[(d+R_E)/d]^2=1.000\,084$. 因此把太阳辐射当作平行光，认为其辐照度不随距离变化是合理的.

对于平行辐射，若需计算某一平面上的辐射通量密度，只需要知道平行辐射的辐照度和传播方向即可. 例如需计算地面接收到的太阳辐射，设太阳的天顶角为 θ，则该地水平面上接收的太阳积分(所有波长)辐照度为

$$F' = F\cos\theta, \tag{11.2.2}$$

其中，F 为与日光垂直平面上的太阳积分辐照度.

由于平行辐射的辐射能是在同一方向传播，射线所张的立体角为零，此时辐亮度的概念原则上不再适用. 但因为辐亮度在辐射传输中是常用的物理量，因此仍然可以定义平行辐射的辐亮度. 若辐射通量密度为 F 的平行光来自方向 $\boldsymbol{\Omega}_0=\{\mu_0,\phi_0\}$，则空间某一方向 $\boldsymbol{\Omega}=\{\mu,\phi\}$ 上的辐射亮度表示为

$$\begin{aligned} I(\theta,\phi) &= F\cdot\delta(\boldsymbol{\Omega}-\boldsymbol{\Omega}_0) \\ &= F\cdot\delta(\mu-\mu_0)\delta(\phi-\phi_0), \end{aligned} \tag{11.2.3}$$

其中，$\delta(\boldsymbol{\Omega}-\boldsymbol{\Omega}_0)$ 和 $\delta(\mu-\mu_0)\delta(\phi-\phi_0)$ 的单位都是 sr^{-1}. 狄拉克 δ 函数定义为，当 $x\neq x_0$ 时，$\delta(x-x_0)=0$；当 $x=x_0$ 时，$\delta(x-x_0)=\infty$. δ 函数满足归一化条件，即 $\int_{-\infty}^{\infty}\delta(x-x_0)\mathrm{d}x=1$，且当 $f(x)$ 为连续函数时，满足 $\int_{-\infty}^{\infty}f(x)\delta(x-x_0)\mathrm{d}x=f(x_0)$，即 δ 函数具有挑选性，可把 $f(x)$ 在 $x=x_0$ 处的值挑选出来.

2. 面辐射源

一般性地考虑大气空间中的任意一个面或地球任一表面，它可以向其一侧，即 2π 立体角中发射辐射能；这涉及空间立体角积分. 对面辐射源首先关心的是其辐出度即通过单位面积在面源的法线方向射出的能量的多少，因为它和辐射体的能量收支直接相关. 如果已知面源的谱辐射亮度 I_λ，则据(11.1.15)式，可类似求得积分辐亮度 I，由此得到面源的辐出度为

$$F = \int_\Omega I\cos\theta\mathrm{d}\Omega, \tag{11.2.4}$$

式中 Ω 为积分的立体角空间.

面源的辐射属于漫射辐射. 漫射辐射是在连续的方向范围内的辐射，包括散射辐射和从非点源的发射，它与平行辐射和点源辐射有显著差异. 越是在所有方向上具有一样的特性(各向

同性)的辐射,就越是漫射辐射.地球表面和大气中任一平面都是放射红外辐射的面辐射源,通过大气中的任一平面射出的都是具有连续方向的漫射辐射.

3. 朗伯源

辐射面源射向各个方向的辐射亮度一般是不同的,具有方向性.在各向同性辐射情况下,辐射亮度 I 大小与方向 θ 无关的辐射体称为朗伯体(朗伯面),即向所有方向以同一辐射亮度发射辐射的物体,也称为朗伯源.在大气辐射研究中,朗伯体是一个重要的概念,常常把太阳、陆地表面看作朗伯面;而平静的水面因有反射,则不能当作朗伯面处理.

按照辐射亮度的定义,在各向同性辐射情况下,朗伯源的辐射通量 Φ 依赖于角度 θ,即

$$\Phi \sim \cos\theta. \tag{11.2.5}$$

因此这种辐射通量与方向有关的辐射源也称为余弦发射体.

朗伯源辐出度,即面元 $\mathrm{d}A$ 上单位面积发射的总辐射通量为

$$F = \int_{\Omega} I\cos\theta\mathrm{d}\Omega = \int_{0}^{4\pi} I\cos\theta\mathrm{d}\Omega. \tag{11.2.6}$$

如果是半球空间,使用微分立体角元的表达式(11.1.6)式,得到

$$F = \int_{0}^{2\pi}\int_{0}^{\pi/2} I\cos\theta\sin\theta\mathrm{d}\theta\mathrm{d}\phi, \tag{11.2.7}$$

积分得

$$F = \pi I, \tag{11.2.8}$$

即朗伯源的辐出度是辐射亮度的 π 倍.

上述的余弦发射体的辐射通量与方向角(面元法线与辐射方向的夹角)的余弦成正比,这个关系称为朗伯定律,也适用于反射辐射.服从朗伯定律的面的反射或发射辐射的辐亮度是常数或各向同性,这样的表面在不同的场合命名为朗伯源、漫射表面、朗伯反射体或朗伯发射体.有时为了与布格-朗伯定律(见第十二章)区别,称为朗伯余弦定律.

11.2.2 辐射与物体的相互作用

除了作为辐射源向外发射辐射外,物体还对辐射有吸收和散射.吸收就是指投射到介质上面的辐射能中的一部分被转变为介质本身的内能或其他形式的能量.吸收辐射的介质也放出辐射,但只能在吸收能量转化过程发生后.对于散射,广义地说,是物质被外加电磁辐射场激发后作为辐射源向外辐射的过程,物体的辐射发射就不需要这样的外加电磁辐射场.根据这个定义,电磁波的反射、折射和衍射包含在散射中.如果入射和散射辐射的频率一样,为弹性散射,否则是非弹性的.大气科学中研究的散射通常是弹性散射.

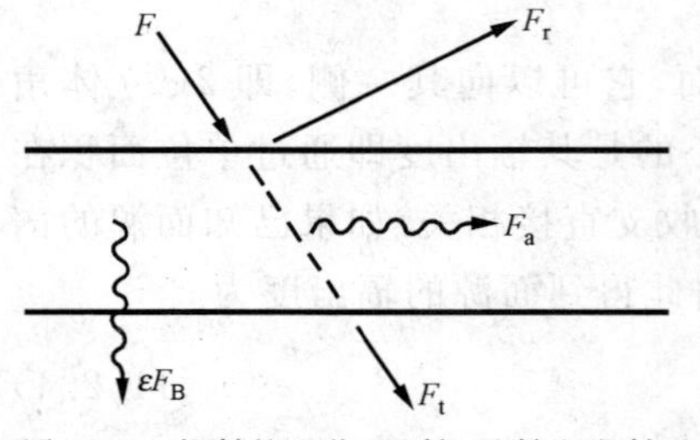

图 11.5 辐射的吸收、反射、透射和发射示意图(F_B 为服从普朗克黑体定律的物体的辐出度)

射至物体的辐射能,一部分会被物体吸收变为内能或其他形式的能量,一部分会被散射,而另一部分则会透过物体,其中散射部分中的后向散射部分就是反射.经过物体的吸收和散射,辐射能受到了衰减(也称为消光,特别是在光学波段).消光的概念不用来表示点源的辐照度随距离反平方递减的关系.

如图 11.5 所示,一束辐射照射到某一介质上,其辐射

通量密度为 F,经过介质吸收,反射和透射的辐射分别为 F_a,F_r 和 F_t,根据能量守恒

$$F = F_a + F_r + F_t. \tag{11.2.9}$$

由此可定义吸收率(absorptivity)为吸收辐射能与入射辐射能的比值,即 $a = F_a/F$;反照率(albedo)为反射辐照度与入射辐照度的比值,$r = F_r/F$(也称为反射率,reflectivity);透过率(transmittance)为透过的辐射通量密度与入射辐射通量密度的比值,$t = F_t/F$(也称为透射率,transmissivity).

广义地讲,一个给定面的反射(或散射)回的辐射与入射辐射的比值称为反射比(reflectance),其中反射或散射回的辐射与入射辐射的波长或波段相同.辐照度的反射比称为反照率(或反射率).当入射辐照度来自某一方向时,称为定向-半球反射比(directional-hemispherical reflectance).当入射辐射照度为漫射辐射时,称为双半球反射比(bihemispherical reflectance).某一特定方向的反射辐射亮度与另一特定方向的入射辐照度的反射比为双向反射函数(bidirectional reflection function, BDRF).

根据(11.2.9)式以及吸收率、反照率和透过率的定义,得到

$$a + r + t = 1. \tag{11.2.10a}$$

物体的发射能力用发射率 ε(emissivity)表征,是温度为 T 的物体的发射的辐射通量与服从普朗克黑体定律的物体的发射的辐射通量之比,也即辐出度之比,因此发射率也称比辐射率.根据基尔霍夫定律,$\varepsilon = a$.因此根据能量守恒关系,(11.2.10a)式也写为

$$\varepsilon + r + t = 1. \tag{11.2.10b}$$

吸收率、反照率、透过率和发射率的概念可用于在某种波长的辐射的情况.对于某一定波长的辐射,称为谱(或单色、分光)吸收率、反照率、透过率和发射率,分别记为 a_λ,r_λ,t_λ 和 ε_λ.对于某一个波段,也有相应的该波段的吸收率、反照率和透过率.

各种物体对不同波长的辐射具有不同的吸收率与发射率,构成了该物体的吸收光谱或辐射光谱.吸收光谱可以用不同的关系来表达,除了使用吸收率随波长的变化关系外,还可使用吸收辐射(如辐射通量密度等)随波长(或频率、波数)的变化关系来表示吸收光谱,辐射光谱也类似.如果把这些关系绘制成曲线,就是吸收光谱曲线和辐射光谱曲线.

11.2.3 辐射体

前面已经讨论了一种辐射体,即朗伯体.在大气研究中,还有三种特殊的辐射体,即黑体、灰体和选择辐射体.

1. 黑体

绝热黑体(或黑体)是假想的物体,不能被任何频率、方向或偏振(如果传播时电磁场的电场和磁场分量具有相关性,即它们的振幅比、相位差是常数,称为偏振;如果不相关,就属无偏振)状态的外加电磁辐射激发而发射辐射.经典的黑体定义,即吸收全部入射辐射,是不充分的,还要求物体尺度远大于入射辐射的波长.

按照经典的黑体定义,$a = \varepsilon = 1$,相应的必有 $r = 0$,$t = 0$.如果物体仅对某一波长全部吸收,即 $a_\lambda = 1$,则该物体对这一波长为黑体.

绝对黑体在自然界是不存在的.吸收率最大的物体,例如烟炱黑对可见光各波段的吸收率均超过 0.95,接近于 1,但在远红外波段其吸收率比 1 小得多,因此不能说它是绝对黑体.在实验室可以人工制造出尽可能接近于绝对黑体的表面.如图 11.6 所示,容器是只开一个小孔 C

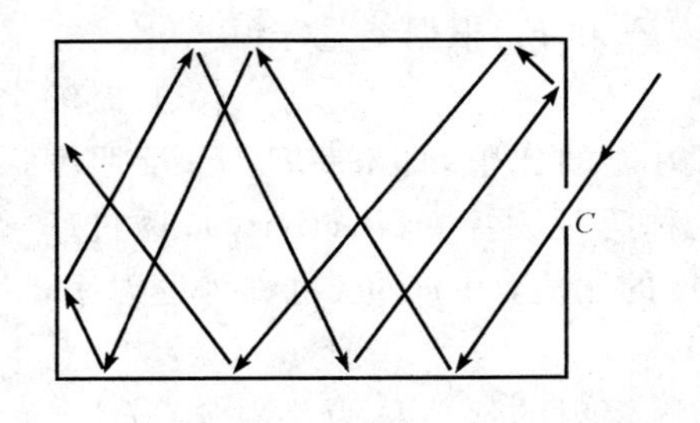

图 11.6　密闭空腔示意图

的密闭空腔，其壁厚且内层涂以烟炱黑，使其吸收率接近于 1. 入射到小孔的辐射要经过多次反射，最后只有很少一部分能由小孔出来. 设内壁的反照率为 r，入射辐射 F 经一次反射为 rF，二次反射后为 r^2F，n 次反射后为 r^nF，而吸收率为 $1-r^n$. 即使 $r=0.1$，$n=4$，吸收率也可达到 0.9999，已经很接近 1 了，何况 n 还要更大些. 于是可认为小孔能吸收全部入射的辐射能，小孔所张的面就是一个绝对黑体面. 有关黑体辐射性质的实验装置就是用这种原理制作的.

应当注意，这里所讨论的黑体与一般所谓黑色物体是有区别的，黑色物体只表明它对可见光的反射性质. 不能根据物体的颜色来判断它对其他波段的吸收能力，例如洁白的雪面对远红外波段而言，远比一般物体更接近于黑体.

2. 灰体

灰体是当所有辐射照射时，吸收率 a 为常数(0～1)的假想物体，因此吸收率与波长无关. 灰体的吸收特性介于白体($a=0$)和黑体之间. 自然界没有这样的物体. 例如地面对于长波辐射的吸收率近于常数，故可认为地面为灰体，且吸收率 a 极近于 1.

3. 选择性辐射体

如果物体的吸收率(或发射率)随波长而变，则这物体就称为选择性辐射体. 在自然界中绝大多数物体是选择性辐射体，例如，大气中各种气体成分具有选择吸收的特性，就是选择性辐射体，这是由组成大气的分子和原子结构及其所处的热运动状态决定的. 不少选择性辐射体在某些波段的吸收率随波长变化很小，可以近似看作灰体. 在红外波段，不少物体的吸收率近似于 1，这些物体在这一波段可以近似看成黑体.

11.2.4　反射体

理想的反射体有镜面和朗伯反射体，见图 11.7. 镜面反射体的反射在某一固定方向，且反射角与入射角相同(斯涅耳定律)，因此只能在固定方向才能接收到反射辐射. 而朗伯反射的辐射在各个方向是均匀的，即向每个方向反射辐射亮度相同. 实际表面因各自的组成不同，反射不会是特定的某一方向(镜面反射)或各向均匀反射(朗伯反射)，总会与这两种理想反射有偏差.

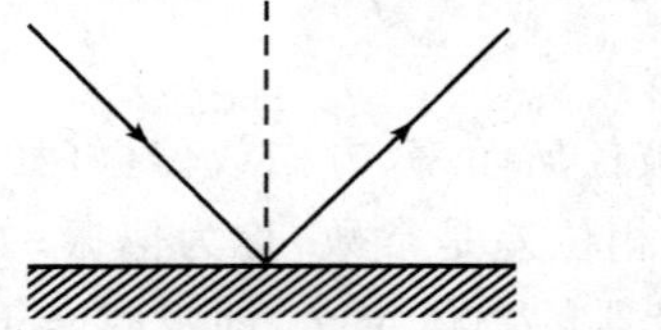
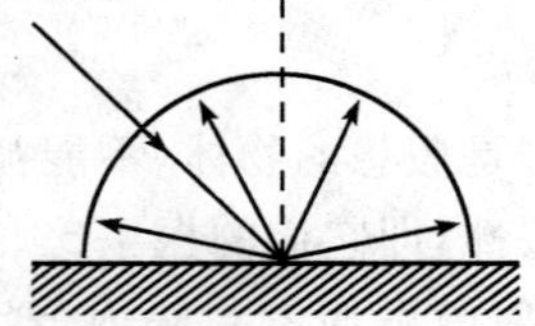
图 11.7　理想的镜面反射和朗伯反射示意图，实际的反射不会是特定的某一方向(镜面反射)或各向均匀反射(朗伯反射)，总会与这两种理想反射有偏差

对于任何反射，向上反射的通量密度 F_r 等于反照率 r 与入射通量密度 F 的乘积，即

$$F_r = rF. \tag{11.2.11}$$

对于朗伯体，其反射的辐射亮度 I_r 与方向无关，因此，$F_r=\pi I_r$. 根据朗伯体辐射亮度与辐射通量密度的关系，可以得到反射的辐射亮度为

$$I^{\uparrow} = rF/\pi. \tag{11.2.12}$$

如果入射辐射是太阳平行光，入射角为 θ_i，可以得到这种情况下的反射辐射亮度为

$$I^{\uparrow} = rS\cos\theta_i/\pi, \tag{11.2.13}$$

式中 S 为垂直于太阳光束的表面上的太阳辐照度.

实际需要讨论的是普遍的反射情况，即反射的辐射亮度与入射辐射的方向 $\boldsymbol{\Omega}_i=(\theta_i,\phi_i)$ 和自身反射的方向 $\boldsymbol{\Omega}_r=(\theta_r,\phi_r)$ 有关（见图 11.8）. 考虑方向 $\boldsymbol{\Omega}_i$ 立体角 $d\Omega_i$、亮度为 $I_i^{\downarrow}(\boldsymbol{\Omega})$ 的辐射投射到法向 $\boldsymbol{n}$ 的表面 dA，则入射到 dA 的辐射通量密度为

$$dF_i^{\downarrow}(\boldsymbol{\Omega}_i) = I_i^{\downarrow}(\boldsymbol{\Omega}_i)\cos\theta_i d\Omega_i = I_i^{\downarrow}(\boldsymbol{\Omega}_i)\boldsymbol{n}\cdot\boldsymbol{\Omega}_i d\Omega_i. \tag{11.2.14}$$

而 $dI_r^{\uparrow}(\boldsymbol{\Omega}_r)$ 为从 dA 表面向 $\boldsymbol{\Omega}_r$ 方向立体角 $d\Omega_r$ 内的反射的辐射亮度，则定义双向反射函数(BRDF)为反射辐射亮度与入射辐射通量密度的比值，即

$$\begin{aligned}\rho(\boldsymbol{\Omega}_i;\boldsymbol{\Omega}_r) &= \rho(\theta_i,\phi_i;\theta_r,\phi_r)\\ &= \frac{dI_r^{\uparrow}(\boldsymbol{\Omega}_r)}{dF_i^{\downarrow}(\boldsymbol{\Omega}_i)} = \frac{dI_r^{\uparrow}(\boldsymbol{\Omega}_r)}{I_i^{\downarrow}(\boldsymbol{\Omega}_i)\boldsymbol{n}\cdot\boldsymbol{\Omega}_i d\Omega_i},\end{aligned} \tag{11.2.15}$$

则(11.2.13)式的反射的辐射亮度可表示为

$$I^{\uparrow}(\theta_r,\phi_r) = \rho(\theta_i,\phi_i;\theta_r,\phi_r)S\cos\theta_i. \tag{11.2.16}$$

上式要求太阳平行光方向来自 $\boldsymbol{\Omega}_i=(\theta_i,\phi_i)$.

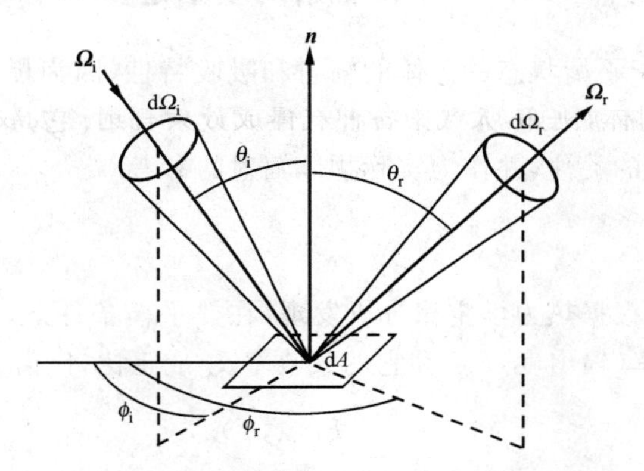

图 11.8 定义双向反射函数时的相关变量的几何关系

一般情况下，入射辐射来自天空各个方向，需要对(11.2.15)式积分得到向上的 $\boldsymbol{\Omega}_r$ 方向上的反射辐射亮度，即

$$I^{\uparrow}(\boldsymbol{\Omega}_r) = \int_{2\pi}\rho(\boldsymbol{\Omega}_i;\boldsymbol{\Omega}_r)I^{\downarrow}(\boldsymbol{\Omega}_i)\boldsymbol{n}\cdot\boldsymbol{\Omega}_i d\Omega_i. \tag{11.2.17}$$

上述积分是对半球面 2π 立体角进行的. 在极坐标下写成一般的标量方程为

$$I^{\uparrow}(\theta_r,\phi_r) = \int_0^{2\pi}\int_0^{\pi/2}\rho(\theta_i,\phi_i;\theta_r,\phi_r)I^{\downarrow}(\theta_i,\phi_i)\cos\theta_i\sin\theta_i d\theta_i d\phi_i. \tag{11.2.18}$$

对于朗伯体，双向反射函数为常数 ρ_L，(11.2.18)式写为

$$I^{\uparrow} = \rho_L\int_0^{2\pi}\int_0^{\pi/2}I^{\downarrow}(\theta_i,\phi_i)\cos\theta_i\sin\theta_i d\theta_i d\phi_i = \rho_L F_i. \tag{11.2.19}$$

将(11.2.19)式两边同乘以 π，则方程左边是反射通量密度，因此得到朗伯体反照率 r 与双向反射函数 ρ_L 的关系为

$$r = \pi\rho_L. \tag{11.2.20}$$

11.2.5　局地热力学平衡

在热力学中，热力学平衡状态是一个孤立系统经过足够长时间达到的系统各种宏观性质在长时间内不发生任何变化的状态. 地球大气系统不是孤立的，要受到太阳辐射和其他微粒流的作用，同时大气内存有温度梯度，所以大气中完全的热力平衡是没有的. 但是在所有热力不平衡的系统中，在一个宏观小体积内建立平衡的时间要短得很多. 从这个事实出发，就可设想在大气中存在如下状态，在这个状态中，气体的每一体积元有如处在热力平衡状态中（对这个体积温度而言），这样的平衡称局地热力平衡. 实际大气中，在 60～70 公里以下，分子间频繁碰撞使能量迅速重新分配，并达到局地热力平衡.

局地热力学平衡的概念是由施瓦兹希尔德（Schwarzschild）于 1906 年在他的行星大气的研究中首先提出的. 他认为在恒星内部就像在行星大气中一样，任何单独的气块不是孤立的，原则上不能定义平衡状态. 但是，平衡的概念在应用中非常有价值，因此需要做出局地热力平衡的近似. 当辐射在局地热力平衡大气中传输时，局地热力平衡达到的时间远小于辐射衰减的生命时间，大气的发射辐射可以用普朗克定律和基尔霍夫定律描述.

11.3　平衡辐射的基本定律

历史上首先关注处于平衡状态的黑体的辐射和吸收特性，因为黑体完全吸收所有入射辐射（因此说黑），而且在所有波长和所有方向上有最大放射辐射. 它是现实中不存在的理想物体，因此最先受到科学家的关注，并作为实际物体辐射的参考.

11.3.1　基尔霍夫定律

基尔霍夫在 1859 年根据热力学定律分析发现，在热平衡条件下，任何物体在同一温度 T 下的在波长 λ 时的辐射率（辐出度）$F_{\lambda,T}$ 和它的吸收率 a_λ 成正比，比值只与 λ 和 T 有关，即

$$\frac{F_{\lambda,T}}{a_\lambda} = F_{\mathrm{B}}(\lambda,T). \tag{11.3.1}$$

这就是基尔霍夫定律，其中，$F_{\lambda,T}=F(\lambda,T)$，$F_{\mathrm{B}}(\lambda,T)$ 是一个与物质无关的普适函数. 当某一物体对该波长为黑体（$a_\lambda=1$）时，其辐出度就等于 $F_{\mathrm{B}}(\lambda,T)$. 因此，$F_{\mathrm{B}}(\lambda,T)$ 就是黑体的辐出度.

上述结论容易证明，当一个黑体和任一物体在真空中达辐射平衡时，对于黑体，其放射辐射与吸收辐射相等，即对于某一波段 $\mathrm{d}\lambda$，有

$$F_{\mathrm{B}}(\lambda,T)\mathrm{d}\lambda = F_{\lambda,T}\mathrm{d}\lambda + (1-a_\lambda)F_{\mathrm{B}}(\lambda,T)\mathrm{d}\lambda, \tag{11.3.2}$$

其中，吸收的辐射包括黑体完全吸收物体放出的辐射 $F_{\lambda,T}$ 和黑体放出辐射经物体反射返回到黑体被吸收的辐射 $(1-a_\lambda)F_{\mathrm{B}}(\lambda,T)$，$a_\lambda$ 为物体吸收率. 同样对于物体，也达到辐射平衡，即

$$F_{\lambda,T}\mathrm{d}\lambda = a_\lambda F_{\mathrm{B}}(\lambda,T)\mathrm{d}\lambda, \tag{11.3.3}$$

其中，物体只吸收部分黑体辐射.

(11.3.2)和(11.3.3)两式经过简化，都有

$$F_{\lambda,T} = a_\lambda F_{\mathrm{B}}(\lambda,T). \tag{11.3.4}$$

通常定义物体的发射能力 $F_{\lambda,T}$ 和黑体的发射能力 $F_{\mathrm{B}}(\lambda,T)$ 之比为物体的发射率 ε_λ，则上述的基尔霍夫定律也可以写成下列形式

$$\varepsilon_\lambda = a_\lambda, \tag{11.3.5}$$

即物体的发射率和其吸收率相等.

基尔霍夫定律成立时,物体必须是处于局地热力学平衡.这个定律非常通用,自然和理想的表面都适用.它的意义在于:它将物体的吸收能力和放射能力联系了起来,指出某波长处优秀的吸收体也是这一波长的优秀的发射体,只要知道了某种物体的吸收率,也就知道了它的发射率;特别是它将各种物体的吸收、放射能力与黑体的放射能力联系了起来,这是很有意义的.因此需要首先确定黑体的辐射规律.

11.3.2 斯特藩-玻尔兹曼定律

1879 年,斯特藩(Stefan)根据实验,得到绝对黑体的积分辐出度与绝对温度的 4 次方成正比,即

$$F = \sigma T^4, \tag{11.3.6}$$

其中,F 为黑体积分辐出度,单位为 $\mathrm{W \cdot m^{-2}}$,σ 为斯特藩-玻尔兹曼常数,其值为 $5.6696 \times 10^{-8}\,\mathrm{W \cdot m^{-2} \cdot K^{-4}}$,$T$ 是黑体的绝对温度(单位 K). 1884 年,斯特藩的学生玻尔兹曼(Boltzmann)由热力学理论给出证明,因此这一结论被称为斯特藩-玻尔兹曼定律.

根据任意物体的总辐射的测量,运用斯特藩-玻尔兹曼定律,可以估计温度,这个温度称为有效温度,即

$$T_\mathrm{e} = (F/\sigma)^{1/4}. \tag{11.3.7}$$

这是使用辐射测物体温度的方法,不是物体的真实温度,只有当物体为黑体时,这个温度才是黑体的真实温度.

11.3.3 维恩定律

1893 年,维恩(Wien)把热力学和多普勒原理结合起来,得到

$$\lambda_{\max} = b/T, \tag{11.3.8}$$

这是黑体辐射的维恩定律(也称为维恩位移定律).其中 $\lambda_{\max}$ 是黑体辐射最大值时对应的波长(μm);b 为常数,其值为 $2897.8\,\mu\mathrm{m \cdot K}$;$T$ 为绝对温度(K).

测量任意物体辐射最大值对应的波长,从而根据位移定律获得的温度称为颜色温度(或色温)

$$T_\mathrm{c} = b/\lambda_{\max}, \tag{11.3.9}$$

这是光谱学方法测温的基础,同样,这个温度不是物体的真实温度,只有当物体是黑体时才是真实温度.

1895 年,维恩等人创造了一个带有小孔的空腔(见图 11.6),验证了上述三个定律.但是,关键的问题——黑体辐射 $F_\mathrm{B}(\lambda, T)$,依靠普朗克的最终研究才得以解决.

11.3.4 普朗克定律

1900 年,普朗克根据其他科学家的研究,与自己的工作结合起来,得到黑体辐射密度 u 随频率 f 的变化公式

$$u_f(T)\mathrm{d}f = \frac{8\pi h f^3}{c^3} \frac{1}{\exp[hf/(kT)] - 1}\mathrm{d}f. \tag{11.3.10}$$

这个公式表示的黑体辐射完全与实验吻合,称为普朗克公式(或普朗克函数、普朗克定律).

普朗克公式可以写为辐射亮度的表达式,这是因为在辐射测量应用中辐射亮度是仪器容易测量的一个辐射量.根据(11.1.12)式,可得到表征黑体辐射通过透明介质的辐射亮度的普朗克公式为

$$B_f(T)=\frac{2hf^3}{c^2}\frac{1}{\exp[hf/(kT)]-1}. \tag{11.3.11}$$

在许多应用中,常常使用波长来替代频率来确定辐射亮度,根据(11.1.17)式,得到以波长为变量的普朗克公式为

$$B_\lambda(T)=\frac{2hc^2}{\lambda^5}\frac{1}{\exp[hc/(\lambda kT)]-1}. \tag{11.3.12}$$

因为黑体是理想的朗伯体,从辐射亮度可以得到黑体的辐射通量密度为

$$F_B(\lambda,T)=\pi B_\lambda(T)=\frac{1}{\lambda^5}\frac{C_1}{\exp(C_2/(\lambda T))-1}, \tag{11.3.13}$$

其中,$C_1=2\pi hc^2=3.7427\times10^8\ \mathrm{W\cdot\mu m^4\cdot m^{-2}}$为第一辐射常数,$C_2=hc/k=14\,388\ \mathrm{\mu m\cdot K}$为第二辐射常数,光速$c=2.997\,93\times10^8\ \mathrm{m\cdot s^{-1}}$,普朗克常数$h=6.6262\times10^{-34}\ \mathrm{J\cdot s}$,玻尔兹曼常数$k=1.3806\times10^{-23}\ \mathrm{J\cdot K^{-1}}$.

由普朗克公式反求绝对温度,这个温度称为等效黑体温度(或亮度温度),即

$$T_b=T=B_\lambda^{-1}(T)=\frac{C_2}{\lambda\ln[C_1/(\pi\lambda^5B_\lambda)+1]}, \tag{11.3.14}$$

这是遥感测温的基础.当然若物体是黑体时,这个温度与真实温度相同.一般物体的辐射小于黑体辐射,因此其亮度温度小于真实温度.

普朗克公式是大气辐射研究中最重要的公式之一,其表示的黑体辐射亮度随温度和波长变化见图 11.9,图中普朗克函数有一极值,极值对应的波长与绝对温度成反比(即维恩位移定律);对任意给定波长,辐射单调地随温度而增加(图 11.9(a));辐射分布在极值两边是非对称的;在波谱的短波部分降低很快,而在长波部分降低缓慢(图 11.9(b)).

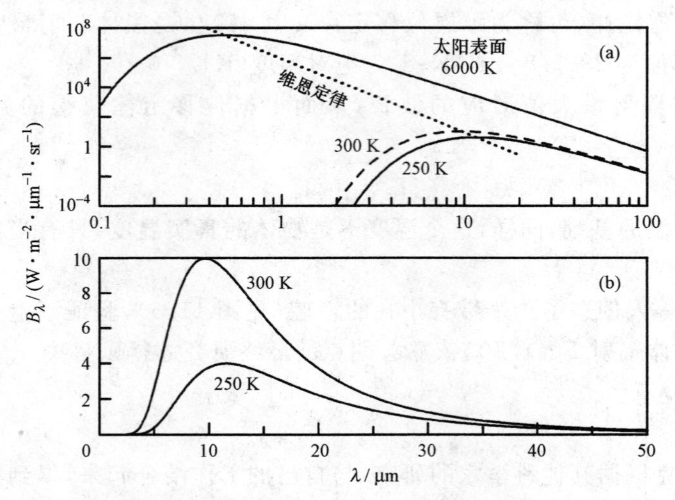

图 11.9　地球大气和太阳典型温度下黑体辐射曲线.(a) $B_\lambda(T)$随$\ln\lambda$的变化曲线,纵坐标是对数坐标,对角虚线对应于维恩定律.其中,$T=6000$ K 的曲线代表太阳表面黑体辐射.(b) 典型大气温度下$B_\lambda(T)$随λ的变化曲线

总之，有了上述有关辐射的定律，黑体辐射的规律就全部确定了. 这些定律把黑体的温度与辐射光谱联系了起来. 对于非黑体，只要知道了它的温度与吸收率，通过基尔霍夫定律，其辐射光谱也就确定了. 在研究大气辐射过程时，首先要确定地球和大气的吸收率.

11.4 辐射场的热力学特性

空腔里的电磁辐射场称为空腔辐射，因为空腔壁连续发射和吸收辐射，辐射平衡时就意味着辐射场的特征不再变化. 这种空腔辐射是均一的、各向同性而且没有偏振. 空腔辐射平衡可以由腔壁的温度描述. 实验表明，如果改变空腔的体积而保持温度不变，空腔辐射的能量密度不会改变. 因此，能量密度只是温度的函数，能量可以用能量方程(caloric equation)表示为

$$E = u(T)V. \tag{11.4.1}$$

如果假设空腔辐射是光子气体，那么像一般气体的情况一样，也会存在辐射场的压力. 热力学不能提供这个压力的信息，但由电磁理论可以得到作用到黑体辐射上的压力为

$$p = u(T)/3, \tag{11.4.2}$$

这是空腔或黑体辐射的状态方程. 因此，黑体辐射可以由辐射压力、体积和与辐射场平衡的腔壁的温度完全确定.

因为光子气体可以由 p，V 和 T 表示其状态，因此可以作为热力学系统讨论，并可应用热力学规律. 根据

$$\frac{\partial U}{\partial V} = T\frac{\partial p}{\partial T} - p, \tag{11.4.3}$$

代入总辐射能量 $U=E=u(T)V$ 和压力，得到

$$u = \frac{T}{3}\frac{\mathrm{d}u}{\mathrm{d}T} - \frac{u}{3}, \tag{11.4.4}$$

整理并积分得到

$$u = bT^4, \tag{11.4.5a}$$

其中，b 是积分常数. 因此，辐射能密度正比于温度的 4 次幂. 对于各向同性辐射，

$$u = \int_{4\pi}\mathrm{d}u = \frac{1}{c}\int_{4\pi} I\mathrm{d}\Omega = \frac{4\pi}{c}I, \tag{11.4.5b}$$

则

$$I = \frac{cb}{4\pi}T^4 = \frac{1}{\pi}\sigma T^4, \tag{11.4.6}$$

式中 $\sigma=cb/4$. 根据辐射亮度与辐射通量密度的关系，可得到辐射通量密度为

$$F = \int_0^{2\pi}\int_0^{\pi/2} I\cos\theta\sin\theta\mathrm{d}\theta\mathrm{d}\phi = \sigma T^4. \tag{11.4.7}$$

这即是斯特藩-玻尔兹曼定律，首先是由斯特藩通过实验得到，理论推导由玻尔兹曼完成. 除此之外，普朗克导出了辐射密度的表达式，将此表达式在所有波长上积分即可得到辐射通量密度，同样也得到斯特藩-玻尔兹曼定律.

此外，可以得到辐射的熵

$$\mathrm{d}S = \frac{\mathrm{d}E + p\mathrm{d}V}{T} = 4bVT^2\mathrm{d}T + \frac{4}{3}bT^3\mathrm{d}V = \frac{4}{3}b\mathrm{d}(T^3V), \tag{11.4.8}$$

由此积分得到

$$S=\frac{4}{3}bT^3V. \tag{11.4.9}$$

根据普朗克的研究，上述积分中没有积分常数，因为当 T 趋于零时，$S=S(T)$ 也一定为零. 对于 S 为常量的情况，根据(11.4.2)和(11.4.5)式，得到 $p=bT^4/3$，由此，光子绝热过程的方程式为

$$T^3V=\text{常数}，\quad \text{或}\quad pV^{4/3}=\text{常数}. \tag{11.4.10}$$

11.5　太阳辐射与地球辐射

太阳表面的温度和地球大气的温度差别很大，两者辐射能量集中的光谱段是不同的. 为比较两者的差别，一方面，把日地平均距离时到达地球大气上界的太阳辐射与地球大气辐射相比较，见图 11.10(a). 另一方面，把两者对应的黑体辐射曲线归一化，根据

$$T^{-4}\int_{-\infty}^{\infty}\lambda B_\lambda(T)\mathrm{d}(\ln\lambda)=\frac{\sigma}{\pi}, \tag{11.5.1}$$

可以绘制不同温度下的 $T^{-4}\lambda B_\lambda(T)$ 随 $\ln\lambda$ 的变化曲线，则曲线下的面积不依赖于温度 T. 图 11.10(b)绘制了温度分别为 6000 K，300 K 和 250 K 的曲线，每条曲线下包围的面积相等. 可以看到，6000 K 的曲线与 300 K 或 250 K 的曲线只有很小部分的重叠.

从图 11.10 可以看到，在 4～5 μm 处，就可以很好地把这两种辐射区分开来，而且通过积分计算发现，有 99%以上的太阳辐射位于小于 4 μm 波段，99%以上的地球辐射位于大于 4 μm 的长波波段.

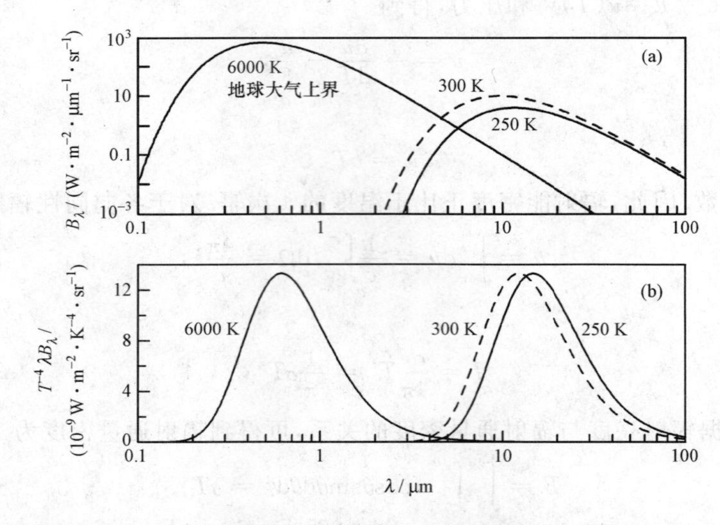

图 11.10　地球大气和太阳典型温度下黑体辐射的比较. (a) 同图 11.9(a)，不同的是 $T=6000$ K 的曲线代表太阳表面黑体辐射到达地球大气层顶(日地平均距离)时的分布. (b) $T^{-4}\lambda B_\lambda(T)$ 随 $\ln\lambda$ 的变化曲线，曲线下的面积不依赖于温度 T，垂直坐标是线性的

为了更细致分析，对绝对温度为 T 的黑体总辐射，经过变化得到

$$F=\int_0^{\infty}F_{\mathrm{B}}(\lambda,T)\mathrm{d}\lambda=T^4\int_0^{\infty}\frac{F_{\mathrm{B}}(\lambda,T)}{T^5}\mathrm{d}(\lambda T). \tag{11.5.2}$$

令 $y=\dfrac{F_B(\lambda,T)}{T^5}$，$x=\lambda T$，上式成为

$$\int_0^\infty y\mathrm{d}x=\int_0^\infty \frac{F_B(\lambda,T)}{T^5}\mathrm{d}(\lambda T)=\frac{1}{T^4}F=\sigma. \tag{11.5.3}$$

x-y 的关系可根据普朗克函数得到，即

$$y=\frac{C_1}{x^5}(\mathrm{e}^{C_2/x}-1)^{-1}. \tag{11.5.4}$$

将(11.5.4)式在 xy 直角坐标系中绘制成曲线(见图 11.11)，此曲线即可当作对任何温度都适用的光谱曲线. 只要将横坐标数值除以 T，将纵坐标数值乘以 T^5 即可得到某一温度下绝对黑体的分光辐出度光谱. 根据(11.5.3)式，曲线下的面积，相当于绝对黑体的积分辐出度，但数值上差 T^{-4} 倍. 但是，对任意温度，曲线下面积都相等(等于常数 σ).

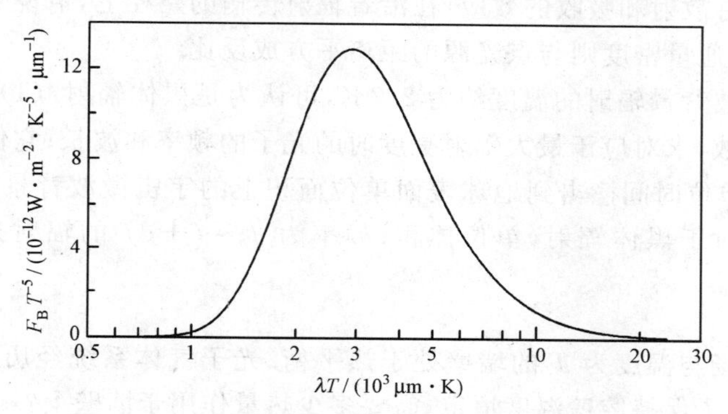

图 11.11 绝对黑体通用光谱曲线

若将图 11.11 的横坐标(λT)分成三段：0～1000 μm · K，1000～24 000 μm · K，24 000～∞ μm · K，可以估算出第一、三段的辐射能量不到总能量的 1%，辐射能量集中在 1000～24 000 μm · K 内. 结合维恩定律，可作以下讨论：

(1) 若以温度 $T=6000$ K 代表太阳，则能量集中在 0.17 μm～4.0 μm，极值波长 0.483 μm；

(2) 若以温度 $T=288$ K 代表地面和大气，则能量集中在 3.5 μm～83.3 μm，极值波长 10.062 μm.

在大气辐射研究中，常称太阳辐射为短波辐射，以可见光与近红外为主，称地球和大气辐射为长波辐射或地球辐射，以红外波段为主. 短波和长波辐射基本上以 4 μm 为分界. 因为地球和大气发射的辐射以红外辐射为主，所以地球辐射也称为热红外辐射.

在太阳光谱中，可见光区(0.40～0.76 μm)的能量约占积分能量的 40%，紫外区约占 10%，红外区约占 50%.

虽然 6000 K 黑体表面的积分辐出度在所有的波段都远大于 288 K 的黑体，但因日地距离很长，太阳辐射在传输过程中随距离的平方而减小，在大气上界，太阳的长波辐射通量密度仅约 10 W · m^{-2}，而地球出射的长波辐射通量密度在副热带地区约 270 W · m^{-2}. 所以，在地球表面或离地面几百公里的范围内，地球的长波辐射通量密度反而远大于太阳的长波辐射通量密度，故常常可以忽略太阳的长波辐射能量. 但是，对于包括短波和长波的全波段辐射通量密度来说，两者的数量级是接近的，地球处于辐射平衡状态.

习 题

11.1 如果卫星离地面高度为 h,地球半径 R,求地球对卫星所张的立体角. 当 $h \gg R$ 时,此立体角为何?

11.2 朗伯体圆盘半径为 R,辐射亮度为 I,求垂直圆盘平面的圆盘轴上距离圆盘中心距离为 z 的地方的辐射照度.

11.3 从普朗克定律推导斯特藩-玻尔兹曼定律,并推导关于频率和波数的维恩定律.

11.4 考虑一直径为 2 km 的圆形云体,云底表面可视为黑体,温度为 7℃. 求云向地球发射的辐射通量. 当云的中心正好在仪器接收面之上 1 km 时,不考虑云下气层对辐射的削弱,求此云体在该仪器接收面处的辐照度.

11.5 假设没有散射和吸收的效应,在沿着辐射传输的路径上,请说明辐射亮度与点光源的距离无关,而辐射通量密度则与点光源的距离平方成反比.

11.6 宇宙微波背景辐射的温度约为 2.7 K,可认为是黑体辐射. (1) 如果辐射亮度分别是波长和频率的函数,求对应于最大辐射亮度时的光子的频率和波长;它们对应于同样的光子能量吗? (2) 估计单位时间撞击到地球表面单位面积上的宇宙微波背景辐射光子数. 根据玻色-爱因斯坦分布,对于黑体辐射,单位体积、频率为 $f \sim f+\mathrm{d}f$ 的辐射光子数为 $n(f)\mathrm{d}f = \frac{8\pi f^2}{c^3}\frac{1}{\mathrm{e}^{hf/(kT)}-1}\mathrm{d}f$.

11.7 若辐射场与温度为 T 的墙壁处于热平衡. 光子气体系统经历等温可逆过程时,体积由 V_1 变到 V_2. 为了保持腔壁温度恒定,需要多少热量作用于墙壁上?

11.8 黑体辐射场体积和温度分别为 V 和 T,计算黑体辐射的定容比热和定压比热.

第十二章　发射和吸收

处于局地热力平衡状态的大气，其对电磁辐射的吸收和发射，由基尔霍夫定律来描述，如果知道了大气的吸收光谱，即可确定大气的发射光谱，因而发射和吸收是密切联系的辐射过程，把它们放在一起讨论.

12.1　大气对辐射吸收的物理过程

所谓吸收，就是指投射到介质上面的辐射能中的一部分被转变为物质本身的内能或其他形式的能量. 辐射在通过吸收介质向前传输时，能量就会不断被削弱，介质则由于吸收了辐射能而加热，温度升高. 下面对大气分子的选择吸收、光化反应和光致电离逐一介绍.

12.1.1　大气成分的选择吸收

大气中各种气体成分是选择性辐射体，具有选择吸收辐射的特性，这是由组成大气的分子和原子结构及其所处运动状态决定的.

由原子物理知道，任何单个分子，除具有与其空间运动有关的能量以外，还具有内含的能量，其中大部分是围绕各个原子核轨道运动的电子的能量（动能和静电位能）E_e，另外还有一小部分是各原子在其分子平均位置周围的振动能量 E_v 以及分子绕其质量中心转动的能量 E_r. 即

$$E = E_e + E_v + E_r. \tag{12.1.1}$$

这些能量都是量子化的. 电子轨道、原子振动和分子转动的每一种可能的组合，都对应于某一特定的能级. 分子由于吸收频率为 f 的电磁辐射能（光子能量为 hf）而向较高的能级跃迁，同样，也能通过发射辐射能而降低能级. 能级改变导致的能量变化 ΔE 与吸收（或发射）辐射（频率为 f）的关系是

$$\Delta E = hf. \tag{12.1.2}$$

图 12.1 显示了氢原子电子能级（以电子轨道半径的大小示意，半径越大，需要的能量越多）跃迁时发生的吸收和发射辐射过程. 一定的能级跃迁，吸收或发出一定频率的辐射，对应于一条光谱线. 一种气体成分的可能有的各种跃迁就组成了该种气体的辐射光谱. 因此分子的吸收光谱和辐射光谱必然是一致的. 由(12.1.2)式，可得到辐射频率 f 及波数 ν 与能量变化的关系是

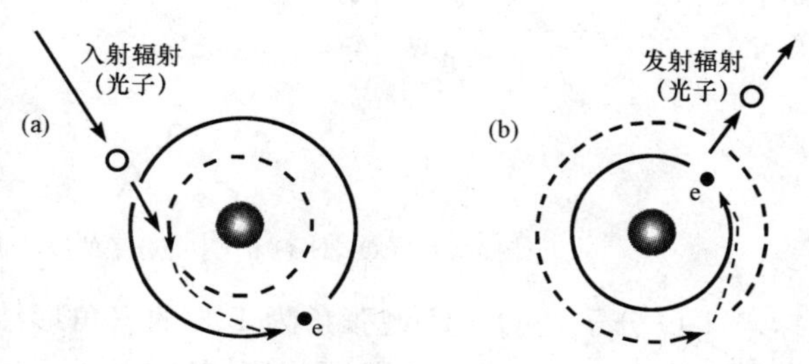

图 12.1　氢原子电子跃迁示意图.(a) 辐射吸收过程；(b) 辐射发射过程

$$f = (\Delta E_e + \Delta E_v + \Delta E_r)/h = f_e + f_v + f_r, \tag{12.1.3}$$

$$\nu = (\Delta E_e + \Delta E_v + \Delta E_r)/hc = \nu_e + \nu_v + \nu_r. \tag{12.1.4}$$

由(12.1.3)和(12.1.4)式得到的辐射频率 f 或波数 ν 即为分子吸收谱线或辐射谱线的位置.这种谱线由有限个非常窄的吸收线(或发射线)组成,其间还夹杂有代表该分子不可能发射和吸收的许多间隙.而不同类型的原子和分子,因其结构不同而具有不同的辐射谱.根据 ΔE_e,ΔE_v 和 ΔE_r 的数量级估算的吸收线中心波长 λ_0 和中心波数 ν_0 列于表 12.1.由表可见,分子光谱包括电子光谱、振动光谱和转动光谱三个部分.在仅有电子能级跃迁时,光谱带在 X 射线、紫外线和可见光部分;在仅有振动能级跃迁时,光谱带在近红外部分;而仅有转动能级跃迁时,光谱带在红外和微波波段部分,且能量变化最小.分子的转动跃迁常伴随着振动跃迁发生,因此在一个振动带内有许多转动谱线.而转动和振动能量的变化又常伴随着电子能级跃迁,使相应的谱带更呈现出复杂的带系结构.

气体分子或原子内的电子能级跃迁、原子和分子的振动和转动能级跃迁等所发射和吸收的辐射谱是非连续性的,由分立的谱线和谱带组成,构成原子的线光谱和分子的带光谱.

表 12.1　分子的能级跃迁与吸收线中心波数和波长

	ΔE_e	ΔE_v	ΔE_r
能量差/eV	1～20	0.05～1	10^{-5}～0.05
吸收线中心波长 λ_0/μm	0.062～1.24	1.24～24.8	24.8～1.24×10^5
吸收线中心波数 ν_0/cm^{-1}	161 290～8064.5	8064.5～403.2	403.2～0.080 64

大气中含量最多的 N_2 和 O_2 分子,由于它们是对称的电荷分布而不具有电偶极子结构,所以没有振动或转动谱,它们的吸收和发射谱是由电子轨道跃迁所造成,因而位于紫外和可见光辐射区.

大气中吸收长波辐射的主要气体是 CO_2,H_2O 和 O_3,它们的振动状态见图 12.2,分为对称拉伸、扭曲和反对称拉伸三种振动状态.CO_2 分子是以 C 原子为中心的线型对称分子,没有转动带,其中的 15 μm 的振动带(范围从 12～18 μm)是 CO_2 在红外区的主要吸收带,是由扭曲振动引起的,对大气辐射热交换和遥感探测都是十分重要的.4.3 μm 带是一个很窄而非常强的吸收带,由反对称拉伸振动引起,它使这个波段的太阳辐射在地表 20 km 高度以上就被大气完全吸收.CO_2 分子对称拉伸振动时正负电荷中心重合,分子无吸收.

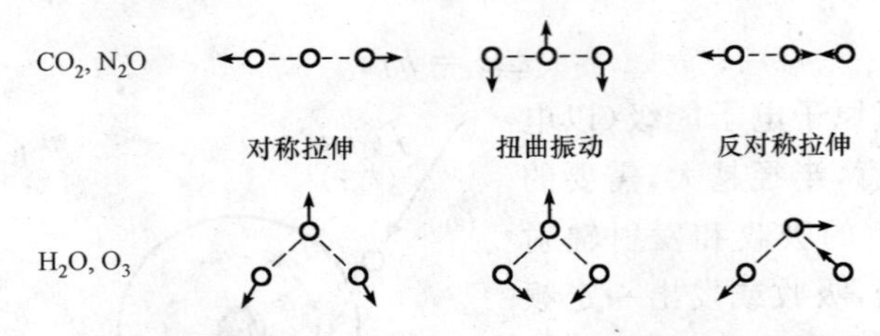

图 12.2　CO_2,H_2O 和 O_3 等分子的振动状态:对称拉伸、扭曲和反对称拉伸

H_2O 分子是 O—H 键张角为 105°的三角形结构的极性分子,由于转动和振动态的结合使得水汽的吸收谱十分复杂且不规则,其中最强、最宽和重要的振动-转动带是 6.3(6.25)μm 带(扭曲振动),以及 2.73 μm 带(对称拉伸)和 2.66 μm 带(反对称拉伸)合在一起的 2.7 μm 吸收区.O_3 分子的振动-转动带中比较重要的是 9.6 μm 吸收带(反对称拉伸),其他还有 9.0 μm 吸收带(对称拉伸)和 14.3 μm 吸收带(扭曲振动)

12.1.2 非量子化轨道与连续光谱

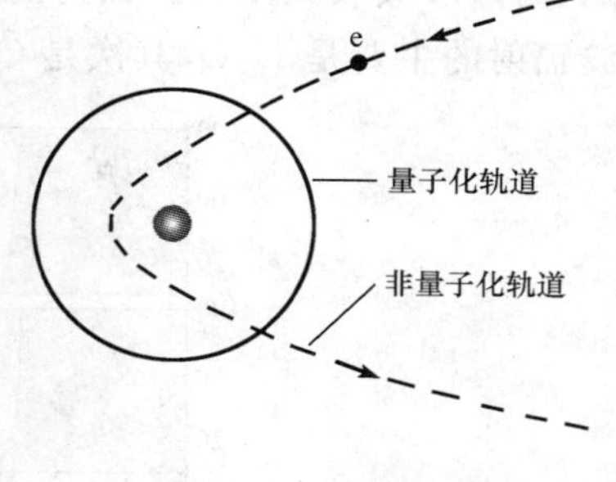

图 12.3 非量子化电子轨道

除了量子化的能级跃迁可以形成连续的带状光谱外，非量子化状态的变化也能形成连续光谱. 例如，离核很远的电子，它处于非量子化轨道上(见图 12.3)，其能量 E 由动能和势能组成.

当电子进入量子化轨道，就对应放射辐射，辐射光子能量为

$$hf = E - E_n, \tag{12.1.5}$$

式中 E_n 为量子化轨道的能量. 当多个分子存在时，其非量子化轨道中电子的总能量 E 是任意的，因而这种情况下发生的非量子化状态的变化会形成连续频率的放出辐射，即形成连续光谱.

12.1.3 光化反应和光致电离

原子或分子还有光化反应及光致电离两种途径吸收或发射电磁辐射.

1. 光化反应

分子由于要分裂为原子而吸收足够的辐射；不稳定的原子由于要互相结合成较稳定的分子而释放多余的辐射能. 在这些称为光化反应的过程中，电磁辐射的吸收或发射在供给和取走能量方面起着决定性的作用. 这类光化反应的例子是：

$$O_2 \xrightarrow{hf(\lambda < 0.2424\,\mu m)} 2O, \tag{12.1.6}$$

其中 hf 为光子所具有的能量，λ 为辐射的波长. 光化反应与前面讨论的辐射不一样，它所要求的辐射波谱可以为连续谱，只要其中的波长短到使一个光子所增加的化学能足以造成分子的光解. 除此以外的多余能量都成为原子的动能，使气体的温度增高. 在地球大气中，大多数光化反应都需要有紫外辐射和可见光辐射.

O_2 的紫外吸收谱中的 0.20～0.26 μm 之间的弱赫茨堡带(Herzberg band)，主要由离解和辐射跃迁的连续吸收所造成. 在 0.13～0.175 μm 波段，出现较强的离解连续吸收带，称为舒曼-容格连续吸收带(Schumann-Runge contimuum).

2. 光致电离

任何原子都能被波长非常短的辐射所电离. 具有足够能量的光子把电子从绕原子核旋转的外层轨道上剥离开来，这种过程称为光致电离. 也像光化反应那样，光致电离要求辐射具有高于一定的临界能量波长的连续波. 引起电离的辐射波长通常小于 0.1 μm.

通过吸收太阳紫外辐射，高层大气中的 O_2 和 N_2 分子，与光化学离解而成的 O 和 N 原子一起，在大约 0.001～0.1 μm 的范围内有电离吸收谱. 虽然 N 的丰度还不足以使之成为高层大气中的主要吸收物质，但它却可以在热层的紫外辐射吸收中起重要作用. 高层大气中的电离层主要由氧和氮的分子和原子的电离过程而形成.

12.2 大气吸收光谱

图 12.4 中给出了整层大气和大气各气体成分的吸收光谱. 由图可见，大气的吸收有显著

的选择性.吸收太阳短波辐射的主要气体是 H_2O，其次是 O_2 和 O_3，CO_2 吸收的不多.吸收长波辐射的主要是 H_2O，其次是 CO_2 和 O_3.

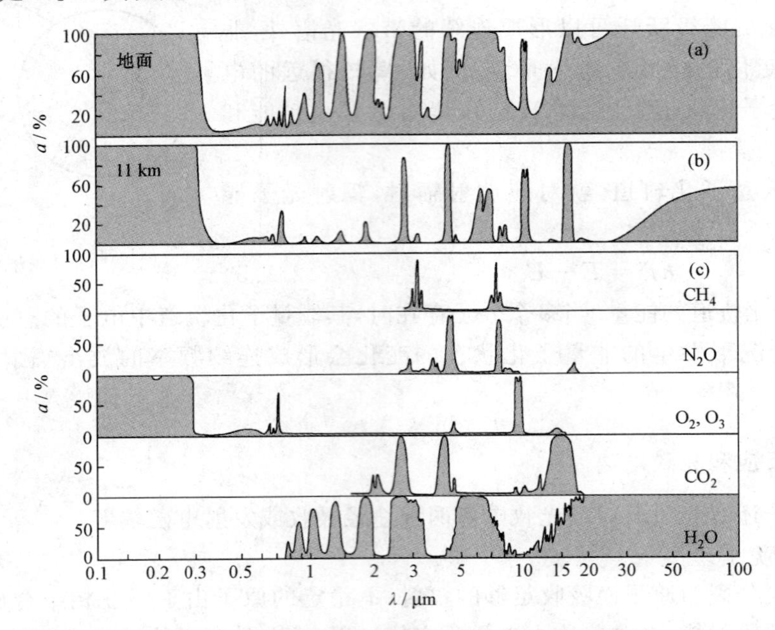

图 12.4　整层大气和各主要吸收气体吸收光谱示意图

(a) 整层大气的吸收谱；(b) 11 km 高度以上大气吸收谱；(c) 整层大气中不同气体成分的吸收谱

H_2O 的吸收带主要在红外区，不但吸收了约 20% 的太阳能量，使太阳光谱发生改变，而且几乎覆盖了大气和地面长波辐射的整个波段. H_2O 吸收作用最强的是 6.3 μm 振转带和大于 12 μm 的转动带.大气中还有液态水(如云雾滴)，其吸收带和水汽的吸收带相对应，但波段向长波方向移动.液态水的吸收系数很大，但因只有云雾时才有液态水且一般含量不大，所以对太阳辐射的削弱并不多.不过对于大气长波，100 m 厚的云就相当于黑体，所以一般可把云体表面当成黑体表面.

O_2 的主要吸收位于小于 0.26 μm 的紫外区.波长为 0.20～0.26 μm 的是赫兹堡带(Herzberg band)，它是一个较弱的连续吸收带，且它与这一谱区的强得多的 O_3 吸收带相重叠，因此在太阳辐射的吸收中不是很重要.但是，它在形成 O_3 方面却是很重要的.舒曼-容格带(Schumann-Runge band)带与赫兹堡带相邻，波长为 0.175～0.2 μm.波长为 0.13～0.175 μm 的连续吸收带，称为舒曼-容格连续吸收带(Schumann-Runge contimuum)，代表最重要的 O_2 吸收谱.虽然 O_2 吸收作用强，但因在这些波段太阳辐射能量不到 0.2%，因此吸收的能量并不多. O_2 在可见区还有两个较弱的吸收带，其中心分别在 0.76 μm 和 0.69 μm，对太阳辐射的削弱不大.

O_3 对太阳辐射的吸收主要发生在平流层上部和中间层.最强的 O_3 吸收带是哈特莱带(Hartley band)，位于 0.2～0.3 μm.在 0.3～0.36 μm 之间的弱吸收带具有较复杂的结构，称为哈金斯带(Huggins band).在约 0.44～1.18 μm 的可见和近红外区，臭氧的弱吸收带称为查普斯带(Chappuis band).据估计，臭氧层能吸收太阳辐射能量的 2% 左右，是导致平流层上部温度比较高的原因.在红外区较强的吸收带的中心分别是 4.7 μm，9.6 μm 和 14.1 μm. CO_2 主要在大于 2 μm 的红外区有吸收，比较强的是中心位于 2.7 μm，4.3 μm 和 15 μm 的吸收带.由于 2.7 μm 带与水汽的吸收带重叠，而太阳辐射在 4.3 μm 处已很弱，所以 CO_2 对太阳辐射的吸收一般不专门讨论. 对于长波辐射，以 15 μm 附近的吸收带最为重要.

从图 12.4(a)的整层大气吸收率可以看出，大气中的 O_2 和 O_3 把太阳辐射中小于 0.29 μm 的紫外辐射几乎全部吸收. 在可见光区，大气的吸收很少，只有不强的吸收带. 在红外区，主要是水汽的吸收，其次有 CO_2 和 CH_4 的吸收. 在 14 μm 以外，大气可以看成是近于黑体，地面发射的大于 14 μm 的红外辐射全部被吸收，不能透过大气传向空间.

在 8～12 μm 波段，大气的吸收很弱，被称为大气的透明窗或大气窗区. 这一区域中只有 9.6 μm 附近臭氧有一个较强的吸收带，臭氧主要分布在高空，因此这一吸收带对由大气上界向外的辐射有明显作用. 大气窗区对地气系统的辐射平衡有十分重要的意义. 因为地表的温度平均约 288 K，与此温度相对应的黑体辐射能量主要集中在 10 μm 附近波段，而大气对这一波段范围的辐射少有吸收，故地面发出的长波辐射透过这一窗口被发送到宇宙空间，维持了与通过可见光窗区(0.4～0.76 μm)吸收的太阳短波辐射的平衡.

图 12.5 是微波波段的垂直透过率分布，显示了在微波波段的吸收特性. 一个很强的中心位于 60 GHz 的 O_2 吸收带，在卫星探测大气温度方面起重要作用. 在 118 GHz 附近也有很窄的 O_2 吸收带. 中心位于 183.3 GHz 的是很强的水汽带，这个带可以用来探测大气湿度廓线，但在非常干燥的大气情况下，水汽吸收带要比图中给出的弱. 此外，在 22 GHz 附近，有较弱的水汽吸收线. 尽管很弱，但一直是用来探测大气总水汽含量的重要频率.

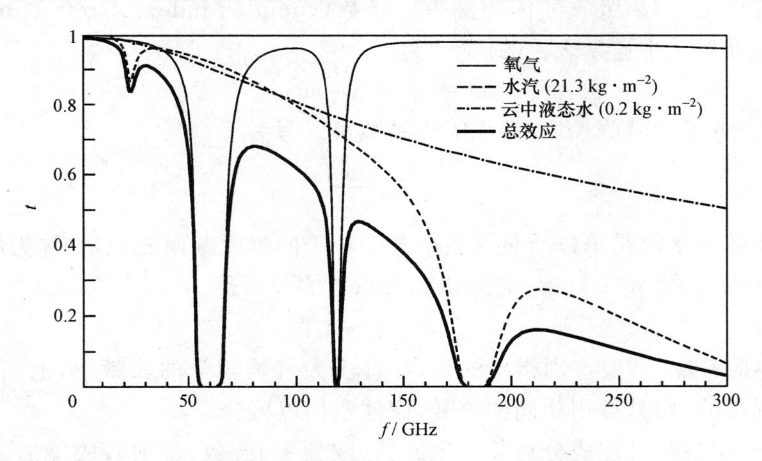

图 12.5 中纬度大气(包含了中等厚度的非降水云层)的微波波段垂直透过率(引自 Petty, 2004)

图 12.5 也显示，随着频率增大，大气越来越不透明(透过率降低). 主要原因是水汽的连续吸收，因此高于 300 GHz 的频段除了可能探测很高的卷云外(在对流层主要水汽的上部)，难以有其他的遥感应用.

类似大气窗区和可见光窗区，在微波波段，0～40 GHz 和 80～100 GHz 这两个区可以认为是微波窗区. 如果没有云，微波辐射也和红外辐射一样，会通过窗区传向空间，对地表的降温起了很重要的作用.

12.3 辐射的吸收削弱

12.3.1 吸收系数

单个气体分子的吸收能力可用吸收截面 σ_a 来描述. 吸收截面表示的意义是,这个分子所吸收的辐射通量,等于入射辐射的辐照度与 σ_a 的乘积. 若 F_λ 表示入射辐射的单色辐照度,则这个分子吸收的辐射能应为 $F_\lambda\sigma_a$.

若单位体积中吸收气体的分子数为 n(即数密度),各个分子的吸收截面分别为 σ_{ai}($i=1,2,\cdots,n$),则单位体积气体吸收的总辐射能为 $\sum_{i=1}^{n}(F_\lambda\sigma_{ai})$,辐射经过单位体积气体时的被吸收的辐射通量与入射通量密度的比为

$$\beta_{a,\lambda}=\sum_{i=1}^{n}(F_\lambda\sigma_{ai})\Big/F_\lambda=\sum_{i=1}^{n}\sigma_{ai}. \tag{12.3.1}$$

这是单位体积中各个粒子的吸收截面之和,称为体积吸收系数,它是用来度量单色辐射穿过介质时因吸收导致的辐射削弱的大小的物理量,代表此单位体积中心位置处的体积吸收系数. 体积吸收系数的单位常用 $m^2\cdot m^{-3}$ 或 m^{-1},后者的量纲为 L^{-1},因此有时也称距离吸收系数.

根据电磁波理论,如果吸收气体的复折射指数(complex index of refraction,其大小为光在气体中速度与在真空中速度之比的倒数)为

$$m=m_r+i\cdot m_i, \tag{12.3.2}$$

其中,虚部表示了分子的吸收性质,体积吸收系数可以写为

$$\beta_{a,\lambda}=\frac{4\pi m_i}{\lambda}. \tag{12.3.3}$$

如果吸收系数表示的是单位质量介质中各个粒子的吸收截面之和,则称为质量吸收系数,表示为 $k_{a,\lambda}$,其单位常用 $m^2\cdot kg^{-1}$. 与体积吸收系数的关系是

$$\rho\cdot k_{a,\lambda}=\beta_{a,\lambda}, \tag{12.3.4}$$

式中 ρ 是吸收体的密度. 需要特别指出的是,在许多大气物理学的文献中,上面提到的二种吸收系数常常是混用的,而且都用相同的符号,应注意加以区分.

理论上,大气中各种气体成分对某一定波长(或频率、波数)辐射吸收能力的大小,可以用如前定义的单色体积吸收系数(或单色质量吸收系数)确定. 但如上所述,大气的吸收带由许多紧密相连的谱线组成,而且每条谱线不是严格的几何直线,具有一定的宽度及分布,因此某一波长(或频率、波数)处的吸收系数,应该是所有谱线在该处的叠加作用的总和. 例如,对于体积吸收系数:

$$\beta_{a,\lambda}=\sum_i\beta_{a,\lambda,i}. \tag{12.3.5}$$

由于谱线增宽作用与温度和压强有关,所以叠加后求得的最终吸收系数也应与温度和压强有关.

由于吸收系数随波长(或频率、波数)变化很快,实际工作中的分光测量不可能很细,往往在一个小的测量波段内有许多条谱线,得到的是一个波段内的平均值. 这在实际处理问题时要引起注意.

12.3.2 谱线的增宽

谱线可以用下列形式描述

$$\beta_{a,\nu}=S\cdot f(\nu-\nu_0), \tag{12.3.6}$$

式中 $\beta_{a,\nu}$ 为单色体积吸收系数；ν_0 为理想的单色谱线的波数，即谱线中心的波数；S 为谱线强度，定义为

$$S=\int_{-\infty}^{\infty}\beta_{a,\nu}\mathrm{d}\nu. \tag{12.3.7}$$

$f(\nu-\nu_0)$ 是线型函数，表示谱线强度在整个波数范围内的分布概率. 线型函数的具体形式由引起谱线增宽的物理因素决定，在地球大气条件下，主要是三个因素，即自然增宽、分子碰撞和多普勒效应.

谱线增宽的多少，用谱线半宽度来度量，它是线型函数二分之一极大值处谱线的半宽.

1. 自然增宽

自然增宽是指即使没有任何外界因素作用，谱线本身也必然具有一定的宽度，这是由于能级具有一定的宽度造成的. 根据量子理论的海森伯测不准原理，可对此问题进行讨论. 由于自然增宽的谱线半宽度 α_N 在 $10^{-12}\sim10^{-9}\mathrm{cm}^{-1}$ 之间，所以在大气辐射问题中，谱线的自然加宽非常微小，可以忽略.

2. 压力增宽

在对流层和平流层大气中，分子、原子或离子频繁碰撞的结果导致发射辐射的相位发生无规则变化，使谱线增宽. 这种谱线增宽取决于碰撞的频率、分子密度和分子平均速度，利用热力学变量表示就是与 $\rho\sqrt{T}$ 或 $p/\sqrt{T}$ 成正比. 因大气压力的变化比温度的变化大得多，谱线宽度随压力的变化是主要的，因此这个效应称为压力增宽或碰撞增宽. 压力增宽吸收线的线型可以用洛伦兹(Lorentz)线型很好地近似(图 12.6)，即

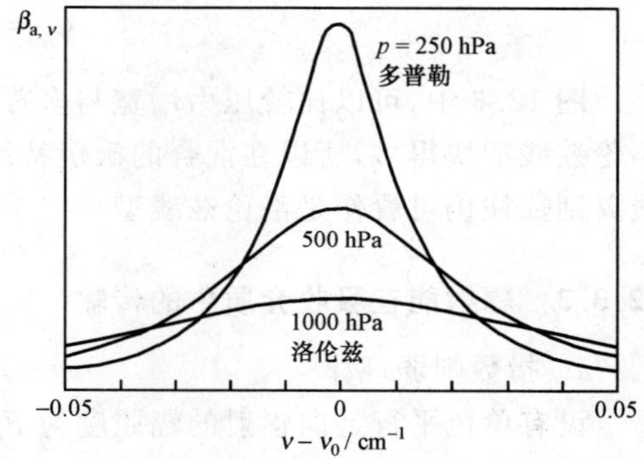

图 12.6 洛伦兹和多普勒线型

$$f_L(\nu-\nu_0)=\frac{1}{\pi}\frac{\alpha_L}{(\nu-\nu_0)^2+\alpha_L^2}. \tag{12.3.8}$$

谱线半宽度 α_L 与温度和压强有关，常采用经验公式

$$\alpha_L=\alpha_{L0}\frac{p}{p_0}\left(\frac{T_0}{T}\right)^n, \tag{12.3.9}$$

其中 α_{L0} 是标准状态下的谱线半宽度，大气中一些主要气体的 $\alpha_{L0}=10^{-1}\ \mathrm{cm}^{-1}$. n 为经验常数，常取 0.5，但实际并不完全如此. 例如，对水汽，n 的典型值是 0.62.

3. 多普勒增宽

多普勒(Doppler)增宽是指，在气体中由于分子随机运动时的多普勒频移而引起的吸收线的增宽. 因为这一效应取决于分子的平均速度，所以谱线宽度正比于 $\sqrt{T}$，而与压力无关. 由平衡态的统计力学，根据麦克斯韦-玻尔兹曼速度分布率，可得到多普勒增宽的线型函数为

$$f_D(\nu-\nu_0)=\left(\frac{\ln2}{\pi}\right)^{\frac{1}{2}}\frac{1}{\alpha_D}\exp\left[-\left(\frac{\nu-\nu_0}{\alpha_D}\right)^2\cdot\ln2\right], \tag{12.3.10}$$

这是高斯函数形式(图 12.6),其谱线半宽度 a_D 为

$$a_D = \frac{\nu_0}{c}\left(\frac{2kT}{m}\right)^{\frac{1}{2}}\sqrt{\ln 2}, \tag{12.3.11}$$

式中 m 是分子质量,k 是玻尔兹曼常数. a_D 的量级 $10^{-4} \sim 10^{-2}\ \mathrm{cm^{-1}}$,$a_D \gg a_N$,故在辐射的吸收和计算中是必须加以考虑的.

实际大气中,谱线的多普勒增宽和压力增宽同时存在,不过多普勒增宽与压力无关,而压力增宽却与压力成正比,随着高度的增加而减小. 因此,在高度低于 30 km 的大气中,吸收线宽度主要决定于碰撞增宽的值;在大气高层,多普勒增宽就是主要的了. 在平流层上层和中间层相当厚的一层大气中,压力增宽与多普勒增宽同等重要. 在这种情况下,需计算上述两个线型函数的卷积,并经过变换后得到多普勒-洛伦兹混合线型,称为沃伊特(Voigt)线型函数,表达式为

$$f_V(\nu-\nu_0) = \frac{y\sqrt{\ln 2}}{\pi^{3/2}a_D}\int_{-\infty}^{+\infty}\frac{\exp(-\eta^2)}{y^2+(x-\eta)^2}\mathrm{d}\eta, \tag{12.3.12}$$

其中 $x=\frac{\nu-\nu_0}{a_D}\sqrt{\ln 2}$,$y=\frac{a_L}{a_D}\sqrt{\ln 2}$,沃伊特线型比洛伦兹线型和高斯线型复杂得多,上式中的积分只能用数值方法计算. 此线型的半宽度为

$$a_V = y = \frac{a_L}{a_D}\sqrt{\ln 2}. \tag{12.3.13}$$

图 12.6 中,可以比较压力增宽与多普勒增宽的谱线分布. 由于多普勒线型的线翼衰减比洛伦兹线型快得多,所以在混合的沃伊特线型中,前者的影响主要集中在谱线中心部分,而在线翼则往往仍可看作是洛伦兹线型.

12.3.3 辐射能在吸收介质中的传输

1. 指数削弱规律

设有单色平行定向辐射的辐照度为 F_λ,经过一有吸收作用的气层 $\mathrm{d}s$ 后变成 $F_\lambda + \mathrm{d}F_\lambda$. 由于是被吸收削弱,所以 $\mathrm{d}F_\lambda < 0$. $\mathrm{d}F_\lambda$ 与体积吸收系数 $\beta_{a,\lambda}$、路径长度 $\mathrm{d}s$ 和入射辐射 F_λ 的关系为

$$\mathrm{d}F_\lambda = -F_\lambda \cdot \beta_{a,\lambda}\mathrm{d}s, \tag{12.3.14}$$

也可用质量吸收系数表示

$$\mathrm{d}F_\lambda = -F_\lambda \cdot \rho k_{a,\lambda}\mathrm{d}s. \tag{12.3.15}$$

根据(12.3.14)或(12.3.15)式,即可求 F_λ 随辐射传输路径 s 的变化. 设 $s=s_1$ 处的辐照度为 $F_\lambda(s_1)$,则 $s=s_2\,(s_2>s_1)$处的辐照度 $F_\lambda(s_2)$ 为

$$F_\lambda(s_2) = F_\lambda(s_1)\exp\left(-\int_{s_1}^{s_2}\beta_{a,\lambda}\mathrm{d}s\right), \tag{12.3.16}$$

或

$$F_\lambda(s_2) = F_\lambda(s_1)\exp\left(-\int_{s_1}^{s_2}k_{a,\lambda}\rho\mathrm{d}s\right). \tag{12.3.17}$$

(12.3.16)式的计算中需要用到气体分子的数密度 n,有时不大方便. 而实际工作中常希望把吸收的多少与吸收物质的密度 ρ 相联系,因此(12.3.17)式是一个不错的选择.

(12.3.16)和(12.3.17)式是仅适用于单色辐射的指数削弱规律,常称为布格-朗伯(Bouguer-Lambert)定律. 这个规律最早是法国的布格(Bouguer)于 1729 年前由实验发现;冠名德

国的朗伯(Lambert)可能是个误导,他只是在1729年和1760年两次引用布格的结果.1852年德国物理学家比尔(Beer)扩充了这一规律的应用,在吸收系数中包括了溶液的浓度,故也称为比尔定律.

必须注意,指数削弱规律成立的条件至少包括4个方面:(1)吸收粒子彼此独立;(2)入射辐射是平行辐射,且每条射束在吸收介质中通过相同距离;(3)入射辐射应是单色的,如果不是单色,则要求入射辐射的波宽至少小于吸收跃迁需要的波宽;(4)入射辐射不能使粒子改变平衡态产生感生发射.

2. 辐射传输相关物理量

(1) 光学厚度(optical depth, optical thickness)

吸收光学厚度定义为沿吸收介质中任一路径上,体积吸收系数的无量纲的线积分,它也依赖于辐射波长.法向光学厚度是沿垂直路径的光学厚度.常将任一倾斜路径 $s_1 \sim s_2 (s_2 > s_1)$ 的吸收光学厚度以公式表示为

$$\tau_\lambda(s_1, s_2) = \int_{s_1}^{s_2} \beta_{a,\lambda} ds = \int_{s_1}^{s_2} k_{a,\lambda} \rho ds. \quad (12.3.18)$$

如果路径与垂直方向的夹角为 θ,在平面平行大气(大气在水平方向均匀一致,只允许大气参数等在垂直方向上变化)的条件下,则 s 与 z 的关系为 $s = z/\cos\theta = z/\mu$,其中 $\mu = \cos\theta$.则

$$\tau_\lambda(s_1, s_2) = \frac{1}{\mu} \tau_\lambda(z_1, z_2). \quad (12.3.19)$$

利用(12.3.18)式的定义,指数削弱规律(12.3.16)和(12.3.17)式均可写成

$$F_\lambda(s_2) = F_\lambda(s_1) \exp[-\tau_\lambda(s_1, s_2)]. \quad (12.3.20)$$

整层大气吸收的垂直光学厚度定义为

$$\tau_\lambda(0, \infty) = \int_0^\infty \beta_{a,\lambda}(z) dz = \int_0^\infty k_{a,\lambda}(z) \rho dz. \quad (12.3.21)$$

当大气状态不变时,$\tau_\lambda(0, \infty)$ 也常记为 τ_0,它代表了大气的光学特性,是大气辐射和大气光学中很重要的物理量.

某一波长 λ 辐射通过某一区域的光学厚度如果远大于1,则称为光厚介质(optically thick medium),如果光学厚度远小于1,则称为光薄介质.一个光子在光厚区内,很可能被吸收或散射,但在光薄区则很可能没有被吸收和散射而透过.

(2) 光学质量(optical mass)

辐射束沿传输路径 s_1 至 $s_2 (s_2 > s_1)$,在单位截面上所包含的吸收气体的质量,称为光学质量,表示为

$$u(s_1, s_2) = \int_{s_1}^{s_2} \rho ds, \quad (12.3.22)$$

其单位常用 $kg \cdot m^{-2}$.

由于吸收气体的吸收特性与其所处的温度、压力有关,实际大气是非均匀的,常以 p 和 T 的函数对光学质量 u 进行订正.如将吸收系数写成

$$k_{a,\lambda}(p, T) = k_{a,\lambda,0} \left(\frac{p}{p_0} \sqrt{\frac{T_0}{T}} \right)^n, \quad (12.3.23)$$

其中,$k_{a,\lambda,0}$ 为标准状态下的质量吸收系数. $\left(\frac{p}{p_0} \sqrt{\frac{T_0}{T}} \right)^n$ 为订正因子,其经验常数 n 由实验确

定.例如,在低谱分辨率大气透过率计算模式(LOWTRAN)中,$n=0.9(H_2O)$,$n=0.75$ (CO_2),$n=0.4(O_3)$.如将(12.3.23)式代入(12.3.18)式中,则有

$$\tau_\lambda(s_1,s_2)=k_{a,\lambda,0}\int_{s_1}^{s_2}\left(\frac{p}{p_0}\sqrt{\frac{T_0}{T}}\right)^n\rho\mathrm{d}s=k_{a,\lambda,0}\tilde{u}(s_1,s_2),\tag{12.3.24}$$

其中

$$\tilde{u}(s_1,s_2)=\int_{s_1}^{s_2}\left(\frac{p}{p_0}\sqrt{\frac{T_0}{T}}\right)^n\rho\mathrm{d}s\tag{12.3.25}$$

称为订正光学质量.利用(12.3.25)式,(12.3.17)式可写成

$$F_\lambda(s_2)=F_\lambda(s_1)\exp[-k_{a,\lambda,0}\tilde{u}(s_1,s_2)].\tag{12.3.26}$$

为简便计,订正光学质量有时也常用 u 表示.

(3) 单色透过率 t_λ 和单色吸收率 a_λ

通过一段大气路径后的透过率,根据定义,由(12.3.20)式和(12.3.26)式得到

$$t_\lambda(s_1,s_2)=\frac{F_\lambda(s_2)}{F_\lambda(s_1)}=\exp[-\tau_\lambda(s_1,s_2)]=\exp[-k_{a,\lambda,0}\tilde{u}(s_1,s_2)],\tag{12.3.27}$$

即前后辐射通量密度之比.习惯上常将整层大气在垂直方向的透过率称为透明系数,单色辐射透明系数为

$$P_\lambda=\mathrm{e}^{-\tau_0}.\tag{12.3.28}$$

若大气路径内仅有吸收作用,则吸收率为

$$a_\lambda(s_1,s_2)=1-t_\lambda(s_1,s_2)=1-\exp[-\tau_\lambda(s_1,s_2)]=1-\exp[-k_{a,\lambda,0}\tilde{u}(s_1,s_2)].\tag{12.3.29}$$

可见,一个气层的吸收率并不和吸收物质的多少成正比,而是成指数关系.只有当吸收物质很少时,即 $\tilde{u}(s_1,s_2)$ 很小,才能导出

$$a_\lambda(s_1,s_2)=1-\exp[-k_{a,\lambda,0}\tilde{u}(s_1,s_2)]\approx1-[1-k_{a,\lambda,0}\tilde{u}(s_1,s_2)]=k_{a,\lambda,0}\tilde{u}(s_1,s_2).\tag{12.3.30}$$

这种条件下,吸收率与物质光学质量成正比.

形式为 $\mathrm{e}^{-\tau_\lambda}$ 的透过率也称为定向透过率(beam transmittance),它正比于光子在大气路径上从 s 到 $s+\mathrm{d}s$ 区间内被发现的概率 $P(s)\mathrm{d}s(0\leqslant P(s)\leqslant1)$,其中

$$P(s)=\frac{\mathrm{e}^{-\tau_\lambda(0,s)}}{\int_0^\infty\mathrm{e}^{-\tau_\lambda(0,s')}\mathrm{d}s'}.\tag{12.3.31}$$

在光厚介质中,光子在被吸收前平均传输的直线距离为光子平均自由程 $\bar{s}$(photon mean free path),根据(12.3.31)式可求得

$$\bar{s}=\int_0^\infty sP(s)\mathrm{d}s=\frac{1}{\beta_{a,\lambda}}.\tag{12.3.32}$$

可见,距离吸收系数反比于平均自由程,但是必须注意,平均自由程也是波长的函数.同样,也可以单独定义散射和消光的平均自由程.

吸收率和透过率是辐射传输中的重要物理量.因气体的吸收带由几百到几万条吸收线组成,在实际工作中很难测准单一波长的吸收系数,由分光测量得到的辐射量实质上是一个波数间隔内的平均值.例如在光谱波数间隔 $\Delta\nu=\nu_2-\nu_1$ 内,透过率为

$$t_{\Delta\nu}=\frac{\int_{\nu_1}^{\nu_2}F_\nu(s_2)\mathrm{d}\nu}{\int_{\nu_1}^{\nu_2}F_\nu(s_1)\mathrm{d}\nu}.\tag{12.3.33}$$

若在 $\Delta\nu$ 内 $F_\nu(s_1)$ 可看作常数，则有

$$\begin{aligned}t_{\Delta\nu}&=\frac{1}{\Delta\nu}\int_{\nu_1}^{\nu_2}t_\nu(s_1,s_2)\mathrm{d}\nu\\&=\frac{1}{\Delta\nu}\int_{\nu_1}^{\nu_2}\exp[-\tau_\nu(s_1,s_2)]\mathrm{d}\nu\\&=\frac{1}{\Delta\nu}\int_{\nu_1}^{\nu_2}\exp[-k_{a,\lambda,0}\tilde{u}(s_1,s_2)]\mathrm{d}\nu.\end{aligned}\tag{12.3.34}$$

为得到透过率，必须考虑吸收系数在 $\Delta\nu$ 内的变化情况. 考虑每条吸收线的影响，通过数值积分计算波数间隔 $\Delta\nu$ 内的平均透过率，称为逐线(line-by-line)计算方法. 不过此方法计算量特别大，计算的结果通常是用来验证其他方法或作为其他方法的基本数据库. 在实际应用中已建立了不少计算大气透过率的模式，有兴趣的读者请参看有关书籍.

12.4 大气垂直方向上的吸收和发射

12.4.1 光学厚度坐标

在实际处理问题中，假设大气为平面平行大气，一般需要考虑高度 z 以上大气(即 z 到大气层顶之间)的光学厚度，定义

$$\tau_\lambda(z)=\int_z^\infty\beta_{a,\lambda}(z')\mathrm{d}z',\tag{12.4.1}$$

相对应的高度 z 以上大气的垂直方向的透过率为

$$t_\lambda(z)=\exp[-\tau_\lambda(z)].\tag{12.4.2}$$

根据(12.4.1)式，$\tau_\lambda(z)$ 起点是一个正数值，即 $z=0$ 时，$\tau_0=\tau_\lambda(0)$，对应整层大气向上透过率为 $t_\lambda(0)=\exp(-\tau_0)$. 随高度增加，$\tau_\lambda(z)$ 逐渐减小，一直到大气层顶以上已没有吸收物质，即 $\tau_\lambda(\infty)=0$，$t_\lambda(\infty)=1$. 可以使用与 z 变化方向相反的光学厚度 $\tau_\lambda(z)$ 作垂直坐标，来处理平面平行大气的辐射传输问题，它的变化范围从大气层顶到地面为 0 到 τ_0，对应的垂直高度 z 的变化为 ∞ 到 0.

根据光学厚度定义(12.3.18)式，z_1，$z_2(z_2>z_1)$ 之间的光学厚度为

$$\tau(z_1,z_2)=\tau(z_1)-\tau(z_2),\tag{12.4.3}$$

类似得到垂直方向 z_1，$z_2(z_2>z_1)$ 之间的透过率为

$$t_\lambda(z_1,z_2)=\exp[-\tau_\lambda(z_1,z_2)]=\frac{t_\lambda(z_1)}{t_\lambda(z_2)}.\tag{12.4.4}$$

12.4.2 单色辐射吸收的垂直分布

根据地球大气的实际情况，大气密度随高度近似为指数递减，忽略位势高度和几何高度的差异，则大气密度可以写为

$$\rho_a(z)=\rho_0\mathrm{e}^{-z/H},\tag{12.4.5}$$

式中 ρ_0 为海平面大气密度，H 为密度标高.

若有一束平行的太阳辐射（辐照度为 $F_{\lambda\infty}$）从天顶射入充分混合的大气中，大气中某一均匀混合成分 A（例如 CO_2）对波长为 λ 的辐射具有选择吸收性. 设 A 成分对大气的质量混合比为 w，则其密度为

$$\rho(z) = w\rho_0 e^{-z/H}. \tag{12.4.6}$$

假设 A 成分的质量吸收系数 $k_a = k_{a,\lambda}$，只与辐射波长 λ 有关，而与高度无关. 则得到该成分体积吸收系数是高度 z 的函数，即

$$\beta_{a,\lambda}(z) = \rho(z)k_{a,\lambda} = w\rho_0 e^{-z/H}k_a. \tag{12.4.7}$$

从(12.4.1)式和(12.4.7)式，得到垂直辐射路径 z 高度以上，A 成分吸收单色辐射的光学厚度为

$$\tau_\lambda = \tau_\lambda(z) = k_a w\rho_0 \int_z^\infty e^{-z'/H} dz' = k_a w\rho_0 H e^{-z/H}. \tag{12.4.8}$$

对应从天顶到高度 z 处的 A 成分单色透过率为

$$t_\lambda = t_\lambda(z) = e^{-\tau_\lambda}. \tag{12.4.9}$$

在大气中任何高度 z 处的无限薄气层（厚度 dz），吸收的入射辐射为

$$dF_\lambda = F_\lambda(z) \cdot \beta_{a,\lambda}(z)dz. \tag{12.4.10}$$

因为抵达 z 高度的太阳辐射为 $F_\lambda(z) = F_{\lambda\infty} t_\lambda(z)$，连同(12.4.7)和(12.4.9)式一起，代入(12.4.10)式，得到

$$dF_\lambda = F_{\lambda\infty} e^{-\tau_\lambda(z)} \cdot w\rho_0 e^{-z/H} k_a dz. \tag{12.4.11}$$

(12.4.11)式与(12.4.8)式比较，可得到以光学厚度为函数的单位厚度气层所吸收的辐照度的表达式为

$$\frac{dF_\lambda}{dz} = \frac{F_{\lambda\infty}}{H} \tau_\lambda e^{-\tau_\lambda}. \tag{12.4.12}$$

于是在最强吸收的高度上，必有

$$\frac{d}{dz}\left(\frac{dF_\lambda}{dz}\right) = \frac{F_{\lambda\infty}}{H} \frac{d}{dz}(\tau_\lambda e^{-\tau_\lambda}) = 0, \tag{12.4.13}$$

求出此微分，得到

$$\tau_\lambda = \tau_\lambda(z) = 1. \tag{12.4.14}$$

说明 A 成分对波长 λ 的单色辐射的最强吸收出现在单位光学厚度对应的 z 高度上.

因为 Δz 气层（$=(z+\Delta z)-z$）的吸收可写为

$$\Delta F_\lambda = F_{\lambda\infty} \cdot [t_\lambda(z+\Delta z) - t_\lambda(z)], \tag{12.4.15}$$

则

$$\frac{dF_\lambda}{dz} = F_{\lambda\infty} \lim_{\Delta z \to 0} \frac{t_\lambda(z+\Delta z) - t_\lambda(z)}{\Delta z} = F_{\lambda\infty} \frac{dt_\lambda(z)}{dz} = F_{\lambda\infty} \cdot W(z), \tag{12.4.16}$$

或

$$\frac{da_\lambda}{dz} = \frac{d}{dz}\left(\frac{F_\lambda}{F_{\lambda\infty}}\right) = \frac{dt_\lambda(z)}{dz} = W(z), \tag{12.4.17}$$

其中，a_λ 是高度 z 处气层对入射辐射的吸收率. 从(12.4.16)式出发也可同样得到(12.4.12)式的结果. (12.4.16)式说明，z 高度处单位高度气层对入射辐射的吸收，与 $W(z) = dt_\lambda(z)/dz$ 成正比，因此 $W(z)$ 是对入射辐射吸收的权重函数，当权重函数值最大时，$\tau_\lambda = \tau_\lambda(z) = 1$.

(12.4.17)式说明,大气中 z 高度处气层对大气层顶太阳入射辐射吸收率的局地变化,等于从 z 高度到大气层顶透过率的局地变化.

波长 λ 的单色辐射通过大气层时,其被大气 A 成分吸收的变率 $\mathrm{d}F_\lambda/\mathrm{d}z$ 的垂直廓线的形状(即 $W(z)$ 的变化)如图 12.7 所示,图中同时给出了入射辐照度 F_λ、A 成分密度 ρ 的廓线,图中右侧表示了光学厚度坐标.

根据(12.4.7)和(12.4.10)式,以及(12.4.16)式,$\mathrm{d}F_\lambda/\mathrm{d}z$ 正比于 $F_\lambda(z)$ 和 $\rho(z)$ 的积,或权重函数 $W(z)$,即

$$\frac{\mathrm{d}F_\lambda}{\mathrm{d}z} \propto F_\lambda(z)\rho(z), \quad \text{或} \quad \frac{\mathrm{d}F_\lambda}{\mathrm{d}z} \propto W(z). \tag{12.4.18}$$

据此可解释图 12.7 中的廓线分布. 在 $\tau_\lambda \ll 1$ 的高度上,入射辐射几乎未被削弱,那里吸收物质密度很小,能强烈吸收辐射的分子也很少;在 $\tau_\lambda \gg 1$ 的高度上,虽然吸收辐射的分子很多,但可供吸收的辐射很少;因此,两者之间必有一吸收最强的高度,即 $\tau_\lambda = 1$. 此外,质量吸收系数 k_a 越大,产生明显吸收所要求的密度就小些,单位光学厚度的高度(即最强吸收高度)也越高. 对 k_a 值很小的辐射来说,它可以直到大气底部而还远没有达到单位光学厚度的高度(即最强吸收高度).

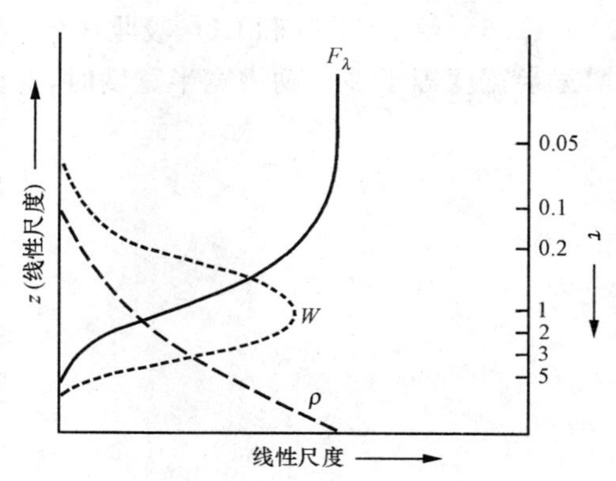

图 12.7 入射辐照度 F_λ、大气中混合均匀成分的吸收的权重函数 W 和密度 ρ 随高度和光学厚度的分布(引自 Wallace 和 Hobbs,2005)

吸收权重函数表示了各气层对辐射吸收的强弱,根据基尔霍夫定律,气层发射辐射的权重函数必与吸收的权重函数一致,它表示了从大气层顶观测大气时,各层发射辐射的相对贡献大小.

尽管上述简化模式的推导使用了一定的假设,但是对于实际的大气状况,按上述模式所得的结果,仍具有定性的价值. 因此,可以认为在辐射传输的路径上,对辐射的最大吸收或发射,出现在光学厚度约为一个单位的地方.

习 题

12.1 从海平面向上伸展的地球大气中,水汽连续吸收的质量吸收系数与水汽压 e 的关系可以写为 $k_\lambda = K \cdot e$,假设大气气压变化为 $p = p_0 \mathrm{e}^{-z/H}$,同时比湿按照标高为 $H/3$ 的指数关系随高度减小,已知海平面比湿为 q_0. (1) 求整层大气中水汽的垂直光学质量;(2) 若 $K = k \cdot p_0/p$,k 为常数,求整层大气垂直方向的透过率.

12.2 设某气体的质量混合比为 w,并不随高度变化,质量吸收系数随气压的变化关系为 $k_\lambda = k_{\lambda 0} \cdot (p/p_0)^{1/2}$,$p_0$ 为海平面标准气压,$k_{\lambda 0}$ 为海平面的吸收系数. 证明太阳直接辐射 $F_{\lambda\infty}$ 以天顶角 θ 进入大气,因为此气体的吸收,到达海平面时的辐射通量密度为

$$F_{\lambda 0} = F_{\lambda\infty} \exp\left(-\frac{2}{3}\frac{w k_{\lambda 0} p_0 \sec\theta}{g}\right).$$

12.3 对应于三种不同波长 $\lambda_n (n=1,2,3)$ 的单色辐射,某大气成分的体积吸收系数随高度的变化为 $\beta_a = k_n \rho_0 \exp(-z/H) (n=1,2,3)$. 已知 $\rho_0 = 4\ \mathrm{g \cdot m^{-3}}$ 是该成分海平面密度,

$H=8$ km 是标高. 质量吸收系数 k_1, k_2 和 k_3 分别为 0.05, 0.10 和 0.15 $m^2\cdot kg^{-1}$. 对于以入射角 $\theta=60°$(与垂直方向的夹角)从大气层顶射入的辐射,吸收权重函数最大值的高度 z_n($n=1$, 2, 3)是多少?

12.4　具有辐射能为太阳常数的一束平行太阳辐射光,从大气层顶垂直射向地面. 假设大气为等温大气,对太阳辐射的质量吸收系数 k 与高度无关,大气标高为 H. 不考虑大气散射和长波辐射过程. 地面高度为 $z=0$ 对应的大气密度为 ρ_0. (1) 证明高度 z 处的气层的加热率正比于 $e^{-\tau}$,即 $\frac{\partial T}{\partial t}\propto e^{-\tau}$,其中 τ 为从高度 z 到大气顶之间的大气垂直光学厚度;(2) 说明为什么气层吸收最强,却不对应气层加热率最大?

12.5　给定 H_2O 和 CO_2 吸收线中心波数分别为 352 cm^{-1} 和 712 cm^{-1},估计它们的碰撞增宽半宽度等于多普勒增宽半宽度时,对应于标准大气的高度.

第十三章 大气散射

散射是电磁辐射与物质相互作用的一种过程，它在整个电磁波谱内都可能发生，大气对光的散射是其中一个重要特例. 大多数进入我们眼睛的光，不是直接光而是散射光，如果没有大气散射，则除太阳光直射处外，其余地方都将是一片黑暗. 大气散射规律的研究是大气辐射学研究中的重要内容，并且是微波雷达、激光雷达等遥感探测手段的理论基础.

13.1 散射过程

电磁辐射在遇到大气中的气体分子以及悬浮的尘埃、云滴、雨滴、冰粒和雪花等粒子时，会产生散射现象，使一部分入射辐射改变传输方向射向四面八方，而原方向的辐射被削弱. 散射现象的本质可以这样来理解：气体分子以及气溶胶粒子由带负电的电子和带正电的质子组成，当电磁辐射照射到气体分子和气溶胶粒子后，正负电荷中心产生偏移而构成电偶极子或多极子，并在入射电磁场激发下作受迫振动，向各方向发射次生电磁辐射. 这种次生电磁辐射就是散射辐射，它的波长和入射辐射波长相同，并且与入射辐射有固定的相位关系.

13.1.1 散射过程的分类

通常以尺度数

$$x = \frac{2\pi a}{\lambda} = k \cdot a \tag{13.1.1}$$

作为判别标准，可将散射过程分为三类(见图 13.1)：瑞利散射、米散射和几何光学散射，(13.1.1)式中，a 为球形粒子半径，λ 为辐射波长，$k=2\pi/\lambda$. 当 $x<0.1$ 时，为瑞利散射；当 $x>0.1$ 时，为米散射；当 $x>50$ 时，为几何光学散射. 同一粒子对不同波长而言其尺度数不同，故也要用不同的散射理论来处理.

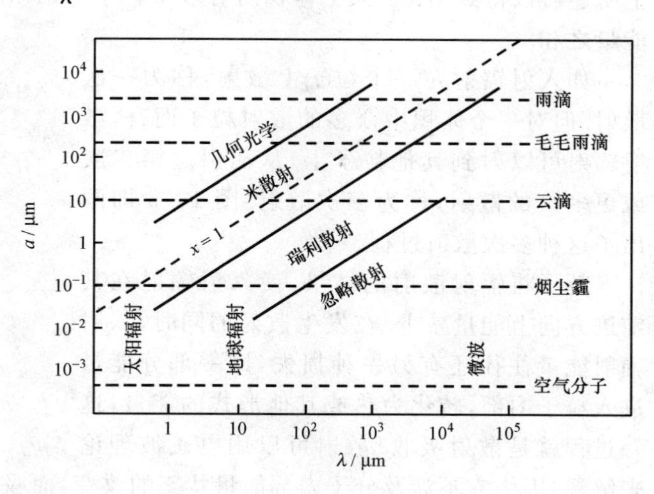

图 13.1 大气中散射粒子半径、辐射波长和散射特性的关系. 对角方向的实线近似表示不同散射的分界线. (引自 Wallace 和 Hobbs, 2005)

对一个散射粒子而言，散射辐射的分布是三维空间的函数，如果散射粒子具有某种对称性，则散射辐射对应于入射辐射方向也是对称的，可以在极坐标中画出散射辐射的分布图. 这种图称为散射方向性图. 图 13.2 给出了一些例

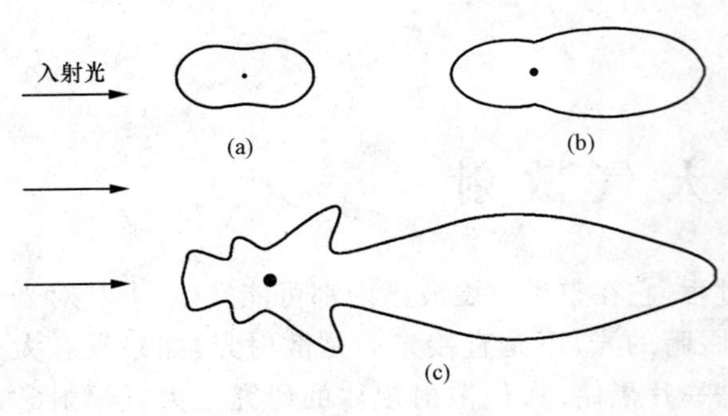

图 13.2　不同粒子的散射方向性图

子. 其中图(a)是一个小粒子,半径远小于波长,它的散射辐射在前后两个半球上基本上是对称的,具有瑞利散射的特征;图(b)粒子稍大,$x=1.6$,前向散射超过了后向散射. 对更大的粒子,如图(c),$x>6$,散射辐射主要集中于前向,而且在某些角度上还会出现极值点,这些都属于米散射. 当然,粒子的散射方向性图不仅和尺度数有关,还和粒子的折射率有关.

散射过程的另一个特点是偏振状态的变化. 例如即使入射辐射是自然光,散射光也带有一定程度的偏振. 偏振的程度和状态取决于粒子的大小、形状、折射率、入射光的偏振态及观测散射光的角度.

在一般情况下,要研究的是某一体积内众多粒子共同的散射. 当粒子间的距离比半径的几倍(如 3 倍半径)还大时,可以认为各粒子的散射是互相独立的,即每个粒子的散射和周围的粒子无关,称为独立散射. 当独立散射的条件满足时,某一体积内所有粒子的总散射等于各个粒子散射的总和. 例如单位体积中有 n 个相同的散射粒子,那么该体积的总散射等于单个粒子散射的 n 倍. 大气光学中遇到的各种气溶胶粒子几乎都满足独立散射的条件. 但空气分子并不满足独立散射的条件,在对流层大气中,各分子的散射光常常是相干的. 如果气体分子的浓度在空间是均匀的,由于散射不互相独立,各分子的散射将互相干涉而抵消,所以完全均匀的空气对光不发生散射. 但由于空气分子的热运动,分子浓度有不规则的涨落,这种涨落使散射光不能完全抵消掉. 理论分析指出,分子浓度涨落造成的散射光强度与浓度的平均值成正比. 因此仍然可认为,单位体积内平均数密度为 n 的气体的散射光强度是单个分子散射的 n 倍. 综合以上所述可以得到结论:某个体积内有多个粒子散射时,散射辐射的总能量应为各个粒子散射能量之和.

如入射辐射在一个粒子上散射,称为一次散射. 但对一个体积中众多的散射粒子而言,散射辐射可以射到其他粒子上,从而引起第二次或更多次的散射,称为多次散射. 图 13.3 即画出了这种多次散射过程.

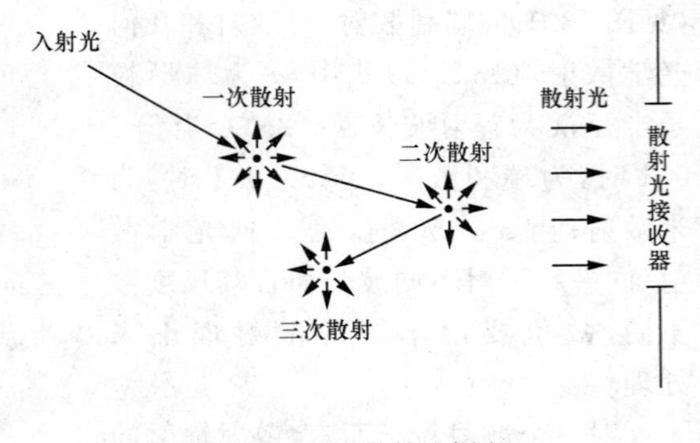

图 13.3　多次散射示意图

粒子将辐射散射的结果,使入射辐射在其前进方向上能量减少. 在发生散射的同时,入射辐射能量往往还有另一种损失,即一部分能量进入粒子内部,转化为热或其他形式的能量,这一过程就是散射吸收. 散射可以用电磁波理论来解释,因为它不涉及分子内部能量状态的改变,而吸收需要用量子理论才能正确解释. 在本章的讨论中,将不涉及散射吸收,认为散射辐射总能量仍等于入射辐射的总能量.

13.1.2　描述散射过程的参数

如图 13.4 所示,在 O 点放置一个散射粒子,沿 z 轴方向入射一束单色辐射,其电矢量沿 x

轴方向振动. 在 D 点放置一个探测器，用以测量散射辐射的强度，OD 之间的距离 r 要比粒子的尺度大很多，这样散射源可以看作是一个点源. z 轴(入射辐射方向)与 OD 组成的平面为散射平面. z 轴(入射辐射方向)到 OD 方向的角度 θ 称为散射角，它从入射光的前进方向算起，$\theta<90°$ 为前向散射，$\theta>90°$ 时为后向散射. x 轴和散射平面的夹角 ϕ 称为方位角.

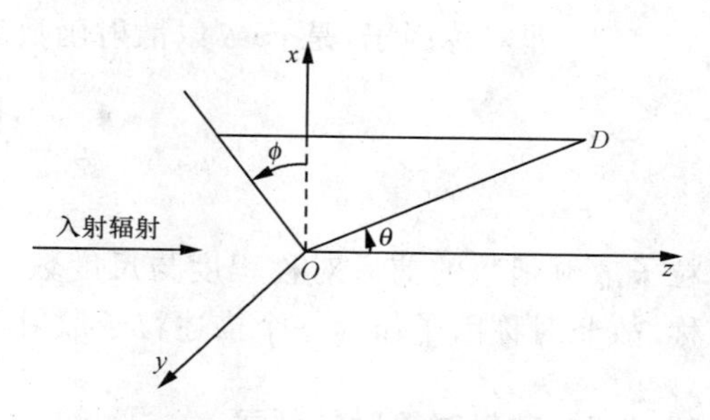

图 13.4　散射过程的几何描述

如果探测器 D 在空间移动，所测到的散射辐射强度 $I_s(r,\theta,\phi)$ 应与入射辐射强度 I_0 成正比，与距离 r 平方成反比(因散射辐射是球面波)，另外还与方向 θ,ϕ 有关，即

$$I_s(r,\theta,\phi)=\frac{I_0}{r^2}\sigma(\theta,\phi), \tag{13.1.2}$$

式中 $\sigma(\theta,\phi)$ 称为粒子的散射函数，它的意义是当单位辐射强度入射时，在单位距离上所测到的散射辐射强度，也就是以单位辐射强度入射时，粒子向 (θ,ϕ) 方向单位立体角中所散射的辐射能量. 很多情况下由于粒子的对称性，散射函数常常仅和散射角 θ 有关，其图形可用极坐标绘出，例如图 13.2 中的散射方向性图.

从量纲分析，$\sigma(\theta,\phi)$ 具有面积的单位，则(13.1.2)式等号右边就是在立体角 $\sigma(\theta,\phi)/r^2$ 内探测器接收到的散射辐射通量密度. 为了使(13.1.2)式等号两边单位一致，$\sigma(\theta,\phi)$ 的单位应为 $\mathrm{m^2\cdot sr^{-1}}$，即是单位立体角时的散射面积. 因此，$\sigma(\theta,\phi)$ 也称为角散射截面.

将 $\sigma(\theta,\phi)$ 对整个空间 4π 球面度的立体角积分，便可以算出当单位辐射强度入射时，一个粒子散射掉的总能量

$$\sigma_s=\int_{4\pi}\sigma(\theta,\phi)\mathrm{d}\Omega, \tag{13.1.3}$$

σ_s 称为粒子的散射截面，它与吸收截面类似，是一个等效截面，反映了粒子的散射本领. 如果一个粒子对辐射既有吸收又有散射，则定义消光截面为

$$\sigma_e=\sigma_s+\sigma_a. \tag{13.1.4}$$

同时，还常常引用效率因子的概念，它们是粒子的散射、吸收或消光截面与其几何截面之比值，分别称为散射效率、吸收效率和消光效率，即

$$Q_s=\frac{\sigma_s}{\pi a^2},\quad Q_a=\frac{\sigma_a}{\pi a^2}\quad 和\quad Q_e=\frac{\sigma_e}{\pi a^2}, \tag{13.1.5}$$

并同样有

$$Q_e=Q_s+Q_a. \tag{13.1.6}$$

在辐射的散射过程中还常引用下列物理量来描述粒子的散射特性：

(1) 相函数 $P(\theta,\phi)$，定义是

$$P(\theta,\phi)=4\pi\sigma(\theta,\phi)/\sigma_s. \tag{13.1.7}$$

它是某个方向的散射能力与平均散射能力之比，满足归一化条件

$$\frac{1}{4\pi}\int_{4\pi}P(\theta,\phi)\mathrm{d}\Omega\equiv 1. \tag{13.1.8}$$

(2) 单散射反照率 ω，表示在总消光中散射所占的比例，即

$$\omega=\sigma_s/\sigma_e=\sigma_s/(\sigma_s+\sigma_a). \tag{13.1.9}$$

(3) 非对称因子，是 $\cos\theta$ 以散射函数为权重的平均值，即

$$g = \frac{\int \sigma(\theta,\phi)\cos\theta \mathrm{d}\Omega}{\int \sigma(\theta,\phi)\mathrm{d}\Omega}. \tag{13.1.10}$$

粒子散射函数的前后对称程度与尺度数 x 有密切的关系，x 值越小，g 值也小，散射越接近对称. 故非对称因子作为一个描述粒子散射特性的参数广泛地被引用.

13.1.3　散射对辐射的削弱

类似吸收系数描述因为吸收导致传输辐射的削弱，散射系数则是在包含散射粒子的介质中传输的单色辐射，因散射受到削弱的量度. 同样分为体积散射系数和质量散射系数，分别以符号 $\beta_{s,\lambda}$ 和 $k_{s,\lambda}$ 表示单色体积散射系数和质量散射系数. 体积散射系数是单位体积中散射粒子的散射截面之和；质量散射系数表示的是单位质量介质中所有散射粒子的散射截面之和. 二者的关系为

$$\rho k_{s,\lambda} = \beta_{s,\lambda}, \tag{13.1.11}$$

式中 ρ 是散射体的密度.

对于不同大小的气溶胶散射粒子，如 a 为粒子半径，$n(a)\mathrm{d}a$ 表示单位体积中半径为 a 到 $a+\mathrm{d}a$ 范围中的粒子数，则体积散射系数可表示为

$$\beta_{s,\lambda} = \int_0^\infty \sigma_s(a,\lambda)n(a)\mathrm{d}a. \tag{13.1.12}$$

吸收的指数削弱规律可适用于散射引起的辐射衰减，即

$$F_\lambda(s_2) = F_\lambda(s_1)\exp\left(-\int_{s_1}^{s_2}\beta_{s,\lambda}\mathrm{d}s\right) = F_\lambda(s_1)\exp\left(-\int_{s_1}^{s_2}k_{s,\lambda}\rho\mathrm{d}s\right). \tag{13.1.13}$$

对于有散射和吸收引起的总衰减，可写为

$$F_\lambda(s_2) = F_\lambda(s_1)\exp\left(-\int_{s_1}^{s_2}\beta_{e,\lambda}\mathrm{d}s\right), \tag{13.1.14}$$

式中 $\beta_{e,\lambda}=\beta_{s,\lambda}+\beta_{a,\lambda}$，称为体积削弱系数，或体积衰减系数.

13.2　瑞利散射

分子散射理论是瑞利(Rayleigh)在试图解释天空为何呈现蓝色这样一个问题时提出的. 早在 1871 年，他假设散射粒子是半径远小于光波波长的球形的各向同性粒子，其密度大于周围环境，用弹性固体以太学说，得出了现在被称为瑞利散射的基本特征，即散射能力和粒子体积平方成正比，和波长 4 次方成反比. 但他不能肯定天空中是哪种粒子起作用，所以直到 1899 年，他再一次用麦克斯韦电磁理论研究天空发光问题时，才给出蓝色天空的正确解释.

根据散射的物理原理，入射辐射产生一个均匀电场 $\boldsymbol{E}_0=(E_{0x},E_{0y})$，施加于一个半径比入射辐射波长小得多的均匀的、各向同性的球形粒子上，使粒子产生偶极子结构并在固定方向上产生振荡. 振荡的偶极子产生了平面偏振电磁波，即散射波，散射偶极矩为 $\boldsymbol{p}=(p_x,p_y)$.

令入射辐射方向和散射辐射方向确定的平面为参考平面(即散射平面)，选择与散射平面平行(y 方向)和垂直(x 方向)两个方向对散射辐射场进行计算. 令 r 为偶极子与观测点之间的距离，γ_1 为偶极矩 $\boldsymbol{p}$ 的 x 分量和观测方向之间的夹角，$\gamma_1=90°$，$\gamma_2=90°-\theta$ 为偶极矩 $\boldsymbol{p}$ 的 y

分量和观测方向之间的夹角. θ 为散射角,是入射辐射方向到散射辐射方向的角,如图 13.5 所示.

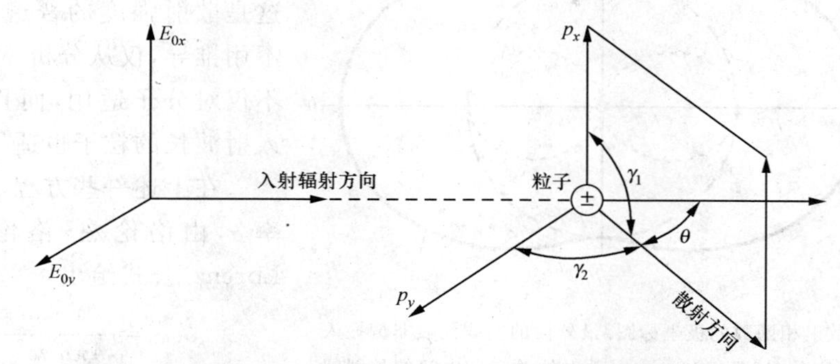

图 13.5 偶极子的散射. 入射电场强度是个矢量,可以分解为相互垂直的两个分量,每个分量均受到偶极子的散射. 其中的一个分量可以这样选择,即它的方向总是垂直于由入射辐射与散射辐射方向确定的散射平面,即 $\gamma_1=90°$.(引自 Liou,2004)

根据瑞利的推导,散射辐射亮度在 x 和 y 方向的分量为

$$I_x = I_{0x}\frac{k^4\alpha^2}{r^2}, \tag{13.2.1}$$

$$I_y = I_{0y}\frac{k^4\alpha^2\cos^2\theta}{r^2}, \tag{13.2.2}$$

式中 I_{0x} 和 I_{0y} 是入射辐射亮度 I_0 的两个分量, $k=2\pi/\lambda$, α 是粒子极化率. 入射光线经粒子作用,在 θ 方向上产生的总散射为

$$I = I_x + I_y = (I_{0x} + I_{0y}\cos^2\theta)\frac{k^4\alpha^2}{r^2}. \tag{13.2.3}$$

考虑空气分子对阳光的散射时, $I_{0x}=I_{0y}=I_0/2$,进而得到

$$I = \alpha^2\frac{I_0}{r^2}\left(\frac{2\pi}{\lambda}\right)^4\left(\frac{1+\cos^2\theta}{2}\right). \tag{13.2.4}$$

这就是瑞利导出的最初公式. 散射粒子尺度远小于入射辐射波长时的散射通称为瑞利散射,对于特定的大气分子,对太阳光的散射也称为分子散射. 据此公式,分子对于非偏振的太阳光的散射辐射亮度与入射辐射亮度 I_0 成正比,而与分子与观测点之间距离 r 的平方成反比. 散射强度还与极化率 α、入射辐射波长 λ 和散射角 θ 有关.

根据(13.1.8)式相函数归一化条件,可以得到瑞利散射相函数为

$$P(\theta) = \frac{3}{4}(1+\cos^2\theta), \tag{13.2.5}$$

其极坐标分布见图 13.6 中实线所示. 由图可知,分子对非偏振太阳光的散射在前向的 0°方向和后向的 180°方向具有极大值,而在两侧(90°和 270°)具有极小值. 分子的散射并不仅仅限于入射平面,而是在所有方向上都有. 因为假设分子是球面对称的,所以在三维空间中的散射图形也是对称的.

根据瑞利的推导,每个分子的散射截面为

$$\sigma_s = \frac{128\alpha^2\pi^5}{3\lambda^4}. \tag{13.2.6}$$

(13.2.6)式与散射相函数(13.2.5)式一起代入(13.2.4)式,得到

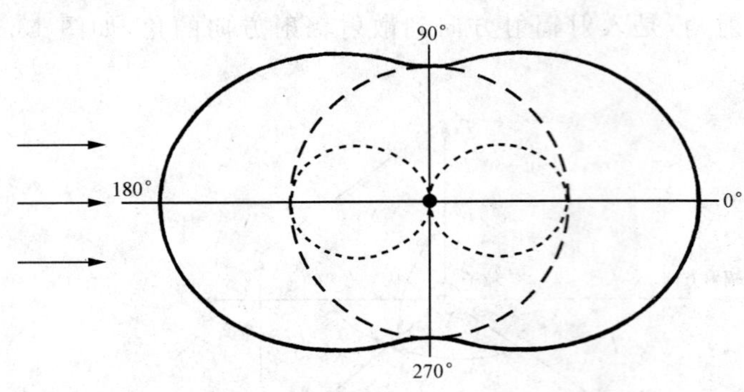

图 13.6　分子散射相函数的极坐标图. 最外面的实线代表非偏振入射辐射的散射强度分布(即 x 和 y 方向散射的总和)；中间的长划圆形虚线代表了图 13.5 中 x 方向的散射分布；最里面的点划虚线是 y 方向的散射分布

$$I(\theta)=I_0\frac{\sigma_s}{r^2}\frac{P(\theta)}{4\pi}. \tag{13.2.7}$$

这是散射强度的普遍表达式，可以不用推导，仅从分析就可以得到. 它不仅对分子适用，而且对尺度大于入射波长的粒子也适用.

在上述一些方程中使用的极化率 α，由洛伦兹-洛伦茨(Lorentz-Lorenz)公式给出，

$$\alpha=\frac{3}{4\pi n}\frac{m^2-1}{m^2+2}, \tag{13.2.8}$$

式中 n 是数密度，m 为复折射指数，$m=m_r+\mathrm{i}m_i$，实部和虚部分别对应于粒子和分子的散射和吸收性质. 太阳光谱范围内的空气分子折射率的虚部相当小，实部接近于 1，因此讨论散射时可以忽略空气分子对太阳辐射的吸收，$m\approx m_r$. 折射指数实部与辐射波长(单位为 μm)的关系近似拟合为

$$(m_r-1)\times10^8=6432.8+\frac{2\,949\,810}{146-\lambda^{-2}}+\frac{25\,540}{41-\lambda^{-2}}. \tag{13.2.9}$$

实际应用中，极化率 α 可近似为

$$\alpha\approx\frac{1}{4\pi n}(m_r^2-1), \tag{13.2.10}$$

由此得到体积散射系数与折射指数(折射率)实部的关系为

$$\beta_{s,\lambda}=n\sigma_s=\frac{8\pi^3(m_r^2-1)^2}{3n\lambda^4}=\frac{C}{\lambda^4}. \tag{13.2.11}$$

对于空气分子，在标准状况下，$m_r=1.000\,293$，$n=2.688\times10^{25}(\mathrm{m}^{-3})$，得到 $C=1.0563\times10^{-30}(\mathrm{m}^3)$. 所以标准情况下的体积散射系数 $\beta_{s,\lambda,0}$ 为

$$\beta_{s,\lambda,0}=\frac{1.0563\times10^{-6}}{\lambda^4}, \tag{13.2.12}$$

其中波长 λ 的数值以 μm 为单位，$\beta_{s,\lambda,0}$ 的单位为 m^{-1}. 由(13.2.11)和(13.2.12)式可见，体积散射系数与波长的 4 次方成反比，波长越短，分子散射削弱越强. 比较可见光波段的红光($\lambda=0.65\ \mu$m)与蓝光($\lambda=0.425\ \mu$m)的散射削弱系数，有 $\beta_{s,0.425}/\beta_{s,0.65}=5.5$，可见蓝光的散射比红光要强 5 倍以上，这就是晴天天空呈蓝色的原因. 而太阳的直接辐射光在通过地球大气时，由于分子散射对蓝光的削弱要远大于对红光的削弱，从而使人们看到的日盘的颜色要向红色偏移. 特别是当太阳处于地平附近时，太阳辐射所经过的大气路径远大于正午时刻，所以其颜色是偏向红色的.

分析(13.2.11)式，表面上看来 $\beta_{s,\lambda}$ 与 n 成反比，但从分子物理学知道，m_r-1 与 n 成正比，因此考虑了 $(m_r-1)^2$ 以后，实际上 $\beta_{s,\lambda}$ 正比于 n. 而 n 又与气体的密度 ρ 成正比，有 $n/n_0=\rho/\rho_0$，ρ_0 是标准状态下的气体密度($1.293\ \mathrm{kg\cdot m^{-3}}$). 因此空气密度为 ρ 的空气，其散射系数 $\beta_{s,\lambda}$ 与标准状况下空气散射削弱系数 $\beta_{s,\lambda,0}$ 之间有下列关系

$$\beta_{s,\lambda}=\beta_{s,\lambda,0}\frac{\rho}{\rho_0}. \tag{13.2.13}$$

若地面压强为标准大气压 p_0，利用静力学方程，整层大气垂直光学厚度为

$$\begin{aligned}\tau_\lambda(0) &= \int_0^\infty \beta_{s,\lambda}(z)\mathrm{d}z = 1.0563\times10^{-6}\lambda^{-4}\int_0^\infty \frac{\rho(z)}{\rho_0}\mathrm{d}z \\ &= 1.0563\times10^{-6}\lambda^{-4}\ \frac{p_0}{\rho_0 g} \\ &= 0.008\,44\lambda^{-4}.\end{aligned} \tag{13.2.14}$$

由于空气折射指数也与波长有关，Dutton 等(1994)将上式在可见光波段修正为

$$\tau_\lambda(0) = 0.00877\lambda^{-4.05}, \tag{13.2.15}$$

其中 λ 的单位为 μm. 对于波长 $\lambda=0.52\ \mu$m 的绿光，$\tau_\lambda(0)=0.124$，整层大气的透过率为 0.883.

13.3 均匀球状粒子的散射——米散射

当讨论大粒子的散射过程时，假设粒子是球状的且球体的介质是均匀的. 在这两个假设条件下，古斯塔夫・米(G. Mie)利用电磁场的基本方程求解电磁波的散射过程，得到了精确计算散射场的数学公式，称为米理论(或米散射). 然而，另两位科学家洛伦兹(L. Lorenz)和德拜(P. Debye)也独立得到了球形粒子对平面电磁波的散射解，因此米理论也称为洛伦兹-米理论，或洛伦兹-米-德拜理论.

利用这些公式，可以计算任何大小的均匀球状粒子的散射截面及散射光的空间分布. 米散射的理论表明，球状粒子的散射特性取决于粒子的尺度数 $x=2\pi a/\lambda$ 以及粒子介质的折射指数 m，这里 a 为粒子半径. 当粒子尺度很小，$x\ll1$ 时，米理论就简化为瑞利散射的结果；而当尺度数很大时($x>50$)，米散射的结果又与几何光学所导出的结果相一致；因此米散射理论是球状粒子散射的通用理论. 只是由于米散射公式的计算比较复杂，除了在条件 $0.1<x<50$ 下不得不用米散射公式来计算外，在小粒子和大粒子的场合，只要有可能，就习惯地使用其他方法来处理.

由于洛伦兹-米-德拜理论非常复杂，所以完整地推导理论给出的公式超出了本书的范围. 以下给出一些主要结果，但仍能对大粒子散射有清晰认识. 在球面坐标系(r,θ,ϕ)中，设入射波表示的入射电场为

$$\boldsymbol{E}_\mathrm{i} = E_0\exp[\mathrm{i}(kr\cos\theta-\omega t)](\sin\theta\cos\phi\boldsymbol{e}_r+\cos\theta\cos\phi\boldsymbol{e}_\theta-\sin\phi\boldsymbol{e}_\phi), \tag{13.3.1}$$

式中 $k=2\pi/\lambda$，ω 是平面电磁波的圆频率，$\boldsymbol{e}_r$，$\boldsymbol{e}_\theta$ 和 $\boldsymbol{e}_\phi$ 是球坐标系中的单位矢量. 当入射波照射到半径为 a 均匀介质球形粒子时，在远场点(r,θ,ϕ)处$(k\cdot r\gg1)$激发的散射电场可由麦克斯韦方程组求得

$$\boldsymbol{E}_\mathrm{s} = E_0\frac{\exp[\mathrm{i}(kr-\omega t)]}{\mathrm{i}kr}[-S_2(\theta)\cos\phi\boldsymbol{e}_\theta+S_1(\theta)\sin\phi\boldsymbol{e}_\phi], \tag{13.3.2}$$

式中

$$\begin{cases} S_1(\theta) = \displaystyle\sum_{n=1}^{\infty}\frac{2n+1}{n(n+1)}\left(a_n\frac{\mathrm{P}_n^\ell(\cos\theta)}{\sin\theta}+b_n\frac{\mathrm{dP}_n^\ell(\cos\theta)}{\mathrm{d}\theta}\right), \\ S_2(\theta) = \displaystyle\sum_{n=1}^{\infty}\frac{2n+1}{n(n+1)}\left(a_n\frac{\mathrm{dP}_n^\ell(\cos\theta)}{\mathrm{d}\theta}+b_n\frac{\mathrm{P}_n^\ell(\cos\theta)}{\sin\theta}\right), \end{cases} \tag{13.3.3}$$

$\mathrm{P}_n^\ell(\cos\theta)$是连带勒让德多项式

$$P_n^\ell(\cos\theta)=\frac{\sin\theta}{2^n n!}\frac{\mathrm{d}^{n+1}(\cos^2\theta-1)^n}{\mathrm{d}\cos\theta}. \tag{13.3.4}$$

a_n 和 b_n 是尺度数 x 和折射指数 $m=m_r+\mathrm{i}m_i$（假定 $m_i\geqslant 0$）的函数

$$\begin{cases} a_n=\dfrac{\psi_n'(mx)\psi_n(x)-m\psi_n(mx)\psi_n'(x)}{\psi_n'(mx)\xi_n(x)-m\psi_n(mx)\xi_n'(x)}, \\ b_n=\dfrac{m\psi_n'(mx)\psi_n(x)-\psi_n(mx)\psi_n'(x)}{m\psi_n'(mx)\xi_n(x)-\psi_n(mx)\xi_n'(x)}, \end{cases} \tag{13.3.5}$$

带撇号的表示对自变量的微分，式中黎卡提-贝塞尔（Riccati-Bessel）函数 $\psi_n(z)$ 和 $\xi_n(z)$ 与非整数阶的贝塞尔函数 $J_{n+1/2}$ 和 $J_{-n-1/2}$ 的关系为

$$\begin{cases} \psi_n(z)=\left(\dfrac{\pi z}{2}\right)^{1/2} J_{n+1/2}(z), \\ \xi_n(z)=\left(\dfrac{\pi z}{2}\right)^{1/2} J_{n+1/2}(z)+(-1)^n \mathrm{i} J_{-n-1/2}(z), \end{cases} \tag{13.3.6}$$

其中，$z=x$ 或 mx. 由此得到表征粒子光学特性的消光和散射效率因子为

$$\begin{cases} Q_e=\dfrac{2}{x^2}\displaystyle\sum_{n=1}^{\infty}[(2n+1)\mathrm{Re}(a_n+b_n)], \\ Q_s=\dfrac{2}{x^2}\displaystyle\sum_{n=1}^{\infty}[(2n+1)(|a_n|^2+|b_n|^2)], \end{cases} \tag{13.3.7}$$

式中 Re 表示取复数的实部. 由上式，吸收效率因子也可计算出来.

图 13.7 给出水滴（$m=1.33$）的散射效率 Q_s 随尺度数 x 的变化，由图可看出米散射的复杂性. 当相对尺度数 x 从 0 开始变大时，散射效率因子 Q_s 也从 0 开始变大. 当 $x\approx 6$ 时，$Q_s\approx 4$，Q_s 达到第一个极大值，这表明粒子散射掉的辐射能相当于照射到其几何截面的 4 倍面积上入射辐射的能量. 此时 $a\approx\lambda$，说明粒子半径与波长相当时，粒子散射的效率最高，这一结论在实际应用中十分重要. 当 x 继续增大时，Q_s 就以波动的方式变化，并最后趋向于 2. 从图 13.7 中也可看到，Q_s 表现出一系列的主极大和极小，还有许多小脉动. 这种主极大和极小是由球体的衍射光和透射光相干涉而产生，而小脉动则是由擦过和通过球体的边缘光线所产生，并向各个方向发射能量. 无论是小脉动还是主极大和极小，它们都随粒子内部吸收的增加而减弱.

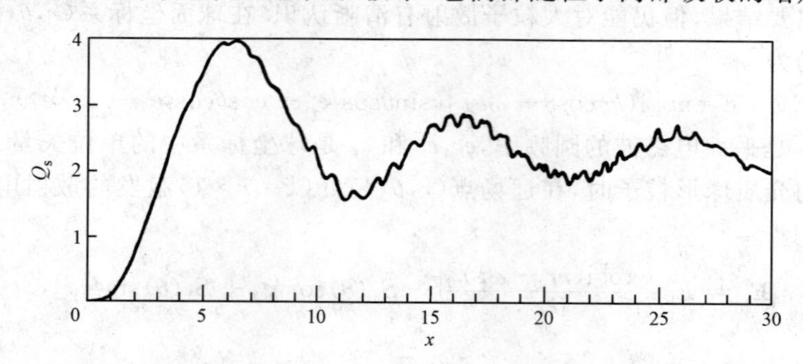

图 13.7　水滴（$m=1.33$）的对 $\lambda=0.5\ \mu$m 光的散射效率 Q_s 随尺度数 x 的变化曲线

当 x 很接近 0 时，Q_s 随 x 增长很快，这是瑞利散射的特征. 对于同一类散射粒子（例如空气分子），因 a 是固定的，则 x 的加大对应着波长 λ 的减小，Q_s 随 x 的增长表明了蓝光的散射比红光强. 当粒子的尺度数 x 很大时，散射效率随波长已基本不变，这表明各种波长具有几乎相同强度的散射，而且散射光中各种波长的比例也和入射辐射中的相一致. 当天空有云时，就

遇到这种情形.因为组成云滴半径常在 3～6 μm,相对于可见光,x 约为 17～69,这时看到的天空就是白色的了.另外,假设散射辐射的波长不变,图 13.7 的曲线也可用来讨论散射效率因子 Q_s 随粒子半径增加而发生的变化.

以尺度数 $x\approx 6$ 为界,尺度数在约 0～6 和 6～11 两段的散射特性是不同的.以散射太阳光来说,尺度数在约 0～6 时,是粒子对蓝光散射比对红光强,因此入射辐射传输时其中的红光削弱少,传输路径上的辐射变红;尺度数在约 6～11 相反,即红光比蓝光散射强,沿辐射路径上辐射变蓝.这样,不同尺度的粒子会产生不一样的光学现象,例如小气溶胶粒子(约 0.1～1 μm)对可见光的散射容易产生红色晚霞,而大气溶胶粒子(>1 μm)在夜晚导致蓝月亮.

球形粒子散射的相函数,也可以洛伦兹-米-德拜理论计算出来.图 13.8 给出了 0.5 μm 波长辐射照射到云滴($a\approx 10$ μm)、气溶胶粒子($a\approx 1$ μm)和分子($a\approx 10^{-4}$μm)的归一化相函数随散射角的变化曲线图.可以看到,分子散射相函数前后(散射角 90°分界)对称,满足瑞利散射特征,而随粒子半径增大,前向散射(散射角～0°)越来越强,后向散射(散射角～180°)减弱.云滴的散射在 100°散射角有极小值,在约 138°散射角处有峰值,对应虹的特征.气溶胶粒子的散射除了有一前向极大的特征外,也表现出在 150°～170°散射角区间内的极大图案(图 13.2(c)).

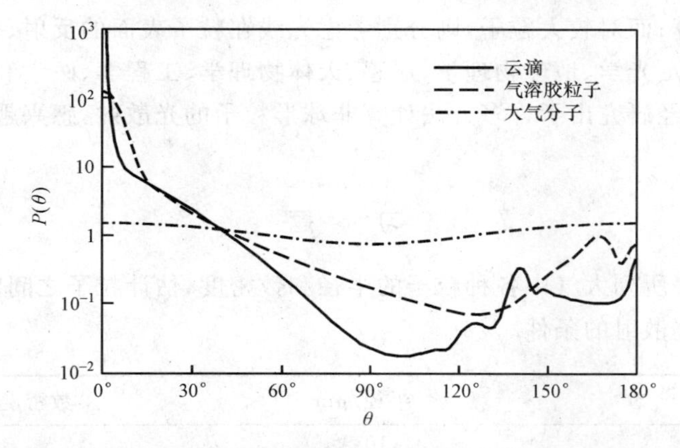

图 13.8　0.5 μm 波长辐射照射到云滴、气溶胶粒子和分子的相函数(引自 Liou,2004)

有了洛伦兹-米理论的计算结果,为了得到体积散射系数,根据(13.1.12)式,需要有相应的大粒子(如云粒子、气溶胶粒子)分布 $n(a)$ 的资料.大气气溶胶的分布在大气中是高度变化的,且粒子形状差异也很大,其散射削弱系数就难以理论求解,一般以经验公式表示

$$\beta_{s,\lambda} = C\lambda^{-b}, \tag{13.3.8}$$

其中,C 和 b 是经验常数,随地域和粒子的散射特性变化而变化.对分子散射,$b=4$.对大颗粒的散射,$b<4$.b 的数值根据大气气溶胶或云滴半径而变,对一般气溶胶,在太阳辐射时,b 值大约在 1～2 之间,但 b 值也可能小到接近 0 甚至小于 0.当 $b=0$ 时,表示散射系数不随波长而变,所有波长的辐射都有相同的散射削弱.

13.4　非球形粒子的散射

米散射讨论的是均匀的球状粒子对电磁波的散射,但实际大气中的气溶胶粒子大部分都不是球形的.当考虑非球形粒子的散射时,就遇到了两个困难的问题,其一是粒子形状的不规则，其二是粒子在空间取向的不同.

如果说米散射理论解决的是电磁波在球表面的边界问题，则非球形粒子的散射就要解决电磁波在不规则表面的边界问题，且这种边界常常还无法用数学公式表示出来. 从理论上讲，可以把这种不规则的边界展开为级数，并将问题的解也作相应的级数展开，但这仍然给问题带来了极大的困难.

非球形粒子的另一个特点是其取向问题. 由于粒子一般具有不对称的外形，粒子的取向将影响其散射特性. 当考虑某一体积中大量粒子的散射时，还必须考虑体积中各个粒子的取向，这实际上是无法处理的. 一般只能假设所有粒子都随机取向，而只讨论其平均的结果.

由于对非球形粒子散射这一问题处理上的困难，除了发展对某些特定边界情况的精确解以外，主要按下述两个方面进行探索：用实验进行测量研究；发展某些近似计算的理论. 一般气溶胶粒子的尺度都很小，对单个粒子的散射进行测量当然不是一件容易的事情，但散射理论表明，粒子的散射特性只与其相对尺度数 x 和折射率 m 有关，只要保持折射率数值相同，用较长的波长就可以选用较大的粒子进行测量，一般可选用微波. 在近似理论的研究方面，较为简单的考虑是对较小粒子仍然沿用米散射公式，用等体积球或等表面积球的半径来代替非球形粒子的尺度进行计算；而对较大粒子，则分别考虑光线在粒子表面的反射、折射和衍射.

近年来，为了满足光学、地球物理学、遥感、天体物理学、工程学、医学和生物学等对于精确散射信息的需求，已经研究出了许多方法计算非球形粒子的光散射，感兴趣的读者可参考有关书籍.

习　题

13.1　根据下表所列大气中各种粒子的半径和数密度，估计粒子之间的平均距离，从而讨论它们是否满足独立散射的条件.

名称	半径/μm	数密度/(个・cm^{-3})
空气分子	10^{-4}	10^{19}
爱根核	10^{-2}	10^{3}
霾粒子	0.1	100
雾滴	1	2.5×10^{3}
云滴	10	100
雨滴	10^{3}	10^{-4}

13.2　空气分子、爱根核、霾粒子、雾滴、云滴和雨滴的平均半径分别为 10^{-4}，10^{-2}，0.1，1，10 和 $10^{3}\mu$m，讨论它们对于 0.5 μm 可见光、10 μm 红外线、8 mm 毫米波和 3 cm 厘米波的散射，分别属于什么散射.

13.3　若云滴谱可写为 $n(r)\mathrm{d}r=ar^{6}\mathrm{e}^{-br}\mathrm{d}r$，其中 r(单位 μm)为云滴半径，$a=2.373$，$b=1.5\,\mu\mathrm{m}^{-1}$，且 a 的单位能够使 $n(r)$ 具有 $\mathrm{cm}^{-3}\cdot\mu\mathrm{m}^{-1}$ 的单位. 假定对可见光而言，所有云滴的散射效率均为 2，计算其散射系数.

13.4　波长 0.6 μm 的平行光束，垂直射入 10 m 厚的人工云层，射入前及透过云层后的辐照度分别为 100 mW・cm^{-2} 和 28.642 mW・cm^{-2}. 若云滴半径为 10 μm，且在云中各处均一. 只考虑一次散射. 求：(1) 云层的体积散射系数；(2) 云滴数密度；(3) 若入射光束与云层法线成 60°角，求射出云层后的辐照度.

13.5 若大气气溶胶的散射相函数可写为 $P(\theta)=\frac{1-g^2}{(1+g^2-2g\cos\theta)^{3/2}}$，其中 g 为一常数，请证明在此情况下非对称因子为 g.

13.6 分析说明(13.2.7)式的意义.

第十四章　太阳辐射

太阳是一颗平均大小的恒星，是主序星的一颗黄色 G2 型矮星. 它的半径是 6.96×10^5km，距地球平均距离为 1.496×10^8 km，这个距离称为一个天文单位(AU). 太阳辐射是电磁辐射，起源于其核心的热核反应，通过热核反应释放的辐射能量首先通过太阳辐射层，然后穿过对流层抵达光球层和色球层，向外通过太阳大气向宇宙空间传输. 经过太阳内部的传输和太阳大气的吸收等过程，热核反应释放的高能辐射的能量已大大降低，传输到地球就成为以柔和可见光为主的辐射了.

地球的绝大多数能量来自太阳辐射能，与之相比，地球从月球等其他天体、宇宙空间和地球内部等获得的能量几乎可以忽略不计. 地球系统中所有的物理和生态过程都是被抵达地球的太阳辐射所驱动，太阳辐射是引起地球系统气候变化的外部因子.

14.1　大气上界太阳光谱及太阳常数

作为波长的函数的太阳辐射的分布称为太阳光谱，它包含着从 γ 射线到无线电波的各种波长. 太阳辐射由连续发射构成，因此大部分太阳能储存在连续光谱中，其中还叠加有谱线结构. 观测获得的是大气上界的太阳光谱.

早在 20 世纪初就开始了对太阳辐射的分光观测. 美国斯密逊(Smithson)天体物理观象台(高山观测)一直进行着大量长期的观测. 但由于地球大气的影响，地面测到的太阳分光辐射光谱与大气上界的分光辐射光谱有很大的差别. 例如在波长 0.29 μm 以下的辐射，地面几乎观测不到. 为了得到大气上界的太阳光谱，在 20 世纪 60 年代以后，更多地采用了高空观测手段，包括气球、飞机、火箭等在离地面数十公里的高空进行分光辐射观测. 70 年代以后的卫星观测，可以直接得到没有地球大气影响的太阳分光辐射光谱. 但即使如此，地基测量太阳光谱的方法仍有重要意义和广泛的应用. 大气上界的太阳分光辐射光谱可以从有关书籍查表得到，或从与辐射相关的计算机数值模式的数据中读出.

图 14.1 绘出了波长在中等分辨率情况下的大气外界日地平均距离处的太阳辐照度观测值随波长(直到 2 μm)的分布，同时绘制了理想黑体在温度 5500 K 和 6000 K 下的普朗克光谱曲线. 大气上界观测到的太阳光谱与太阳光球层发射的特征可见光辐射谱与红外辐射谱拟合得很好，由此推断太阳输出相当于温度在 5500～6000 K 的黑体辐射，精确拟合得到的结果约为 5776 K 的黑体辐射.

但是，根据对太阳辐照度的观测结果，就太阳的相当黑体温度而言，太阳光谱的紫外区(<0.4 μm)与太阳光谱的可见光区和红外区偏差很大. 图 14.2 绘制了约在 0.1～0.3 μm 范围内观测到的太阳光谱的变化曲线，同时也绘制了温度分别为 4500，5000，5500 和 6000 K 的普朗克曲线. 在 0.21～0.3 μm 波段内，太阳的相当黑体温度稍高于 5000 K，然后逐渐降至 0.16 μm 附近的 4500 K 的极小值水平. 这种变化是由于太阳非等温大气的辐射引起的. 尽管短于

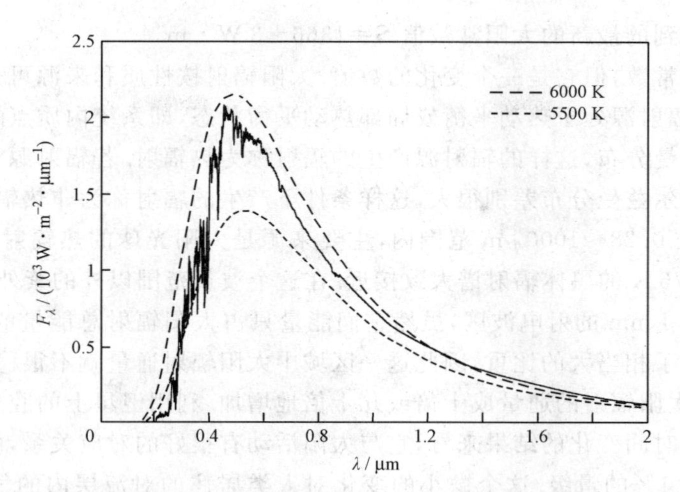

图 14.1 大气上界的太阳光谱. 虚线是理想黑体在指定温度下的辐射光谱曲线.(引自 Petty, 2004)

0.3 μm的太阳光谱中的紫外部分包含了相对较小的能量，但是由于在高层大气中 O_3，O_2，N_2 和原子的 O 和 N 吸收这些能量，所以它成为对流层以上大气的重要能源.

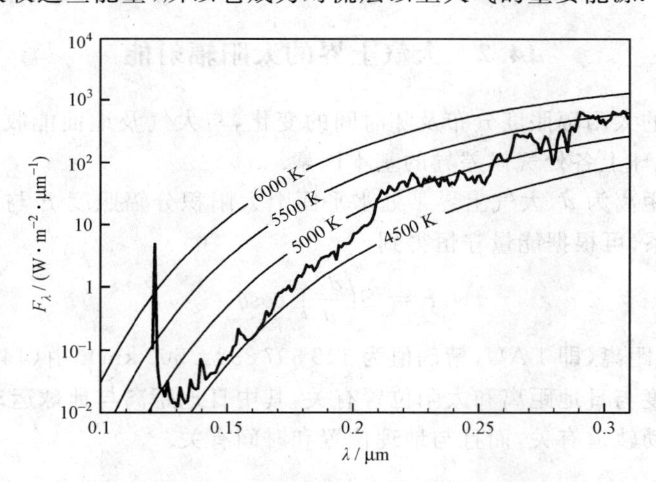

图 14.2 实测的大气上界的紫外辐射的辐照度与黑体温度在 4500～6000 K 的四条普朗克曲线的比较(引自 Liou, 2004)

考虑到大气上界的太阳辐照度随日地距离的变化有所不同，因此定义太阳常数作为标准. 太阳常数是在大气上界日地平均距离处，通过与太阳光线垂直的单位面积上、单位时间接收的能量(即积分辐照度)，以符号 S 表示，即

$$S = \int_0^\infty S_\lambda \mathrm{d}\lambda, \tag{14.1.1}$$

其中 S_λ 是在日地平均距离 d_0 处大气上界，与日光垂直平面上的太阳分光辐照度.

太阳常数是研究地球能量平衡和气候变化的一个重要参数. 由于受到仪器精度、观测点的大气条件以及对大气影响订正方法的限制，得出太阳常数的变化范围很大，精度也不高. 过去半个多世纪，许多研究工作者得出的太阳常数值在 1339～1396 W · m^{-2} 之间. 而在有的波段中，分光辐射值的差别可达 20%. WMO 在 1981 年推荐的太阳常数最佳值为 S = 1367(±7) W · m^{-2}，并同时给出了相应的太阳分光辐照度数值. 据最近 20 多年的卫星观测，并通过分析大量的卫星数据得到的最新的太阳常数值 $S=1366\pm3\ \mathrm{W\cdot m^{-2}}$.

虽然称为太阳常数,但它是一个变化的数值.太阳辐射按性质和来源可分为两部分：热辐射与非热辐射.若辐射源处于热动平衡或局部热动平衡状态,即系统内质点的能量分布遵守一定温度下的玻尔兹曼分布,这样的辐射源产生的辐射称为热辐射.若辐射源中质点的能量分布与一定温度下的玻尔兹曼分布差别很大,这样条件下产生的辐射称为非热辐射.太阳辐射的能量近 99.5%在波长 0.28～1000 μm 范围内,主要来源是太阳光球的热辐射,辐射通量比较稳定,其谱分布与 5776 K 的黑体辐射谱大致接近.在这个波长范围以外的紫外区、X 射线和 γ 射线区以及波长大于 1 mm 的射电波区,虽然它们能量只占太阳辐射总能量的 0.575%,但其中非热辐射在这里占了相当大的比重,因此这一区城中太阳辐射通量就不很稳定.在太阳耀斑爆发时,这些光谱区太阳辐射的通量成十倍或几十倍地增加.利用卫星上的腔式辐射表监测大气上界太阳辐照度随时间变化的结果来看,它与太阳活动有很好的对应关系,由此导致的太阳常数的变化大约在 0.1%的量级.这个微小的变化对人类居住的对流层内的气候的影响几乎没有,也无法探测到,但是因为太阳辐射中紫外区能量的变化,则会影响到平流层及其上层的大气组成、温度和环流等,并对对流层大气状况和地球气候产生缓慢影响.

14.2　大气上界的太阳辐射能

地球大气上界的太阳辐照度分布及随时间的变化,与大气及地面能收到多少辐射能量密切相关,这是形成地球上各处气候差异的基本因素.

如果某时日地距离为 d,大气上界某处水平面上太阳积分辐照度 F 与太阳常数 S 和此处太阳天顶角 θ 的关系,可根据能量守恒得到

$$F=S\left(\frac{d_0}{d}\right)^2\cos\theta, \tag{14.2.1}$$

式中 d_0 为日地平均距离(即 1 AU,精确值为 149 597 892±500 km).由(14.2.1)式可见,大气上界太阳积分辐照度与日地距离和太阳位置有关,其中日地距离与地球运动轨道有关,太阳位置则不仅与地球运动轨道有关,而且与地理位置和时间有关.

14.2.1　日地运动关系

地球以椭圆轨道绕太阳公转,轨道偏心率的平均值为 0.0167,地球约在 1 月 3 日离太阳最近,距离为 0.973 AU;约在 7 月 4 日离太阳最远,距离为 1.017 AU;在 3 月 21～22 日和 9 月 22～23 日达到日地平均距离.(14.2.1)式中 $(d_0/d)^2$ 为日地距离订正因子,也称为地球轨道偏心率订正因子.

地球在绕太阳公转的同时还有自转.自转轴与黄道平面(即公转轨道平面)之间保持着 66°33′的倾角(即黄赤交角 23°27′),一年中太阳有时直射北半球,有时直射南半球,其直射点在南北纬度 23°27′之间变动.太阳直射方向(即日地中心连线)与赤道平面的夹角也就在南北纬度 23°27′之间变动,称为太阳赤纬.

关于 $(d_0/d)^2$ 的计算,早在 20 世纪 50 年代就有科学家依据傅里叶分析提出了比较简单的函数表达式.但影响较大的是米兰科维奇(Milankovitch)在 1941 年提出的含有轨道参数在内的日射的数学表达式.在精度满足的前期下,$(d_0/d)^2$ 可由 $(a/d)^2$ 近似得到,a 为地球轨道

的半长轴.

日地距离 d 在约 10^{-4} 的相对精度时可近似由下式计算获得

$$\left(\frac{a}{d}\right)^2 = \sum_{n=0}^{2}(a_n\cos nt + b_n\sin nt), \tag{14.2.2}$$

式中 $t=2\pi D/365$,一年中的1月1日对应 $D=0$,12月31日对应 $D=364$.同样地,太阳赤纬 δ 以0.0006 rad(弧度)的精确度可表达为

$$\delta = \sum_{n=0}^{3}(c_n\cos nt + d_n\sin nt). \tag{14.2.3}$$

上面两式中的系数 a_n,b_n,c_n 和 d_n 的值见表14.1.

表14.1 计算日地距离和太阳赤纬时的系数

n	a_n	b_n	c_n	d_n
0	1.000 110	0	0.006 918	0
1	0.034 221	0.001 280	−0.399 912	0.070 257
2	0.000 719	0.000 077	−0.006 758	0.000 907
3	—	—	−0.002 697	0.000 148

14.2.2 太阳位置

1. 太阳的高度和方位

图14.3绘制了相对于某地 O 的太阳的天顶角、高度角和方位角示意图.图中 OC 是当地 O(纬度为 φ)的水平面的垂线,太阳所在位置为 S,投影到水面上为点 B. O,B,S 和 C 四点在一个平面内,$\theta=\angle COS$ 为当地 O 的太阳天顶角,是太阳高度角 $\angle SOB$ 的余角.太阳的方位角 $\alpha=\angle AOB$,方位角南方作为0°角线,向西、北、东旋转角度增大,也即正西、正北和正东的太阳方位角分别是90°,180°和270°.高度角和方位角一起用来描述太阳的视运动(即太阳空中轨迹在水平面上的投影线),而天顶角(或高度角)则与太阳辐射照射到水平面的辐照度有关.

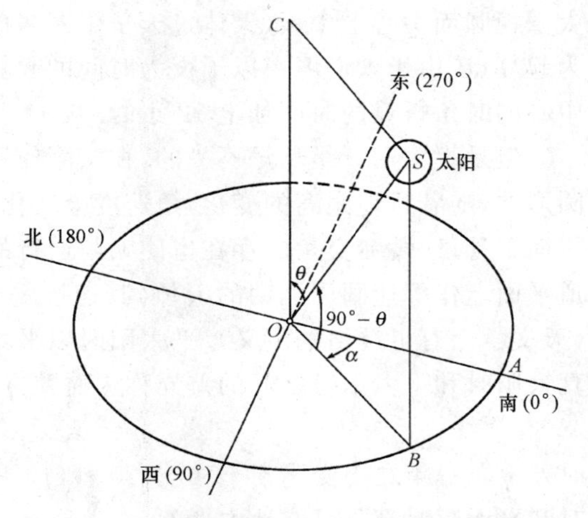

图14.3 太阳的天顶角,高度角和方位角示意图

根据球面三角关系,当地 O 某一时刻观测到的太阳天顶角 θ 和方位角 α 可由下列方程来计算:

$$\cos\theta = \sin\varphi\sin\delta + \cos\varphi\cos\delta\cos h, \tag{14.2.4}$$

$$\cos\alpha = (\sin\delta - \sin\varphi\cos\theta)/\cos\varphi\sin\theta, \tag{14.2.5}$$

其中,φ 为当地纬度,δ 为太阳赤纬,h 为时角. φ 在−90°(南极)到90°(北极)变化;δ 在−23°27′(北半球冬至)到23°27′(北半球夏至)范围内变化,其中 $\delta=0$ 时为春秋分.时角 h 定义为,以观测点的经圈与太阳重合后(即当地正午)为起点,地球自转转过的角度.正午时刻时角为0,每天变化 2π,取值范围为 $-\pi\sim\pi$,对应于当地时间0~24点.

日出和日落时,天顶角为90°,可以得到日出、日落时的太阳时角 H 和方位角 A 为

$$\cos H = -\tan\delta\tan\varphi, \tag{14.2.6}$$

$$\cos A = \sin\delta/\cos\varphi, \tag{14.2.7}$$

其中时角 H 折合成当地时间与正午时间的差(取绝对值),相当于白昼半天的时间.

H 和 A 随地点(φ)和季节(δ)而不同.例如对北半球的春(秋)分日,$\delta=0$,$H=\pm\pi/2$,$A=90°$和 $270°$,即日夜等长,太阳从正东方升起,从正西方落下;夏至日 $\delta=23.5°$,在 $\varphi=66.5°$N 处,$H=\pm\pi$,说明 $\varphi=66.5°$N 纬线上全天太阳不落,当 $\varphi>66.5°$N 时,北极圈内全天太阳不落.

上述计算日出日落的时角时,没有考虑曙暮光时间的订正.曙光或暮光是早晚天空的散射光,通称为曙暮光,这时

$$\cos\theta = \sin(-\gamma) = -\sin\gamma, \tag{14.2.8}$$

其中,γ 为太阳在地平线以下的角度(正值),需要根据当地实际情况估计获得,实际使用中约取为 $34'$.因此曙暮光订正后日出日落时角可由下式计算

$$\cos H = -\frac{\sin\gamma + \sin\varphi\sin\delta}{\cos\varphi\cos\delta}. \tag{14.2.9}$$

2. 太阳时

太阳相继两次经过同一地方子午圈所经历的时间为一个太阳日.由于太阳日有真太阳日和平太阳日的区别,因此就有两种太阳时.

对某一个观测点来说,太阳视圆面的中心连续两次上中天经历的时间为一个真太阳日,以太阳视圆面中心上中天(天体过天子午圈叫中天,位置最高叫上中天,最低叫下中天)的时刻作为起算点.由于人们习惯以子夜为时间的起算点,所以规定真太阳时在数值上等于太阳视圆面中心的时角折算的时间加上 12 小时.

但是真太阳日是长短不一的,在实际使用时有缺陷.这是因为地球绕太阳公转的轨道是椭圆形的,随着日地距离的变化,角速度会变化;另外,太阳在黄道平面上运行,而时角是在赤道平面上计量,黄赤交角的存在也使太阳运行的角速度不均匀.为此,假想在太阳附近有一在赤道平面上作等速圆周运动的天体,其速度等于太阳视运动的平均速度,这个天体就是平太阳(天文学上有更严格的定义).平太阳时以平太阳在观测地点下中天时刻(平子夜)作为起算点.真太阳时和平太阳时之间的差异称为时差 η,表示成

$$\eta = \text{真太阳时} - \text{平太阳时}, \tag{14.2.10}$$

时差 η 在一年之中变化于+16 分 25 秒(10 月 30 日)至−14 分 15 秒(2 月 11 日)之间.真太阳时和平太阳时都是具有地方性的.

为了便于不同地区交往,规定以标准经度的平太阳时为时间标准,称为标准时.标准时有两种:(1) 世界时,以 0°经度线即英国格林威治天文台的平太阳时子夜为 0 时.(2) 区时,例如规定以东经 120°的平太阳时子夜为北京时 0 时.北京时比世界时早 8 小时.

在太阳辐射测量和计算时应考虑真太阳时,因为真太阳时更符合太阳的实际运动状况.某个观测地点的真太阳时,可由下列公式计算:

$$\begin{aligned}\text{真太阳时} &= \text{平太阳时} + \eta \\ &= (\text{当地标准经度的平太阳时} + \text{经度订正}) + \eta.\end{aligned} \tag{14.2.11}$$

由于经度相差 1°,两地时刻相差 4 min,所以经度订正 $=-4\times(\lambda_s-\lambda)$,其中 λ 为当地经度,λ_s 为当地标准时的经度(例如,北京时 $\lambda_s=120°$).上式的单位用分钟表示.

14.2.3 日射的计算和分布

日射(solar insolation)定义为某一给定地点水平面上的太阳辐射通量密度. 它主要取决于太阳天顶角,同时在某种程度上也依赖于日地距离的变化. 根据(14.2.1)和(14.2.4)式,太阳辐射在大气层顶的辐射通量密度,即日射可表示为

$$F = F(t) = S\left(\frac{d_0}{d}\right)^2 (\sin\varphi\sin\delta + \cos\varphi\cos\delta\cos h), \tag{14.2.12}$$

其中 S 为太阳常数. 如前所述,$(d_0/d)^2$ 可由 $(a/d)^2$ 近似得到,a 为地球轨道的半长轴. 则日射表示为

$$F = F(t) \approx S\left(\frac{a}{d}\right)^2 (\sin\varphi\sin\delta + \cos\varphi\cos\delta\cos h). \tag{14.2.13}$$

大气上界水平面上日射日总量,是日射对白昼时间的积分,即

$$\begin{aligned} Q_{\mathrm{d}} &= \int_{t_1}^{t_2} F(t)\,\mathrm{d}t = \int_{t_1}^{t_2} S\left(\frac{a}{d}\right)^2 (\sin\varphi\sin\delta + \cos\varphi\cos\delta\cos h)\,\mathrm{d}t \\ &= S\left(\frac{a}{d}\right)^2 \int_{-H}^{H} (\sin\varphi\sin\delta + \cos\varphi\cos\delta\cos h)\,\frac{T}{2\pi}\mathrm{d}h. \end{aligned} \tag{14.2.14}$$

此处时间 t 是真太阳时,取子夜为 0. t_1 和 t_2 分别是日出和日落的时间,对应日出和日落的时角为 $-H$ 和 H. T 为一昼夜的时间,由 $t=\frac{T}{2\pi}(h+\pi)$,得到 $\mathrm{d}t=\frac{T}{2\pi}\mathrm{d}h$. 对(14.2.14)式积分得到日射日总量为

$$Q_{\mathrm{d}} = T\frac{S}{\pi}\left(\frac{a}{d}\right)^2 (H\sin\varphi\sin\delta + \cos\varphi\cos\delta\sin H). \tag{14.2.15}$$

式中取 T=86 400 s,为一昼夜的时间,太阳常数取为 1366 W·m^{-2}. 图 14.4 给出按上式计算的一年中全球各地大气上界日射日总量 Q_{d} 的等值线图,Q_{d} 的单位为 86 400 J·m^{-2},图中阴影部分对应于极夜(零日射区). 由图中可以看出,低纬区 Q_{d} 的年变化较小,而高纬区年变化

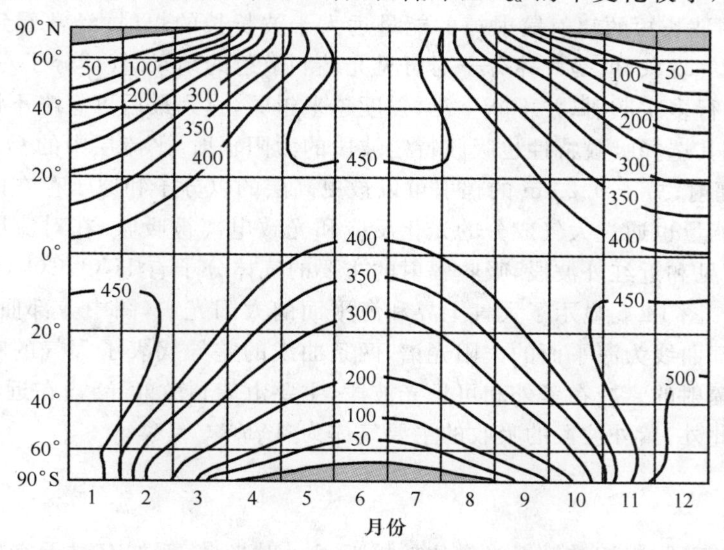

图 14.4 一年中全球各地大气上界日射日总量随纬度和时间的分布(单位: 86 400 J·m^{-2})

较大.北半球夏季各纬度间 Q_d 的差别不大,冬季 Q_d 则随纬度的增高而迅速下降,进入极圈甚至变为零. Q_d 随纬度的变化是决定地球上各纬度间气候差异的基本因素. F 的日变化与 Q_d 的年变化,使得气温也具有日变化与年变化.不过气温并非简单地取决于 F 和 Q_d,影响气候的因子十分复杂.例如在夏至日,北半球自赤道向极地, Q_d 是增加的,因为北极全天有日照,其日总量是赤道的1.37倍,这并不意味着北极的气温会比赤道高.

14.3 地气系统中太阳辐射的吸收和散射

太阳辐射通过地球大气上界,进入大气,就受到大气中的气体分子、气溶胶、云和地球表面的吸收和散射.吸收的辐射就直接进入地气系统的能量循环过程,而散射辐射一部分返回太空,另外的部分继续在大气中传输,并继续吸收和散射(多次散射)的过程.在入射太阳辐射中,反射回太空的辐射占的百分数称为反照率.行星反照率是地气系统总的反照率,它表示射入地球的太阳辐射被大气、云和地面反射回宇宙空间的总百分数.它不仅可按区域大小分为全球行星反照率和各地区行星反照率,而且也可以对太阳辐射按单色辐射或总辐射来区分.目前,认为全球总的行星反照率可取为0.31.

在地气系统对太阳辐射的吸收中,大气的吸收只占约20%,地球表面吸收了约49%.太阳辐射的31%被反射回太空,其中云、气溶胶和大气分子反射约占22%,地面反射9%.

太阳辐射可分为直接太阳辐射和漫射太阳辐射.太阳直接辐射即太阳平行光辐射;不包括直接太阳辐射,来自天空各个方向的散射辐射称为漫射太阳辐射;某一水平面上接收到的这两部分能量的总和称为太阳总辐射(global solar radiation).

14.3.1 大气分子

大气中空气分子对太阳辐射的散射,可以用前面讲述的瑞利散射理论来描述.对于可见光来说,因为气体分子的半径远小于辐射波长,根据瑞利散射理论,分子散射效率与辐射波长的4次方成反比,即波长短的辐射散射掉的能量远大于波长长的辐射.经常看到的蓝天、红色的日出或日落等大气现象,就是气体分子对可见光瑞利散射的结果.气体分子对直接太阳辐射和漫射太阳辐射进行多次散射,并不断重复,强度越来越弱,直到最后可忽略不计为止.

气体分子按其选择吸收特性也吸收特定波段的太阳辐射.平流层中的 O_3 主要吸收0.2~0.3 μm的紫外辐射;短于0.2 μm的辐射可以被更高层的以分子和原子存在的氧和氮吸收.在紫外波段.太阳能量也通过大气成分的光化反应和光致电离被吸收.在对流层中,对太阳辐射的吸收产生于可见和近红外波段,吸收辐射的主要的气体分子有 H_2O, CO_2, O_2 和 O_3,在可见光波段吸收较弱.图14.5显示了大气上界和海平面的太阳光谱,图中上部曲线为大气上界太阳光谱,图中下部曲线为海平面的太阳光谱,两条曲线的差异代表了大气的吸收和散射.由图中可看到,太阳辐射的衰减在紫外和可见光波段,主要由瑞利散射导致;在近红外波段,则是以水汽吸收为主.此外,紫外波段的吸收的主要气体为臭氧.

14.3.2 气溶胶

和分子散射不同,气溶胶散射光谱比较接近于入射光谱.例如有时天空虽然没有云,但因大气中气溶胶含量较高,天空也会显得灰白色,这是大气污染的一种标志.

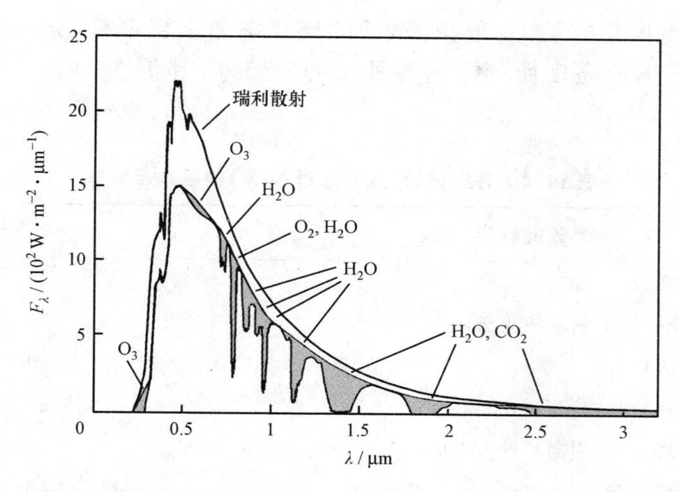

图 14.5 大气上界和无气溶胶清洁大气时海平面的太阳光谱,其中阴影部分表示各气体的吸收区.上下两条光谱曲线间的空白区代表被气体分子后向散射的衰减.

当散射过程以气溶胶颗粒为主时,按米散射理论,前向散射光在总散射光中的比值迅速增大,因此在太阳周围的天空将出现很强的散射光强度.这一现象称为日周光.大气中气溶胶含量越高,这一现象也越明显.

气溶胶粒子对太阳辐射的散射可导致到达地面的辐射能减少,使地气系统降温,称为气溶胶的反照率效应或阳伞效应,云也有类似的效应.

矿物燃料的燃烧在放出 CO_2 的同时还放出大量 SO_2,SO_2 形成的硫酸盐粒子能显著地散射太阳辐射,同时这些微粒增加了云的凝结核,使云量增加,从而云对太阳辐射的反射增加.其他气溶胶也会充当云凝结核,间接地调节太阳辐射.许多火山的喷发物会随着平流层纬向风流动和扩散.一般情况下,强火山爆发后约半年时间,平流层气溶胶就可以扩散到全球.平流层火山灰和气溶胶的强散射作用一方面削弱了太阳的直接辐射,同时又增加了向地面的散射.

能够吸收太阳辐射的重要气溶胶是黑炭,同样导致到达地面的太阳辐射减少;同时,向上反射的太阳辐射也会被其吸收,使得返回空间的辐射减少.因此,黑炭气溶胶的效果与其他气溶胶的反射冷却效应相反.

气溶胶产生于自然和人为因素,目前全球气溶胶光学厚度约为 0.12.人类活动是气溶胶光学厚度变化的根本原因,并因此显著影响全球和区域气候.

14.3.3 云

云对太阳辐射的调节起重要作用.一方面,通过云反照率效应,使得部分入射太阳辐射被反射回太空,降低了地气系统的温度;另一方面,云在近红外波段也吸收太阳辐射.云的反射效应产生的降温主要产生于地面.

由于云中水滴和冰晶的散射,使云体表面成了比较强的反射面.云层覆盖了大约 50%的地球表面,云顶表面又具有较大的反照率,这就使得到达地面的太阳辐射大大减少,而返回宇宙空间的辐射能量加大,因此云层在地-气系统的辐射过程中有极为重要的作用.飞机、气球和卫星的一系列观测表明,云的反照率既依赖于云的厚度、相态、微结构及含水量等云的宏微观特性,也和太阳高度角有关.一般说来,云的反照率随云层厚度、云中含水量而增大.表14.2是根据卫星云图的亮度所确定的各种云的反照率,其值在29%～92%之间,平均约为60%.

表14.2　各类云(云盖面超过80%)的平均反照率

云的种类	反照率/(%)
而厚的积雨云	92
云顶在6 km以下的小积雨云	86
陆地上的淡积云	29
陆地上的积云和层积云	69
海上的厚层云,云底高度约0.5 km	64
海上的厚层积云	60
海上的薄层云	42
厚的卷层云,有降水	74
陆上卷云	36
陆上卷层云	32

14.3.4　地面

地球表面能获得多少太阳辐射能,在很大程度上依赖于地表反照率.地面反照率的大小,依赖于表面特性、太阳天顶角和辐射波长.气象学上通常关心的是某一区域的平均反照率,其区域尺度可达几公里甚至上百公里.这种区域(尤其是在大陆上)往往可由许多不同种类的下垫面拼组而成.各种下垫面都有各自的反照率特性,如何得到一个区域平均的反照率常常是一个相当困难的问题.表14.3给出各种地面的平均反照率,以供参考.水面的反照率在0.06以上,雪面约为0.6～0.8,海冰反照率约为0.4～0.6.这些表面的反照率随太阳高度角增大而增大.因为地球表面大范围被水和冰雪覆盖,特别是冰雪盖的变化,会对全球反照率起显著影响.

表14.3　各种地面的平均反照率

地面状况	水面	阔叶林	草地、沼泽	水稻田	灌木	田野	草原	沙漠	冰川、雪被
反照率/(%)	6～8	13～15	10～18	12～18	16～18	15～20	20～25	25～35	>50

裸露地表的典型反照率为0.1～0.35,其中沙漠的反照率最大.植被的反照率约为0.1～0.25,而且绿色植被的反照率依赖于辐射波长,在近红外波段有较强的反射(见图14.6),但会吸收紫外和可见光波段的能量.植被反照率在近红外波段和可见光波段的显著差异,已被卫星遥感使用,被广泛应用于判断下垫面植被生长的状况,在农业估产和土地利用方面已经发挥了很好的作用.

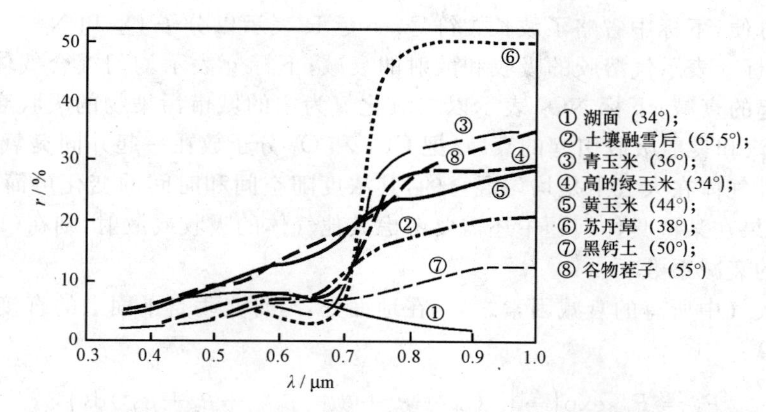

图 14.6 不同地表在不同太阳天顶角(θ)时的反照率光谱(转引自盛裴轩等,2005)

14.4 太阳直接辐射的传输

太阳直接辐射是一种平行光辐射.理想的平行光其强度应不随距离变化,但当这束平行光进入地球大气以后,由于大气中的气体成分和气溶胶等会吸收和散射部分太阳辐射能量,造成了太阳直接辐射的衰减(也称削弱、消光).

吸收过程是将一部分太阳辐射能量变成气体分子的热能或化学能.散射过程则是将一部分辐射能量散发到四面八方,形成散射辐射.其中一部分散射辐射从大气上界射出,离开了地球大气系统;一部分则达到地面,形成地面散射辐射.

由于大气对不同波长的削弱程度不同,因此到达地面的太阳直接辐射光谱与大气上界太阳辐射光谱分布显著不同.图 14.5 中同时给出了大气上界和海平面处的太阳光谱,其中阴影部分表示各气体的吸收区.上下两条光谱曲线间的空白区代表被气体分子和气溶胶等后向散射的部分.

14.4.1 到达地面的太阳直接辐射

太阳直接辐射的衰减是由大气分子和气溶胶等对辐射的吸收和散射造成的.布格-朗伯定律适用于吸收和散射,因此可用来讨论太阳直接辐射在大气中的削弱,并计算到达地面的直接太阳辐射辐照度.

根据布格-朗伯定律,在从大气上界到地面的任意路径 s 上,包含有散射和吸收过程的指数削弱规律为

$$F_\lambda = F_{\lambda,0}\exp\left(-\int_0^\infty \beta_{e,\lambda}\mathrm{d}s\right) = F_{\lambda,0}\exp\left(-\int_0^\infty (\beta_{a,\lambda}+\beta_{s,\lambda})\mathrm{d}s\right), \tag{14.4.1}$$

式中 F_λ 和 $F_{\lambda,0}$ 分别为地面和大气上界与日光垂直平面上的单色太阳辐照度,$\beta_{e,\lambda}$,$\beta_{a,\lambda}$ 和 $\beta_{s,\lambda}$ 为体积消光系数、体积吸收系数和体积散射系数.

当太阳辐射进入地球大气以后,不同的气体分子以及大气气溶胶粒子会吸收和散射太阳辐射,因此,应考虑这些过程的综合结果.一般而言,这些过程都是相互独立的,因此大气体积消光系数 $\beta_e=\beta_{e,\lambda}$ 为

$$\beta_e = \beta_R + \beta_a + \beta_g + \beta_{NO_2} + \beta_v + \beta_{O_3}, \tag{14.4.2}$$

其中为了推导方便,下标中省略了波长 λ 符号.下标 R 表示以分子 O_2 和 N_2 为主的瑞利分子散射的衰减;下标 a 表示气溶胶的吸收和散射的衰减;下标 g 表示均匀混合气体(主要是 CO_2 和 O_2)吸收引起的衰减;下标 NO_2 表示以二氧化氮为主的城市污染物的吸收衰减;下标 v 和 O_3 分别表示水汽和臭氧吸收引起的衰减.把 CO_2 和 O_2 分子放在一起并同臭氧和水汽分别开来是因为这二种气体在大气中是均匀混合的,其浓度随空间和时间的变化可简单地利用地面气压来表示.如果在某些具体问题中还需要考虑其他气体的吸收或散射,则在(14.4.2)式中还可以增加对应的衰减系数项.

在考虑了大气中所有的衰减因素之后,在地面处,与日光垂直平面上的直接太阳单色辐照度可用下式计算:

$$F_\lambda = F_{\lambda,0}\exp\left(-\int_0^\infty(\beta_R+\beta_a+\beta_g+\beta_{NO_2}+\beta_v+\beta_{O_3})\,ds\right), \tag{14.4.3}$$

写成各组分光学厚度的形式为

$$F_\lambda = F_{\lambda,0}\exp[-(\tau_R+\tau_a+\tau_g+\tau_{NO_2}+\tau_v+\tau_{O_3})], \tag{14.4.4}$$

其中 $\tau_R,\tau_a,\tau_g,\tau_{NO_2},\tau_v$ 和 τ_{O_3} 分别为各组分削弱对应的光学厚度.对这些光学厚度的计算,除了前面已经介绍的瑞利散射和气溶胶散射的光学厚度的计算公式外,其他各个组分的计算需要采用一些经验方案,感兴趣的读者可参看相关大气物理学书籍.

直接太阳辐照度还可根据各组分透过率的乘积计算,即

$$F_\lambda = F_{\lambda,0}\cdot t_R\cdot t_a\cdot t_g\cdot t_{NO_2}\cdot t_v\cdot t_{O_3}, \tag{14.4.5}$$

式中 t_R,t_a,t_g,t_{NO_2},t_v 和 t_{O_3} 分别是气体分子散射、气溶胶粒子的吸收和散射、气体分子(主要是 CO_2 和 O_2)吸收、NO_2 为主的城市污染物的吸收、水汽吸收和臭氧吸收的透过率.

以上是讨论了任一路径 s 上直接太阳辐射的传输,对于平面平行大气来说,可直接转化为垂直高度坐标进行积分,满足 $ds=dz/\cos\theta=dz/\mu$,其中 θ 是从地面接收辐射位置看到的太阳天顶角.实际大气因为地球曲率、大气折射等因素,不能满足平面平行大气的假设,辐射传输路径也不再是直线路径,需要重新确定传输路径与垂直路径的关系.因此引入大气质量(或相对大气质量)的概念.

大气质量(air mass)是指日光自 θ 角倾斜入射时与自天顶入射时的光学厚度之比,即

$$m=\frac{\tau_\lambda(\theta)}{\tau_\lambda(0)}=\frac{\int_0^\infty\beta_{e,\lambda}\,ds}{\int_0^\infty\beta_{e,\lambda}\,dz}. \tag{14.4.6}$$

准确的大气质量可根据如下本波拉德(Bemporad)公式得到,

$$m=\frac{\varepsilon}{58.36''\sin\theta}, \tag{14.4.7}$$

式中 ε 是太阳视在天顶角 θ 和实际天顶角的差异,常称为蒙气差.

应用于有折射的、密度随高度变化的球面分层大气中时,由(14.4.6)式可推导计算大气质量的公式为

$$m=\frac{1}{\tau_\lambda(0)}\int_0^\infty\left[1-\left(\frac{R_E}{R_E+z}\right)^2\left(\frac{n_s}{n}\right)^2\sin^2\theta\right]^{-1/2}\beta_{e,\lambda}\,dz, \tag{14.4.8}$$

式中 R_E 是平均地球半径,n_s 和 n 分别是地面和 z 高度的折射率,θ 是观测的天顶角.

在使用(14.4.7)式,计算蒙气差非常困难,因为需要知道大气折射率的垂直分布,这也是在使用(14.4.8)式时同样遇到的问题.所以在实际应用中仍然采用经验和半经验公式.对于

$\theta<70°$，可用 $m=\sec\theta$ 作近似处理.

为了方便计算应用，卡斯滕(Kasten)等(1989)得到一个简单的计算 m 的经验公式

$$m \approx \frac{1}{\cos\theta + 0.50572(96.07995-\theta)^{-1.6364}}, \tag{14.4.9}$$

(14.4.9)式的精度可以满足大多数实际应用的需要，并由此获得的水平大气质量约为 38. 值得强调的是，它适用于不包含气溶胶、云或吸收气体的干空气. (14.4.9)式是根据地面气压为 $p_0=1013.25$ hPa 时的数值推导出来的，当地面气压为 p 时，修正为

$$m(p) = m\frac{p}{p_0}. \tag{14.4.10}$$

大气中对辐射有削弱作用的不仅有均匀混合气体，还有臭氧、水汽和气溶胶等可变化组分，因此应对大气中的各个削弱组分分别求解. 水汽和臭氧的密度垂直廓线和干空气有很大不同，水汽主要分布在低层，而臭氧集中在平流层. 尽管有些研究者给出水汽和臭氧的大气质量经验公式，但在实际应用中常用(14.4.9)式代替. 当地面气压 $p\neq1013.25$ hPa 时，水汽量与臭氧的相对大气质量 m 不必用(14.4.10)式修正.

使用大气质量 m 后，根据(14.4.1)式，到达地面的直接太阳辐射为

$$F_{\lambda,m} = F_{\lambda,0}\exp\left(-m\int_0^\infty \beta_{e,\lambda}\,dz\right), \tag{14.4.11}$$

或引入光学厚度

$$F_{\lambda,m} = F_{\lambda,0}\exp[-\tau_\lambda(0)\cdot m], \tag{14.4.12}$$

其中，$\tau_\lambda(0)=\int_0^\infty \beta_{e,\lambda}\,dz$ 是波长 λ 时整层大气垂直光学厚度(通常写为 τ_0)，并且，为更清楚地表示大气质量 m 时的地面太阳直接辐照度，将 F_λ 改为 $F_{\lambda,m}$.

14.4.2 地基法测定太阳常数

对于大气上界太阳光谱的知识，最初并非由大气外的直接观测而来，而主要是由地面推算的. 即使在能够从大气外观测的今天，由地面观测太阳光谱仍是重要的方法. 斯密逊研究所(Smithsonian Institution)的长法(long method，也称布格-兰利法，Bouguer-Langley method)是典型的和常用的测量大气上界太阳辐射的方法. 测量时需要的主要仪器是分光热辐射计(spectrobolometer)，它由定天镜和光谱仪组成. 光谱仪通过棱镜或衍射光栅将太阳辐射色散成不同波长，在斯密逊太阳常数的测定中，在 0.34—2.5 μm 之间大约有 40 个标准波长同时测量.

由(14.4.12)式，如果在一段时间内大气的垂直光学厚度 $\tau_\lambda(0)$ 不变，则地面所测太阳直接辐射光谱仅随大气质量 m 变化. 将(14.4.12)式取对数，有

$$\ln(F_{\lambda,m}) = \ln(F_{\lambda,0}) - \tau_\lambda(0)m. \tag{14.4.13}$$

令 $y=\ln F_{\lambda,m}$，$x=m$，$A=\ln F_{\lambda,0}$ 和 $B=-\tau_\lambda(0)$，则得到

$$y = A + Bx. \tag{14.4.14}$$

这是一个直线方程，在$(m,\ln F_{\lambda,m})$坐标系中，多次观测值应在一条直线上(见图 14.7). 图 14.7 中所画的 $\ln F_{\lambda,m}$ 对 m 的直线外推到零点($m=0$)，即得到大气上界的辐射(即

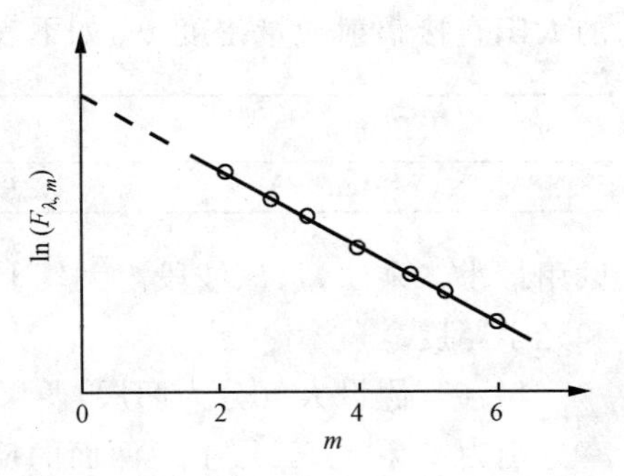

图 14.7 地面观测太阳分光辐照度的对数随大气质量的变化. 图中圆圈符号表示一次观测

$\ln F_{\lambda,0}$). 这种直线图称为兰利图(Langley plot). 根据统计学理论,可由最小二乘法较精确地求出 A 和 B 的数值,从而得出大气上界太阳光谱的数值,同时也得到整层大气垂直光学厚度. 这两个量都是大气辐射学中重要的参数.

大气上界太阳辐照度是对所有波段辐照度的求和,即

$$F = \int_0^{\infty} F_{\lambda,0}\,\mathrm{d}\lambda \approx \sum_{i=1}^{N} F_{\lambda_i,0} \cdot \Delta\lambda_i, \tag{14.4.15}$$

其中,N 是所测量的单色辐照度波段的总数,F 代表日地间实际距离 d 时的太阳积分辐照度. 将日地距离订正因子$(d_0/d)^2$ 近似为$(a/d)^2$,可确定太阳常数

$$S = F \cdot (d/a)^2. \tag{14.4.16}$$

大气对于短于 0.34 μm 的紫外区域和长于 2.5 μm 的红外区域的辐射是不透明的,因此对这些波段不能进行观测. 需要对这些没有测量到的区域进行经验订正,一般需要用高空或大气外的观测资料来补足.

此外,这种方法需要花费相当长的时间进行观测,以保证 m 有相当大的变化范围. 因此,长法实际的意义是长时间法. 一般利用日出或日落的机会,使太阳天顶角变化于 45°至 85°,相应的 m 值为 1.5 至 11 之间. 长法观测成功的关键在于这段时间中大气的光学厚度不能变化,否则观测值就不可能组成一条直线,因此必须选择晴朗稳定的天气. 但要保证整个观测期间光学厚度不变是很困难的.

习　题

14.1　投射到地球表面的太阳辐射,在什么情况下可显著地大于大气层顶的太阳辐射?

14.2　根据对太阳光谱的测量,有几种方法可以获得太阳温度? 获得的太阳温度为什么不同?

14.3　计算两分日和两至日 60°N,30°N 和赤道地区正午时刻的太阳高度角,以及30°N和40°N 的白昼长度(以小时计).

14.4　北京纬度为 39.8°N,经度为 116.5°E,计算 1996 年 11 月 13 日的日出、日落时间(北京时间)和白昼长度. 已知这一天的太阳赤纬为−17.9°,时差 0.262 h.

14.5　地面气压为 1 个标准大气压时,地面上用分光仪测量在 $\Delta\lambda$ 为 1.5～1.6 μm 波段内的太阳直接辐射通量密度 $F_{\Delta\lambda}$ 如下表所示

天顶角 θ	40°	50°	60°	70°
$F_{\Delta\lambda}/(\mathrm{W\cdot cm^{-2}})$	13.95	12.55	10.46	7.67

试用最小二乘法,求该波段内大气上界的太阳辐射通量密度,并确定测量条件下的大气透过率和光学厚度.

14.6　假设大气分为两层,两层间有覆盖率为 $f_c \leqslant 1$ 的云层. 已知大气上、下两层的透过率分别为 t_1 和 t_2,云层上下两面的反照率为 r_c,地表面的平均反照率为 r_s. 假设两层空气均不产生散射,云中不产生吸收. (1) 证明到达地球表面的短波辐射总量与大气顶入射的太阳辐射的比值为 $r = \dfrac{1-f_c r_c}{1-t_2^2 f_c r_c r_s} t_1 t_2$;(2) 证明地球行星反照率为 $R = f_c r_c t_1^2 + r r_s (1-f_c r_c) t_1 t_2$;(3) 如

果已知 $f_c=r_c=0.5$，$r_s=0.125$，$t_1=0.95$，$t_2=0.9$，计算地球行星反照率；(4) 估计无云地球的反照率；(5) 估计全天空被云覆盖的地球反照率.

14.7 太阳质量为 1.98892×10^{30} kg，由于太阳辐射而损失质量，根据爱因斯坦质能关系，估计太阳损失掉 1% 的质量需要的时间.

第十五章　地气系统长波辐射

上一章已简单讨论了直接太阳辐射的传输问题.其实,辐射传输问题涉及许多学科,包括天体物理学、应用物理学、光学、大气科学以及许多工程学科.在大气科学中通常使用天体物理学家提出的符号,因为他们在 20 世纪初开创了辐射传输领域,并在 1950 年之前,也主要由他们进行此领域的研究.

这一章将主要讨论长波辐射的传输问题.长波辐射及其传输具有与短波辐射不同的特点,可以从辐射源,以及散射、吸收和放射过程等对两者进行比较.长波辐射在大气中的传输过程具有以下特点:

(1) 地球与大气都是放射红外辐射的辐射源,通过大气中的任一平面射出的是具有各个方向的漫射辐射.而太阳直接辐射是主要集中在某一个方向的平行辐射.在红外波段,到达地面的太阳直接辐射能量远小于地球与大气发射的红外辐射,常常可不予考虑.

(2) 除非在云或尘埃等大颗粒质点较多时,大气对长波辐射的散射削弱极小,可以忽略不计.即使在有云时,云对长波的吸收作用很大,较薄的云层已可视为黑体.因而研究长波辐射时,往往只考虑其吸收作用,忽略散射.

(3) 大气不仅是削弱辐射的介质,而且它本身也放射辐射,有时其放射的辐射甚至会超出吸收部分,因此必须将大气的放射与吸收同时考虑.

总之,长波辐射在大气中的传输是一种漫射辐射,是在无散射但既有吸收又有辐射的介质中的传输.

15.1　辐射传输方程

15.1.1　辐射传输方程的普遍形式

考虑一束单色辐射通过一层消光(包括吸收和散射)气体介质,射入的辐射亮度 I 沿传播方向经过一段无限小距离 $\mathrm{d}s$,由于消光作用而使辐亮度变为 $I+\mathrm{d}I$,则有

$$\mathrm{d}I = -\beta_{\mathrm{e}} I \mathrm{d}s = -(\beta_{\mathrm{a}} + \beta_{\mathrm{s}}) I \mathrm{d}s, \tag{15.1.1}$$

式中,β_{e} 为体积消光系数,它是体积吸收系数 β_{a} 和散射系数 β_{s} 的和.同时,为了公式表示方便,上式中省略了带有波长符号的下标,因此一定要注意,这里与辐射有关的量都是针对单色辐射的.

辐射亮度也可以由于相同波长上气层发射辐射而增强.按吸收率定义,该气层的吸收率应是

$$a = -\frac{(\mathrm{d}I)_{\mathrm{a}}}{I} = \frac{\beta_{\mathrm{a}} I \mathrm{d}s}{I} = \beta_{\mathrm{a}} \mathrm{d}s, \tag{15.1.2}$$

式中$(\mathrm{d}I)_{\mathrm{a}}$ 是气层吸收导致的辐射衰减.根据基尔霍夫定律,该气层的发射率等于吸收率,则气层的发射造成的传输路径上的辐射亮度的增大为

$$dI = a \cdot B(T) = \beta_a B(T) ds, \tag{15.1.3}$$

其中,$B(T)$是薄气层温度为 T 对应的普朗克函数,它是发射辐射的源函数.

最后,辐射亮度还可以由于在相同波长上气层的多次散射而增强,多次散射可以使所有其他方向的一部分辐射进入所研究的传输方向.多次散射造成的传输路径上的辐射亮度的增大与体积散射系数和传输路径有关,可以写为

$$dI = \beta_s I_s B(T) ds, \tag{15.1.4}$$

其中,I_s 类似 $B(T)$,是多次散射的源函数.

综上所有对辐射传输的收支项,得到单色辐射亮度随距离的变化率 dI/ds 为

$$\frac{dI}{ds} = \beta_a[B(T) - I] + \beta_s(I_s - I). \tag{15.1.5}$$

这就是不加任何坐标系的普遍辐射传输方程,它是讨论任何大气中辐射传输过程的基础.其中的散射及多次散射源函数问题留待下章讨论.

从以上讨论的辐射传输过程,可以看到有四个过程对传输路径上的辐射造成影响,(1) 大气介质的吸收造成辐射束能量的衰减;(2) 大气发射辐射使得辐射束能量增加;(3) 大气将传输的辐射散射到其他方向使得辐射衰减;(4) 所有其他方向的多次散射进入辐射束,使传输辐射增强.其中,(1)和(3)是辐射的损耗项,(2)和(4)是辐射的源项.

15.1.2 施瓦兹希尔德方程

考虑一束单色长波辐射通过大气介质,不考虑散射,只有大气的发射和吸收辐射过程,辐射亮度 I 沿传播方向(见图 15.1)经过一段微小路径 ds 后的变化由(15.1.5)式为

$$\frac{dI}{ds} = \beta_a(B - I), \tag{15.1.6}$$

上式称为施瓦兹希尔德(Schwarzchild)方程,是非散射介质辐射传输的基本方程.这个方程指出,沿传输路径辐射束的增强或削弱,取决于辐射亮度 I 与 $B=B(T)$的大小,其中 T 是 ds 路径上介质的温度.

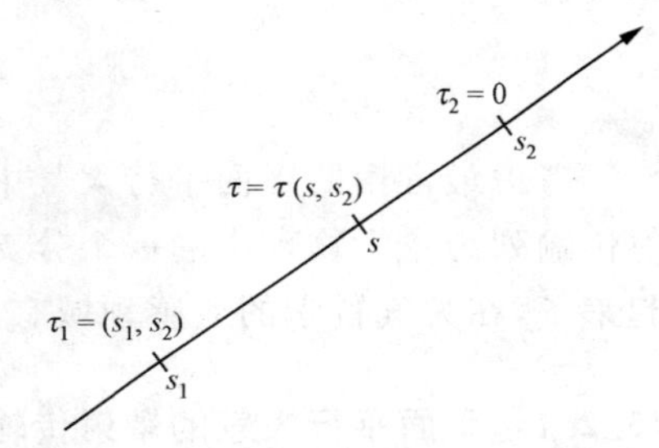

图 15.1 辐射传输路径上几何位置与光学厚度的对应关系

辐射传输中习惯使用光学厚度坐标,按(12.3.18)式光学厚度的定义,

$$\tau = \tau(s, s_2) = \int_s^{s_2} \beta_a(s') ds', \tag{15.1.7}$$

因此有

$$d\tau = -\beta_a ds, \tag{15.1.8}$$

代入施瓦兹希尔德方程(15.1.6)式成为

$$\frac{dI}{d\tau} = I - B. \tag{15.1.9}$$

在方程(15.1.9)式等号两边同乘以 $e^{-\tau}$,并从 $\tau=\tau_1$ 积分到 $\tau=\tau_2=0$(图 15.1),得到

$$I_2 = I_1 e^{-\tau_1} + \int_0^{\tau_1} B e^{-\tau} d\tau, \tag{15.1.10}$$

其中,I_2 和 I_1 分别是传输方向上位置 s_2 和 s_1 处的辐射亮度.如果放置观测仪器于 s_2 处并让它对着辐射传输方向,可以观测到 I_2 的辐射亮度.I_2 是(15.1.10)式右边两项对应的两部分辐

射亮度的和. $I_1 e^{-\tau_1}$ 是 $\tau=\tau_1$ 处辐射亮度与到仪器处透过率 $e^{-\tau_1}$ 的乘积,它表示 $\tau=\tau_1$ 处的辐射亮度,沿传输路径在经过大气的吸收后剩余的到达仪器的能量. 积分项中的($-B\mathrm{d}\tau$)是厚度为 $\mathrm{d}\tau$ 的气层的发射辐射(发射率为 $-\mathrm{d}\tau$),同样沿传输路径经大气吸收后达到仪器,发射气层到仪器之间的透过率为积分中的 $e^{-\tau}$,因此气层发射到达仪器的能量就为($-Be^{-\tau}\mathrm{d}\tau$). 积分则是对从 τ_1 到 $\tau_2=0$ 之间传输路径上所有气层发射能量的总和.

使用透过率与光学厚度的关系,$t=t(s,s_2)=\exp[-\tau(s,s_2)]=\exp(-\tau)$,(15.1.10)式变为

$$I_2 = I_1 t_1 + \int_{t_1}^{1} B\mathrm{d}t, \tag{15.1.11}$$

其中,$t_1=t(s_1,s_2)=\exp(-\tau_1)$. 如果使用关系 $\mathrm{d}t=\frac{\mathrm{d}t}{\mathrm{d}s}\mathrm{d}s$,则(15.1.11)式还可变化为

$$I_2 = I_1 t_1 + \int_{s_1}^{s_2} B\cdot W(s)\mathrm{d}s, \tag{15.1.12}$$

其中 $B=B[T(s)]$,是位置 s 处气层温度 $T(s)$对应的普朗克函数,$W(s)=\mathrm{d}t(s)/\mathrm{d}s$ 是热辐射的权重函数,其表达形式与太阳辐射向下传输时气层吸收的权重函数(12.4.17)式一样,只是这里是气层向任何方向(例如向上或向下)发射辐射的权重函数.

15.2 辐射亮度的传输

考虑最常用的平面平行大气中的辐射传输问题,有的科学家认为把平面平行大气中的辐射传输列为数学物理中的一个分支学科也不为过,许多种解决方法和技术在这个领域已发展起来了,在大气科学的遥感领域有着重要的应用.

15.2.1 平面平行大气的辐射传输方程

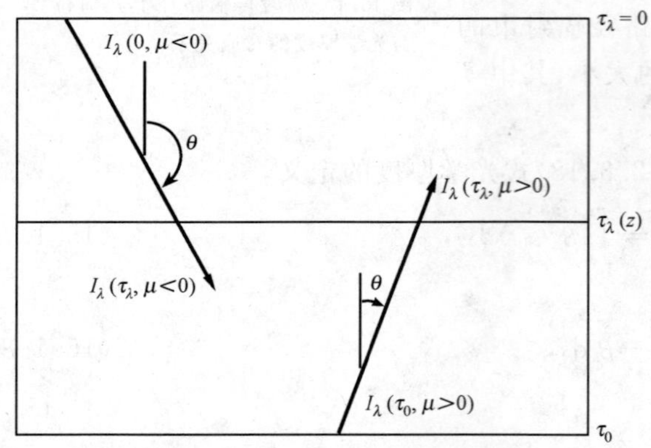

图 15.2 平面平行大气中辐射以天顶角 $\theta=\arccos\mu$ 射入大气示意图. 高度坐标为单色光学厚度 τ,它从大气上界为 0 向下增大到地面处的 τ_0

在平面平行大气条件下,如果换成垂直方向的 τ 坐标,并以 θ 表示天顶方向到辐射传输方向的角度(见图 15.2 所示),这时可以就两个方向的辐射传输进行讨论,即 $\mu<0$ 时向下传输,而当 $\mu>0$ 向上传输. 传输路径在地面到大气上界之间,光学厚度变为 $\tau/|\mu|$,下面讨论的 τ 将是垂直方向的光学坐标,并按照(12.4.1)式光学厚度的定义.

1. 向上传输

根据(15.1.10)式,将光学厚度变化为 τ/μ,得到

$$I^{\uparrow}(0) = I^{\uparrow}(\tau_0)e^{-\tau_0/\mu} + \int_0^{\tau_0} Be^{-\tau/\mu}\frac{\mathrm{d}\tau}{\mu}, \tag{15.2.1}$$

式中 $0<\mu\leqslant 1$,$I^{\uparrow}(\tau_0)$和 $I^{\uparrow}(0)=I^{\uparrow}(\tau=0)$分别是向上传输路径上起点($\tau=\tau_0$)和终点($\tau=0$)的辐射亮度. (15.2.1)式写成垂直方向透过率表达的形式为

$$I^{\uparrow}(0) = I^{\uparrow}(\tau_0) t_0^{1/\mu} + \int_{t_0}^{1} B t^{(1/\mu - 1)} \frac{dt}{\mu}, \tag{15.2.2}$$

式中，$t_0 = e^{-\tau_0}$ 为整个大气垂直方向的透过率. 对于垂直方向，$\mu=1$，则(15.2.2)式简化为

$$I^{\uparrow}(0) = I^{\uparrow}(\tau_0) t_0 + \int_{t_0}^{1} B dt. \tag{15.2.3}$$

对应向上的权重函数为

$$W^{\uparrow}(z) = \frac{dt(z,\infty)}{dz} = \beta_a(z) \cdot t(z,\infty), \tag{15.2.4}$$

和以高度 z 积分的方程为

$$I^{\uparrow}(0) = I^{\uparrow}(\tau_0) t_0 + \int_0^{\infty} B \cdot W^{\uparrow}(z) dz. \tag{15.2.5}$$

如果定义

$$\overline{B}^{\uparrow} = \frac{1}{1-t_0} \int_0^{\infty} B(z) W^{\uparrow}(z) dz \tag{15.2.6}$$

表示普朗克函数的权重平均，则

$$I^{\uparrow}(0) = I^{\uparrow}(\tau_0) t_0 + \overline{B}^{\uparrow}(1 - t_0). \tag{15.2.7}$$

上式说明了向上总的辐射亮度，包括了两部分，即地面辐射亮度经大气透射的贡献，和平均普朗克函数乘以整个大气层的发射率的大气发射贡献. 在实际稳定的大气状态下，常可将平均普朗克函数认为是常数，因此，上式可在一定的条件下应用，避开了繁琐的积分.

2. 向下传输

向下传输时，$-1 \leqslant \mu < 0$，光学厚度要按 $\tau(0,z) = \tau_0 - \tau(z,\infty) = \tau_0 - \tau$ 代入(15.1.10)式，并将光学厚度变化 $-1/\mu$ 倍，得到

$$I^{\downarrow}(\tau_0) = I^{\downarrow}(0) e^{\tau_0/\mu} - \int_0^{\tau_0} B e^{[(\tau_0 - \tau)/\mu]} \frac{d\tau}{\mu}, \tag{15.2.8}$$

其中，$I^{\downarrow}(0)$ 和 $I^{\downarrow}(\tau_0)$ 分别是沿向下传输路径上起点和终点的辐射亮度. 写成垂直方向透过率表达的形式为

$$I^{\downarrow}(\tau_0) = I^{\downarrow}(0) t_0^{-1/\mu} - \int_{t_0}^{1} B \left(\frac{t_0}{t}\right)^{-1/\mu} \frac{1}{t} \frac{dt}{\mu}. \tag{15.2.9}$$

对于垂直向下方向，$\mu=-1$，(15.2.9)式简化为

$$I^{\downarrow}(\tau_0) = I^{\downarrow}(0) t_0 + \int_{t_0}^{1} B \frac{t_0}{t^2} dt. \tag{15.2.10}$$

对应向下的权重函数为

$$W^{\downarrow}(z) = \frac{t_0}{t^2} \frac{dt}{dz} = \beta_a(z) \frac{t_0}{t} = \beta_a(z) t(0,z), \tag{15.2.11}$$

和以高度 z 积分的方程为

$$I^{\downarrow}(\tau_0) = I^{\downarrow}(0) t_0 + \int_0^{\infty} B(z) W^{\downarrow}(z) dz. \tag{15.2.12}$$

同向上传输时类似，可定义

$$\overline{B}^{\downarrow} = \frac{1}{1-t_0} \int_0^{\infty} B(z) W^{\downarrow}(z) dz \tag{15.2.13}$$

表示普朗克函数的权重平均，则

$$I^{\downarrow}(\tau_0) = I^{\downarrow}(0) t_0 + \overline{B}^{\downarrow}(1 - t_0). \tag{15.2.14}$$

15.2.2　边界条件的影响

考虑垂直方向的辐射传输，在(15.2.3)和(15.2.10)式中涉及辐射传输时起点的辐射亮度，即边条件. 根据垂直传输上下方向的不同，边界为地表面和大气上界的外太空.

1. 地面和大气上界外太空的辐射特性

一般来说，地面对于长波辐射的吸收率近于常数，故有时可认为地面为灰体. 表 15.1 给出各类表面的吸收率值(与发射率相同)，可见地面的吸收率在 0.82～0.99 之间，沙土、岩石较低，而纯水与雪则极接近于 1，有时可以用作黑体源表面. 相比之下地面对短波辐射的吸收率一般在 0.5 以下(除冰雪表面)，而且随波长变化大. 根据这些吸收率数值，根据基尔霍夫定律和斯特藩-玻耳兹曼定律，可以计算各种温度时地面放射的能量，这个能量数值已经与地面收到的太阳辐射能接近. 但是，到日落后，地面没有了太阳能收入，而这个放射却仍在继续着.

表 15.1　地面长波辐射吸收率(或发射率)

表面种类	土壤	沙土	岩石	沥青路	土路
吸收率	0.95～0.97	0.91～0.95	0.82～0.93	0.956	0.966
表面种类	植被	海水	纯水	陈雪	雪
吸收率	0.95～0.98	0.96	0.993	0.97	0.995

来自大气上界外太空的辐射是各向同性的，现在认为是温度约为 3 K 的辐射，称为宇宙背景辐射，因为主要辐射波段位于微波，因此也称宇宙微波背景辐射. 它被发现于 1964 年，当时贝尔实验室工程师彭齐亚斯和威尔逊架设一喇叭形状的天线，接收"回声"卫星信号，发现了来自外太空的辐射噪声. 后来研究证实，这个辐射噪声就是宇宙微波背景辐射. 为此，他们获得了 1978 年度诺贝尔物理学奖.

因为大气上界外太空的辐射，相当于约 3 K 的黑体辐射，这个辐射在红外波段的能量已非常小，通常忽略不计. 所以对于红外波段，在方程(15.2.10)中只需将 $I^{\downarrow}(0)=0$ 即可，在微波波段，则一般不能忽略.

2. 镜面地面边界条件

假设地面具有镜面特性，其发射率为 ε，这是最简单的地面条件. 此时，地表的反照率为 $r=1-\varepsilon$，因此

$$I^{\uparrow}(\tau_0)=\varepsilon B(T_s)+(1-\varepsilon)I^{\downarrow}(\tau_0), \tag{15.2.15}$$

其中 T_s 是地表面的温度，$I^{\downarrow}(\tau_0)$ 由(15.2.10)式略去宇宙背景辐射可得，代入(15.2.3)并整理得到

$$I^{\uparrow}(0)=\varepsilon B(T_s)t_0+\int_{t_0}^{1}B\mathrm{d}t+(1-\varepsilon)t_0^2\int_{t_0}^{1}Bt^{-2}\,\mathrm{d}t. \tag{15.2.16}$$

上式表明，从大气上界向下观测得到的辐射亮度，由三部分组成，第一部分是地面发射辐射经过整层大气透过的辐射亮度；第二部分是整个大气发射到达大气上界的辐射；第三部分是整个大气向下发射的辐射，经地面反射后，再通过整个大气的透射到达大气上界.

当大气完全透明时，$t_0=1$，则到达大气上界的辐射只包含地面发射辐射项：

$$I^{\uparrow}(0)=\varepsilon B(T_s). \tag{15.2.17}$$

当大气完全不透明，即 $t_0=0$，这个时候地面发射和反射项均不存在，则到达大气上界的辐

射只包含大气发射辐射项：

$$I^{\uparrow}(0)=\int_0^1 B\mathrm{d}t. \tag{15.2.18}$$

当地面是黑体时，没有反射项，则到达大气上界的辐射是地面和大气发射辐射的贡献之和：

$$I^{\uparrow}(0)=B(T_s)t_0+\int_{t_0}^1 B\mathrm{d}t. \tag{15.2.19}$$

这是在红外波段最常用的方程式，因为地面的发射率接近1，所以通常认为地面是黑体．通过以上分析，到达大气上界的辐射依赖于大气透明度，当大气越来越不透明时，地面辐射将越来越少地抵达大气上界．同时，对于大气本身，其透明度也影响各气层向上辐射的传输，当大气越来越不透明时，低层大气的辐射将越来越少，抵达大气上界的主要是高层大气的辐射了．

3．朗伯面地面边界条件

对于朗伯体表面，来自各个方向的辐射经过它的反射也会均匀地向各个方向反射．当地面是发射率为ε的朗伯面时，除了地表本身的向上辐射$\varepsilon B(T_s)$外，表面向上传输另一部分辐射$I_f^{\uparrow}(\tau_0)$，包含了各个可能方向向下辐射经反射后的贡献．这时，对于垂直向上方向$\mu=1$的辐射传输，其地面边条件为

$$I^{\uparrow}(\tau_0)=\varepsilon B(T_s)+I_f^{\uparrow}(\tau_0). \tag{15.2.20}$$

朗伯体的双向反射函数ρ_L为常数，且反照率$(1-\varepsilon)$与ρ_L有关系$1-\varepsilon=\pi\rho_L$．根据(11.2.19)式和(15.2.12)式，得到

$$\begin{aligned}I_f^{\uparrow}(0)&=\rho_L\int_0^{2\pi}\int_0^{\pi/2}\int_0^{\infty}B(z)W^{\downarrow}(z,\mu)\mathrm{d}z\cos\theta\sin\theta\mathrm{d}\theta\mathrm{d}\phi\\&=(1-\varepsilon)\int_0^{\infty}B(z)W_f^{\downarrow}(z,\mu)\mathrm{d}z,\end{aligned} \tag{15.2.21}$$

其中$W^{\downarrow}(z,\mu)$是沿方向μ向下传输时大气发射的权重函数，$W_f^{\downarrow}(z)=2\int_0^1 W^{\downarrow}(z,\mu)\mu\mathrm{d}\mu$．则最终向上传输抵达大气上界的辐射亮度为

$$\begin{aligned}I^{\uparrow}(0)=&\left[\varepsilon B(T_s)+(1-\varepsilon)\int_0^{\infty}B(z)W_f^{\downarrow}(z)\mathrm{d}z\right]t_0\\&+\int_0^{\infty}B(z)W^{\uparrow}(z)\mathrm{d}z,\end{aligned} \tag{15.2.22}$$

其中，$W^{\uparrow}(z)$是垂直向上传输时的权重函数．

15.3 辐射通量密度的传输

在获得了辐射亮度的传输后，有时需要讨论辐射通量密度的传输．漫射辐射的辐射通量是由各个方向的辐射流积分而成的．虽然每个方向辐射的传输符合指数衰减规律，但作为其总和的辐射通量密度，其衰减规律就要复杂一些．

15.3.1 漫射通量透过率

考虑辐射沿路径方向μ，从任意高度τ到大气顶部$\tau=0$传输，则根据指数削弱规律，在平面平行大气情况下，大气顶部沿方向μ的辐射亮度为

$$I^{\uparrow}(0,\mu) = I^{\uparrow}(\tau)\mathrm{e}^{-\tau/\mu}, \tag{15.3.1}$$

其中，$I^{\uparrow}(\tau)$为任意高度τ的辐射亮度，它与传输角度无关.

根据(11.1.9)式，即可求出大气顶部的辐射通量密度为

$$F^{\uparrow}(0) = 2\pi\int_0^1 I(\tau)\mathrm{e}^{-\tau/\mu}\mu\mathrm{d}\mu = F^{\uparrow}(\tau)\cdot 2\int_0^1 \mathrm{e}^{-\tau/\mu}\mu\mathrm{d}\mu.$$

定义由地面τ至$\tau=0$处气层的漫射通量透过率

$$t_{\mathrm{f}}(\tau) = t_{\mathrm{f}}(\tau,0) = \frac{F^{\uparrow}(0)}{F^{\uparrow}(\tau)} = 2\int_0^1 \mathrm{e}^{-\tau/\mu}\mu\mathrm{d}\mu. \tag{15.3.2}$$

若令$\mu=\dfrac{1}{\eta}$，$\mathrm{d}\mu=-\dfrac{1}{\eta^2}\mathrm{d}\eta$，代入(15.3.2)式即得

$$t_{\mathrm{f}}(\tau) = 2\int_1^{\infty} \mathrm{e}^{-\tau\eta}\frac{\mathrm{d}\eta}{\eta^3} = 2E_3(\tau). \tag{15.3.3}$$

因为n阶指数积分的定义式是

$$E_n(x) = \int_1^{\infty} \mathrm{e}^{-x\eta}\frac{\mathrm{d}\eta}{\eta^n}, \tag{15.3.4}$$

所以(15.3.3)式中$E_3(\tau)$是一个三阶指数积分. 此指数积分值可通过数值方法求出，或查找已经计算出的数值表. 但是，通过对漫射通量透过率变化趋势的分析，它非常类似于定向辐射的透过率，随光学厚度的增加，近似以e指数递减. 因此，为了避免指数积分的麻烦，一般使用近似

$$t_{\mathrm{f}}(\tau) \approx \mathrm{e}^{-\tau/\bar{\mu}} = \mathrm{e}^{-\beta\tau}, \tag{15.3.5}$$

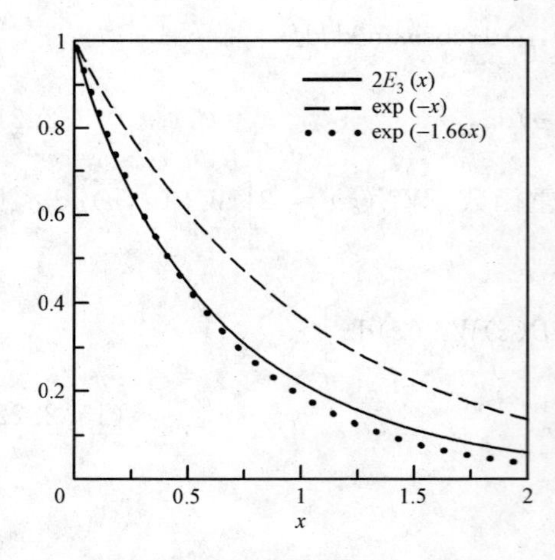

图 15.3　漫射通量透过率与定向透过率的比较

其中$\bar{\mu}$对应一个有效的天顶角，可以保证以e指数变化的表达式近似等于漫射通量透过率. $\beta=1/\bar{\mu}$. 计算表明β值随透过率不同是有变化的，但对$t_{\mathrm{f}}=0.2\sim0.8$这一范围，取$\beta=5/3=1.66=\sec53°$，不会造成很大的误差(见图15.3)，因此可以把漫射通量透过率写为

$$t_{\mathrm{f}}(\tau) = \mathrm{e}^{-1.66\tau}, \tag{15.3.6}$$

即若要把漫射辐射当作平行辐射处理，应当将其光学厚度加大1.66倍. 因为τ是气层垂直方向辐射的光学厚度，且垂直方向辐射路径最短，而其他方向的路径都要加长，其吸收当然也增加了. 作为对各个方向的积分，其最终效果是加大1.66倍，因此也有人把$\beta=5/3=1.66$称为漫射因子.

同理，如果考虑辐射从任意高度τ到地面τ_0的传输，则漫射通量透过率为

$$t_{\mathrm{f}}(\tau_0-\tau) = t_{\mathrm{f}}(\tau,\tau_0) = \mathrm{e}^{-1.66(\tau_0-\tau)}. \tag{15.3.7}$$

在大气漫射辐射的传输中，可以定义折合光学厚度(scaled optical depth)τ^*为

$$\tau^* \approx 1.66\tau. \tag{15.3.8}$$

15.3.2 长波漫射辐射的传输方程

1. 射出长波辐射

地气系统从大气顶部向外射出的长波辐射 OLR (outgoing longwave radiation),在决定地球大气气候方面有着十分重要的意义.由于是漫射辐射,到达大气顶部的长波辐射来自各个方向.令 $F_L^{\uparrow}(0)$表示 OLR,则它是大气顶部从各方向来的所有波长的长波辐射亮度积分.

假定地面为黑体,温度为 T_s,则有边条件:$\tau=\tau_0$ 处,$I^{\uparrow}(\tau_0)=B(T_s)$.若大气放射是各向同性的,(15.2.1)式对半球空间积分以后,可得到大气上界的单色辐射通量密度

$$F^{\uparrow}(0)=\int_0^{2\pi}\int_0^{\pi/2}I^{\uparrow}(0)\cos\theta\sin\theta\mathrm{d}\theta\mathrm{d}\phi$$
$$=\pi B(T_s)\cdot 2\int_0^1 \mathrm{e}^{-\tau_0/\mu}\mu\,\mathrm{d}\mu+\int_0^{\tau_0}\left(\pi B\cdot 2\int_0^1 \mathrm{e}^{-\tau/\mu}\mathrm{d}\mu\right)\mathrm{d}\tau. \tag{15.3.9}$$

根据(15.3.2)式,相应地有

$$t_f(\tau_0)=2\int_0^1 \mathrm{e}^{-\tau_0/\mu}\mu\,\mathrm{d}\mu \tag{15.3.10}$$

和

$$\frac{\mathrm{d}t_f(\tau)}{\mathrm{d}\tau}=-2\int_0^1 \mathrm{e}^{-\tau/\mu}\mathrm{d}\mu. \tag{15.3.11}$$

利用(15.3.10)式和(15.3.11)式,(15.3.9)可变形为

$$F^{\uparrow}(0)=\pi B(T_s)\cdot t_f(\tau_0)+\int_{\tau_0}^0 \pi B\,\frac{\mathrm{d}t_f(\tau)}{\mathrm{d}\tau}\cdot\mathrm{d}\tau$$
$$=\pi B(T_s)\cdot t_f(\tau_0)+\int_{t_f(\tau_0)}^1 \pi B\mathrm{d}t_f(\tau). \tag{15.3.12}$$

(15.3.12)式与(15.2.3)式表达形式完全一致,只是前者是关于单色辐射通量密度的辐射传输方程,而后者是关于辐射亮度的.

若求地气系统从大气顶部向外射出的长波辐射,则需对所有波长积分:

$$F_L^{\uparrow}(0)=\int_0^{\infty}F^{\uparrow}(0)\mathrm{d}\lambda. \tag{15.3.13}$$

(15.3.13)式中对所有波长的积分,从理论上来说可通过对所有谱线逐一积分而得到,但实际上这是非常困难的.为此,需选用适当的谱带模型和足够大的频率间隔,且计算很繁杂,此处从略.

2. 大气逆辐射

整层大气向下的长波辐射,即大气的逆辐射 $F_L^{\downarrow}(\tau_0)$,也可以用类似的方法得到.因宇宙空间长波输入可以忽略不计,大气上界处的边条件是 $I^{\downarrow}(0)=0$,则(15.2.8)式对半球空间积分以后,可得到整层大气向下到地面的长波辐射通量密度为

$$F^{\downarrow}(\tau_0)=-\int_0^{\tau_0}\left(\pi B\cdot 2\int_0^1 \mathrm{e}^{(\tau_0-\tau)/\mu}\mathrm{d}\mu\right)\mathrm{d}\tau$$
$$=\int_0^{\tau_0}\left(\pi B\cdot\frac{\mathrm{d}t_f(\tau_0-\tau)}{\mathrm{d}\tau}\right)\mathrm{d}\tau, \tag{15.3.14}$$

其中,$-1\leqslant\mu<0$,且

$$\frac{\mathrm{d}t_f(\tau_0-\tau)}{\mathrm{d}\tau}=-2\int_0^1 \mathrm{e}^{(\tau_0-\tau)/\mu}\mathrm{d}\mu, \tag{15.3.15}$$

则整层大气向下到地面的长波辐射，即大气逆辐射为

$$F_L^{\downarrow}(\tau_0) = \int_0^{\infty} F^{\downarrow}(\tau_0)\mathrm{d}\lambda. \tag{15.3.16}$$

在推导前面的公式时请特别注意其物理意义：

(1) 各高度上发射的长波辐射量为该点温度所对应的黑体辐射量乘以其发射率(吸收率).

(2) 每层大气的发射辐射在传输的过程中，要受到在传输方向上前面各层大气的吸收衰减.

(3) 大气层顶部的出射辐射是地面和各层大气辐射之和. 地面接收的辐射只是各层大气辐射之和.

(4) 地球大气顶部总的长波出射辐射和大气的逆辐射为各波长的辐射之和.

长波辐射传输涉及复杂的积分计算，为此，早期采用辐射图来估计. 例如，1942 和 1960 年的爱尔沙塞(Elsasser)辐射图，爱尔沙塞也于 1942 年给出 $\beta=1.66$；1952 年山本的辐射图. 这些辐射图只能用来简单估计，误差较大. 所以 20 世纪 70 年代以来发展的计算机模式，大大改进了计算，例如，低谱分辨率大气透过率计算模式(LOWTRAN)，是由美国空军地球物理实验室用 Fortran 编写的，可用于快速计算长波辐射传输. LOWTRAN 系列发展了 7 个版本，现在已过渡到中分辨率计算模式(MODTRAN). 此外，还有其他的辐射计算模式也在不断改进和开发中.

15.3.3 漫射近似

推导 OLR 和大气逆辐射的方程中，都是从对半球空间的立体角积分得到的. 因为定义了漫射辐射通量透过率和折合光学厚度，在平面平行大气情况下，可以使用漫射近似来讨论. 漫射近似是指可以将沿倾斜路径传输的关于辐射亮度的辐射传输方程(15.1.9)式，改写为沿垂直路径传输的向下和向上的辐射通量密度的方程式，即

$$-\frac{\mathrm{d}F^{\downarrow}}{\mathrm{d}\tau^*} = F^{\downarrow} - \pi B, \tag{15.3.17}$$

和

$$\frac{\mathrm{d}F^{\uparrow}}{\mathrm{d}\tau^*} = F^{\uparrow} - \pi B, \tag{15.3.18}$$

其中，$\tau^* \approx 1.66\tau$ 为从大气层顶向下传输时的折合光学厚度，对应的漫射通量透过率为 $t_f=\exp(-\tau^*)$. 根据(15.3.17)式和(15.3.18)式积分，同样可以得到射出长波辐射和大气逆辐射的方程解.

15.4 大气辐射光谱

辐射传输方程及其解的一个重要应用是大气的遥感探测. 对于向下观测的卫星仪器，测到的辐射强度可以由(15.2.5)式表示；而对于放置于地面向上观测的辐射仪器，测到的辐射强度可以由(15.2.12)式表示，并可忽略来自外太空的辐射.

地面向上观测的只是大气向下的辐射，对于大气中每一气层的气体，一方面吸收来自其上层大气放射的辐射，另一方面又依据它本身的温度放射出辐射. 通过每一气层的吸收和发射作

用,来自上层大气的辐射逐层向下传输.对于高空向下观测,辐射来自地面和大气.其中大气每一气层的气体一方面吸收来自地表面及其下层大气放射的辐射,另一方面又依据它本身的温度放射出辐射.同样,来自地表面和下层大气的辐射逐层向上传输.因此,只需从大气的状况(例如温度和吸收气体的垂直分布),就可以判断辐射是来自大气的哪些层或地面,并不需要确切知道权重函数的分布.例如,当大气较不透明时,卫星测到的辐射来自大气上层;当大气比较透明时,则可以观测到大气深处的气层;当大气非常透明时,地面辐射可以穿透大气向上传输,因此卫星可以看到地面的发射和大气的吸收情况.

不论以何种方式观测辐射,都可以用黑体亮度温度 T_b 来表示这种辐射.一般给出的辐射光谱曲线上,会同时绘制不同温度的普朗克曲线,这些温度就是对应的亮度温度,可以用来表达辐射光谱曲线能达到的亮度温度.图 15.4 给出雨云 4 号卫星用红外干涉光谱仪在大气层外测出的地球-大气系统向外的长波辐射光谱,同时也绘制了不同温度的普朗克函数.其中,低透过率的通道信号主要来自于大气高层,而高透过率的通道信号主要来自于大气低层.

整层大气的长波吸收特性已在图 12.4 中讨论过了,其最主要的特征是在 8～12 μm(波数 1250～830 cm^{-1})处有一个大气窗,而它恰好在地面长波辐射最强的波段.如果从卫星上看,"大气窗区"这一波段的辐射温度就接近地面温度.由图 15.4 可以看出,撒哈拉沙漠的地面温度超过 320 K,发射的热辐射最强;而南极地区地面温度约 180 K,发射的热辐射最弱.图中还可清楚地看出 CO_2,H_2O,O_3 和 CH_4 等成分发射的辐射.CO_2 的强吸收带在 15 μm(波数 667 cm^{-1})附近,由于 CO_2 是接近均匀混合的,地面和对流层大气发出的热辐射几乎被平流层的 CO_2 全部吸收,卫星接收到的主要来自于平流层 CO_2 发来的辐射.从 CO_2 吸收带的边缘往中心移动,亮度温度随着发射权重函数峰值在对流层中高度的升高而降低.在波段的中心亮度温度明显地变大,对应于权重函数的峰值高度在相对温暖的平流层中.同样,O_3 以 9.6 μm(波数 1042 cm^{-1})为中心的吸收带发射的辐射反映了平流层上部的温度.

液体水的吸收在长波区很强,质量吸收系数近似为 0.1 $m^2 \cdot g^{-1}$,所以 100 m 厚的云,若云的含水量为 0.2 $g \cdot m^{-3}$,其吸收的光学厚度 $\tau = 0.1 \times 0.2 \times 100 = 2$,这就足以相当于黑体.图 15.4(c)的雷暴云砧的辐射光谱,就基本相当于 210 K 温度的黑体辐射.因此,一般都可以把云体当作黑体表面处理.但对某些薄的云,尤其是冰晶组成的云,黑体的假定并不满足,这时就不能简单地把卫星探测到的亮度温度当作云顶温度.亮度温度是指将实际物体当作黑体时所应有的温度,是卫星遥感中的一个重要物理量.

图 15.5 则给出了 20 km 高度向下和地面向上同时测量的极区冰原晴空大气的红外发射谱.向下测量的一些特征与图 15.4 卫星探测的特征类似.图 15.5(b)中向上观测的特征有:(1) 波长 $\lambda > 14$ μm 和 $\lambda < 8$ μm 时的光谱对应的亮度温度最高,约高于 265 K,表示大气非常不透明,冷的高层大气辐射不能抵达地面,而只有暖的低层大气辐射抵达地面仪器.原因是 $\lambda >$ 14 μm 区的 CO_2 和 H_2O 的强吸收,以及 5～8 μm 区的 H_2O 的吸收.14～16 μm 区的接近均匀混合的 CO_2 强吸收导致谱线较为连续.(2) 8～13 μm 区是大气窗区,冷高层大气的辐射可以达到地面仪器,对应低的亮度温度为 160 K,其中有 H_2O 的发射谱线.(3) 9～10 μm 区中有 O_3 的 9.6 μm 吸收带,发射作用使得亮度温度升高,高于周围窗区的亮度温度.在吸收带中心亮度温度降低,对应相对透明区.

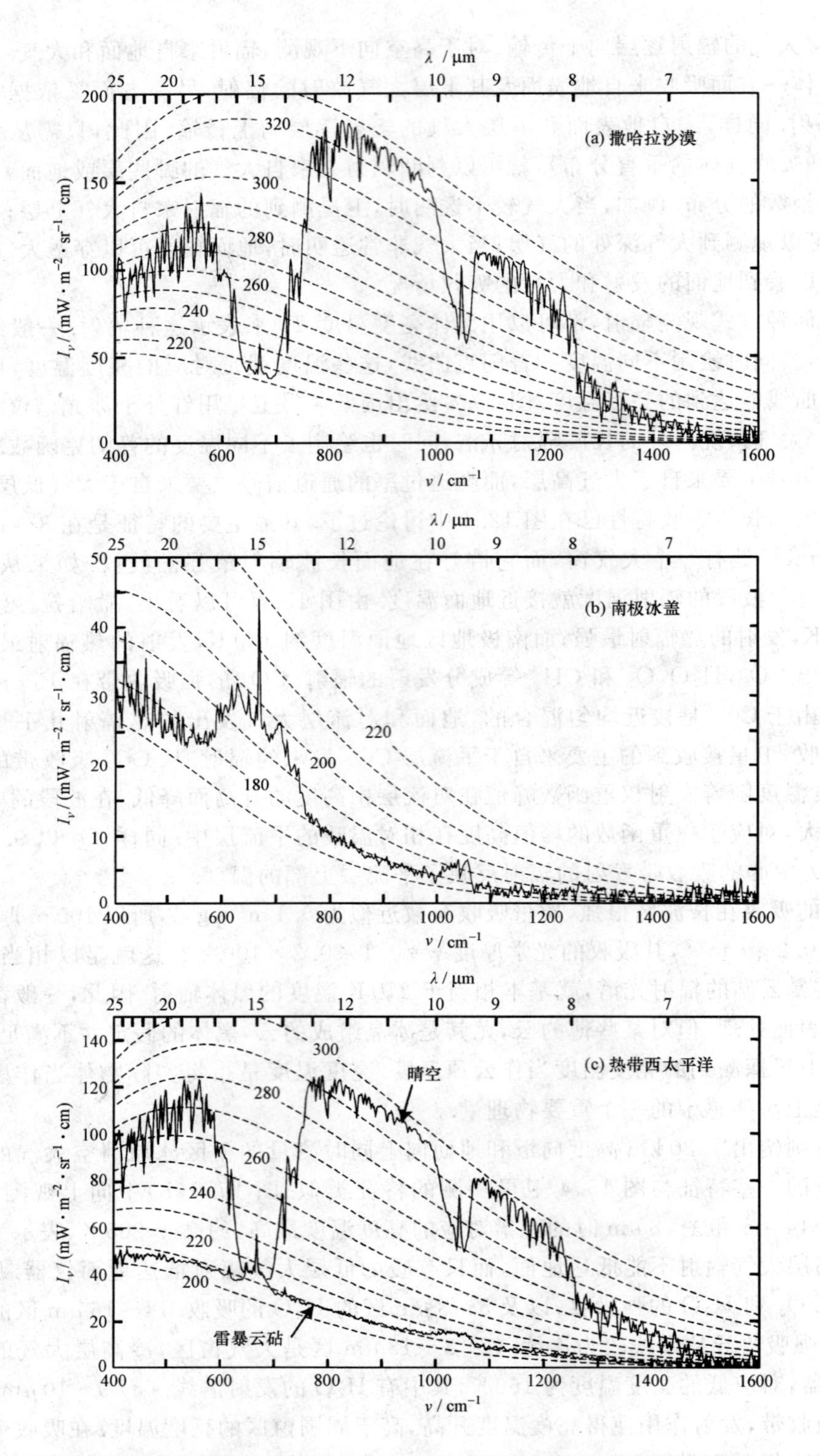

图 15.4　雨云 4 号卫星观测的晴空天气条件下的地球和大气红外发射谱.(a) 撒哈拉沙漠;(b) 南极冰盖;(c) 热带西太平洋. 图中的虚线表示不同温度下的黑体辐射亮度.(引自 Petty,2004)

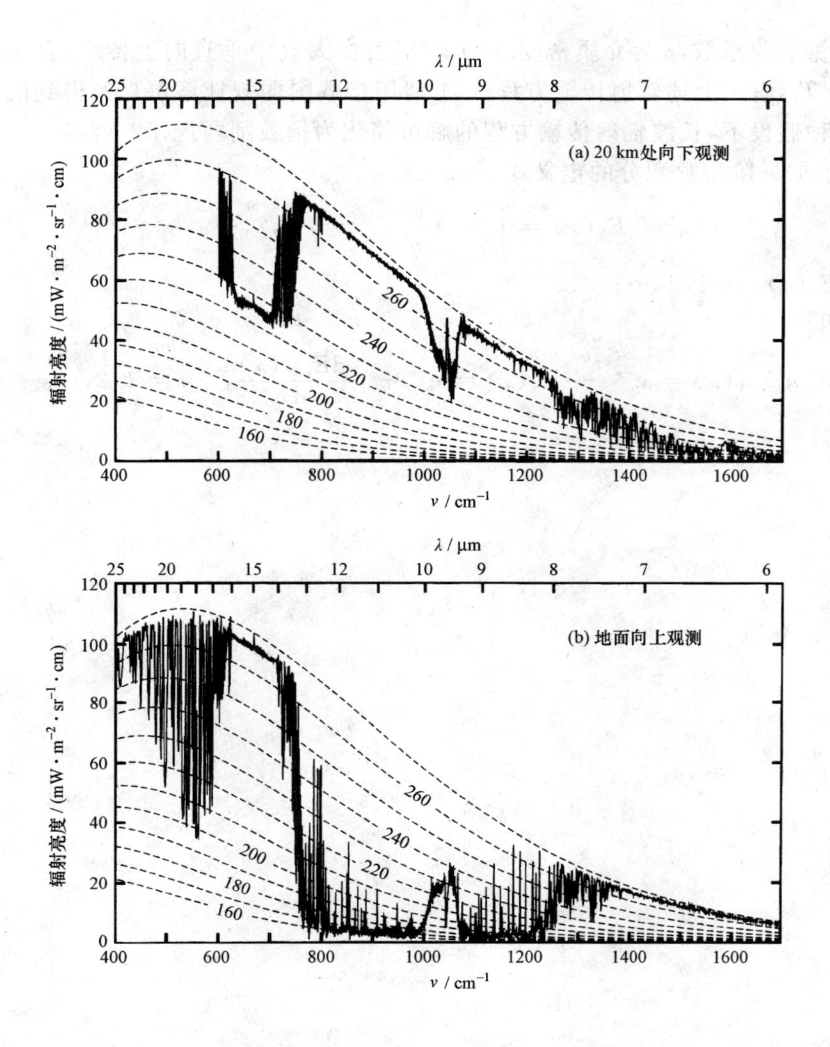

图 15.5 同时测量的极区冰原晴空大气的红外发射谱

(a) 20 km 高空下看；(b) 地面上看(引自 Petty,2004)

习 题

15.1 设有一温度为 300 K 的等温气层，对于波长 14 μm 的定向平行辐射，当只有吸收削弱时，垂直入射气层的透过率为 0.6587. 试求：(1) 气层对该辐射的吸收率；(2) 若气层的光学质量为 0.4175 g · cm^{-2}，求质量吸收系数；(3) 气层的漫射通量透过率；(4) 气层本身的辐射出射度.

15.2 证明对于任意特定的光学厚度 τ，总存在 0 和 1 之间的一个值 $\bar{\mu}$ 值，满足 $t_f = 2\int_0^1 e^{-\tau/\mu}\mu \, d\mu = e^{-\tau/\bar{\mu}}$.

15.3 证明对光学上相当薄的气体($\tau \ll 1$)有 $t_f(\tau) = t(2\tau) = e^{-2\tau}$，并说明其物理意义.

15.4 在局地热力平衡下，辐射通过一非散射介质时，辐射传输方程可以写为

$$dI_\lambda = -k_\lambda \rho I_\lambda ds + k_\lambda \rho B_\lambda(T) ds,$$

其中 k_λ 为质量吸收系数，ρ 为介质密度.（1）若辐射在大气中垂直向上传输，且下边界地面为黑体，温度为 T_s，解出上述辐射传输方程；（2）请用指数削弱规律解释（1）得到的解的物理意义；（3）在何种假设下，长波辐射传输方程的解可简化为指数削弱规律？

15.5　根据 n 阶指数积分的定义式

$$E_n(x) = \int_1^\infty e^{-x\eta} \frac{d\eta}{\eta^n}, \quad n = 1,2,\cdots$$

（1）求 $E_n(0)$，$n=1,2,\cdots$；

（2）证明

$$nE_{n+1}(x) = e^{-x} - xE_n(x) = e^{-x} + x\frac{dE_{n+1}(x)}{dx}, \quad n = 1,2,\cdots.$$

第十六章　散射辐射传输

在前面讨论直接太阳辐射的传输、长波辐射传输的问题时，都没有考虑太阳光的散射辐射. 本章将讨论包括对太阳辐射散射在内的辐射传输.

有两种散射情况需要首先说明，即单次散射和多次散射. 单次散射发生时，气层的光学厚度小($\tau_0 \ll 1$)，这样可以保证光子在气层内部散射一次后，有很大的概率在发生第二次散射前已离开气层. 单次散射在强烈吸收的气层(单散射反照率 $\omega \ll 1$)也能发生，因为光子在发生第二次散射前很可能已被吸收. 与此相反，气层光学厚度大($\tau_0 > 1$)和有强烈散射($1-\omega \ll 1$)时，大部分光子在进入气层后都将散射不止一次.

16.1　包括散射时的辐射传输方程

一束单色辐射通过一层消光(包括吸收和散射)气体介质，射入的辐射亮度 I 沿传播方向经过一段无限小距离 ds，根据(15.1.5)式得到辐射亮度的变化为

$$dI = -\beta_e I ds + \beta_a B(T) ds + \beta_s I_s ds, \tag{16.1.1}$$

其中，右边第一项为在传输方向因为散射和吸收造成的辐射衰减；第二项为传输方向上因大气的发射辐射造成的辐射增加；第三项为各个方向的散射辐射进入传输路径造成的辐射增加，只有这一项中 I_s 的表达式是未知的.

考虑从任意方向 $\boldsymbol{\Omega}'$ 射来的在一小立体角 $\Delta\Omega'$ 内的入射辐射通量密度 $I(\boldsymbol{\Omega}')\cdot\Delta\Omega'$(如图 16.1 所示)，经过长方体中散射粒子的散射后，散射到所有方向上的辐射为

$$I(\boldsymbol{\Omega}')\Delta\Omega' \cdot n\Delta A\Delta s \cdot \sigma_s = I(\boldsymbol{\Omega}')\Delta\Omega' \cdot \Delta A\Delta s \cdot \beta_s, \tag{16.1.2}$$

其中，体积散射系数 β_s 是粒子数密度 n 与每个粒子的散射截面 σ_s 的乘积. 从 $\boldsymbol{\Omega}'$ 方向来的光子散射到传输路径方向为 $\boldsymbol{\Omega}$ 的单位立体角内的概率为 $\frac{P(\boldsymbol{\Omega}',\boldsymbol{\Omega})}{4\pi}$，$P(\boldsymbol{\Omega}',\boldsymbol{\Omega})$ 是相函数，同时为了得到 $\boldsymbol{\Omega}$ 方向上的辐射，散射到 $\boldsymbol{\Omega}$ 方向上的辐射需要除以垂直于此方向上的面积 ΔA，得到从 $\boldsymbol{\Omega}'$ 方向来的光子散射到方向为 $\boldsymbol{\Omega}$ 的单位立体角内的辐射为

$$I(\boldsymbol{\Omega}')\Delta\Omega' \cdot \beta_s \cdot \frac{P(\boldsymbol{\Omega}',\boldsymbol{\Omega})}{4\pi} \cdot \Delta s \tag{16.1.3}$$

到达传输路径 $\boldsymbol{\Omega}$ 方向上的辐射是所有 $\boldsymbol{\Omega}'$ 方向散射的总和，即取积分

$$ds \cdot \frac{\beta_s}{4\pi}\int_{4\pi} I(\boldsymbol{\Omega}')P(\boldsymbol{\Omega}',\boldsymbol{\Omega})d\Omega', \tag{16.1.4}$$

其中 4π 是空间所有方向的立体角大小(即 4π 球面度). 这就是(16.1.1)式第三项的表达式. 因此，包括多次散射在

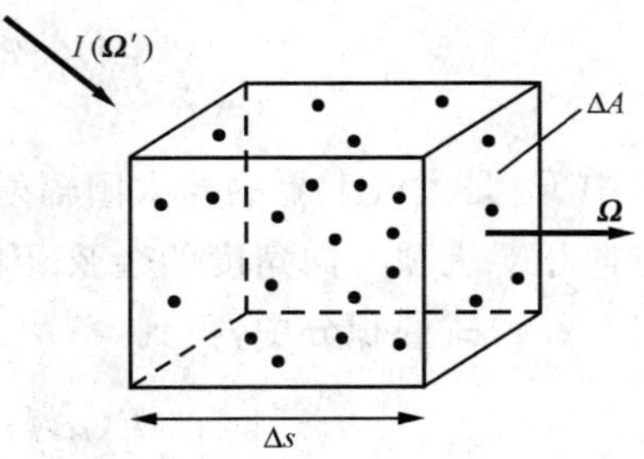

图 16.1　散射导致传输方向上辐射增加的示意图. 从 $\boldsymbol{\Omega}'$ 来的辐射射向体积为 $\Delta A\Delta s$ 中的散射粒子，散射到 $\boldsymbol{\Omega}$ 方向上的单位立体角内，导致 $\boldsymbol{\Omega}$ 方向上辐射的增加

内的完整的微分形式的辐射传输方程为

$$\frac{\mathrm{d}I(\boldsymbol{\Omega})}{\mathrm{d}s}=-\beta_e I(\boldsymbol{\Omega})+\beta_a B(T)+\frac{\beta_s}{4\pi}\int_{4\pi}P(\boldsymbol{\Omega}',\boldsymbol{\Omega})I(\boldsymbol{\Omega}')\mathrm{d}\Omega'. \tag{16.1.5}$$

根据 $\mathrm{d}\tau=-\beta_e\mathrm{d}s$，并引入单散射反照率 $\omega=\beta_s/\beta_e$，则(16.1.5)式变形为

$$\frac{\mathrm{d}I(\boldsymbol{\Omega})}{\mathrm{d}\tau}=I(\boldsymbol{\Omega})-(1-\omega)B-\frac{\omega}{4\pi}\int_{4\pi}P(\boldsymbol{\Omega}',\boldsymbol{\Omega})I(\boldsymbol{\Omega}')\mathrm{d}\Omega'. \tag{16.1.6}$$

这是最常用和完整的包含有多次散射的辐射传输方程的微分形式. 可以看到总的源函数为

$$J(\boldsymbol{\Omega})=(1-\omega)B+\frac{\omega}{4\pi}\int_{4\pi}P(\boldsymbol{\Omega}',\boldsymbol{\Omega})I(\boldsymbol{\Omega}')\mathrm{d}\Omega'. \tag{16.1.7}$$

它是热辐射源函数与散射辐射源函数的加权平均. 显然，当 $\omega=0$ 时，没有散射，则源函数就是普朗克函数 B，此时即可用于长波辐射的传输问题.

仍然考虑平面平行大气的情况，用 $\mu=\cos\theta$ 表示辐射传输方向，在柱极坐标下方程(16.1.6)表示为

$$\mu\frac{\mathrm{d}I(\mu,\phi)}{\mathrm{d}\tau}=I(\mu,\phi)-J(\mu,\phi), \tag{16.1.8}$$

式中 τ 已变为垂直方向的光学厚度了. (16.1.8)式中包括发射和散射的源函数为

$$J(\mu,\phi)=(1-\omega)B+\frac{\omega}{4\pi}\int_0^{2\pi}\int_{-1}^{1}P(\mu,\phi;\mu',\phi')I(\mu',\phi')\mathrm{d}\mu'\mathrm{d}\phi'. \tag{16.1.9}$$

16.2　包括单散射时的辐射传输

考虑最简单的包括一次散射的辐射传输情况. 由于是针对太阳辐射，因此可以忽略大气分子和粒子的发射辐射，则微分形式的辐射传输方程表示为

$$\mu\frac{\mathrm{d}I(\mu,\phi)}{\mathrm{d}\tau}=I(\mu,\phi)-\frac{\omega}{4\pi}\int_0^{2\pi}\int_{-1}^{1}P(\mu,\phi;\mu',\phi')I(\mu',\phi')\mathrm{d}\mu'\mathrm{d}\phi'. \tag{16.2.1}$$

因为这时的散射源来自直接太阳辐射，即大气分子和粒子只对未散射太阳平行光辐射进行一次散射. 如果太阳入射方向为 $\boldsymbol{\Omega}_0=(\mu_0,\phi_0)$，根据(11.2.3)式和比尔定律得到直接太阳辐射为

$$\begin{aligned}I(\mu',\phi')&=F_0\delta(\boldsymbol{\Omega}'-\boldsymbol{\Omega}_0)\mathrm{e}^{\tau/\mu_0}\\&=F_0\delta(\mu'-\mu_0)\delta(\phi'-\phi_0)\mathrm{e}^{\tau/\mu_0},\end{aligned} \tag{16.2.2}$$

其中 F_0 是大气上界的与太阳辐射传输路径垂直平面上的太阳辐照度，$\mu_0<0$ 是太阳辐射传输方向相对天顶方向角度的余弦. 因为太阳直接辐射来自 $\boldsymbol{\Omega}_0=\{\mu_0,\phi_0\}$ 方向，将(16.2.2)式代入(16.2.1)式的积分中，得到

$$\begin{aligned}&\int_0^{2\pi}\int_{-1}^{1}P(\mu,\phi;\mu',\phi')F_0\delta(\mu'-\mu_0)\delta(\phi'-\phi_0)\mathrm{e}^{\tau/\mu_0}\mathrm{d}\mu'\mathrm{d}\phi'\\&\quad=P(\mu,\phi;\mu_0,\phi_0)F_0\mathrm{e}^{\tau/\mu_0}=F_0P(\cos\Theta)\mathrm{e}^{\tau/\mu_0},\end{aligned} \tag{16.2.3}$$

其中，$\cos\Theta=\boldsymbol{\Omega}\cdot\boldsymbol{\Omega}_0$ 是太阳光入射方向与辐射传输方向之间角度的余弦. 将(16.2.3)式代入(16.2.1)式，得到

$$\mu\frac{\mathrm{d}I(\mu,\phi)}{\mathrm{d}\tau}=I(\mu,\phi)-\frac{F_0\omega}{4\pi}P(\cos\Theta)\mathrm{e}^{\tau/\mu_0}. \tag{16.2.4}$$

和解长波辐射传输方程类似，在(16.2.4)式的等号两边同乘以 $\mathrm{e}^{-\tau/\mu}$ 并整理得到下列形式

$$\frac{\mathrm{d}}{\mathrm{d}\tau}(I \cdot \mathrm{e}^{-\tau/\mu}) = -\frac{F_0\omega}{4\pi\mu}P(\cos\Theta)\mathrm{e}^{\tau/\mu_0}\mathrm{e}^{-\tau/\mu}. \tag{16.2.5}$$

如果假设相函数和单散射反照率与高度无关,则可对上式从 τ_1 到 τ_2 积分,得到

$$I(\tau_2) = I(\tau_1)\mathrm{e}^{-\frac{\tau_1-\tau_2}{\mu}} + \frac{F_0\omega P(\cos\Theta)}{4\pi\mu\left(-\frac{1}{\mu_0}+\frac{1}{\mu}\right)}\left[\mathrm{e}^{\frac{\tau_2}{\mu_0}} - \mathrm{e}^{\left(\frac{\tau_1}{\mu_0}-\frac{\tau_1-\tau_2}{\mu}\right)}\right]. \tag{16.2.6}$$

需要注意的是,(16.2.6)式对向上辐射传输到大气上界和向下辐射传输到地面均可适用.对于向上的辐射传输,在 $\mu>0$ 时,到达上界的辐射亮度 $I(0)$ 为

$$I(0) = I(\tau_0)\mathrm{e}^{-\tau_0/\mu} + \frac{F_0\omega P(\cos\Theta)}{4\pi\mu\left(-\frac{1}{\mu_0}+\frac{1}{\mu}\right)}\left[1 - \mathrm{e}^{\tau_0\left(\frac{1}{\mu_0}-\frac{1}{\mu}\right)}\right]. \tag{16.2.7}$$

在实际处理问题时,常常只关心散射辐射部分,而将直接辐射从总辐射中预先扣除.同时,因为考虑的是一次散射,$\tau_0 \ll 1$,则方程式(16.2.7)中的 e 指数可进行级数展开,并只取一级近似.对于散射辐射,(16.2.7)式可简化为

$$I_{\mathrm{s}}(0) = \frac{F_0\omega\tau_0}{4\pi\mu}P(\cos\Theta), \tag{16.2.8}$$

这个方程是卫星探测反演气溶胶光学厚度的基础.即如果改写为双向反射函数

$$\rho(\cos\Theta) = \frac{I_{\mathrm{s}}(0)}{|\mu_0|F_0} = \frac{\omega\tau_0}{4\pi\mu|\mu_0|}P(\cos\Theta). \tag{16.2.9}$$

它可由卫星上的辐射仪测量确定.由(16.2.9)式可见,光学厚度与双向反射函数成正比,而与相函数成反比.光学厚度与相函数的关系,在利用反射的太阳光进行卫星遥感中是一个很重要的问题.

平面平行大气的假设在很多情况下都能满足,因此讨论辐射传输多采用平面平行大气.但在处理有些大气物理问题时,例如天空中有不均匀分布的云或讨论曙暮光这类必须考虑球面大气的问题时,就必须应用三维空间的辐射传输方程了.

16.3 散射相函数

一般情况的散射相函数 $P(\boldsymbol{\Omega}',\boldsymbol{\Omega})$ 表示为

$$P(\boldsymbol{\Omega}',\boldsymbol{\Omega}) = P(\cos\Theta) \tag{16.3.1}$$

非常有用,它可以减少变量的数量.根据球面三角关系

$$\begin{aligned}\cos\Theta &= \boldsymbol{\Omega}' \cdot \boldsymbol{\Omega} \\ &= \cos\theta\cos\theta' + \sin\theta\sin\theta'\cos(\phi-\phi') \\ &= \mu\mu' + \sqrt{1-\mu^2}\,\sqrt{1-\mu'^2}\cos(\phi-\phi'),\end{aligned} \tag{16.3.2}$$

同时,如果散射粒子为球形粒子,则相函数的归一化条件可写为

$$\frac{1}{4\pi}\int_0^{2\pi}\int_0^{\pi}P(\cos\Theta)\sin\Theta\mathrm{d}\Theta\mathrm{d}\phi = 1, \tag{16.3.3}$$

或者

$$\frac{1}{2}\int_{-1}^{1}P(\cos\Theta)\mathrm{d}\cos\Theta = 1. \tag{16.3.4}$$

各向同性散射的条件是

$$P(\cos\Theta) = 1, \tag{16.3.5}$$

此种情况下，散射源函数可写为

$$I_s = \int_{4\pi} \frac{P(\boldsymbol{\Omega}', \boldsymbol{\Omega})}{4\pi} I(\boldsymbol{\Omega}') \mathrm{d}\Omega' = \int_{4\pi} \frac{I(\boldsymbol{\Omega}')}{4\pi} \mathrm{d}\Omega'. \tag{16.3.6}$$

可见其与传输方向和散射方向无关，并等于球面立体角上的平均亮度.

非对称因子 g，用相函数表示为

$$g = \frac{1}{4\pi}\int_{4\pi} P(\cos\Theta)\cos\Theta \mathrm{d}\Omega. \tag{16.3.7}$$

它用来表示前后向散射的强弱，可解释为是空间散射的各个方向 $\cos\Theta$ 的加权平均，因此

$$-1 \leqslant g \leqslant 1. \tag{16.3.8}$$

如果 $g=1$，意味着传输方向上的辐射没有被散射，依然按原强度向前传输. 如果 $g=-1$，则是相反方向，可以是虚拟的但在物理上是行不通的. 如果 $g>0$，则表示前向散射要强于后向，$g<0$ 刚好相反. $g=0$ 表示前后向散射对称(例如瑞利散射)或各向同性散射.

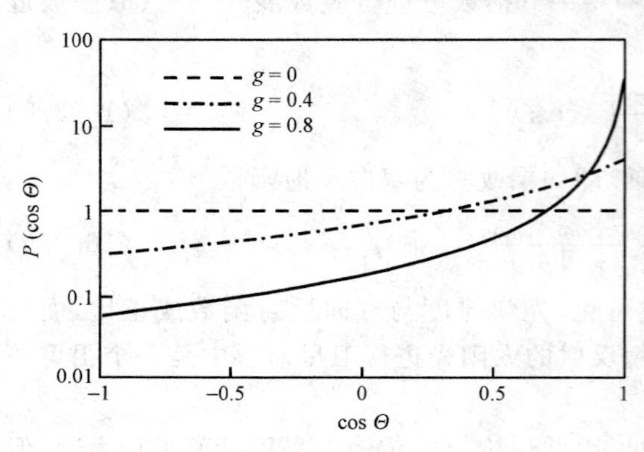

图 16.2　亨尼-格林斯坦(Henyey-Greenstein)相函数的图像

散射相函数的图像通常很复杂，难以用解析表达式表示. 不过某些情况下不用知道相函数，只需知道非对称因子即可. 但有时需要使用相函数进行计算(例如气溶胶和云粒子的相函数用来计算散射)，需要使用替代的相函数来完成. 替代的相函数应该有简单的数学表达形式，并是非对称因子的函数；对于任何的 Θ 值，它都是正值，而且它可以表示真实相函数的一些主要特征. 满足这些条件的代表性的替代相函数是被广泛使用的亨尼-格林斯坦(Henyey-Greenstein)相函数，它的表达式是

$$P_{\mathrm{HG}}(\cos\Theta) = \frac{1-g^2}{(1+g^2-2g\cos\Theta)^{3/2}}. \tag{16.3.9}$$

亨尼-格林斯坦相函数对于 $g>0$ 时前向散射特征的表述相当成功，它适用于在前向的峰值不是很强的散射图案，见图 16.2. 图中 $g=0$ 时对应于各向同性散射；对于 $g>0$ 且增加时，相函数峰值在前向，并逐渐增大，同时图中显示的相函数相当平滑，它体现了相函数的主要特征，但在细节上没有体现出来. 为了同时体现后向散射特征，需要使用双亨尼-格林斯坦相函数，它的表达形式是

$$P_{\mathrm{HG2}}(\cos\Theta) = bP_{\mathrm{HG}}(\cos\Theta;g_1) + (1-b)P_{\mathrm{HG}}(\cos\Theta;g_2), \tag{16.3.10}$$

式中 $g_1>0$，$g_2<0$ 且 $0<b<1$.

16.4　包括多次散射时的辐射传输

在单次散射传输中使用的(16.2.1)式同样适用于多次散射，但是要得到多次散射的精确解几乎是不可能的，除非在非常严格限制的条件下. 因此研究多次散射时，一方面关注于理想情况的传输(例如各向同性散射)的解，并用来定性解释大气中的一些传输问题；另一方面利用

计算机技术求真实问题的数值解.关于这些方面的研究这里不再细述,这里只给出一种最简单的分析解,即二流近似.许多大气环流和气候模式在辐射传输的参数化中都使用了二流近似,因为导出的解析解可以进行高效计算,这一点在模式计算中是非常重要的.

16.4.1 各向同性散射的解

尽管各向同性散射不能完全描述实际的非对称散射,但是各向同性散射条件可以简化辐射传输的计算,得到向上和向下的辐射通量密度.作为实际散射的近似,仍然取得了很明显的效果.

各向同性散射要求 $P=1$,那么方程(16.2.1)式变为

$$\mu \frac{\mathrm{d}I(\mu)}{\mathrm{d}\tau} = I(\mu) - \frac{\omega}{2}\int_{-1}^{1} I(\mu')\mathrm{d}\mu', \tag{16.4.1}$$

或写为

$$\mu \frac{\mathrm{d}I(\mu)}{\mathrm{d}\tau} = I(\mu) - \frac{\omega}{2}\int_{0}^{1} I(\mu')\mathrm{d}\mu' - \frac{\omega}{2}\int_{-1}^{0} I(\mu')\mathrm{d}\mu'. \tag{16.4.2}$$

如果在每个半球在 τ 平面处是各向同性辐射,即向上和向下的辐射亮度为

$$I(\mu) = \begin{cases} I^{\uparrow}, & \mu > 0, \\ I^{\downarrow}, & \mu < 0, \end{cases} \tag{16.4.3}$$

式中 $I^{\uparrow}$ 和 $I^{\downarrow}$ 为常数,如图 16.3 所示.

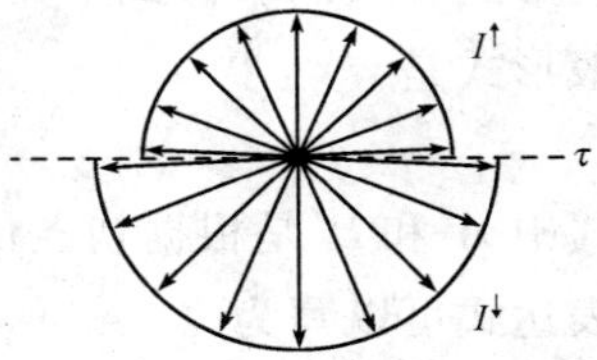

$I^{\uparrow}$ τ $I^{\downarrow}$

图 16.3 二流近似中亮度的角分布

由此,对向上和向下的辐射亮度的传输方程可写为

$$\mu \frac{\mathrm{d}I^{\uparrow}}{\mathrm{d}\tau} = I^{\uparrow} - \frac{\omega}{2}I^{\uparrow} - \frac{\omega}{2}I^{\downarrow}, \tag{16.4.4}$$

和

$$\mu \frac{\mathrm{d}I^{\downarrow}}{\mathrm{d}\tau} = I^{\downarrow} - \frac{\omega}{2}I^{\uparrow} - \frac{\omega}{2}I^{\downarrow}. \tag{16.4.5}$$

既然已经假设 $I^{\uparrow}$ 和 $I^{\downarrow}$ 为常数,所以它不依赖于角度,因此上两式对半球作平均,即

$$\int_{0}^{1}\mu \frac{\mathrm{d}I^{\uparrow}}{\mathrm{d}\tau}\mathrm{d}\mu = \int_{0}^{1}\left(I^{\uparrow} - \frac{\omega}{2}I^{\uparrow} - \frac{\omega}{2}I^{\downarrow}\right)\mathrm{d}\mu, \tag{16.4.6}$$

和

$$\int_{-1}^{0}\mu \frac{\mathrm{d}I^{\downarrow}}{\mathrm{d}\tau}\mathrm{d}\mu = \int_{-1}^{0}\left(I^{\downarrow} - \frac{\omega}{2}I^{\uparrow} - \frac{\omega}{2}I^{\downarrow}\right)\mathrm{d}\mu. \tag{16.4.7}$$

结果可以写为

$$\frac{1}{2}\frac{\mathrm{d}I^{\uparrow}}{\mathrm{d}\tau} = (1-\omega)I^{\uparrow} + \frac{\omega}{2}(I^{\uparrow} - I^{\downarrow}), \tag{16.4.8}$$

和

$$-\frac{1}{2}\frac{\mathrm{d}I^{\downarrow}}{\mathrm{d}\tau} = (1-\omega)I^{\downarrow} - \frac{\omega}{2}(I^{\uparrow} - I^{\downarrow}). \tag{16.4.9}$$

(16.4.8)和(16.4.9)式称为对各向同性散射的二流方程.如果对这两式的两边相加和相减,就可以获得以下方程

$$\frac{1}{2}\frac{\mathrm{d}}{\mathrm{d}\tau}(I^{\uparrow} - I^{\downarrow}) = (1-\omega)(I^{\uparrow} + I^{\downarrow}), \tag{16.4.10}$$

$$\frac{1}{2}\frac{\mathrm{d}}{\mathrm{d}\tau}(I^{\uparrow}+I^{\downarrow})=I^{\uparrow}-I^{\downarrow}. \tag{16.4.11}$$

对(16.4.11)式求导，

$$\frac{1}{2}\frac{\mathrm{d}^2}{\mathrm{d}\tau^2}(I^{\uparrow}+I^{\downarrow})=\frac{\mathrm{d}}{\mathrm{d}\tau}(I^{\uparrow}-I^{\downarrow}), \tag{16.4.12}$$

并将(16.4.10)式代入(16.4.12)式，得

$$\frac{\mathrm{d}^2}{\mathrm{d}\tau^2}(I^{\uparrow}+I^{\downarrow})=4(1-\omega)(I^{\uparrow}+I^{\downarrow}), \tag{16.4.13}$$

对(16.4.10)式使用同样的处理过程，得到

$$\frac{\mathrm{d}^2}{\mathrm{d}\tau^2}(I^{\uparrow}-I^{\downarrow})=4(1-\omega)(I^{\uparrow}-I^{\downarrow}). \tag{16.4.14}$$

(16.4.13)和(16.4.14)式是一般数学方程

$$\frac{\mathrm{d}^2 y}{\mathrm{d}\tau^2}=\Gamma^2 y \tag{16.4.15}$$

的形式，(16.4.15)式中 $y=(I^{\uparrow}+I^{\downarrow})$ 或 $y=(I^{\uparrow}-I^{\downarrow})$，$\Gamma=2\sqrt{1-\omega}$. (16.4.15)式的解的一般形式是

$$y=A'\mathrm{e}^{\Gamma\tau}+B'\mathrm{e}^{-\Gamma\tau}, \tag{16.4.16}$$

式中 A' 和 B' 是根据初条件确定的常数. 因此，从(16.4.13)和(16.4.14)式解出的 $I^{\uparrow}$ 和 $I^{\downarrow}$ 的表达式可以写为

$$I^{\uparrow}(\tau)=A\mathrm{e}^{\Gamma\tau}+B\mathrm{e}^{-\Gamma\tau}, \tag{16.4.17}$$

$$I^{\downarrow}(\tau)=C\mathrm{e}^{\Gamma\tau}+D\mathrm{e}^{-\Gamma\tau}, \tag{16.4.18}$$

系数 A,B,C 和 D 则需要进一步确定.

把(16.4.17)和(16.4.18)式代入(16.4.8)和(16.4.9)式，可以得到对所有 τ 成立的条件是

$$\frac{C}{A}=\frac{B}{D}=\frac{2-\omega-\Gamma}{\omega}=\frac{1-\sqrt{1-\omega}}{1+\sqrt{1-\omega}}=\rho_{\infty}, \tag{16.4.19}$$

可以得到

$$C=\rho_{\infty}A;\quad B=\rho_{\infty}D. \tag{16.4.20}$$

将(16.4.20)式代入(16.4.17)和(16.4.18)式

$$I^{\uparrow}(\tau)=A\mathrm{e}^{\Gamma\tau}+\rho_{\infty}D\mathrm{e}^{-\Gamma\tau}, \tag{16.4.21}$$

$$I^{\downarrow}(\tau)=\rho_{\infty}A\mathrm{e}^{\Gamma\tau}+D\mathrm{e}^{-\Gamma\tau}, \tag{16.4.22}$$

现在使用边条件

$$I^{\uparrow}(\tau_0)=0;\quad I^{\downarrow}(0)=I_0, \tag{16.4.23}$$

其中，下边界是黑色的，即在 $\tau=\tau_0$ 处没有向上的反射辐射；上边界条件为入射到大气层顶的各向同性辐射亮度 I_0. 则从(16.4.21)和(16.4.22)式得到

$$0=A\mathrm{e}^{\Gamma\tau_0}+\rho_{\infty}D\mathrm{e}^{-\Gamma\tau_0}, \tag{16.4.24}$$

和

$$I_0=\rho_{\infty}A+D. \tag{16.4.25}$$

从(16.4.24)和(16.4.25)两式可解出 A 和 D，并代回(16.4.21)和(16.4.22)式得到

$$I^{\uparrow}(\tau)=\frac{\rho_{\infty}I_0}{e^{\Gamma\tau_0}-\rho_{\infty}^2e^{-\Gamma\tau_0}}\left[e^{\Gamma(\tau_0-\tau)}-e^{-\Gamma(\tau_0-\tau)}\right],\tag{16.4.26}$$

$$I^{\downarrow}(\tau)=\frac{I_0}{e^{\Gamma\tau_0}-\rho_{\infty}^2e^{-\Gamma\tau_0}}\left[e^{\Gamma(\tau_0-\tau)}-\rho_{\infty}^2e^{-\Gamma(\tau_0-\tau)}\right].\tag{16.4.27}$$

(16.4.26)式和(16.4.27)式给出了在已知的上边界各向同性辐射亮度 I_0，和完全吸收的下边界条件下的一般的二流方程解.

16.4.2 方位角平均的散射传输

从实际的情况，水平方向的辐射亮度与方位角 ϕ 基本无关，而与天顶角(θ 或 $\mu=\cos\theta$)有关.因此，就意味着不需要关注亮度随方位角的变化，只需考虑随 μ 和 τ 的变化.定义方位平均亮度为

$$I(\mu)=\int_0^{2\pi}I(\mu,\phi)\mathrm{d}\phi.\tag{16.4.28}$$

另外，假设传输介质为方位角同性散射介质，即 $P(\mu,\phi;\mu',\phi')$ 等效于 $P(\mu,\mu',\Delta\phi)$，其中 $\Delta\phi=\phi-\phi'$.同样，定义方位平均的相函数，即

$$P(\mu,\mu')=\frac{1}{2\pi}\int_0^{2\pi}P(\mu,\mu',\Delta\phi)\mathrm{d}\Delta\phi.\tag{16.4.29}$$

使用以上定义的方位角平均的亮度和相函数，(16.2.1)式可以简写为

$$\mu\frac{\mathrm{d}I(\mu)}{\mathrm{d}\tau}=I(\mu)-\frac{\omega}{2}\int_{-1}^{1}P(\mu,\mu')I(\mu')\mathrm{d}\mu'.\tag{16.4.30}$$

这是方位角平均的辐射传输方程.

同样，为了得到上述方程的解，假设向上和向下亮度为常数，即满足(16.4.3)式.则对向上辐射亮度的传输方程可写为

$$\mu\frac{\mathrm{d}I^{\uparrow}}{\mathrm{d}\tau}=I^{\uparrow}-\frac{\omega}{2}\int_0^1P(\mu,\mu')I^{\uparrow}\mathrm{d}\mu'-\frac{\omega}{2}\int_{-1}^{0}P(\mu,\mu')I^{\downarrow}\mathrm{d}\mu',\tag{16.4.31}$$

也可改写为

$$\mu\frac{\mathrm{d}I^{\uparrow}}{\mathrm{d}\tau}=I^{\uparrow}-\frac{\omega}{2}\left[\int_0^1P(\mu,\mu')\mathrm{d}\mu'\right]I^{\uparrow}-\frac{\omega}{2}\left[\int_{-1}^{0}P(\mu,\mu')\mathrm{d}\mu'\right]I^{\downarrow}.\tag{16.4.32}$$

定义一个后向散射分数 b，表示散射到与入射辐射方向相反的半球内的散射占总散射的比率，即

$$b(\mu)\equiv\begin{cases}\dfrac{1}{2}\displaystyle\int_{-1}^{0}P(\mu,\mu')\mathrm{d}\mu'=1-\dfrac{1}{2}\displaystyle\int_0^1P(\mu,\mu')\mathrm{d}\mu', & \mu>0,\\[2ex] \dfrac{1}{2}\displaystyle\int_0^1P(\mu,\mu')\mathrm{d}\mu'=1-\dfrac{1}{2}\displaystyle\int_{-1}^{0}P(\mu,\mu')\mathrm{d}\mu', & \mu<0.\end{cases}\tag{16.4.33}$$

由此，(16.4.32)式可以写为

$$\mu\frac{\mathrm{d}I^{\uparrow}}{\mathrm{d}\tau}=I^{\uparrow}-\omega[1-b(\mu)]I^{\uparrow}-\omega b(\mu)I^{\downarrow},\tag{16.4.34}$$

并对半球取平均

$$\int_0^1\mu\frac{\mathrm{d}I^{\uparrow}}{\mathrm{d}\tau}\mathrm{d}\mu=\int_0^1(I^{\uparrow}-\omega[1-b(\mu)]I^{\uparrow}-\omega b(\mu)I^{\downarrow})\mathrm{d}\mu,\tag{16.4.35}$$

整理后结果写为

$$\frac{1}{2}\frac{\mathrm{d}I^{\uparrow}}{\mathrm{d}\tau}=(1-\omega)I^{\uparrow}+\omega\bar{b}(I^{\uparrow}-I^{\downarrow}),\tag{16.4.36}$$

其中

$$\bar{b}=\int_0^1 b(\mu)\mathrm{d}\mu.\tag{16.4.37}$$

同样,重复以上得到(16.4.36)式的过程,可以得到向下辐射亮度的传输方程

$$-\frac{1}{2}\frac{\mathrm{d}I^{\downarrow}}{\mathrm{d}\tau}=(1-\omega)I^{\downarrow}-\omega\bar{b}(I^{\uparrow}-I^{\downarrow}).\tag{16.4.38}$$

(16.4.36)和(16.4.38)式也是漫射传输的二流方程.

根据 b 的意义,当散射为各向同性时,$P(\mu,\mu')=1$,对应 $g=0$ 和 $\bar{b}=1/2$. 当 $g=1$ 时,意味着完全向前传输,$\bar{b}=0$. 当 $g=-1$ 时,则散射完全向后,$\bar{b}=1$. 根据以上这些分析,并假设 g 与 $\bar{b}$ 是线性关系,即可得到

$$\bar{b}=\frac{1-g}{2},\tag{16.4.39}$$

于是(16.4.36)和(16.4.38)式改写为

$$\frac{1}{2}\frac{\mathrm{d}I^{\uparrow}}{\mathrm{d}\tau}=(1-\omega)I^{\uparrow}+\frac{\omega(1-g)}{2}(I^{\uparrow}-I^{\downarrow}),\tag{16.4.40}$$

和

$$-\frac{1}{2}\frac{\mathrm{d}I^{\downarrow}}{\mathrm{d}\tau}=(1-\omega)I^{\downarrow}-\frac{\omega(1-g)}{2}(I^{\uparrow}-I^{\downarrow}).\tag{16.4.41}$$

接下去可重复 16.4.1 节中求各向同性散射解的过程,最终可以得到形式一样的解,其中唯一不同的是

$$\Gamma\equiv 2\sqrt{1-\omega}\sqrt{1-\omega g}.\tag{16.4.42}$$

当然,对于各向同性散射,$g=0$,就得到了与 16.4.1 节完全一样的结果.

16.4.3　反照率,透过率和吸收率

由(16.4.26)和(16.4.27)式可以得到当 $\omega<1$ 时,从 $\tau=0$ 到 τ_0 整气层的反照率 r、透过率 t 和吸收率 a 为:

$$r=\frac{\pi I^{\uparrow}(0)}{\pi I_0}=\frac{\rho_\infty(\mathrm{e}^{\Gamma\tau_0}-\mathrm{e}^{-\Gamma\tau_0})}{\mathrm{e}^{\Gamma\tau_0}-\rho_\infty^2\mathrm{e}^{-\Gamma\tau_0}},\tag{16.4.43}$$

$$t=\frac{\pi I^{\downarrow}(\tau_0)}{\pi I_0}=\frac{1-\rho_\infty^2}{\mathrm{e}^{\Gamma\tau_0}-\rho_\infty^2\mathrm{e}^{-\Gamma\tau_0}},\tag{16.4.44}$$

和

$$a=1-r-t=\frac{1-\rho_\infty}{\mathrm{e}^{\Gamma\tau_0}-\rho_\infty^2\mathrm{e}^{-\Gamma\tau_0}}(\mathrm{e}^{\Gamma\tau_0}+\rho_\infty\mathrm{e}^{-\Gamma\tau_0}-1-\rho_\infty).\tag{16.4.45}$$

需要注意的是总透过率 t 中包含了直接和漫射透过率,即

$$t=t_{\mathrm{d}}+t_{\mathrm{df}}.\tag{16.4.46}$$

直接透过率 t_{d} 描述的是从气层顶部入射的辐射在没有散射情况下,从气层底部射出时所占入射辐射的比率,而漫射透过率 t_{df} 描述的是辐射经历至少一次散射后从云底射出时相对入射辐射的比率. 在二流近似中,没有区分出这两种透射,但仍然有其他办法可以区分.

考虑没有散射时的特殊传输情况，此时 $\omega=0,\rho_{\infty}=0$ 且 $\Gamma=2$.（16.4.44）式获得的透过率就是直接透过率，即

$$t = t_{\mathrm{d}} = \mathrm{e}^{-2\tau_0}. \tag{16.4.47}$$

可见，这个透过率与表示散射的参数 ω 和 g 无关，即气层中有散射存在时，它仍然代表直接辐射的透射. 因此，只要从总透过率中扣除直接透过率即可得到漫射透过率，即

$$t_{\mathrm{df}} = \begin{cases} 0, & \omega = 0, \\ \dfrac{1-\rho_{\infty}^2}{\mathrm{e}^{\Gamma\tau_0}-\rho_{\infty}^2\mathrm{e}^{-\Gamma\tau_0}} - \mathrm{e}^{-2\tau_0}, & 0<\omega<1, \\ \dfrac{1}{1+(1-g)\tau_0} - \mathrm{e}^{-2\tau_0}, & \omega = 1, \end{cases} \tag{16.4.48}$$

式中 $\omega=1$ 时的总透过率留待习题中作推导证明.

图 16.4 绘制了保守散射（$\omega=1$）时，总透过率、直接透过率和漫射透过率随光学厚度的变化. 当云体光学厚度非常薄时，直接透过率占主要地位；随着光学厚度的增大，漫射透过率开始迅速增大，成为总透过率占主要地位的分量，随后它开始慢速减小.

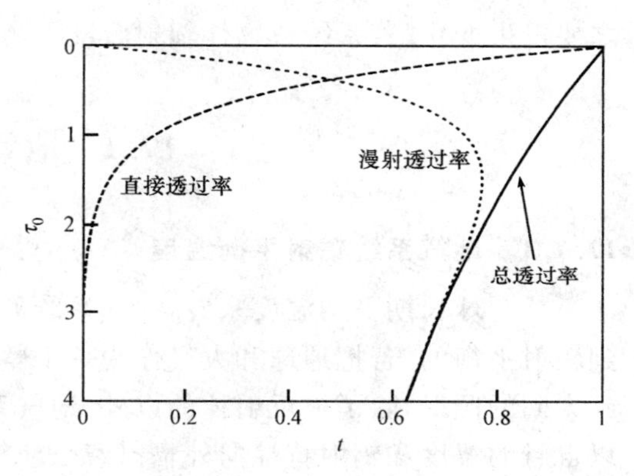

图 16.4 非吸收云体的保守散射中的总透过率、直接透过率和漫射透过率随光学厚度 τ_0 的变化（$g=0.85$）（引自 Petty，2004）

暖锋前部云的变厚过程是一个很好的例子，可以说明图 16.4 描绘的状况. 开始阶段，云层只是光学厚度很薄的卷层云，这种云层不能显著地使太阳直射光衰减（$t_{\mathrm{d}}\approx1$），也不能散射足够多的阳光（$t_{\mathrm{df}}\approx0$），因此不易在天空中设别出来. 唯一的线索是围绕太阳的晕环，它的出现意味着天空中有冰晶组成的卷层云. 随着卷层云的加厚，散射增强（t_{df}增大），天空变白，日盘变得晦暗（t_{d} 减小）. 当云层变化为高层云，最终为雨层云时，日盘不可见（$t_{\mathrm{d}}\approx0$），天空变得晦暗（$t\approx t_{\mathrm{df}}\to0$）.

习 题

16.1 （16.2.7）式是到达大气上界的辐射亮度，试写出从上界到达地面的辐射亮度 $I(\tau_0)$ 的表达式.

16.2 半无限云定义为云的上部边界位于 $\tau=0$，但是 $\tau_0\to\infty$ 的云体，写出辐射亮度在此种云体内的传输规律，并计算云体顶部反照率.

16.3 假设 $\rho_{\infty}=\omega^{\bar{n}}$，其中 $\bar{n}$ 称散射的有效平均次数，是光子进入半无限云体内经过散射最后从云顶返回太空的过程中发生的散射次数，已知 $g=0.85$. 计算 ω 为 0.9999 和 0.9 时的 ρ_{∞} 和 $\bar{n}$；为什么两种情况下 $\bar{n}$ 的差异这么大？

16.4 如果云体（$0\leqslant\tau\leqslant\tau_0$）没有吸收，则 $\omega=1$，这时云体内的散射称为保守散射. 按二流近似，推导保守散射时云顶的反照率和总透过率，并表示为非对称因子和整个云层光学厚度的函数.

16.5 典型的浓层积云层在可见光波段的光学厚度为 $\tau_0=50$，$\omega=1$ 且 $g=0.85$.（1）计算它的反照率和总透过率；（2）如果云体完全吸收，光学厚度为多大时会与（1）中有相同的透过率.

第十七章　辐射平衡

因为辐射交换，地球、大气以及地气系统的辐射能量收支状况是由短波和长波辐射的总和来决定的. 系统或物体收入辐射能与支出辐射能的差值称为净辐射，也称辐射差额. 例如，对于净辐射通量密度 F^*，它是收入辐射通量密度 F_i 与支出辐射通量密度 F_o 的差，即 $F^* = F_i - F_o$. 在没有其他方式的热交换时，净辐射决定系统或物体是升温还是降温. 净辐射为正值，表示系统或物体的辐射能量有赢余；净辐射为负值，表示系统或物体的辐射能量有亏欠，温度随之要发生变化. 若系统或物体辐射收支平衡，物体温度就不变.

17.1　地气系统的辐射平衡

17.1.1　地气系统辐射平衡温度

从全球长期平均温度来看，地气系统的温度变化极其缓慢，多年基本不变，所以全球是达到辐射平衡的. 若把地球和大气作为一个整体，它是运行于宇宙空间的一个星体. 这个星体受到太阳的照射，除了被反射掉的以外，地气系统吸收了一部分太阳辐射能量. 同时，地气系统也以自身的温度和辐射特性向外辐射着长波辐射. 这两个过程最终会达到平衡. 如果入射的太阳辐射有变化，或者地气系统对短波的反照率或长波发射率有变化，这种平衡就会被打破而趋向一种新的平衡. 可以用一个简单的地气系统辐射平衡模式来估算地气系统的温度.

设地气系统是一个半径为 R（约等于 R_E）的球，对短波辐射的反照率（即行星反照率）为 r，则其吸收的辐射为入射太阳辐射与反射太阳辐射之差，即 $F\pi R^2(1-r)$（如图 17.1 所示），F 为太阳辐射到达地球大气上界的辐照度. 此外，如把地气系统看作黑体，其有效温度为 T_e，它向宇宙空间出射长波辐射为 $4\pi R^2\sigma T_e^4$. 在地气系统达到辐射平衡时，有

$$F\pi R^2(1-r) = 4\pi R^2\sigma T_e^4, \tag{17.1.1}$$

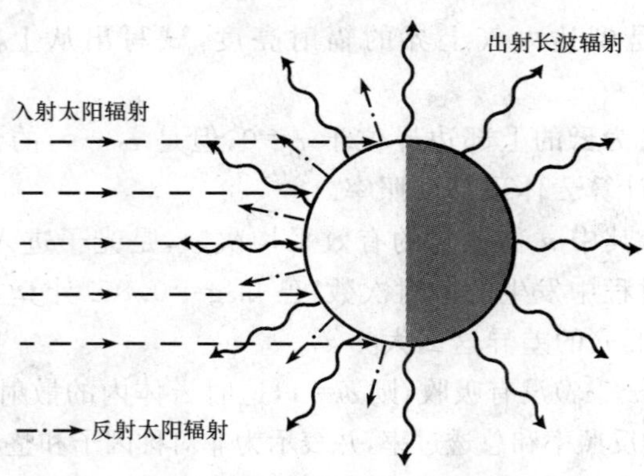

图 17.1　地球出射红外辐射和反射太阳辐射之和与入射太阳辐射达到辐射平衡

得到

$$T_e = [F(1-r)/(4\sigma)]^{1/4}. \tag{17.1.2}$$

通常采用日地平均距离处的辐照度(即太阳常数)来计算,即 $F=S=1366\ \mathrm{W\cdot m^{-2}}$,$r=0.3$,可算出 $T_e=255\ \mathrm{K}$(即$-18℃$).这就是地气系统平衡时的有效温度.可以看到,地气系统的有效温度取决于两个因子,一是大气上界的太阳辐照度,主要由日地距离决定;二是地气系统的行星反照率,它与地气系统的许多特性,如海洋的反射、陆面的反射和云的反射有关.

由上面还可导出地球表面收到的太阳短波平均辐照度为

$$\frac{S}{4}(1-r) = 239\ \mathrm{W\cdot m^{-2}}. \tag{17.1.3}$$

考虑到全球是达到辐射平衡的,所以这与地球发射的长波平均辐出度数值接近.

地气系统有效温度与太阳常数的关系,见图 17.2.根据研究,地球漫长的历史中,经历过太阳常数的缓慢变化,但这不会影响地球表面的辐射平衡.因为如果太阳常数 S 增加,有效温度就会增加,但是根据斯特藩-玻尔兹曼定律,向外的长波辐射也会增加(与温度的 4 次方成正比),这样又会使温度下降,这是负反馈过程,可以使地球系统维持稳定平衡.

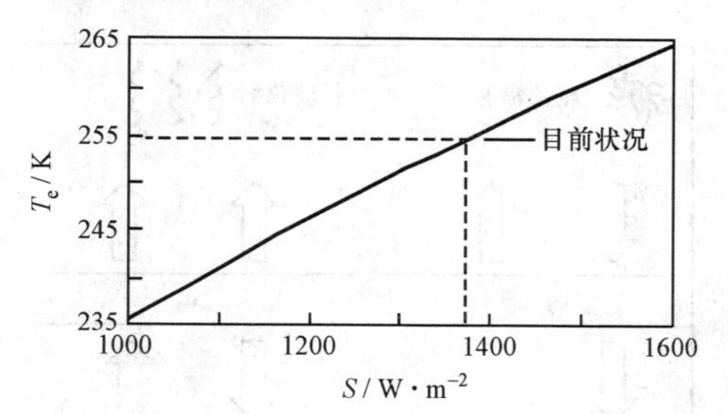

图 17.2 太阳常数-地气系统有效温度的关系,行星反照率取 0.3

在太阳系中,几颗行星距太阳的距离不同,它们接收到太阳辐射的情况也不同.表 17.1 给出地球及其相邻的五颗行星离太阳的距离和目前已测到的各行星的行星反照率及与之相应的有效温度 T_e,读者可根据这些数据将空格填上.表中的各行星的有效温度 T_e 与各行星平均表面温度都有差异,其中以金星的差异最大,地球次之,这是和下面将要介绍的大气的"温室效应"有关.

表 17.1 五颗行星的反照率及有效温度

行星	离太阳距离 /(10^6 km)	太阳常数 /($\mathrm{W\cdot m^{-2}}$)	$r=0.3$ 时的有效温度/K	实测的行星反照率	实测行星反照率时的 T_e/K
水星	58			0.06	442
金星	108			0.78	227
地球	150	1366		0.3	255
火星	228			0.17	216
木星	778			0.45	106

17.1.2 地球大气的温室效应

根据上面的讨论,地球的有效温度为 255 K(即$-18℃$),和其他几颗行星比较,最接近 0℃.这一点很重要,因为只有在 0℃上下,才能有液态水存在.而水是生命产生和维持的基本条件.相比之下,在其他几颗行星上出现生命的条件就不很有利了.而实际上地球表面平均温度为 $T_s=15℃$,这是由于大气"温室效应"造成的结果.

地气系统的两个组成部分是地球和大气,它们对辐射的吸收和发射的特性是不同的.大气对短波辐射吸收比较小(15%～25%)，而对长波辐射有一定的吸收和发射. 这一特性类似于温室的玻璃，它可以让太阳的短波辐射通过，但对长波辐射则是有吸收的，因此温室内的温度可以比外边高很多度. 但应指出，温室玻璃还有一个作用是隔绝了温室内外的空气对流，从而保持温室内较高的温度，地球大气并没有这一作用，因此用“温室效应”这个名词并不十分确切，有的学者建议称为“大气保温效应”. 大气层包围在地球外面，由于“大气保温效应”，使地面平均温度升高了几十度. 这才使地球表面形成了适合生命繁衍的环境.

如果把地面温度写为

$$T_s = T_e + \Gamma H, \tag{17.1.4}$$

并考虑对流层平均温度递减率 $\Gamma = 6.5℃ \cdot km^{-1}$，代入相关数据，得到 $H \approx 5$ km. 这可表示温室效应的有效高度. 显然这个高度值越大，温室效应越强，地面温度就越高.

用一个简单的辐射平衡模式可以定量地讨论大气的温室效应(图 17.3). 假设地球表面是温度为 T_s 的黑体，大气层的温度为 T_a，行星反照率为 r，大气对短波辐射的平均吸收率为 a_s，对长波辐射的平均吸收率为 a_l. 根据图 17.3 可以写出日地平均距离时地面和大气顶的辐射各项值为

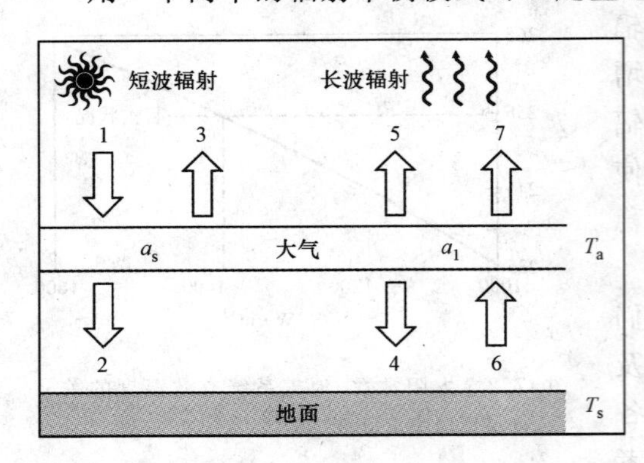

图 17.3　大气的温室效应的辐射平衡模式

$$\begin{cases} F_1 = S/4, \\ F_2 = (S/4)(1 - r - a_s), \\ F_3 = (S/4)r, \\ F_4 = F_5 = a_l \sigma T_a^4, \\ F_6 = \sigma T_s^4, \\ F_7 = (1 - a_l)\sigma T_s^4. \end{cases} \tag{17.1.5}$$

平衡时，满足

$$\begin{cases} F_3 + F_5 + F_7 - F_1 = 0, \\ F_6 - F_2 - F_4 = 0, \end{cases} \tag{17.1.6}$$

求解方程组(17.1.6)式可得

$$\begin{cases} T_s^4 = \dfrac{S}{4} \dfrac{[2(1-r) - a_s]}{\sigma(2 - a_l)}, \\ T_a^4 = \dfrac{S}{4} \dfrac{[a_s + a_l(1 - r - a_s)]}{\sigma a_l (2 - a_l)}. \end{cases} \tag{17.1.7}$$

由上面的结果可以讨论 S, r, a_l 和 a_s 对大气层平均温度和地面平均温度的影响. 取 $a_l = 0.8, a_s = 0.2, r = 0.3$ 代入(17.1.7)式后，得到 $T_s = 278.6$ K，$T_a = 247.7$ K. 可见，大气层的存在使地面平衡温度高于全球的有效温度，而大气层的平均温度却低于全球的有效温度. 当 a_l 加大时，地面平均温度也将升高. 大气中对长波辐射吸收的主要气体是 H_2O，CO_2 和 O_3. 这些气体的含量增加，将使 a_l 加大，从而导致地面增温. 目前已证明大气中 CO_2 等温室气体的含量有增加的趋势，这将导致全球变暖. 但其他因子也会对地面温度有影响. 读者可完成下面表 17.2 的计算，并讨论不同因子的作用.

顺便指出，金星的大气层更有特别之处，不但温室气体 CO_2 约占 97%，其表面还有浓密的

云层覆盖,它们只允许少量太阳辐射通过,而不允许低层大气发射的辐射逸出,因此“温室效应”特别强烈.

表 17.2　不同因子对地面温度的影响

$S/(\mathrm{W\cdot m^{-2}})$	r	a_s	a_l	T_s/K	T_a/K	说明
1366	0.3	0.2	0.8	278.6	247.7	
1366	0.32	0.2	0.8			云量增加使反照率加大
1366	0.28	0.2	0.8			云量减少使反照率减小
1366	0.3	0.2	0.82			温室气体增加
1366	0.3	0.2	0.78			温室气体减少
1366	0.3	0.21	0.8			大气对太阳辐射吸收增加
1366	0.3	0.19	0.8			大气对太阳辐射吸收减小

17.1.3　辐射沿纬度的变化

以上讨论把地气系统当作一个整体,没有考虑水平方向的差异.由于地球的自转轴与太阳黄道平面有一个倾角,地球上不同纬度带接收到的太阳辐射的情况是不同的,它们所达到的平衡温度也将不同.相邻纬度带平衡温度的不同将引起两种变化,其一,出现水平方向的能量输送;其二,其下垫面的情况也将发生变化.尤其是对收入太阳辐射能较少的极区,低的平衡温度造成下垫面冰雪覆盖,而冰雪的高反照率又使该地区接收的太阳辐射进一步减小.下面用一个简单的辐射平衡模式来讨论这一反馈过程.

将地球和大气分割为一系列纬度带.对某一个带,其辐射平衡方程可写为

$$S_\varphi(1-r_\varphi)=F^{\uparrow}_{1,\infty}(T_\varphi)+F(T_\varphi), \tag{17.1.8}$$

这里 S_φ 为该纬度带收到的太阳辐射,r_φ 为纬度带的行星反照率,它和该纬度带的下垫面性质有关.$F^{\uparrow}_{1,\infty}(T_\varphi)$为该纬度带大气层顶向外发射的长波辐射,$F(T_\varphi)$为该纬度带向相邻纬度带水平输送的能量,都是辐射平衡温度 T_φ 的函数.

简单地假设

$$r_\varphi=\begin{cases}0.6, & T_\varphi\leqslant T_c,\\ 0.3, & T_\varphi>T_c,\end{cases} \tag{17.1.9}$$

T_c 为雪线温度,可选−10℃或0℃,表示在冰雪区行星反照率显著变大.大气层顶出射的长波辐射取为

$$F^{\uparrow}_{1,\infty}(T_\varphi)=a+bT_\varphi, \tag{17.1.10}$$

其中 a,b 为经验常数.纬度带间能量的传输取为

$$F(T_\varphi)=K(T_\varphi-\overline{T}), \tag{17.1.11}$$

其中 $\overline{T}$ 为全球平均温度,而 K 为经验常数.通过这些简化后,可以最终得到辐射平衡温度 T_φ 为

$$T_\varphi=\frac{S_\varphi(1-r_\varphi)+K\overline{T}-a}{b+K}. \tag{17.1.12}$$

用 $a=204\ \mathrm{W\cdot m^{-2}}$,$b=2.17\ \mathrm{W\cdot m^{-2}\cdot K^{-1}}$,$K=3.81\ \mathrm{W\cdot m^{-2}\cdot K^{-1}}$和 $T_c=-10$℃计算的结果见表 17.3,所得结果与大气纬向平均温度分布基本一致.

表 17.3　根据辐射平衡模式得到的地气系统温度随纬度的变化(Budyko,1969)

$\varphi/(^\circ)$	5	15	25	35	45	55	65	75	85
$T/(^\circ\mathrm{C})$	27.7	26.9	22.3	16.0	8.5	1.8	−4.8	−12.9	−13.5

17.2　地气系统的净辐射

分别就地面、大气而言,在一定时间段、一定区域,总存在着净辐射(或辐射差额),这将导致该地的温度随时间变化.

17.2.1　地面的净辐射

地面的净辐射通量密度 F_0^* 是水平面上太阳短波净辐射通量密度 $F_{s,0}^*$ 和长波净辐射通量密度 $F_{l,0}^*$ 之和,即

$$F_0^* = F_{s,0}^* + F_{l,0}^*,\tag{17.2.1}$$

其中短波和长波的净辐射通量可分别表示为

$$F_{s,0}^* = F_{s,0}^{\downarrow} - F_{s,0}^{\uparrow},\tag{17.2.2}$$

$$F_{l,0}^* = F_{l,0}^{\downarrow} - F_{l,0}^{\uparrow}.\tag{17.2.3}$$

1. 短波净辐射

入射到水平地面的太阳短波辐射通量 $F_{s,0}^{\downarrow}$ 是太阳直接辐射和天空散射辐射之和,它有着显著的日变化和季节变化,并强烈地受到云的影响.可以用下式表示

$$F_{s,0}^{\downarrow} = F\cos\theta + F_d^{\downarrow},\tag{17.2.4}$$

式中 F 为到达地面的与日光垂直面上的太阳直接辐射,θ 是太阳的天顶角,$F_d^{\downarrow}$ 是向下散射的太阳辐射.射出的短波辐射是地面对入射短波辐射的反射,即

$$F_{s,0}^{\uparrow} = r_s F_{s,0}^{\downarrow},\tag{17.2.5}$$

这里 r_s 是地面反照率.所以地面的短波净辐射通量密度可写为

$$F_{s,0}^* = F_{s,0}^{\downarrow} - F_{s,0}^{\uparrow} = (1-r_s)F_{s,0}^{\downarrow}.\tag{17.2.6}$$

2. 入射到地表面的长波辐射

入射到地面的长波辐射通量密度 $F_{l,0}^{\downarrow}$ 来自整层大气的辐射,为大气的逆辐射通量密度.它取决于大气层的温度与湿度的垂直分布,并且和云的状况有密切关系,但没有显著的日变化.大气逆辐射由两部分组成,一部分来自大气本身的热辐射,主要是地面以上 1～2 km 内的水汽和 CO_2 的发射;另一部分来自云的热辐射,它是由云体发出并经过大气窗区而到达地面的长波辐射.

晴天大气逆辐射通量密度可写成

$$F_{l,0}^{\downarrow} = \varepsilon_0 \sigma T_a^4,\tag{17.2.7}$$

式中 T_a 为百叶箱气温.ε_0 为晴天的大气视发射率,定义为晴天大气逆辐射和百叶箱温度下黑体辐射之比.在 20 世纪 60 年代以前常用的是布伦特(Brunt)经验公式,晴天的大气视发射率取

$$\varepsilon_0 = a + b\sqrt{e},\tag{17.2.8}$$

其中 e(hPa)为通过百叶箱观测得到的水汽压,a,b 为经验常数. a 值约为 0.34～0.66,b 值约为 0.033～0.127. 一些地方的统计结果有 $a=0.52$,$b=0.065$. 经验常数的因地区而异,给应用带来不便. Swinbank 于 1963 年提出了仅用百叶箱气温作为变量的经验公式,取

$$\varepsilon_0 = aT_a^2, \tag{17.2.9}$$

式中常数 $a=5.31\times10^{-14}/\sigma$,于是有

$$F_{1,0}^{\downarrow} = 5.31\times10^{-14}T_a^6. \tag{17.2.10}$$

由于上式的常数不随地点而变,且在不少地方的长时段的平均日射日总量计算中得到比较满意的结果,因而被广泛采用. 但在高海拔地区,因水汽吸收的压力效应,需作高度订正. 虽然 Swinbank 公式中未出现水汽压,但 Deacon(1970)根据水汽发射率的特性,以及世界很多地区百叶箱气温和大气水汽含量的关系,从理论上证明了这个公式的合理性.

如果天空中有云,则大气的逆辐射大大加强. 考虑到云层的影响,有一种做法是将向下的长波辐射通量密度增加一项,成为

$$F_{1,0}^{\downarrow} + A_c\varepsilon_c\sigma T_c^4 N, \tag{17.2.11}$$

其中 ε_c 为云的发射率;T_c 为云的温度,可由云高决定;N 为云量($0<N<1$),A_c 为一订正系数. 还有其他不同的一些做法,不过经验公式都需根据各地区的实测结果进行拟合而成. 例如,有人得出的北京地区有云天空的经验公式为

$$F_{1,0}^{\downarrow} = [0.613 + 0.0557\sqrt{e} + 0.086(1-s)]\sigma T_a^4, \tag{17.2.12}$$

其中 s 是日照百分率. 用日照百分率而不用云量作为参数,其优点是可把透光的高云排除,且可由仪器观测得到,比较客观. 上式若除去右边第三项,即是晴天大气的逆辐射通量密度公式.

3. 地面向上的长波辐射

地面向上的长波辐射,包括地面发射的长波辐射和地面反射的部分大气逆辐射. 在给定地面的发射率和地面温度以后,地面发射的长波辐射通量密度可由斯特藩-玻尔兹曼定律给出. 因此有

$$F_{1,0}^{\uparrow} = \varepsilon_s\sigma T_s^4 + (1-\varepsilon_s)F_{1,0}^{\downarrow}, \tag{17.2.13}$$

式中 T_s 为地面温度,ε_s 为地面的发射率. 它随地面温度有日变化,午后最强,早晨最弱.

4. 地面长波净辐射和地面有效辐射

由(17.2.3)和(17.2.13)式可以得到地面的长波净辐射通量密度 $F_{1,0}^{*}$ 为

$$F_{1,0}^{*} = F_{1,0}^{\downarrow} - [\varepsilon_s\sigma T_s^4 + (1-\varepsilon_s)F_{1,0}^{\downarrow}] = -\varepsilon_s(\sigma T_s^4 - F_{1,0}^{\downarrow}). \tag{17.2.14}$$

一般情况下,$F_{1,0}^{\downarrow}<F_{1,0}^{\uparrow}$,则 $F_{1,0}^{*}<0$,表明地面长波净辐射的作用是使地面冷却. 在大气辐射研究中,常将地面向上的长波辐射和大气逆辐射之差定义为地面有效辐射,若以 F_0 表示,则有

$$F_0 = -F_{1,0}^{*} = \varepsilon_s(\sigma T_s^4 - F_{1,0}^{\downarrow}), \tag{17.2.15}$$

F_0 的数值约为 68～140 $\mathrm{W\cdot m^{-2}}$ 之间. 在晴朗干燥的夜间,地面有效辐射大,地面降温厉害,所以霜冻往往发生在晴夜. 应指出,云层能增强大气的逆辐射,使地面有效辐射减小. 云对有效辐射的影响,随不同的云型、云量而不同. 一般来说,低云且云量大时,地面的有效辐射可能只及无云时的 1/4. 因此阴天时,云像给地面盖上了被子,使得日夜温差不大.

由以上讨论可以得到包括短波和长波辐射在内的地面净辐射通量密度为

$$F_0^{*} = F_{s,0}^{\downarrow}(1-r_s) - \varepsilon_s(\sigma T_s^4 - F_{1,0}^{\downarrow}), \tag{17.2.16}$$

或

$$F_0^* = F_{s,0}^{\downarrow}(1-r_s) - F_0. \tag{17.2.17}$$

(17.2.17)式表明,地球表面的净辐射(辐射差额)就是地面所吸收的太阳短波辐射和地面放出的有效辐射(长波)之差.在白天无云条件下,F_0^* 是正值,地面升温;而在夜间,因无太阳辐射,F_0^* 是负值,则地面降温.从全年平均值看,各地地面净辐射通量密度 F_0^* 都是正的.也就是说,地面的辐射收入总是大于支出.这多出的能量用于地面使水分蒸发,以潜热形式给予大气或以热对流方式直接给予大气,维持了地面的能量平衡.

17.2.2 大气的净辐射

大气的净辐射问题可以分两种情况来讨论:其一,是某一层大气的净辐射;其二,是整层大气的净辐射.大气层中各处由于吸收物质含量以及各处的温度不同,净辐射的情况相差很大.

1. 某一气层的净辐射

某一薄气层的净辐射,应由薄层内太阳辐射和长波辐射的收支变化来确定.取高度为 z 到 $z+\Delta z$ 之间的一薄层大气,其上下边界的净辐射通量密度分别为 $F^*(z+\Delta z)$ 和 $F^*(z)$,

$$F^*(z+\Delta z) = F^{\downarrow}(z+\Delta z) - F^{\uparrow}(z+\Delta z), \tag{17.2.18}$$

$$F^*(z) = F^{\downarrow}(z) - F^{\uparrow}(z). \tag{17.2.19}$$

该气层净辐射为

$$\begin{aligned}\Delta F^* &= F_i - F_o \\ &= [F^{\downarrow}(z+\Delta z) + F^{\uparrow}(z)] - [F^{\uparrow}(z+\Delta z) + F^{\downarrow}(z)] \\ &= F^*(z+\Delta z) - F^*(z).\end{aligned} \tag{17.2.20}$$

若 $\Delta F^* > 0$,意味着该层内辐射能量收入大于支出,气层将增温;反之将降温.于是,这层大气的变温率为

$$\frac{\partial T}{\partial t} = \lim_{\Delta z\to 0}\left(\frac{1}{\rho c_p}\frac{\Delta F^*}{\Delta z}\right) = \frac{1}{\rho c_p}\frac{dF^*}{dz}. \tag{17.2.21}$$

利用静力学方程可将上式转换成气压坐标的形式,即

$$\frac{\partial T}{\partial t} = -\frac{g}{c_p}\frac{dF^*}{dp} \approx -\Gamma_d\frac{dF^*}{dp}, \tag{17.2.22}$$

其中,Γ_d 为干绝热减温率.

有时按吸收气体的光学质量计算变温率比较方便.例如,水汽的微分光学质量(路径长度)为

$$du = \rho_v dz = \frac{\rho_v}{\rho}\rho dz = q\rho dz = -\frac{q}{g}dp, \tag{17.2.23}$$

式中 ρ_v 和 ρ 分别为水汽和空气的密度,q 为比湿.则水汽吸收导致的变温率可表示为

$$\frac{\partial T}{\partial t} = \frac{q}{c_p}\frac{dF^*}{du}. \tag{17.2.24}$$

在实际计算中,通常将太阳辐射分成 N 个谱区,对每个谱区计算变温率,最终通过求和计算总变温率,即

$$\frac{\partial T}{\partial t} = \sum_{i=1}^{N}\left(\frac{\partial T}{\partial t}\right)_i. \tag{17.2.25}$$

净辐射通量密度 F^* 中包括短波辐射的净通量和长波辐射的净辐射通量密度.气层中短

波辐射的净辐射通量密度取决于这一层大气对太阳辐射的吸收能力.若这层大气对太阳辐射有吸收,则这层大气将增温;若这层大气对太阳辐射没有吸收,则变温率为零.一般而言,短波辐射不会使这层大气冷却.长波辐射引起的变温率取决于这层大气中能吸收长波辐射的物质的多少及气层本身的温度.大气中吸收长波辐射的物质主要是水汽、二氧化碳和臭氧,它们一方面吸收辐射,一方面又放射辐射,其最终的结果取决于许多复杂的因素.

假设可由实际测量或理论计算得到各高度向上、向下的辐射通量密度,利用一维辐射模式,就可以计算在辐射平衡条件下温度的垂直分布.但问题是单纯根据辐射平衡来计算温度的垂直分布,在实际大气中往往是不准确的.例如,用这种模式很可能算出大气中出现了一些超绝热层,但实际大气中除去贴地气层外,超绝热减温率并不出现.原因是空气温度垂直减温率达到干绝热减温率时,对流活动必定发生,而对流输送的结果将使减温率变小.因此在利用一维辐射平衡模式来计算温度垂直分布时,必须在每一步检查是否有超绝热现象发生.在出现超绝热现象时及时加入对流调整,使其减温率减小到干绝热减温率(实际计算时常取临界值6.5℃/km)以下.这种加入对流调整的一维辐射平衡模式称为辐射对流模式.

Manabe 和 Strickler(1964)曾用一个一维辐射对流模式去研究各层大气辐射平衡以及变温率的分布,其结果见图 17.4.从图中可以看到,对短波辐射而言,其变温率总是正的,且对流层中数值很小,一般不超过 0.5℃/d.但高层情况就不同,它可以有很高的值.这主要是由于高层大气中氧分子吸收太阳短紫外辐射而发生光分解所致.对长波辐射而言,对流层中水汽红外辐射引起的降温是最主要的,可达−1℃/d.其次是 CO_2,可达−0.5℃/d.对流层中总的长波辐射变温率约−2～−2.5℃/d.在高层,CO_2 的发射具有最大的变温率,臭氧发射的变温率相对小一些.臭氧发射的变温率在对流层中为负值,约−0.1℃/d;但在臭氧层中,其变温率为正值.总之,大气各层由于长波辐射过程引起的变温率在对流层中为负值,即冷却作用,可达−1.5℃/d.到平流层以上,这一变温率趋向于零,即处于辐射平衡状态.

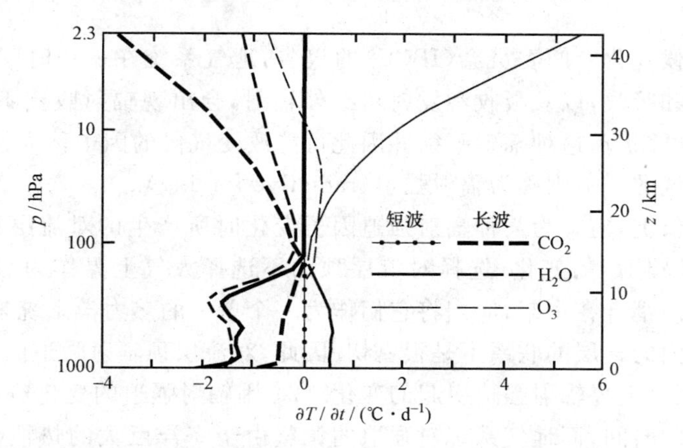

图 17.4 不同吸收气体所引起的变温率的垂直分布(转引自 Wallace 和 Hobbs,2005)实线由吸收太阳辐射引起,虚线是不同气体(水汽、二氧化碳和臭氧)吸收长波辐射引起,粗实线代表 3 种气体的总体效果

2. 整层大气的净辐射

类似于对某一气层净辐射的分析方法,整层大气的净辐射可用下式表示

$$F_a^* = F_\infty^* - F_0^*, \tag{17.2.26}$$

F_{∞}^* 和 F_0^* 分别代表大气上界和地面的净辐射. 前面已经提到,从全球长期平均温度多年基本不变的角度,全球应达到辐射平衡,所以大气上界净辐射应为零,$F_{\infty}^*=0$. 而地面净辐射 F_0^* 一般为正. 因此就整层大气而言,净辐射为负值,平衡所缺少的那部分能量通过地面提供的显热和潜热而得到补偿.

若分别考虑短波和长波能量的收支关系,有

$$F_a^* = Q_a + F_0 - F_{1,\infty}^{\uparrow}, \tag{17.2.27}$$

Q_a 是大气吸收的太阳短波辐射,F_0 是地面有效长波辐射,$F_{1,\infty}^{\uparrow}$ 是透过大气上界射向空间的长波辐射,它包括大气射向空间的长波辐射和透过大气的地面向上辐射. 由于大气吸收的太阳辐射比较小,而 $F_{1,\infty}^{\uparrow}$ 又大于 F_0,同样可说明整层大气的净辐射总是负值.

17.2.3　地气系统的净辐射

把地面直到大气上界作为一个整体,其辐射能净收入就是地气系统的净辐射. 若以 F_{as}^* 表示,应是大气和地面的净辐射之和,由(17.2.17)和(17.2.27)式得

$$F_{as}^* = F_a^* + F_0^* = Q_a + F_s^{\downarrow}(1-r_s) - F_{1,\infty}^{\uparrow}. \tag{17.2.28}$$

因此地气系统的辐射差额就是以地面为底,以大气上界为顶的整个铅直气柱内接收到的太阳短波辐射与大气上界向太空放出的长波辐射之差. 由(17.2.26)和(17.2.28)式比较可得 $F_{as}^* = F_{\infty}^*$,即大气顶部的净辐射就是地气系统的净辐射.

地气系统的净辐射随季节、纬度、云量、云状、下垫面性质及大气成分等因素而变化. 平均而言,在两极和高纬度地区的净辐射为负,在赤道和热带地区为正值. 但是,就整个地气系统而言,净辐射为零,地气系统的热状况没有明显的变化.

17.2.4　辐射强迫

根据政府间气候变化专门委员会(IPCC)的报告,地气系统在一切时间尺度上,因为对太阳短波辐射的散射和吸收,以及吸收和发射热红外辐射,会出现辐射收支不平衡,而导致地球气候的变化. 任何能够扰动这种辐射平衡并因此可能改变气候的因子称为辐射强迫因子,它们所产生的对地气系统的强迫则称为辐射强迫(radiative forcing).

辐射强迫在数值上,定义为某种辐射强迫因子变化时所产生的对流层顶平均净辐射通量密度(太阳或热红外辐射)的变化. 选择对流层顶而不选择大气上界作为参考层是因为:(1) 地表和对流层紧密地耦合在一起,应当将它们作为一个单一的热力学系统来处理,而对流层顶以上的气层与其下面的气层的联系不是很密切. 因此,对流层顶辐射强迫的变化造成地表温度的变化,要远大于大气上界辐射强迫引起的变化. (2) 因辐射强迫的变化造成的平流层的平衡的调整需要几个月的时间,而地气系统对强迫的调整由于海洋巨大的热惯性却需要十年际的时间尺度. 因此,辐射强迫变化可使得平流层在短时间内调整到热平衡,对流层顶的净辐射就和大气上界的净辐射相等.

按照产生强迫的物理机制,辐射强迫可简单分为两类. (1) 直接辐射强迫:由温室气体(主要是 CO_2,CH_4,N_2O,对流层 O_3,CFCs 和其他卤代烃)以及大气气溶胶等的变化,通过辐射效应直接产生的强迫;(2) 间接辐射强迫:温室气体或气溶胶通过化学或物理过程影响其他辐射强迫因子所产生的间接效应,例如 NO_x 和 CO 等的变化将影响温室气体(特别是对流

层 O_3)的浓度,大气气溶胶影响云的辐射特性等.

直接辐射强迫比间接辐射强迫容易计算或估计,例如,云(或气溶胶)的直接辐射强迫为对流层顶处,清洁大气与有云(或气溶胶)大气情况下的地气系统的净辐射通量密度的差,即

$$\Delta F = F_c^* - F^*, \tag{17.2.29}$$

式中 F_c^* 和 F^* 分别表示有云(或气溶胶)大气和清洁大气时在对流层顶的地气系统净辐射通量密度.计算中,可以分为短波辐射强迫和长波辐射强迫分量分别计算.

气候灵敏度(climate sensitivity)参数 λ 定义为全球平均辐射强迫变化 ΔF 所导致的全球平均地表温度的变化 ΔT_s,即

$$\lambda = \lim_{\Delta F \to 0} \frac{\Delta T_s}{\Delta F} = \frac{dT_s}{dF}. \tag{17.2.30}$$

根据各种气候模式的计算,λ 值的变化范围为 0.3~1.4 K/(W·m^{-2}).如果各种辐射强迫因子对全球地面温度的变化可以用辅助变量 y_i(例如:CO_2 浓度;地表面冰雪覆盖的百分比等)表示,则气候灵敏度也可表示为

$$\lambda = \frac{dT_s}{dF} = \frac{\partial T_s}{\partial F} + \sum_i \frac{\partial T_s}{\partial y_i}\frac{dy_i}{dF}, \tag{17.2.31}$$

式中 $\partial T_s/\partial F$ 是没有任何气候反馈存在时的气候灵敏度,可以写为

$$\lambda_0 = \frac{\partial T_s}{\partial F} \approx \frac{dT_e}{dF}, \tag{17.2.32}$$

其中,T_e 是黑体有效温度.根据计算,尽管各种强迫的物理机制很不相同,即 λ 在数值上有较大变化,而且符号也可能不同,但是,λ_0 值却几乎不变,其值为 0.30 K/(W·m^{-2}).

17.3 修正的温室效应模型

前面的温室效应模式考虑的是等温大气层的情况,现考虑一较复杂的模型,即非等温大气的情况.假设大气对太阳辐射是透明的.使用漫射近似来计算大气长波辐射传输,并进一步假设大气是灰体,也即体积消光系数和折合光学厚度不依赖于波长.使用二流漫射近似方程(15.3.17)和(15.3.18)式并对波长域进行积分,得到向下和向上积分辐射通量密度 $F^{\downarrow}$ 和 $F^{\uparrow}$ 的变化方程为

$$-\frac{dF^{\downarrow}}{d\tau^*} = F^{\downarrow} - \sigma T^4, \tag{17.3.1}$$

和

$$\frac{dF^{\uparrow}}{d\tau^*} = F^{\uparrow} - \sigma T^4, \tag{17.3.2}$$

式中 $\tau^* \approx 1.66\tau$ 为从大气层顶向下传输时的折合光学厚度.

因为大气对太阳辐射透明,所以太阳辐射给予大气的热量为零.如果假设大气处于辐射平衡状态,则长波辐射变温率为零,根据(17.2.21)式,有

$$F^*(z) = F^{\downarrow}(z) - F^{\uparrow}(z) = 常数. \tag{17.3.3}$$

考虑大气顶部的边界条件,即 $\tau^*=0$ 时,$F^{\downarrow}(0)=0$,而向上的长波辐射通量密度必须与入射的短波辐射相平衡,即 $F^{\uparrow}(0)=F_0=239$ W·m^{-2}.因此

$$F^{\uparrow} - F^{\downarrow} = F_0. \tag{17.3.4}$$

(17.3.1)和(17.3.2)式相减并使用(17.3.4)式，得到

$$\frac{\mathrm{d}}{\mathrm{d}\tau^*}(F^{\uparrow}+F^{\downarrow})=F^{\uparrow}-F^{\downarrow}=F_0, \tag{17.3.5}$$

积分得到

$$F^{\uparrow}+F^{\downarrow}=F_0(1+\tau^*), \tag{17.3.6}$$

联立(17.3.4)和(17.3.6)式得到

$$F^{\downarrow}=\frac{1}{2}F_0\tau^*, \tag{17.3.7}$$

$$F^{\uparrow}=\frac{1}{2}F_0(2+\tau^*). \tag{17.3.8}$$

同时将(17.3.7)式和(17.3.8)式分别代入(17.3.1)式和(17.3.2)式，都得到

$$\sigma T^4=\frac{1}{2}F_0(1+\tau^*). \tag{17.3.9}$$

因此，$F^{\uparrow}$，$F^{\downarrow}$ 和 σT^4 全部是随折合光学厚度 τ^* 线性变化(如图 17.5 所示).

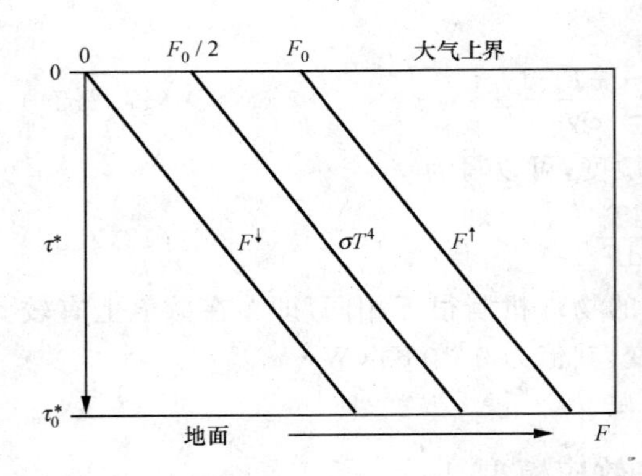

图 17.5　二流模型的结果. 斜直线显示 $F^{\uparrow}$，$F^{\downarrow}$ 和 σT^4 随折合光学厚度 τ^* 的变化

考虑地面的辐射平衡，把地面视为温度为 T_s 的黑体，对应的折合光学厚度为 τ_0^*. 从(17.3.8)式得到，刚刚靠近地面的大气的向上的长波辐射通量密度为 $F_0(2+\tau_0^*)/2$，假设它等于地面本身的辐射，即

$$\sigma T_s^4=F_0(2+\tau_0^*)/2. \tag{17.3.10}$$

因为 F_0 对应的辐射平衡温度为 255 K，因此，在大气中 $\tau_0^*>0$，则 $\sigma T_s^4>F_0$，即地面温度一定大于 255 K，这也就证明了温室效应.

但这个模型在地面附近的温度是不连续的，如果靠近地面大气的温度为 T_a，则根据(17.3.9)式，得到

$$\sigma T_a^4=\frac{1}{2}F_0(1+\tau_0^*). \tag{17.3.11}$$

(17.3.10)和(17.3.11)式比较得到

$$\sigma(T_s^4-T_a^4)=\frac{F_0}{2}. \tag{17.3.12}$$

因此 $T_s>T_a$，即地面温度大于靠近它的低层大气温度，这显然是不切合实际的. 如果考虑其他的物理过程，例如对流，则可以消除这种不连续.

17.4　辐射平衡与盖娅假说

虽然从 1900 年开始，地面就设立了太阳辐射的观测，但这一直局限于大陆上的某些点. 而有关全球辐射平衡的直接观测是在气象卫星施放成功后才得以实现的. 1959 年，在探险者 7 号卫星上首次成功地进行了从空间测量地球辐射收支的试验. 以后在雨云-3 上使用了中分辨率红外辐射仪来继续这项工作. 从 1975 年开始，在雨云-6，7 号卫星上安装了地球辐射收支仪

器(ERB),它可以测量整个地球圆盘中 5°×5°经纬度区域内的行星反照率和发射的辐射通量,并可监测太阳常数. 在 20 世纪 70 年代末到 80 年代初研制出了更先进的地球辐射收支实验(ERBE)仪器,在 NOAA-9,10 号卫星和 1984 年开始的 ERBS 卫星上都安装了 ERBE 仪器. 这些观测计划一直延续至今,提供了全球范围地气系统辐射平衡的丰富资料,并获得了地气系统总的辐射平衡图像.

17.4.1 地气系统总的辐射平衡

为了解地气系统在较长时间中怎样维持平衡状态,需要对地气系统作为一个整体的年平均辐射平衡过程有一个了解. 图 17.6 给出地气系统总的辐射平衡框图.

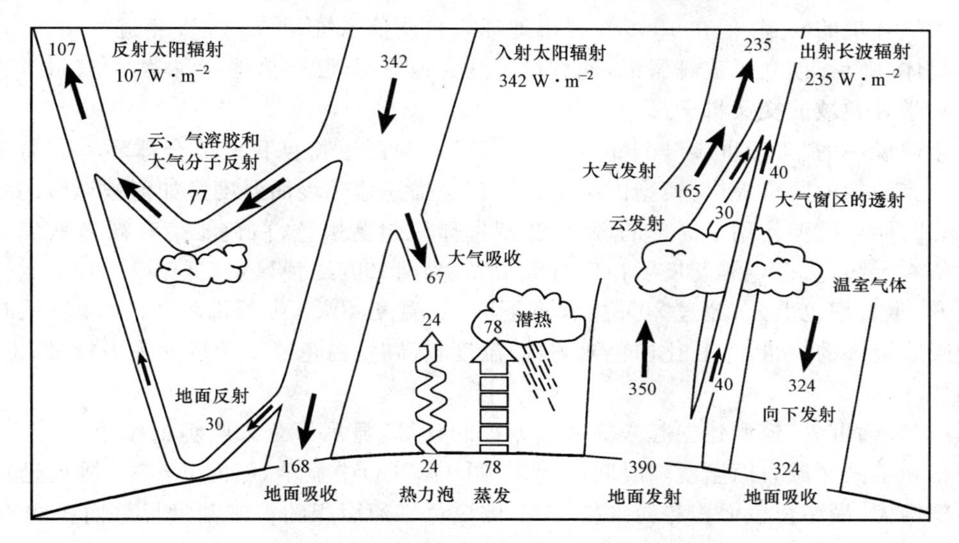

图 17.6 地气系统总的辐射平衡框图(IPCC,2007)

图 17.6 中左边是太阳辐射的平衡过程,右边是地球长波辐射的平衡过程.

图左边:平均的入射太阳辐射为 342 $W \cdot m^{-2}$(相当于 1368 $W \cdot m^{-2}$ 的太阳常数),其中有 67 $W \cdot m^{-2}$ 的能量被平流层臭氧、对流层水汽和气溶胶以及云所吸收,77 $W \cdot m^{-2}$ 的能量被大气分子、云和气溶胶散射或反射回太空,30 $W \cdot m^{-2}$ 的能量被地面反射回太空,总计反射太阳辐射为 107 $W \cdot m^{-2}$(相当于行星反照率为 0.313),只有 168 $W \cdot m^{-2}$ 的能量被地球表面吸收.

图右边:在被地面吸收的 168 $W \cdot m^{-2}$ 的太阳辐射中,24 $W \cdot m^{-2}$ 的能量以热力泡(湍流和对流)感热的形式传输至大气,78 $W \cdot m^{-2}$ 的能量以蒸发潜热的形式传输至大气,剩余能量以长波辐射的形式进入大气. 地面以长波辐射的形式进入大气的能量总共有 390 $W \cdot m^{-2}$,其中 40 $W \cdot m^{-2}$ 可以穿过大气传输到太空,其余被大气吸收. 大气向地面发射的长波辐射能量为 324 $W \cdot m^{-2}$. 因此,地面吸收的总能量为 492 $W \cdot m^{-2}$,与地面发射、感热潜热损耗的能量和相等,地面能量达到平衡.

除了地面长波发射进入太空的 40 $W \cdot m^{-2}$ 的能量外,大气发射的 165 $W \cdot m^{-2}$ 长波辐射、云发射的 30 $W \cdot m^{-2}$ 长波辐射也进入太空,因此,地球大气系统的出射长波辐射共计 235 $W \cdot m^{-2}$. 这个能量与反射太阳辐射的和,等于入射太阳辐射,因此,大气顶部也达到辐射平衡.

对于大气和云,其接收的太阳辐射为 67 $W \cdot m^{-2}$,接收的感热和潜热能分别为24 $W \cdot m^{-2}$ 和 78 $W \cdot m^{-2}$,接收的地面长波辐射为 350 $W \cdot m^{-2}$,总接收为 519 $W \cdot m^{-2}$. 同时,温室气体

向下发射长波能量 324 W・m^{-2}，云和大气分别向上发射长波能量 30 W・m^{-2}和 165 W・m^{-2}，总计大气和云发射能量也为 519 W・m^{-2}. 大气和云也达到能量平衡.

17.4.2 盖娅假说中的辐射平衡

英国大气化学家拉夫拉克(Lovelock)认为生物控制气候(或辐射平衡)，并使气候适宜生物生存，也即地球系统有自我平衡的机制，这个学说称为盖娅(Gaia)假说.

20 世纪 60 年代拉夫拉克在美国国家喷气动力实验室工作，接受研究课题，研究火星是否存在生命的问题. 他在研究中获知，36 亿年以来，太阳发光能力增强 25%，但地球仍然保持有利于生命的温度. 同时，地球大气远离化学平衡态，但地球上却存在生命，于是他提出了生物是否调节大气环境的问题. 他在 1968 年提出地球是自调节系统，并在 1972 年进一步认为地球是超级有机体. 随后，创立了盖娅假说，他直接称其为地球生理学(是地球科学、大气科学、生态学和微生物学等领域的交叉科学).

盖娅假说中的“雏菊世界”(daisy world)模型是验证生物自我调节全球环境的简单模型，由拉夫拉克与他的同事提出，模型的结论之一就是描述地球表面温度是如何被调节的.

“雏菊世界”模型使用了简单的假设. 雏菊世界只包括黑色、白色雏菊和裸露地表. 黑色雏菊吸收所有太阳光，白色雏菊反射掉所有太阳光. 雏菊只能纯种繁殖，低于 5℃时不生长；随着温度上升，生长率也上升；超过 20℃生长率下降；到温度 40℃，生长都停止. 温度较低时，黑色雏菊能吸收更多的热量，生长比白色雏菊快. 温度较高时，白色雏菊因反射失去热量，生长比黑色雏菊快.

根据“雏菊世界”模型建立起来的数学方程的计算，显示了令人吃惊的结果. 图 17.7 表示雏菊面积和不同区域表面温度随时间的变化. 图 17.7(a)中显示，随时间流逝，雏菊迅速生长，覆盖面积增大，最终覆盖面积趋向维持不变，即黑色雏菊面积约占雏菊世界总面积的 40%，白色占 25%. 图 17.7(b)中显示了黑色、白色雏菊和裸露地表三种区域的表面温度变化，显示在开始阶段，温度迅速升高，随后缓慢下降，直至趋于不变的温度. 黑色，白色雏菊和裸露地表三种区域地表的最终平衡温度分别约为 303 K，288 K 和 297 K. 因此，图 17.7 说明，随着雏菊的生长并维持稳定的覆盖面积，地表温度也趋于稳定.

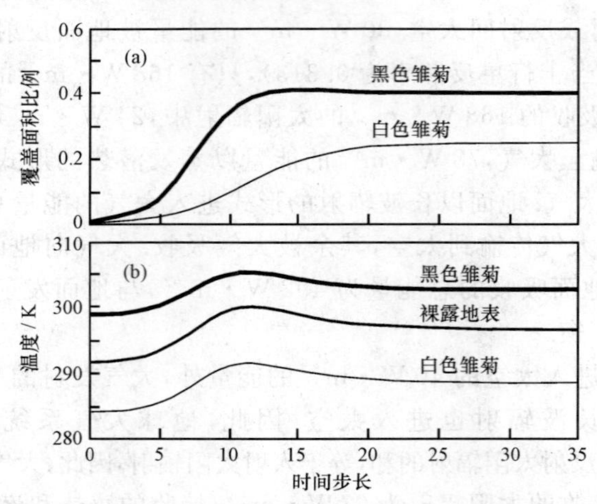

图 17.7 雏菊面积和温度随时间的变化(引自 Stull，2000)

(a) 雏菊覆盖面积随时间的变化；(b) 不同区域温度随时间的变化

如果继续考虑不同太阳发光度下的雏菊世界的状况，其结果见图 17.8. 发光度为 1 的时候，相当于目前太阳的情况. 可以看到，随着太阳发光度的增加，黑色雏菊面积逐渐减少，而白色雏菊面积逐渐增加(图 17.8(a))，同时，裸露地表温度也在逐渐增大(图 17.8(b))，但在太阳发光度变化的相当大范围内(例如 0.95～1.7)，雏菊地表的温度在 290～300 K 的范围. 并随发光度增大(1→1.7)，温度略有减小(300→290 K). 说明了雏菊覆盖面积变化调节了雏菊地表的温度. 这也验证了 36 亿年以来，太阳发光能力增强 25%(发光度)，但地球保持有利于生命的温度的事实.

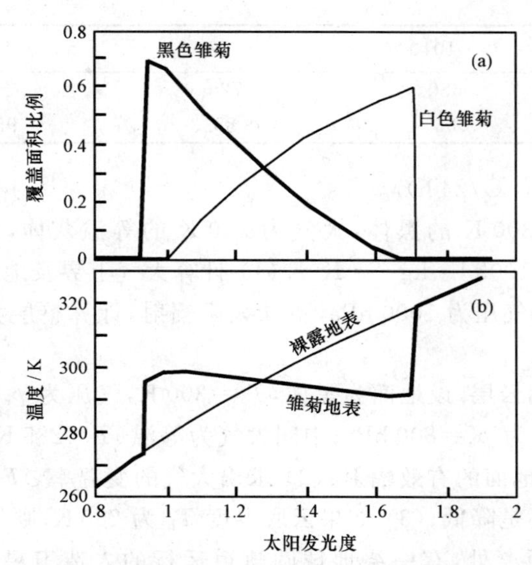

图 17.8　不同太阳发光度情况下的雏菊覆盖面积和表面温度变化(引自 Stull, 2000)
(a) 雏菊覆盖面积；(b) 表面温度

盖娅假说的"雏菊世界"模型描述的星球的格局非常简单，根本不能代表丰富多彩的地球. 此模型的实质是以太阳辐射(温度)这个因子来说明生物的调节作用，但不能说明众多物质的循环过程和竞争问题. 此外，模型与实际的地球有不同之处. 首先，虽然植被可以减少地表反照率，但与云和气溶胶等对气候的调节作用相比是比较微弱的. 其次，真实地球上植被对温度的响应并不如"雏菊世界"所描述的那么大. 第三，真实的地球上植被对温度的响应也会与模型结果相反. 例如，随着温度的升高，森林植被向极地扩展，减少了冰雪的反射，使温度升得更高，而不像模型中得到的结论那样：太阳辐射增加，白色雏菊扩展，地表温度会降低.

盖娅假说与达尔文的进化理论是矛盾统一的，可以认为，从地球上有生命以来，有机体是以一种有益于生命的方式(如增加 O_2，减少 CO_2)去适应环境，同时也改变了它周围的环境.

虽然盖娅假说已经得到认可，但仍然颇受争议，因为盖娅假说中真理与谬误并存，还不能上升为普适的理论，但它的提出无疑具有深远的理论意义和积极的实践意义. 人类需要以更大的热情，加倍的努力来进行地球环境及其生物的研究，努力让大地母亲保持持久健康的身躯，不仅养育人类及其后代，而且还包括其他生物兄弟姐妹.

习　题

17.1　日地距离一年内变化 3.3%，证明地球辐射平衡温度的变化为 1.65%，即约为

4.2 K.

17.2　如果太阳常数增加4%,求太阳表面和地球表面的有效温度.已知地球的行星反照率为0.3.

17.3　距离太阳表面高度d处,放置一半径为r的圆形薄片($d\gg r$),其法线方向与太阳光方向的交角为θ,薄片的吸收率为a.若太阳的辐射通量密度为F,太阳半径为R,且$d\gg R$,求薄片处于辐射平衡条件下的温度.

17.4　由飞机探测得到各高度的水平面上向下、向上的辐射通量密度如下表所示:

p/(hPa)	1010	790	700	650
$F^{\downarrow}/(\mathrm{W\cdot m^{-2}})$	680.7	725.6	752.4	764.2
$F^{\uparrow}/(\mathrm{W\cdot m^{-2}})$	58.4	85.3	95.1	97.8

求各层空气的辐射变温率(℃/24 h).

17.5　假定地面为300 K的黑体,大气为280 K的等温灰体,大气漫射通量透过率为0.15,大气的定压比热为1005 $\mathrm{J\cdot kg^{-1}\cdot K^{-1}}$.(1) 计算大气上界及地面的有效辐射(即长波净辐射通量密度);(2) 地面气压为1000 hPa,不计太阳辐射,计算整层大气在24小时内的温度变化.

17.6　夜间天空布满云层.设地面为黑体,$T_s=300$ K,气压为$p_s=1000$ hPa;云底也为黑体,温度$T_b=280$ K,气压为$p_b=800$ hPa;中间大气为等温($T=285$ K)的灰体,其漫射通量透过率$t_f=0.4$.试求:(1) 地面的有效辐射;(2) 求出大气的变温率$\partial T/\partial t$(单位用℃/3 h),说明中间气层的温度将增加还是降低;(3) 如果云底温度T_b为260 K,则气层温度的变化将如何?

17.7　在日地平均距离处,有一绕地球圆轨道运行的人造卫星,质量为100 kg,半径为1 m,比热为1000 $\mathrm{J\cdot kg^{-1}\cdot K^{-1}}$.卫星距离地球表面2000 km,可看成黑体.地球可看成像一个有效温度为255 K的黑体向外发射辐射.(1) 卫星处于地球的阴影中(背向太阳的一侧),求卫星的辐射平衡温度;(2) 当卫星从地球阴影中完全移出的瞬时,求卫星的辐射平衡温度(此时从卫星上观测,地球仍然是完全黑暗的);(3) 计算卫星完全移出地球阴影区瞬时的变温率;(4) 在实际情况下,若希望卫星在整个轨道上尽量保持温度均一,那么卫星表面该如何涂刷才能达到这一要求?

17.8　直径为1 m的球形人造卫星,其温度均匀一致,整个球表面用同一种涂料覆盖.卫星处于地球附近的太空中,但不在地球的阴影中.太阳表面温度(黑体温度)为6000 K,半径为6.96×10^{8} m,距地球的距离为1.5×10^{11} m.卫星在阳光中升到某一温度时,卫星的黑体辐射通量密度等于它对阳光的吸收通量密度.假设太阳与卫星都近似为黑体.(1) 求卫星辐射平衡温度.(2) 为了冷却卫星,工程师们使用一种反射涂料,可全反射掉高于某一截止频率的入射光,而不反射低于该截止频率的热辐射.设这一截止频率为$f_c=T_c\cdot k/h$,其中$T_c=1200$ K,k是玻尔兹曼常数,h是普朗克常数.试估算卫星现在可达到的温度.(不需要严格积分求解,已知积分值$\int_0^{\infty}\frac{\eta^3\mathrm{d}\eta}{\mathrm{e}^{\eta}-1}=\frac{\pi^4}{15}$,函数$\frac{\eta^3}{\mathrm{e}^{\eta}-1}$的极大值出现在$\eta\approx2.82$处,且$\eta$较小时,可取指数函数的近似展开式$\mathrm{e}^{\eta}\approx1+\eta$.)(3) 为使一个像人造卫星一样的球体温度上升到比(1)算出的温度还要高,试问该球表面的涂料应具有什么样的性质?

17.9　等温大气被太阳垂直照射,其中臭氧成分的数密度随气压变化为$n_3=n_{30}p^{3/2}$,n_{30}

为常数. 在臭氧吸收太阳辐射波段,臭氧质量吸收系数为常数. 证明因为臭氧吸收导致大气的变温率为

$$\frac{\mathrm{d}T}{\mathrm{d}t}=\left(\frac{\mathrm{d}T}{\mathrm{d}t}\right)_{\mathrm{m}}\left(\frac{p}{p_{\mathrm{m}}}\right)^{1/2}\exp\left[-\frac{1}{3}\left(\frac{p}{p_{\mathrm{m}}}\right)^{3/2}+\frac{1}{3}\right],$$

式中,p_{m} 为最大变温率$(\mathrm{d}T/\mathrm{d}t)_{\mathrm{m}}$ 时对应的气压. 若 $p_{\mathrm{m}}=1\ \mathrm{hPa}$,在臭氧吸收波段大气上界的太阳辐射通量密度为 $7\ \mathrm{W\cdot m^{-2}}$,计算$(\mathrm{d}T/\mathrm{d}t)_{\mathrm{m}}$.

附录 物理常数

普适物理常数

阿伏伽德罗(Avogadro)数	$N_A = 6.022 \times 10^{23}\ \mathrm{mol^{-1}}$
真空中光速	$c = 2.99793 \times 10^{8}\ \mathrm{m \cdot s^{-1}}$
斯特藩-玻尔兹曼(Stefan-Boltzmann)常数	$\sigma = 5.6696 \times 10^{-8}\ \mathrm{W \cdot m^{-2} \cdot K^{-4}}$
普朗克(Planck)常数	$h = 6.6262 \times 10^{-34}\ \mathrm{J \cdot s}$
玻尔兹曼(Boltzmann)常数	$k = 1.3806 \times 10^{-23}\ \mathrm{J \cdot K^{-1}}$
普适气体常数	$R^* = 8.3143\ \mathrm{J \cdot mol^{-1} \cdot K^{-1}}$
第一辐射常数	$C_1 = 2\pi hc^2 = 3.7427 \times 10^{8}\ \mathrm{W \cdot \mu m^4 \cdot m^{-2}}$
第二辐射常数	$C_2 = hc/k = 14388\ \mathrm{\mu m \cdot K}$

地球大气(干空气)

标准大气压	$p_0 = 1013.25\ \mathrm{hPa} = 1\ \mathrm{atm}$
干空气平均摩尔质量(90 km 以下)	$\mu_d = 28.964\ \mathrm{kg \cdot kmol^{-1}}$
干空气气体常数	$R_d = 287.06\ \mathrm{J \cdot kg^{-1} \cdot K^{-1}}$
干空气比定压热容	$c_{pd} = 1005\ \mathrm{J \cdot kg^{-1} \cdot K^{-1}}$
干空气比定容热容	$c_{Vd} = 718\ \mathrm{J \cdot kg^{-1} \cdot K^{-1}}$
空气密度(1 atm,273.15 K)	$\rho_a = 1.293\ \mathrm{kg \cdot m^{-3}}$
空气密度(1 atm,288.15 K)	$\rho_a = 1.225\ \mathrm{kg \cdot m^{-3}}$

水质物(水汽、液水和冰)

液水密度(0℃)	$\rho_w = 1.000 \times 10^{3}\ \mathrm{kg \cdot m^{-3}}$
冰的密度	$\rho_i = 0.917 \times 10^{3}\ \mathrm{kg \cdot m^{-3}}$
水汽摩尔质量	$\mu_v = 18.015\ \mathrm{kg \cdot kmol^{-1}}$
水汽气体常数	$R_v = 461.52\ \mathrm{J \cdot kg^{-1} \cdot K^{-1}}$
水汽比定压热容	$c_{pv} = 1850\ \mathrm{J \cdot kg^{-1} \cdot K^{-1}}$
水汽比定容热容	$c_{Vv} = 1390\ \mathrm{J \cdot kg^{-1} \cdot K^{-1}}$
液水比热容	$c_w = 4218\ \mathrm{J \cdot kg^{-1} \cdot K^{-1}}$
冰的比热容	$c_i = 2106\ \mathrm{J \cdot kg^{-1} \cdot K^{-1}}$
水的汽化潜热(0℃)	$\ell_v = 2.501 \times 10^{6}\ \mathrm{J \cdot kg^{-1}}$
水的汽化潜热(100℃)	$\ell_v = 2.250 \times 10^{6}\ \mathrm{J \cdot kg^{-1}}$
水的熔解潜热(0℃)	$\ell_f = 0.334 \times 10^{6}\ \mathrm{J \cdot kg^{-1}}$
水的升华潜热(0℃)	$\ell_s = 2.835 \times 10^{6}\ \mathrm{J \cdot kg^{-1}}$

太阳和地球

太阳常数	$S=1366\pm3\ \mathrm{W\cdot m^{-2}}$
太阳半径	$R_S=6.96\times10^5\ \mathrm{km}$
日地距离(平均)	$d_0=1.496\times10^8\ \mathrm{km}$
日地距离(近日点时)	$d=1.47\times10^8\ \mathrm{km}$
日地距离(远日点时)	$d=1.52\times10^8\ \mathrm{km}$
地球半径(平均)	$R_E=6370.949\ \mathrm{km}$
地球半径(赤道)	$R_E=6378.077\ \mathrm{km}$
地球半径(极地)	$R_E=6356.577\ \mathrm{km}$
标准地面重力加速度	$g_0=9.80665\ \mathrm{m\cdot s^{-2}}$

主要参考书和文献

1. 姜达雍.气象上常用热力学图解.北京：高等教育出版社，1959.

2. 美国国家海洋和大气局，美国宇航局和美国空军部.标准大气(1976).任现淼，钱志民译，北京：科学出版社，1982.

3. 盛裴轩，等.大气物理学.北京：北京大学出版社，2005.

4. 王永生，等.大气物理学.北京：气象出版社，1987.

5. Ahrens C D, ed. Meteorology today, an introduction to weather, climate, and the environment. 7th ed. Brooks/Cole, Thomson Learning, 2003.

6. Andrews D G, ed. An introduction to atmospheric physics. Cambridge University Press, 2000.

7. Bohren C F, Albrecht B A, ed. Atmospheric thermodynamics. Oxford University Press, 1998.

8. Bohren C F, Huffman D H, ed. Absorption and scattering of light by small particles. John Wiley & Sons, Inc, 1983.

9. Bolton D. The computation of equivalent potential temperature. Mon. Wea. Rev., 1980, 108:1046—1053.

10. Dutton E G, Reddy P, Ryan S, DeLuisi J J. Features and effects of aerosol optical depth observed at Mauna Loa, Hawaii:1982—1992. J. Geophys. Res., 1994, 99:8295—8306.

11. Emanuel K A, ed. Atmospheric convection. Oxford University Press, 1994.

12. Flatau P J, Walko R L, Cotton W R. Polynomial fits to saturation vapor pressure. J. Appl. Meteor., 1992, 31:1507—1513.

13. Hobbs P V, ed. Introduction to atmospheric chemistry. Cambridge University Press, 2000.

14. Holton J R, Pyle J, Curry J A, ed. Encyclopedia of atmospheric sciences. Academic Press, 2002.

15. Iribarne J V, Godson W L, ed. 大气热力学.中国人民解放军空军气象学校训练部译.1978(内部资料).

16. Kasten F, Young A T. Revised optical air mass tables and approximation formula. Appl. Opt., 1989, 28:4735—4738.

17. Liou K N, ed. 大气辐射导论.郭彩丽等译.北京：气象出版社，2004.

18. Murray F W. On the computation of saturation vapor pressure. J. Appl. Meteor., 1967, 6, 203—204.

19. Petty G W, ed. A first course in atmospheric radiation. Sundog Publishing, 2004.

20. Pruppacher H R, Klett J D, ed. Microphysics of clouds and precipitation. Kluwer Academic Publishers, 2000.

21. Rogers R R, Yau M K, ed. A short course in cloud physics(Third Edition), Elsevier Science, 1996.

22. Stull R, ed. Meteorology for scientists and engineers. Thomson Learning, 2000.

23. Tsonis A A, ed. An introduction to atmospheric thermodynamics. Cambridge University Press, 2002.

24. Wallace J M, Hobbs P V, ed. 大气科学概观. 王鹏飞等译. 上海：上海科学技术出版社, 1981.

25. Wallace J M, Hobbs P V, ed. Atmospheric science, an introductory survey. 2nd ed. Academic Press, 2005.

26. Wayne R P, ed. Chemistry of atmosphere. Oxford University Press, 1991.

27. Zdunkowski W, Bott A, ed. Thermodynamics of the atmosphere. Cambridge University Press, 2004.